"十四五"职业教育国家规划教材

生物制药工艺技术

主 编
牛红军 陈立波

中国轻工业出版社

图书在版编目(CIP)数据

生物制药工艺技术/牛红军,陈立波主编. —北京:
中国轻工业出版社,2025.7
ISBN 978-7-5184-3514-2

Ⅰ.①生… Ⅱ.①牛… ②陈… Ⅲ.①生物制品—生产工艺—高等职业教育—教材 Ⅳ.①TQ464

中国版本图书馆 CIP 数据核字(2021)第 096605 号

责任编辑:张　靓　　责任终审:张乃东　　封面设计:锋尚设计
版式设计:砚祥志远　　责任校对:朱燕春　　责任监印:张京华

出版发行:中国轻工业出版社(北京鲁谷东街5号,邮编:100040)
印　　刷:北京君升印刷有限公司
经　　销:各地新华书店
版　　次:2025年7月第1版第5次印刷
开　　本:710×1000　1/16　印张:21
字　　数:500千字
书　　号:ISBN 978-7-5184-3514-2　定价:49.00元
邮购电话:010-85119873
发行电话:010-85119832　010-85119912
网　　址:http://www.chlip.com.cn
Email:club@ chlip.com.cn
版权所有　侵权必究
如发现图书残缺请与我社邮购联系调换
251142J2C105ZBW

本书编写人员

主　编　牛红军　天津现代职业技术学院
　　　　　　陈立波　吉林工业职业技术学院

副主编　施之琪　无锡市中医医院
　　　　　　袁文蛟　天津理工大学
　　　　　　刘鑫龙　天津现代职业技术学院

参　编（按姓氏笔画排序）
　　　　　　刘志军　呼伦贝尔职业技术学院
　　　　　　苏　艳　淄博职业学院
　　　　　　何　丹　辽宁农业职业技术学院
　　　　　　徐美佳　黑龙江职业学院
　　　　　　陶永宝　哈药集团生物工程有限公司

主　审　李赫宇　天津益倍生物科技集团有限公司

前　言

生物制药工艺技术课程是高职专科及本科院校食品药品类、生物类和制药类专业等生物产品生产相关专业的必修主干课程。生物药物是药品的三大药源之一。研发、生产生物药品成为对抗疾病、保障人类健康的有力武器。生物制药工艺是由一系列生物制药单元操作技术组成的工艺路线。生物制药工艺水平决定着产品的质量和生产成本，是影响生物药物能否产业化生产的关键技术，对于生物制药行业的发展有着举足轻重的作用。"没有一成不变的工艺"，掌握典型生物药物的生产工艺技术和理解生物制药工艺设计思路是生物制药从业人员必须具备的基础能力。

秉承职业教育的类型定位，本教材以技术技能培养为主线，服务于全面提高学生的职业技能和职业素养。在深入企业调研的基础上，遵循职业教育规律，以生物医药企业的真实生产项目、典型工作任务、案例等为载体，循序渐进地按照生物药物类型设计教学项目，为培养技术技能型人才提供支撑。本教材共包括七个项目，囊括生物制药工艺导论及常见生物药物的生产技术：发酵工程制药技术、生化药物生产技术、生物制品生产技术、基因工程制药技术、细胞工程制药技术、酶工程制药技术。项目化、任务式的内容编排，有利于培养学生就业后在企业工作岗位上所需的职业素养和操作技能，实现毕业即可上岗，胜任生物药物生产、功能食品加工和生化物质生产企业的生产岗位，并具备在检测和科研等岗位从业的能力。

牢记为党育人、为国育才使命，教材为培养造就德才兼备的高素质人才提供保障。把"立德树人"作为根本任务，发掘生物制药领域中的思政元素，将专业精神、职业精神和工匠精神等融入教材。思政教育、知识学习与技能训练同步开展，弘扬劳动精神，在锻炼技能和学习知识的同时，提升学生的政治素养和职业素养，帮助学生树立正确的世界观、人生观和价值观，做社会主义核心价值观的坚定信仰者、积极传播者、模范践行者。

本教材由具有多年教学实践经验和企业工作经验的专兼结合的双师型教师团队编写完成。具体编写分工如下：天津现代职业技术学院牛红军担任主编，负责统稿，编写了项目一和项目六，并改编了其他项目中部分书稿；吉林工业职业技术学院陈立波担任主编，编写了项目三；无锡市中医医院施之琪编写项目二；天津理工大学袁文蛟参与编写了项目二；天津现代职业技术学院刘鑫龙参与编写了项目一；呼伦贝尔职业技术学院刘志军编写了项目四；黑龙江职业学院徐美佳编写了项目五;辽宁农业职业技术学院何丹编写了项目七;淄博职业学院苏艳参与编写了项目二;哈药集团生物工程有限公司陶永宝参与了编写工作。天津益倍生物科技集团有限公司李赫宇高级工程师审阅了全稿。

  由于生物制药工艺技术飞速发展,以及编者水平有限,书中不足之处在所难免,恳切希望读者给予批评和指正。

牛红军

目 录

项目一 生物制药工艺导论 …………………………………………… 1
任务一 认识生物制药行业 ……………………………………… 2
一、制药行业是关乎生命和健康的行业 ……………………… 2
二、认识生物药物 …………………………………………… 6
三、认识生物医药产业 ……………………………………… 14
任务二 认识生物制药环境 ……………………………………… 17
一、洁净环境 ………………………………………………… 17
二、空气净化系统 …………………………………………… 21
三、制药用水 ………………………………………………… 23
任务三 认识生物制药工艺 ……………………………………… 24
一、生物药物生产工艺的特点 ……………………………… 24
二、上游工艺过程与下游工艺过程 ………………………… 24
三、生物制药单元操作原理 ………………………………… 25
任务四 认识生物制药工艺技术课程 …………………………… 27
一、课程目标 ………………………………………………… 27
二、人才培养目标 …………………………………………… 27
三、课程对应的从业岗位 …………………………………… 28
四、课程特点 ………………………………………………… 28
五、与其他课程的关系 ……………………………………… 29

项目二 发酵工程制药技术 ………………………………………… 32
任务一 了解微生物发酵制药 …………………………………… 33
一、微生物发酵制药的类型 ………………………………… 33
二、微生物发酵制药的基本过程 …………………………… 34
三、制药微生物生长与生产的关系 ………………………… 35
任务二 发酵制药菌种选育 ……………………………………… 35

一、发酵制药常用生产菌种 ………………………………………………… 36
　　二、生产用菌种的选育 ……………………………………………………… 38
　任务三　培养基的制备 ………………………………………………………… 40
　　一、培养基的组成 …………………………………………………………… 41
　　二、培养基的类型 …………………………………………………………… 44
　　三、培养基配制及影响质量的因素 ………………………………………… 46
　任务四　灭菌 …………………………………………………………………… 47
　　一、灭菌的原理和方法 ……………………………………………………… 48
　　二、发酵设备和培养基的灭菌过程 ………………………………………… 50
　　三、无菌空气的制备原理与过程 …………………………………………… 54
　任务五　微生物药物的生物合成 ……………………………………………… 57
　　一、微生物的代谢 …………………………………………………………… 57
　　二、微生物药物合成的基本途径 …………………………………………… 58
　任务六　种子扩大培养 ………………………………………………………… 61
　　一、固体孢子的制备 ………………………………………………………… 61
　　二、液体种子制备 …………………………………………………………… 63
　　三、种子质量的控制与分析 ………………………………………………… 65
　　四、种子异常分析 …………………………………………………………… 69
　任务七　发酵生产过程控制 …………………………………………………… 69
　　一、发酵过程原理 …………………………………………………………… 70
　　二、发酵过程的影响因素及其工艺控制 …………………………………… 71
　任务八　发酵产物的提取与精制 ……………………………………………… 78
　　一、概述 ……………………………………………………………………… 78
　　二、发酵液的预处理和固液分离 …………………………………………… 79
　　三、发酵产物的提取与精制 ………………………………………………… 82
　　四、典型药物生产实例——青霉素的发酵生产 …………………………… 83
　技能实训一　谷氨酸的发酵生产 ……………………………………………… 88

项目三　生化药物生产技术 ………………………………………………………… 92
　任务一　了解生化药物生产技术 ……………………………………………… 93
　　一、生化药物的分类 ………………………………………………………… 93
　　二、生化药物生产的一般工艺流程 ………………………………………… 94
　　三、原料的选取与处理 ……………………………………………………… 94

四、沉淀技术 …………………………………………………… 96
五、色谱技术 …………………………………………………… 97
六、结晶技术 …………………………………………………… 98
七、电泳技术 …………………………………………………… 98
八、蒸发与干燥 ………………………………………………… 99

任务二　氨基酸药物的生产 ………………………………………… 101
一、氨基酸及氨基酸药物简介 ………………………………… 101
二、氨基酸药物制备的一般方法 ……………………………… 101
三、典型药物生产实例——赖氨酸 …………………………… 104

任务三　多肽与蛋白质类药物的生产 …………………………… 106
一、多肽、蛋白质及多肽、蛋白质类药物简介 ……………… 106
二、多肽和蛋白质类药物制备的一般方法 …………………… 110
三、典型药物生产实例——谷胱甘肽 ………………………… 114

任务四　酶类药物的生产 …………………………………………… 117
一、酶及酶类药物简介 ………………………………………… 118
二、酶类药物制备的一般方法 ………………………………… 119
三、典型药物生产实例——胃蛋白酶 ………………………… 125

任务五　糖类药物的生产 …………………………………………… 128
一、糖及糖类药物简介 ………………………………………… 128
二、糖类药物制备的一般技术 ………………………………… 130
三、典型药物生产实例——香菇多糖 ………………………… 133

任务六　脂类药物的生产 …………………………………………… 136
一、脂类及脂类药物简介 ……………………………………… 136
二、脂类药物制备的一般方法 ………………………………… 136
三、典型药物生产实例——卵磷脂 …………………………… 138

任务七　核酸药物的生产 …………………………………………… 142
一、核酸及核酸类药物简介 …………………………………… 142
二、核酸类药物制备的一般方法 ……………………………… 143
三、典型药物生产实例——三磷酸腺苷 ……………………… 149

任务八　维生素与辅酶药物的生产 ……………………………… 155
一、维生素、辅酶类药物简介 ………………………………… 155
二、维生素及辅酶类药物制备的一般方法 …………………… 156
三、典型药物生产实例——维生素 C ………………………… 157

技能实训二　酸醇提取法制备猪胰岛素 161

项目四　生物制品生产技术 166
任务一　了解免疫及生物制品生产 167
一、生物制品的分类 167
二、生物制品的基本属性和特点 170
三、生物制品生产的基本要求 170
任务二　预防类生物制品的生产 172
一、细菌性疫苗及类毒素的一般制造方法 172
二、病毒类疫苗的一般制造方法 174
三、疫苗（菌苗）类生物制品的质量检定 176
四、典型预防类生物制品生产实例 179
任务三　诊断类生物制品的生产 183
一、免疫学基础知识 183
二、抗体的制备 184
三、常见的诊断类生物制品的介绍及质量标准 186
四、典型药物生产实例——酶标记抗体 188
任务四　治疗类生物制品的生产 188
一、血液制品的种类 189
二、人血浆蛋白分离纯化技术 191
三、典型药物生产实例——人血白蛋白 192

技能实训三　麻疹减毒活疫苗的制备 195
技能实训四　ABO血型诊断试剂的生产 198

项目五　基因工程制药技术 202
任务一　了解基因工程制药 203
一、基因工程药物概述 203
二、重组DNA技术的基本过程 203
任务二　了解基因工程工具酶和克隆载体 205
一、基因操作中常用的工具酶 205
二、载体 209
任务三　基因工程菌构建 213
一、目的基因的获得 214

二、重组 DNA 的构建（目的基因与载体的连接） …………………… 216
三、重组 DNA 转导入受体细胞（菌） …………………………………… 217
四、重组子的筛选与鉴定 …………………………………………………… 217
五、基因表达 ………………………………………………………………… 219
任务四　基因工程药物的生产 ………………………………………………… 222
一、基因工程菌发酵 ………………………………………………………… 222
二、典型药物生产实例——胰岛素 ………………………………………… 227
技能实训五　基因工程药物——干扰素 α-2b（IFNα-2b）的制备 …… 233

项目六　细胞工程制药技术 …………………………………………………… 240
任务一　了解细胞工程制药技术 ……………………………………………… 241
一、细胞培养技术 …………………………………………………………… 241
二、细胞融合技术 …………………………………………………………… 241
三、核移植技术 ……………………………………………………………… 242
四、转基因技术 ……………………………………………………………… 243
任务二　动物细胞培养 ………………………………………………………… 243
一、动物细胞培养技术概述 ………………………………………………… 243
二、动物细胞培养用品 ……………………………………………………… 246
三、动物细胞培养中的消毒和灭菌 ………………………………………… 247
四、动物细胞培养溶液及其配制 …………………………………………… 248
五、动物细胞的处理技术 …………………………………………………… 250
六、动物细胞的污染及预防 ………………………………………………… 255
七、动物细胞的大规模培养 ………………………………………………… 256
八、典型药物生产实例——重组人促红素 ………………………………… 264
任务三　了解细胞融合技术 …………………………………………………… 267
一、动物细胞融合技术 ……………………………………………………… 268
二、杂种细胞的表型 ………………………………………………………… 272
任务四　单克隆抗体的生产 …………………………………………………… 273
一、单克隆抗体概述 ………………………………………………………… 273
二、制备单克隆抗体的流程 ………………………………………………… 274
三、杂交瘤细胞系的建立 …………………………………………………… 275
四、单克隆抗体的大规模生产 ……………………………………………… 280
五、单克隆抗体制备中易出现的问题 ……………………………………… 282

  技能实训六 CHO 细胞操作技能训练 …………………………………………… 283

项目七 酶工程制药技术 ……………………………………………………………… 288
  任务一 了解酶工程制药技术 …………………………………………………… 289
  一、酶与酶工程 …………………………………………………………………… 289
  二、酶的来源与制备 ……………………………………………………………… 290
  任务二 药物的酶法生产 ……………………………………………………… 290
  一、酶工程制备氨基酸类药物 …………………………………………………… 291
  二、典型药物生产实例——固定化细胞法制备 6 - 氨基青霉烷酸 …………… 310
  技能实训七 酶工程制备氨基酸模拟实训 ……………………………………… 314

参考文献 ……………………………………………………………………………… 320
后记 …………………………………………………………………………………… 322

项目一

生物制药工艺导论

■ 项目简介

生物药物是药品的三大药源之一。20世纪90年代以来，生物药品市场在药品市场中的占比在迅速提高，全球生物药品销售额以年均30%以上的速度增长，大大高于全球医药行业年均不到10%的增长速度。生物医药产业正快速地由最具发展潜力的高技术产业向高技术支柱产业发展。2018年，我国生物医药行业市场规模已经超过3500亿元，研发、生产生物药品成为对抗疾病、保障人类健康的有力武器。系统地认识生物制药行业、生物制药环境和生物制药工艺，将有助于学习者理解生物制药知识，掌握生物制药工艺技术。

■ 知识目标

- 了解生物药物的概念及分类。
- 了解生物药物及其生产工艺的特点。
- 了解生物制药企业保持洁净环境的措施和方法。
- 熟悉生物制药单元操作技术的原理。

■ 技能目标

- 能对生物药物、生物制药工艺有全面的认识。
- 能正确认识生物制药行业的现状及行业特殊性。

- 能正确认识和掌握制药从业者应遵循的道德原则和伦理规范。
- 能掌握学习本课程的方法。

生物制药工艺导论（微课）

任务一

认识生物制药行业

一、制药行业是关乎生命和健康的行业

（一）医药行业的特殊性

药品，是指用于预防、治疗、诊断人的疾病，有目的地调节人的生理机能并规定有适应症或者功能主治、用法和用量的物质，包括中药、化学药和生物制品等。例如，中药材、中药饮片、中成药、化学原料药及其制剂、抗生素、生化药品、放射性药品、血清、疫苗、血液制品和诊断药品等。

药品为维持人体健康和维系生命提供基本保障，是特殊的商品。药品质量需满足安全性、有效性、稳定性、均一性等特性，否则将危及患者健康，甚至生命。患者使用药物所存在的潜在风险主要源自三个方面：药品质量事故（假药、劣药）、错误用药（超剂量中毒、用错药和不合理用药等）和药品不良反应等。

医药行业中从事药品研发、生产、经营和用药等药事活动的企业、机构，均需按照国家相应法律法规和标准从事药品相关活动，从业人员需提高从业道德修养、掌握专业知识与技能，依从职业道德规范履行职责，生产合格药品和用药，否则可能出现药品质量事故，对患者、医药行业及社会造成难以估量的伤害。

（二）药品质量事故案例

1. 案例一："齐二药"假药事件

（1）案例 2006年4月24日起，中山大学附属第三医院有患者使用齐齐哈尔第二制药有限公司（以下简称齐二药）生产的亮菌甲素注射液后出现急性肾衰竭临床症状。公开报道显示，使用该批号亮菌甲素注射液的患者中，有多人不幸死亡。

（2）调查结果 经相关部门联合查明，齐二药原辅料采购、质量检验工序管理不善，相关主管人员和相关工序责任人违反有关药品采购及质量检验的管理规定，购进了以有毒有害物质二甘醇冒充的丙二醇，并用于生产该注射液，最终导致严重后果。

（3）事件延续　吊销齐二药《药品生产许可证》，并处以1000多万元的巨额罚款，该厂一百七十多个药品批准文号自动作废。经判决，相关药厂、医院、药品经销商向受害患者或家属承担赔偿责任。齐二药相关责任人被判处7年及以下有期徒刑。

（4）案例分析　生产环节违反了《药品管理法》和《药品生产质量管理规范》等法律与规定：生产购入和使用假冒的辅料，该药品为假药；齐二药贿买GMP认证，不具有生产药品的资格；检验人员不是具有依法经过资格认定的药学技术人员等。在经营环节，药品经营企业违反《药品管理法》和《药品经营质量管理规范》等，未对作为其首营品种的涉案假药进行质量检验。另外，假药事件还暴露出职能部门监管不力的问题。

2. 案例二："欣弗"劣药事件

（1）案例　2006年7月27日，青海省药监局最先向国家食品药品监督管理局报告，西宁市部分患者使用安徽华源医药股份有限公司生产的克林霉素磷酸酯葡萄糖注射液（"欣弗"注射液）后，先后出现胸闷、心悸、肾区疼痛、腹痛、过敏性休克、肝肾功能损害等严重不良反应。随后，公开报道显示，全国共11名患者因使用该药死亡。同年11月1日，"欣弗"生产企业的原总经理自杀身亡。

（2）调查结果　监督管理部门通报了调查结果："欣弗"生产企业违反生产规定是导致这起事件的主要原因。该公司2006年6月至7月生产的"欣弗"未按批准的工艺参数灭菌，擅自降低灭菌温度，缩短灭菌时间，增加灭菌柜装载量，影响了灭菌效果。检验表明，该药品无菌检查和热原检查不符合规定。

（3）事件延续　"欣弗"生产企业因生产劣药而被收回大容量注射剂生产资格和"欣弗"药品批准文号，企业负责人被撤职；没收该企业违法所得，并处2倍罚款；该企业停产整顿，回收该企业的大容量注射剂；召回"欣弗"药品，依法销毁。

（4）案例分析　生产环节违反了《药品管理法》和《药品生产质量管理规范》等法律与规定，违规生产无菌检查和热原检查均不符合规定的药品，为劣药。

? 想一想

药害事件一般由生产过程、流通过程或使用过程违规操作造成。违规操作一般源于职业道德的弱化、缺乏信仰，在利益的驱动下，道德水平低下和价值观缺失者失去了对自身行为应有的约束。

历史证明，一个国家和民族，贫弱落后固然可怕，但更可怕的是精神空虚。失去了理想信仰，内心没有约束，行为没有顾忌，再多的外部要求，也会"法令滋彰，盗贼多有"；丢失了主导价值，没有了明确准则，冲破了道德底线，再丰裕的物质生活，也难免"金玉其外，败絮其中"。一个国家的强盛，离不开精神的支撑；一个社会的发展，有赖于文明的推动；一个个人的进步，需要文化的哺育。人民有信仰，国家才有力量，民族才有希望。党的十八大正式提出，要"倡导富强、民主、文明、和谐,倡导自由、平等、公正、法治,倡导爱国、敬业、诚信、友善,积极培育社会主义核心价值观",分别从国家层面的价值目标、社会层面的价值取向和公民个人层面的价值准则三个层面高度概括和凝练出社会主义核心价值观的基本内容。社会主义核心价值观是中国共产党大力弘扬"中国梦"的时代契机下最直接的助推力和精神动力。只有"把社会主义核心价值观融入法治建设、融入社会发展、融入日常生活",才能为全社会营造出培育和践行社会主义核心价值观的良好法治环境,促进社会主义核心价值观由观念层面的倡导转化为行为层面的落实,实现以国民精神支撑国家强盛,以全社会文明的成长支撑民族的进步。

同学们,作为新时代的青年和未来的医药从业者,想一想,我们为什么要培养和践行社会主义核心价值观?

(三) 制药行业在行动

以2006年屡次陷入社会问题旋涡的药品安全事件为例可知,许多药品质量事故悲剧原本是可以避免的。监管到位、制度完善、设施设备完备、从业人员能够严格按照规范和准则从事生产经营是生产合格药品的基础,也是医药行业持续追求的目标。

1. 监管机构方面

2006年发生"齐二药""鱼腥草""欣弗"等几个药品安全大案的企业,全是通过GMP认证的药厂。药监机构监管职能必须得到严格履行,监管改革势在必行,随后2008年药监机构发生调整。事件后,药监系统内失职渎职情况受到查处,揭出众所周知的食药监局腐败案。时任国家食品药品监督管理局局长郑筱萸以受贿罪被判处死刑,剥夺政治权利终身,没收个人全部财产,以玩忽职守罪判处其有期徒刑7年,两罪并罚,被执行死刑,剥夺政治权利终身,没收个人全部财产。该局两名违法的司长分别被判处死缓和有期徒刑15年。

事实上,为了堵住监管漏洞,监管、保障药品安全,政府已多次随着行业发展对药品监督管理机构进行改革,不断地完善监管措施。

国家药品监督
管理机构

2. 法律法规方面

为加强药品生产监管,监管部门制定并持续修订相关法律法规,现行的生产相关法律法规主要有《中华人民共和国药品管理法(2019年第二次修订)》《〈中华人民共和国药品管理法〉实施条例》《药品生产监督管理办法(2020年修订)》《药品生产质量管理规范(2010年修订)》《药品医疗器械飞行检查办法》《药品注册管理办法》和《医疗机构制剂配制质量管理规范》等。

药品生产质量管理规范(GMP)于1962年诞生于美国,此后各国监管机构遵循着"不断发展和完善"的规律建立和完善GMP,朝着规范化和治本方向深化,保障生产、保证质量。我国于 2020 年 1 月修订发布的《药品生产监督管理办法》取消了 GMP 认证发证，但药品生产质量管理规范仍然是药品生产活动的基本遵循和监督管理的依据，并加强上市后的动态监管，由五年一次的认证检查，改为随时对 GMP 执行情况进行检查。

2021 年 5 月 28 日，国家药品监督管理局发布《药品检查管理办法（试行）》的通知，该办法自发布之日起施行。根据新版药品检查管理办法，药品生产许可、药品经营许可由认证改为申请，首次申请《药品生产许可证》的，按照 GMP 有关内容开展现场检查。申请《药品生产许可证》重新发放的，结合企业遵守药品管理法律法规，GMP 和质量体系运行情况，根据风险管理原则进行审查，必要时可以开展 GMP 符合性检查。原址或者异地新建、改建、扩建车间或者生产线的，应当开展 GMP 符合性检查。该办法规定：药品检查分为许可检查、常规检查、有因检查、其他检查（是除许可检查、常规检查、有因检查外的检查）——其中药品监督管理部门或者药品检查机构进行常规检查时可以采取不预先告知的检查方式。

3. 企业方面

企业遵照现行的法律法规，质量管理、机构与人员、厂房与设施、设备、物料与产品、确认与验证、文件管理、生产管理、质量控制与质量保证、委托生产与委托检验、产品、发运与召回、自检方面的建设、管理等方面都必须达到相应的要求。

切实落实企业主体责任。明确持有人和药品生产企业法定代表人、主要负责人的相关责任。对发生与药品质量有关的重大安全事件，依法报告并开展风险处置，确保风险得到及时控制。

4. 人员方面

企业应当配备足够数量并具有相应资质（含学历、培训和实践经验）的管理和操作人员，人员应当明确规定每个部门和每个岗位的职责。人是 GMP 实施过程中的一个重要因素，其一切活动都决定着产品的质量。

药品生产企业管理和技术人员不仅需符合资质要求，还需切实具有相应的知识、技能、道德与 GMP 意识，理解 GMP 的中心指导思想"任何药品质量的形成是设计和生产出来的，而不是检验出来的"，能够全身心依规投入药品生产，全力保证药品质量。①从事药品生产操作必须具有基础理论知识和实际操作技能，员工必须是学习过相关的专业知识或经过专业培训，实际操作考核合格者才能从事生产；②必须满足职业道德要求，明确从业修养，提高医药质量，保证医药安全有效，实行人道主义，全心全意为人民健康服务；③形成良好的职业习惯，养成良好的 GMP 意识，包括法律法规意识、质量意识、规范操作意识、质量保证意识和持续改进意识等。

5. 人才培养方面

构建适应医药企业发展需要的药品生产类专业群及相应的课程体系，全方位培养学生的专业能力（药品研发、生产、经营和使用等能力，从业道德规范）、方法能力（阅读操作标准的能力、动手实施能力、创新能力、自主学习新技术、新知识的能力、分析和解决问题的能力等）、社会能力（团队工作能力、与人沟通能力、工作安全和保护能力等），培养正确的价值观，培育面向医药产品管理、研发、生产、质量控制和经营等专业领域的专业技能人才。

二、 认识生物药物

（一） 生物药物概述

药品主要包括中药、化学药和生物制品等。中草药、化学药物和生物药物是三大药源。

生物药物是指利用生物体、生物组织、体液或其代谢产物（初级代谢产物和次级代谢产物），综合应用化学、生物化学、生物学、医学、药学、工程学等学科的原理与方法加工制成的一类用于疾病预防、治疗和诊断的物质。生物药品主要包括生化药品和生物制品。生化药品和生物制品有着密切的关系，两者无绝对的界线，如原收录于2015年版《中国药典》二部的人胰岛素、人胰岛素注射液、精蛋白人胰岛素注射液和注射液人生长激素四个品种，在2020版中被收录于三部。实际工作中，可以通过批准文号予以区分。

生化药品一般是利用生物体组织、器官等原料，进行提取、精制或者用生物－化工合成方法制成的生物活性成分，通常是较传统的生物药物。收录于《中国药典》第二部，批准文号以"国药准字H"开头，如抗生素、辅酶、激素、氨基酸、酶、蛋白质、多糖和脂类等。

生物制品是指以微生物、细胞、动物或人源组织和体液等为起始材料，用生物技术制成，用于预防、治疗和诊断人类疾病的制剂，如疫苗、血液制品、生物技术药物、微生态制剂、免疫调节剂、诊断制品等，通常为新型的生物药物。收录于《中国药典》第三部（2005年，首次将《中国生物制品规程》合并入药典，设为《中国药典》第三部），批准文号以"国药准字S"开头，如重组人干扰素、乙肝疫苗等。

《中国生物制品规程》的前世今生

（二） 生物药物分类

生物药物可按照来源、大小、药物的化学本质及临床用途等进行分类。如按照大小分类，生物药物可分为小分子类（如维生素和抗生素等）、大分子类（如蛋白质和多糖等）和细胞颗粒类（如益生菌活菌制剂和灭活疫苗等）；按照临床用途可分为预防类、诊断类和治疗类。

生物药物种类繁多，来源多样，任何一种分类都有不完善之处。本教材中生物药物分类以化学本质为主，其他分类方式为辅。因为，化学结构相似，生物药物的物理性质、化学性质、制备工艺和检测方法等往往相似或遵循一定规律，该分类方式便于生产工艺的学习。

1. 氨基酸及其衍生物类药物

用于肝性脑病的精氨酸，用于不能进食、进食不足或不愿进食患者的复方氨基酸注射液（18AA）等都是常用的氨基酸药物；氨基酸衍生物是由氨基酸通过一系列反应化合而成的物质，人体内多种物质，如肾上腺素、甲状腺激素就是氨基酸衍生物。

2. 多肽和蛋白质类药物

多肽和蛋白质都是由氨基酸经肽键连接而成的化合物，只是相对分子质量有差异。多肽药物如催产素等；蛋白质药物有生化分离制得的人血白蛋白和丙种球蛋白等，以及基因重组制得的重组人促红素等。

3. 酶和辅酶类药物

酶类药物按功能分为消化酶、消炎酶和心血管疾病治疗酶等。辅酶类药物在酶促反应中起到传递氢、电子和基团的作用，广泛用于肝病和冠心病的治疗。

4. 核酸类药物

传统的核酸药物，如 DNA 用于治疗精神迟缓、虚弱和抗辐射，RNA 用于慢性肝炎、肝硬化，多聚核苷酸用作干扰素的诱导剂。新型的核糖核酸药物有 mRNA 治疗药物、mRNA 疫苗和 CRISPR RNA 等。RNA 干扰技术（RNAi）被用于后基因组时代确定各种基因功能及其同疾病的关系，被认为是一种具有巨大商业价值的潜在靶向疗法。

5. 糖类药物

糖类药物是具有抗凝血（如肝素）、降血脂（如海藻多糖）、抗病毒（如黄芪多糖）、降血糖（如灵芝多糖）和抗肿瘤（如香菇多糖）等功能的糖类。

6. 脂类药物

磷脂类如脑磷脂、卵磷脂可用于治疗肝病、冠心病和神经衰弱症。脂肪酸可用于降血脂、降血压、抗脂肪肝等。

7. 维生素类药物

维生素对机体的代谢有调节作用，人体对维生素的需要量小，但不可或缺。

8. 多组分的生物药物

传统生化药物和疫苗等部分现代生物制品往往是多种或多类化合物的混合物，甚至是局部或完整的生物体，并非含有单一的化学成分。

（三）生物药物特性

人体是一个有机的整体，体内各种物质代谢是相互联系、相互制约的。机体受到病原体的侵袭或内外环境改变时，调控作用的酶、激素、核酸、细胞因子和蛋白质等生物活性物质受到影响，则导致代谢失常、体内平衡失调。生物药物与人体原有的生物活性物质十分接近或相同，用于治疗更加有针对性。

1. 药理学特性

（1）治疗的针对性强、疗效高　机体在内因或外因的作用下，体内平衡受损害，某种成分的浓度或活性水平升高或降低，会发生疾病。生物药物可针对性地予以补充、调节。

（2）营养价值高、毒副作用小　生物药物为生物分子，通常是或者可以代谢成机体所需营养成分或物质。如蛋白质可分解成氨基酸，核酸可降解为核苷酸、核苷、碱基等，发挥药效后可被人体吸收。

（3）免疫性副作用常有发生　生物大分子和颗粒类生物药物分子质量较大，免疫原性强，可能引发人体免疫应答，产生免疫副作用。

2. 原料的特性

（1）天然来源的原料中药理学活性成分含量低，杂质多　生物活性物质在生物体中含量低，原料中非目的物质的比例较高，需要较复杂生产工艺予以去除。

（2）来源广泛，多种多样　同种生物药物可能由不同的生物原料制备而来。另外，生物活性物质种类繁多，潜在来源广泛，如研究发现苍蝇体内有抗菌活性极强的物质，苍蝇亦可能成为人类对抗病原微生物的潜在药物来源。

（3）原料容易腐败变质　生物机体含有大量营养价值高的物质，失去生命的生物性原材料不再具有完整外表包裹，内在免疫系统和抑菌物质等也受到破坏，易变质。

3. 生产的特殊性

生物活性不仅取决于生物物质的组成，通常还和结构有关。对某些条件敏感，光、热、酸、碱、重金属、pH、溶氧、生产设备等条件可能会影响生物物质立体结构。生物药物检测时，需进行理化性质检测和针对性的活性测定。对于易失活生物药物，适宜制成注射剂。

（四）生物药物发展史

伴随科技发展，尤其是生命科学技术的发展，生物药物持续更新换代。生物药物发展大致已经历三个阶段。目前，三代生物药物并存，呈现竞争与互补的共同发展局面。

第一代生物药物是利用生物材料加工制成的含有某些天然活性物质与混合成分的粗制品。该类生物药物制造工艺简单，有效成分不明确，但能发挥一定的疗效。

第二代生物药物是根据生物化学和免疫学原理，应用近代生化分离技术从生物体制取的具有针对性治疗作用的特异生化成分或合成与半合成的产品。如胰岛素和尿激酶等，该类生物药物经一系列由分离纯化单元操作技术组成的生产工艺制备而成，有效成分明确，疗效确切。

第三代生物药物是应用现代生物工程技术生产的天然生物活性物质，以及通过设计制造的具有比天然物质更高活性的类似物或自然界不存在的全新活性成分，生产工艺复杂。如利用细胞融合技术生产的单抗，利用基因工程技术生成的重组乙肝疫苗等。

（五）生物药物实用概念

1. 新药

新药是指未曾在中国境内上市销售的药品。药界有一个著名的"双十"定律：研发一款新药约需要10亿美金、10年时间。一个新药可能需要5亿~6亿美元直接成本，但新药开发的失败率较高，其他失败药物的研发的成本也会计入成功新药的总成本中，所以一个重大新药研发的费用能突破10亿美元。新药研发成本高昂，但在新药可带来巨大收益的驱动下，有实力的药企投入巨资开展研发。

根据发明专利保护原则，从申请专利起20年的时间内其他企业不得仿制。假设某新药的研发周期约10年，将会剩余10年独家销售期，如果每年平均卖到5亿美元，专利到期以前就可以卖到50亿美元。除核心专利，原研药企业还会申请组合物专利、合成方法专利以及新的用途专利等外围专利，通过外围专利群给仿制药厂家设置技术屏障，以尽量延长垄断市场的时间。药企还会在专利期内将新药卖到较高价格，尽快收回成本，获取利润，并继续投入资金用于其他新药研发。如未能有效利用专利规则来保护权益，则蒙受巨大经济损失。

2016—2017年美国证券交易委员会对2007年3月—2015年10月获得FDA批准的10种药物（开发者此前无药物获得FDA批准上市）统计情况，见表1-1。其中卡博替尼由于专利申请问题，原研企业Exelixis受到极大的经济损失。

表1-1 FDA批准肿瘤药物的研发支出与销售收入/研发支出的估算

序号	药物	批准日期	研发耗时/年	研发费用/百万美元	收入/研发费用率/%
1	依库珠单抗	2007年3月	15.2	817.6	1588.5
2	普拉曲沙	2009年9月	6.8	178.2	171
3	本妥昔单抗	2011年8月	10.6	899.2	115
4	鲁索替尼	2011年11月	7.8	1097.8	205.1
5	恩杂鲁胺	2012年8月	7	473.3	4451.4
6	长春新碱脂质体	2012年9月	6.3	157.3	129.8
7	卡博替尼	2012年11月	8.8	1950.8	17.5

续表

序号	药物	批准日期	研发耗时/年	研发费用/百万美元	收入/研发费用率/%
8	普纳替尼	2012年12月	5.9	480.1	1136.8
9	依普替尼	2013年11月	7.6	328.1	6789.1
10	伊立替康脂质体	2015年10月	5.8	815.8	130.6

注：收入金额截止至统计前。

新药研发难度较大。据统计，2005—2016年我国Ⅰ类新药申报数量为855个，批准上市32个（化学药21个，生物制品11个），上市批准率为3.7%。

2. 孤儿药

"孤儿药"直译为"治疗罕见病的药物"，曾被称为"商业价值有限的重大药物"。美国FDA认定的罕见病的标准是患病人数小于20万人的疾病。由于患者群体小，鲜有企业开发此类药物。1983年美国批准《孤儿药法案》，从此孤儿药得到药企青睐，2017年时，孤儿药占到FDA批准新药数量的44%。截至2019年年底，FDA共授予5216个孤儿药资格，批准841个孤儿药适应症。

认定为孤儿药并不意味着批准上市，药企研发孤儿药的原动力主要在于：①加快新药上市：孤儿药可进入FDA的快速审批通道，免做三期临床试验，缩短从申报到批准上市时间，最短可能只要1年时间；②后续可增大患者群体范围：药企可以通过"超适应证"用药，以孤儿药的名义开出针对其他疾病的处方；③孤儿药售价高昂：据统计，截至2017年总共约490个孤儿药品种，年费用平均为123543美元，是普通药物的25倍。以位列最昂贵药物榜首的"孤儿药"阿利泼金为例，用于治疗载脂蛋白脂肪酶缺乏症，其适应症的患病率仅为百万分之一，该药在欧盟的市场容量只有150~200人，一个疗程约762万元，足以买一辆劳斯莱斯汽车。

3. 重磅炸弹药物

重磅炸弹药物是指全球年销售额超过10亿美元的药品，年销售超过100亿美元的药品则往往被称为"超级重磅炸弹"。

重磅炸弹药物的特征有以下几点。

（1）药效好是重磅炸弹药物畅销的基础 重磅炸弹药物能够畅销的首要条件是针对某一疾病具有良好的治疗作用且副作用小，得到处方医生和患者广泛的认可，是某一疾病的标准治疗药物。

（2）科技创新是重磅炸弹药物研制的核心 大型跨国制药企业重视研发资金、技术实力的投入，往往每年投入占销售额17%甚至更高比例的资金进行研发，聚集了一大批有实力的新药研究与开发人才，为开展创新药研究提供重要保障。

（3）后续研究是重磅炸弹药物成熟的重要保障 重磅炸弹药物的成功还在于

其上市后不断进行的后续研究，进行临床对比试验、新适应症的开发、联合用药的研究等，进一步拓展其市场容量和规避风险的能力。

（4）市场培育是重磅炸弹药物发展的基本条件　新药上市时，广大处方医生和患者并不认知，这就需要制定正确的市场营销策略迅速打开市场，逐渐被医生和患者接受。以修美乐为例，1993年开始研发，2003年在美国上市后，销量持续飙升，2012年至今连续9年为全球药品销售冠军，累积销售额已经超1500亿美元，见表1-2。

表1-2　修美乐近九年销售额

年度	2012	2013	2014	2015	2016	2017	2018	2019	2020
销售额/亿美元	92.65	106.59	125.43	140.12	160.78	184.27	199.36	191.69	198.3

（5）专利保护是重磅炸弹药物垄断的关键　完善的知识产权保护制度，激励企业进行创新研发，利用知识产权获得市场竞争优势和垄断，确保获得高额利润。所有重磅炸弹药物都在上市之前申请了专利，确保其获得市场垄断。专利药对创新驱动的作用十分显著。为了延长知识产权的保护，维护创新产品的生命周期，派生出诸如工艺、制剂、晶型等专利。

重磅炸弹药物现状

4. 专利保护

专利是指受到专利法保护的发明创造。发明专利权的期限为20年，实用新型专利权和外观设计专利权的期限为10年，均自申请日起计算。

药品从药物的创新角度来说，分为专利药和非专利药。专利药是指药物有专利保护，拥有专利药品的公司可生产或转让其他公司生产该药品，禁止无专利权企业生产。原研药一般申请发明专利。专利权人在专利保护期限内有权禁止他人制造、使用、许诺销售、销售或者进口其专利药品。新药专利保护期让专利发明人或组织在规定期限内获得专利收益回馈的保障，这样可以鼓励更多企业创新药物，促进新药发展。非专利药一般指仿制药，如化学仿制药和生物类似药，当药品专利保护到期后，各药厂才可以合法生产。

专利药保护到期会催生仿制药的出现，仿制药会拉低销售价格和抢占原研药市场份额，使原研药出现专利悬崖。原研药厂家为了应对竞争、延长产品的生命周期、保护市场，在技术上进行升级、开发新的适应证，并布局新专利对原研产品进行保护，充分利用专利诉讼，阻止生物类似药上市或与生物类似药厂家和解来推迟生物类似药的上市时间；在商业策略上，原研药厂积极应对价格竞争，也会根据市场情况主动降价。

以修美乐为例，受欧洲等地区专利已经到期的影响，它的销售额比2018年下降了3.85%，但仍然蝉联了2019年全球药品销售冠军。AbbVie公司为阿达木单抗申请了247项专利，并获得了132项专利授权。尽管FDA已批准了4款阿达木单抗类似药上市，不过 AbbVie 通过专利诉讼和解的方式，已经与 8 家开发阿达木单抗类似药的公司达成和解，要求这几个生物类似药产品在美国上市的时间推迟到 2023 年，维持其在美国市场的独占地位。未来几年销售额将不断下滑，但不至于断崖式的跌落，一系列的专利保护措施，使得它未来几年还能受专利保护。

5. 生物类似药

（1）生物类似药概述　生物类似药是指在质量、安全性和有效性方面与已获准注册的参照药具有相似性的治疗用生物制品。参照药是指已获批准注册的，在生物类似药研发过程中与之进行对照试验研究用的产品，包括生产用的或由成品中提取的活性成分，通常为原研产品。原研产品是指按照新药研发和生产并且已获准注册的生物制品。

我国，化学药注册按照化学药创新药、化学药改良型新药、仿制药等进行分类，生物制品注册按照生物制品创新药、生物制品改良型新药、已上市生物制品（含生物类似药）等进行分类。化学仿制药的英文是 generic drug，生物类似药并非 biogeneric，而是 biosimilar，因为生物类似药不可能完全和原研药相同，只能达到与原研药"相似"。生物类似药并非简单的仿制药，因此，并未将其称为生物仿制药。

开展生物类似药的研发，有助于提高生物药的可及性和降低价格，更好地满足公众对生物治疗产品的需求。

（2）生物类似药的特点　相比于化学仿制药，生物类似药有"两高一低"的特点。

①技术门槛高：生物类似药的纯度、杂质含量、生物学活性、免疫学特性、糖基结构等指标都要在一定范围内，技术要求很高，研发壁垒高。例如美罗华，抗体 Fc 片段的作用很重要，这牵涉抗体依赖的细胞介导的细胞毒性作用（ADCC）和补体依赖的细胞毒性作用（CDC）的生物学活性，两者的活性和糖基结构密切相关，而生物类似药糖基结构难以和原研药完全一样，可见制得与参照药相似疗效的生物类似药难度之大。

②投资门槛高：研发生物类似药的资金门槛很高。不同于化学仿制药，生物类似药在开发过程中由于要和原研药进行更多维度的药学、非临床、临床对照研究，以评估二者在药动学、药效学、免疫原性等方面的差异，所需要耗费的资金、时间、人力投入成本都更高，购买用于研究的原研药可能达上亿元，资金实力不强的企业无法做生物类似药。

③降价幅度低：化学药通常是化学合成的小分子，生物药则通常是生物合成的大分子，生物药的分子结构要远比化学药复杂。与化学仿制药在结构、成分、生产方法和设备、知识产权、配方、保存方法、剂量、监管方式、销售方式、研发难度及投入等方面的差异，决定了不会出现大量的生物类似药生产企业，不会出现严重价格竞争的情况。

生物药原研药与化学药原研药在专利到期后销售额都会下滑，但是生物药的专利悬崖并不明显。按照国际惯例，生物类似药的定价一般为原研药价格的70%～80%，总体降价幅度远远低于化学药，化学药专利到期后其化学仿制药价格低于原价的50%，甚至降幅达90%的情况。

（3）生物类似药发展情况　随着原研生物药专利陆续到期及生物技术的发展，生物类似药开始涌现。2005年，在欧盟完善法律框架下建立的《生物类似药指南》生效，2006年欧洲药品管理局（EMA）批准第一个重组人生长激素的生物类似药。2015年3月，美国FDA批准了第一个生物类似药——山德士的Zarxio上市。至2019年年底，EMA已经批准了60多种生物类似药上市，FDA批准了24个生物类似药上市。

2019年是中国生物类似药的元年。复宏汉霖旗下自主研发的首个中国"国产"生物类似药——单抗药物汉利康®（利妥昔单抗注射液）上市，并已获批原研药在中国已批准的三个适应证，填补了我国生物类似药市场的空白。之后，百奥泰生物研制的阿达木单抗注射液（商品名：格乐立）、海正药业研制的阿达木单抗注射液（商品名：安健宁）和齐鲁制药研制的贝伐珠单抗注射液（商品名：安可达）均先后获批上市。四个生物类似药先后获批上市，标志着中国生物类似药领域在2019年迎来了突破性的进展，中国的生物类似药由研发纪元走向商业化纪元。至2019年，我国已成为生物类似药在研数量最多的国家，先后有近200余个生物类似药临床试验申请获得批准，部分产品已完成Ⅲ期临床试验并提交了上市注册申请。生物类似药打破了原研品牌独占市场的局面，同时以更实惠的价格提高患者可及性。

6. 生物制品分类

2020年4月国家药品监督管理局综合司发布的《生物制品注册分类及申报资料要求（征求意见稿）》中，生物制品分为预防用生物制品、治疗用生物制品和按生物制品管理的体外诊断试剂三类。

（1）预防用生物制品　预防用生物制品是指用于预防人类传染病或其他疾病的生物制品，如细菌性疫苗、病毒性疫苗等。按照产品成熟度的不同，将预防用生物制品（以下简称：疫苗）分为三类。

1类：创新型疫苗。境内外均未上市的疫苗。

2类：改良型疫苗。对境内或境外已上市疫苗产品进行改良，使新产品在安全性、有效性、质量可控性方面有所改进，且具有明显优势的疫苗。

3类：境内或境外已上市的疫苗。

（2）治疗用生物制品　治疗用生物制品是指用于人类疾病治疗的生物制品，如采用不同表达系统的工程细胞（如细菌、酵母、昆虫、植物和哺乳动物细胞）所制备的蛋白质、多肽及其衍生物；从人或者动物组织提取的单组分的内源性蛋白；细胞治疗和基因治疗产品、变态反应原制品、微生态制品、由人或动物的组织或者体液提取或者通过发酵制备的具有生物活性的血液制品和多组分制品等。生物制品类体内诊断试剂参照治疗用生物制品管理。

按照产品成熟程度，将治疗用生物制品分为以下三类。

1类：创新型生物制品。境内外均未上市的治疗用生物制品。

2类：改良型生物制品。对境内或境外已上市产品进行改良，使新产品的安全性、有效性、质量可控性有改进，具有明显优势的治疗用生物制品；新增适应症的治疗用生物制品。

3类：境内或境外已上市生物制品。

（3）体外诊断试剂　按照生物制品管理的体外诊断试剂是包括用于血源筛查的体外诊断试剂、采用放射性核素标记的体外诊断试剂。

根据成熟程度可分为以下两类。

1类：创新型体外诊断试剂。

2类：境内外已上市的体外诊断试剂。

三、认识生物医药产业

（一）生物医药产业特点

建立生物制药企业需较大投资。参考新药研发的"双十"定律和生物类似药的"两高一低"特点可知，生物药物研发技术难度大、研发投入高、研发周期长。再加上原料和生产要求的特殊性、生产工艺的复杂性，生物药物的生产成本很高。生产中，对生产环境的洁净度要求高，且生产设备价格高昂，生物药物生产企业设施设备投资较多。当然，生物制药企业的经济效益和收益通常也比较可观。

总体上，生物制药产业的特点是投资大、回报高、风险大和周期长等。另外，生物药物生产制造一般在常温常压下进行，能源和原材料消耗较少，还具有污染小的特点。

（二）国际医药企业发展情况

美国 *Pharm Exec* 杂志公布基于各大药厂2019年的处方药销售数据的2020年度《全球制药企业50强》排行榜，见表1-3。从榜单可知，药企新药研发投入总体维持高水平，其中TOP10制药企业研发投入率（R&D投入/销售额）为15%～24%。从2020年国际知名咨询机构 Informa Pharma Intelligence 公司的 Pharmaprojects 数据库来看，制药巨头在研药物数量也处于领先地位，可见，制药巨头在研发方面的大量投入对于其持续上市新药和维持收入处于领先地位提供了强有力的支撑。

表1-3 2020年度《全球制药企业50强》排行榜（节选前10强）

排名	公司名称	公司所在地	处方药销售额/亿美元	R&D投入/亿美元	研发投入率/%	在研药物数量/排名
1	罗氏（Roche）	瑞士	482.47	102.93	21.33	174个/5
2	诺华（Novartis）	瑞士	460.85	83.86	18.20	222个/1
3	辉瑞（Pfizer）	美国	436.62	79.88	18.30	170个/6
4	默沙东（Merck & Co）	美国	409.03	87.30	21.34	157个/8
5	百时美施贵宝（Bristol Myers Squibb）	美国	406.89	93.81	23.06	189个/3
6	强生（Johnson & Johnson）	美国	400.83	88.34	22.04	182个/4
7	赛诺菲（Sanofi）	法国	349.24	60.71	17.38	137个/11
8	艾伯维（AbbVie）	美国	323.51	49.89	15.42	89个/16
9	葛兰素史克（GSK）	英国	312.88	55.41	17.71	144个/9
10	武田制药（Takeda）	日本	292.47	44.32	15.15	198个/2

（三）我国医药企业发展情况

经过多年发展，中国已成为全球第二大医药消费市场、第一大原料药出口国。据统计，我国现有7690多家规模以上制药企业。2017年，医药制造业年度主营业务收入超过2.5万亿元人民币。有约50家制剂企业通过欧美的认证或检查，医药制造品出口额超过135亿美元，这说明中国医药产业已经具备为世界其他国家提供安全可靠医药产品的能力。

我国医药制造业为国家富强做出了突出贡献。中国已扭转医药不能自给，依靠进口而受制于列强的局面。然而，我们在为医药制造行业取得巨大成就而自豪时，还需清晰认识到，受起点低和发展历史短等现实制约，我国尚处于由仿制药"大国"迈向创新药"强国"，从落后到追赶直至超越的进程之中。同学们，作为中华民族的一分子和保障人民健康事业的医药人，让我们刻苦学习，夯实专业知识与技能，把实现做有梦想的医药人的个人理想融入实现医药工业现代化和医药科技现代化的奋斗中，进而结合到实现国家富强的中国梦中，凭借点滴辛勤劳动和创造性贡献去生产合格药品，解决药品、医疗器械、医用设备、疫苗等领域"卡脖子"问题，把个人奋斗融入国家发展的历史潮流，为我国实现民富国强尽绵薄之力。为把我国全面建成社会主义现代化强国而奋斗。

比较我国医药工业乃至整个国家在新、旧社会时期的变化及国际地位的巨变，想一想：富强为什么被认为是社会主义核心价值观的首要价值目标？

2018年我国生物药行业市场规模已经超过3500亿元，共有9个自主研发的1类新药获批上市，是我国批准1类新药上市数量最多的一年。2018年，在生命科学和生物技术领域专利申请数量和授权数量方面，中国仅次于美国，位居全球第二；2018年中国发表生命科学论文120537篇，数量仅次于美国，位居全球第二；中国生命科学论文数量占全球的比例从2009年的6.56%提高到2018年的18.07%。

Pharmaprojects数据库显示，2019年世界上制药研发公司的地理分布（总部所在地）继续呈现向东部迁移的态势。中国已跃升至全球第二大制药研发国，总部在中国的新药研发企业数量占全球药物研发企业的比例，已从2018年的6%增至7%。从事新药研发的中国新药企业数量已从2018年的262家增长至301家，增幅高达15%，中国市场已呈现出较为稳健的扩张速度。2020年度有4家中国企业进入了《全球制药企业50强》，分别是第37位云南白药、第42位中国生物医药，第43位恒瑞医药和第48位上海医药，而2019年时只有中国生物医药和恒瑞医药两家进入该榜单。我国部分知名医药企业的研发投入率已接近全球顶尖跨国药企。医药研发投入持续增长，为我国医药产业持续发展成为医药强国奠定基础。

我国医药行业经历了从"跟踪仿制"向"模仿式创新"的历史转变，接下来将逐步迈向原始创新的新阶段。《中华人民共和国国民经济和社会发展第十四个五年规划和2035年远景目标纲要》中明确指出，整合优化科技资源配置，以国家战略性需求为导向推进创新体系优化组合，在生物医药重大创新领域组建一批国家实验室，重组国家重点实验室，形成结构合理、运行高效的实验室体系，并提出加快发展生物医药、生物育种、生物材料、生物能源等产业，做大做强生物经济。该纲要为优化升级生物医药产业和推动生物医药创新提供保障和指明方向。将极大提升药企研发新药的积极性。

我国医药行业为了人民健康，一直在持续改革与发展之中，政策落地与行业转型阵痛并存。以2019年为例，从年初的保健品调查、仿制药一致性评价、"4+7"带量采购品种和试点区域扩大、辅助用药监控到新一轮医保目录调整和谈判，限制用药和控费趋严、医保支付改革、药占比控制等政策叠加影响，生产企业、流通企业、医疗机构、医保监管和医生患者等医疗产业上的每一环，都面临着不同的转型需求。

? 想一想

我国始终把人民群众的生命安全和身体健康放在第一位，"健康中国"成为国家战略，建成健康中国是到二〇三五年，我国发展的总体目标之一。我国的人均预期寿命已从新中国成立初期的35岁提升到2021年的78.2岁。婴幼儿死亡率从新中国成立初期的200‰左右下降至5.0‰，孕妇死亡率由新中国成立初期的10万分之1500下降到了10万分之16.1。通过世界卫生组织用来衡量国家健康水平的以上三个指标可知，我国主要健康指标优于中高收入国家平均水平。我国已成功消除天花、丝虫病、致盲性沙眼，有效控制了传染病的流行和蔓延，地方病严重流行趋势得到有效遏制。我国基本医保覆盖面稳定在95%以上人口，编织起了全球最大的基本医疗保障网，中国已经从"东亚病夫"变成"东方巨人"，是世界最大的人口健康资本国家。在"多尊重生命、捍卫生命"这一判断一个国家有多民主和尊重人权的标准上，我国无疑取得巨大成功。我国全力维护人民健康，为民做主，是发展和维护人民根本利益的真民主，也印证了国家重视发展民主政治，尊重和保障人权，广大人民的权益随着社会进步而日益充分实现。

新中国成立70余年来，我国医药卫生事业发展成就显著，想一想：生存权与自由权的辩证统一关系，为什么说能够维护人民生命健康的民主才是真的民主？

任务二

认识生物制药环境

一、洁净环境

（一）洁净区的标准

生产环境洁净是生产合格药品的前提。药品生产的洁净区分为A级、B级、C级、D级4个级别。

A级洁净区是高风险操作区，如灌装区、放置胶塞桶和与无菌制剂直接接触的敞口包装容器的区域及无菌装配或连接操作的区域，应当用单向流操作台（罩）维持该区的环境状态。单向流系统在其工作区域必须均匀送风，风速为 $0.36 \sim 0.54 m/s$（指导值）。在密闭的隔离操作器或手套箱内，可使用较低的风速。

B级洁净区指无菌配制和灌装等高风险操作A级洁净区所处的背景区域。

C级和D级洁净区指无菌药品生产过程中重要程度较低操作步骤的洁净区域。

不同级别洁净区的空气悬浮粒子、微生物等指标均需达到相应标准，见表1-4、表1-5。

表1-4 各级别洁净区空气悬浮粒子的标准

洁净度级别	悬浮粒子最大允许数/m³			
	静态		动态	
	$\geqslant 0.5\mu m$	$\geqslant 5\mu m$	$\geqslant 0.5\mu m$	$\geqslant 5\mu m$
A级	3520	20	3520	20
B级	3520	29	352000	2900
C级	352000	2900	3520000	29000
D级	3520000	29000	不作规定	不作规定

表1-5　各级别洁净区微生物监测的动态标准

洁净度级别	浮游菌/(CFU/m^3)	沉降菌(ϕ90mm)/(CFU/4h)	表面微生物 接触(ϕ55mm)/(CFU/碟)	表面微生物 5指手套/(CFU/手套)
A级	<1	<1	<1	<1
B级	10	5	5	5
C级	100	50	25	—
D级	200	100	50	—

（二）洁净室

洁净室是洁净区的基本单位，药品生产的场所，也是药品生产实现全过程质量控制的重要环节。合理的厂房布置使洁净室内的人员、设备和物料在空间上实现最合理的组合，有效地增加工作空间、节约建造和运行成本，保障生产环境符合GMP要求。为达到相应的洁净度，洁净室的建造比其他建筑物要求高得多。

1. 防止污染或交叉污染

（1）依据生产工艺要求，洁净车间合理布置人员和物料的进出通道。

（2）尽量减少人员和物料出入口，并分别设置，避免交叉和往返，以利于洁净度的控制。洁净门的开启方向应当与气流方向相反，以帮助维持压差。

（3）进入洁净室（区）的人员和物料应有各自与洁净等级相适应的净化室和设施。

（4）进入洁净区的空气和生产用气体等均应按工艺要求进行净化。

（5）分别设置输送人员和物料的电梯，洁净区内不宜设电梯。必须设置时，电梯前应设气闸室或其他防污染设施。

（6）原料存放、半成品、待验品、合格品和不合格品需分区域存放，最大限度地减少差错和交叉污染。

（7）不同药品、规格的生产操作不能在同一生产操作间内同时进行。

（8）更衣室、浴室、厕所、洁净区内水池和地漏的设置不能对洁净室产生不良影响。

2. 合理布局洁净区域

（1）集中布局洁净等级要求相同的房间，以利于通风和空调的布置。

（2）洁净等级不同的房间之间要设置如气闸、风淋室、缓冲间及传递窗等防污染设施。

（3）在有窗的洁净厂房中，将洁净等级要求较高的房间布置在内侧或中心部位，且靠近空调室，并布置在上风向。

（4）洁净厂房的耐火等级不能低于二级，洁净区（室）设置不少于两个安全出入口，紧急情况时避免走曲折的卫生通道。

3. 室内装修应有利于清洁

（1）洁净室内表面平整光滑，装修材料本身易清洁、不易起尘、脱落。

（2）墙面与地面、墙面与顶棚、墙面与墙面的连接处宜做成弧形，要选用气密性良好且易于清洁的组件，以减少灰尘的积聚。

（3）洁净室的围护结构和室内装修材料应能耐受不同化学物质的反复清洗、消毒和抵抗表面氧化（如臭氧、过氧化氢等）。

（4）尽可能暗铺通风管路、上下水管路、蒸汽管路、压缩空气管路、物料输送管路以及电气仪表管线等管线。如确需明铺管路，外表面应光滑、易清洁。

（5）洁净室内的构件（如监控探头、消防喷淋头、电话等）应便于清洁。

（三）洁净设施设备

1. 空气过滤器

空气过滤器是空气洁净技术的主要设备，对于创造局部或整体空间的洁净环境是不可缺少的。

（1）空气过滤器分类　根据过滤效率，通常可分为初效、中效、高中效、亚高效和高效空气过滤器等。

初效过滤器常用于首道过滤器，截留大微粒，主要是 $5\mu m$ 以上的悬浮微粒及异物，可做一般净化程度系统的末端过滤器或高效过滤器的预过滤器。还有中效过滤器（截留 $1\sim10\mu m$ 的悬浮颗粒，以过滤 $1\mu m$ 为准）、高中效过滤器（截留 $1\sim5\mu m$ 的悬浮颗粒，以过滤 $1\mu m$ 为准）、亚高效过滤器（截留 $1\mu m$ 以下的亚微米级的微粒，以过滤 $0.5\mu m$ 为准）等过滤器；高效过滤器是洁净室最主要的末级过滤器，习惯上以 $0.3\mu m$ 为准，以过滤 $0.1\mu m$ 为准的高效过滤器习惯上称为超高效过滤器。

（2）空气过滤器的应用

①空气净化系统：空气过滤器与加湿、消声等设施设备组合可建设成覆盖整个车间或洁净室的空气净化系统，与其他措施共同保障大范围空间的洁净度。

②洁净工作台和层流罩：空气过滤器加装于空气净化系统中，可以维持生产空间中的局部空间有更高的洁净度。

③无菌空气过滤器：用管路将可灭菌的空气过滤器连接于发酵罐、生物反应器或培养装置等无菌培养设备，灭菌后作为连接无菌培养设备内外气体的通道，向培养设备供入洁净空气、氧气或二氧化碳等无菌气体并避免培养设备内生物体逃逸。一般无菌空气过滤器中滤膜孔径为 $0.2\mu m$，见图 1-1。

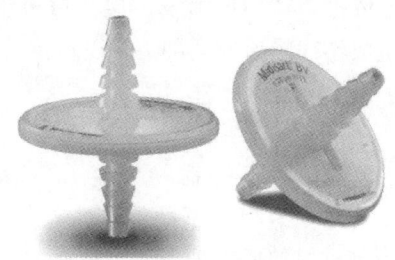

图 1-1　无菌空气过滤器

2. 洁净工作台

洁净工作台可根据产品生产要求，实现局部净化，使操作台上保持高洁净度，见图1-2（1）。主要由预过滤器、高效过滤器、风机机组、静压箱、外壳、操作台面和配套的电气元器件组成。按气流形式，可分为水平单向流和垂直单向流两类；按气流的循环方式，可分为直流式和循环式。洁净工作台滤过效率通常为0.3μm或0.5μm，可达A级。

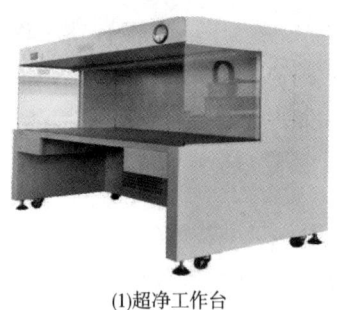 

(1)超净工作台　　　　　　　　(2)洁净层流罩

图1-2　超净工作台和洁净层流罩

洁净工作台的基本功能：①足够的送风量、适宜的过滤装置、合适的气流流型、均匀的气流分布，确保达到相应空气洁净度和气流要求；②照明适宜、噪声低、振动小，满足相关标准、规范的要求；③操作台面及工作台内表面光滑、平整、无凹凸、无死角、防止积尘；④工作台内有紫外线灯等消毒装置，操作台面及工作台内表面耐受乙醇等消毒溶液；⑤如有排风装置，应选用必要的排气处理装置或技术措施，达到不污染室内外环境或达到允许的排放要求。

3. 洁净层流罩

层流罩是垂直单向流的局部洁净送风装置，使局部区域可达A级的洁净环境，见图1-2（2）。其基本组成有外壳、预过滤器、风机（有风机的）、高效过滤器、静压箱和配套电器、自控装置等。

依据生产环境需要，层流罩可单体使用，也可多个单体拼装组成洁净隧道或局部洁净工作区。

（四）污染源控制措施

1. 外部污染控制

洁净室为相对密闭空间，外界气体主要是通过空调系统，以新风供风的形式进入洁净室。

洁净层流罩
（动画）

（1）药品生产企业选址需选择在大气含尘浓度低，周围环境整洁的区域，从而减少进入洁净室新风的含尘量与含菌量。

（2）厂区内应尽量减少露土面积，厂区内宜铺设草坪，但不宜种植产生花粉污染和招惹昆虫的花。

（3）洁净室内保持正压，阻止外部污染物通过缝隙进入洁净室。

（4）用于维持房间正压和操作人员健康的室外新鲜空气应经过净化处理。

2. 人员污染控制

人约占洁净区总污染的80%，是最大的污染源。在相对较轻松的工作条件下，每人每分钟大概释放10000个颗粒物（这些颗粒大小一般为0.3μm或更大）。而在燥热且不舒适的环境下工作的人，每分钟能够释放出上百万的颗粒物，包括更多的细菌。

（1）洁净室的入口处应设置跨越凳等换鞋设施。

（2）根据产品生产工艺和洁净度等级要求，车间设有相应级别的人员净化室，用于换鞋、存外衣、盥洗、消毒、更换洁净工作服等工序，配备气闸等设施。

（3）气闸室的门应有互锁装置，出入口的门无法同时被打开，避免内部洁净区与外部非洁净区的空气直接连通。

（4）高致敏性、高活性药品及有毒害药品生产车间的人员净化室，应采取防止有毒有害物质被人体带出受控区域的措施。

3. 物料污染控制

物料包括进入洁净室的原辅料、包装材料和其他生产用物品。物料的运输、存储环节通常是在一般环境中进行的，外表面可能污染有尘土或微生物，进入洁净室前必须经过相应的净化处理。

物料的出入口设置物料净化室和设施，如物料外清间、气闸室或传递窗。在外清间拆除物料外包装并进行表面清洁和消毒，然后通过气闸室或传递窗处理后进入洁净区。

进入无菌区的物料还应在入口处设置提供物料、物品灭菌用的灭菌设施，如将清洗后的耐高温灭菌的器具在非无菌区一侧装入双扉灭菌柜，灭菌后再在无菌区一侧打开双扉灭菌柜后取出。

4. 昆虫污染控制

昆虫是造成污染特别是交叉污染的一个重要因素。生产车间门口设置灭虫灯，设置隔离带和空气幕等措施，能有效防止蚊虫等进入生产区域。

二、空气净化系统

药品生产过程中须采取一定的空气净化措施，以达到一定的洁净度。

（一）空气的净化

空气净化系统主要包含空气混合、初效过滤、冷却、加热、加湿、送风、均流、中效过滤、消声、亚高效或高效过滤等功能的单元体，系统示意见图1-3。过滤功能主要有初效过滤、中效过滤、亚高效/高效过滤等三级，根据洁净室的洁净要求，可采用两级或三级过滤。

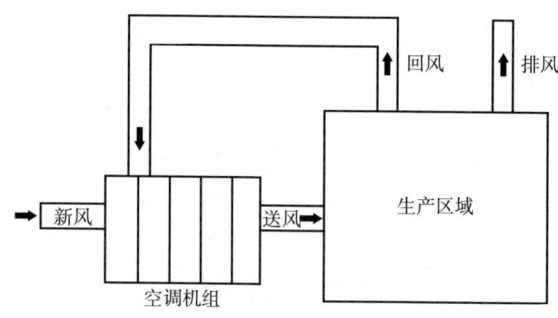

图1-3　洁净室净化气路示意

（1）混合是指将洁净室流出的回风与室外的新风进行混合，根据洁净环境的需要，可调节回风与新风的比例。混合空气在洁净度和温湿度方面都要优于新风，尤其在较热或寒冷天气时，可以降低空调的损耗和运行成本。

（2）初效设备有板式、折叠式、袋式三种，能捕集新风中大于 $5\mu m$ 的大颗粒尘埃和悬浮物，减轻中效过滤器的净化负担。

（3）冷却常采用铜管串铝箔结构的表冷器，来降低新风、回风的温度和相对湿度，发挥控温作用和除湿作用。

（4）加热空气常采用内置钢管绕钢片式或铜管串铝箔式高效热交换器。

（5）加湿是在气候干燥的地区或季节，通常使用干蒸汽加湿器或电加湿来对空气进行加湿，控制气体湿度。

（6）消声是在对噪声要求较严的洁净室的净化机组内设置消声装置。

（7）中效过滤常用于高效过滤器的前级保护，能有效过滤大于 $1\mu m$ 的微粒。

（8）高效过滤利用高效过滤器捕获 $\geqslant 0.3\mu m$ 微粒，捕集效率 $\geqslant 99.97\%$，达标洁净气体在散流板的帮助下，以均匀的送风气流进入洁净室。

（二）洁净室的净化

经过净化处理的来自送风管路系统的洁净空气由送风口（装高效过滤器）送入洁净室，把室内产生的尘菌稀释后，强迫部分洁净空气经排风口排出，其余部分经回风口进入回风管系统，在空调机组的混合段与从室外引入的经过初步过滤的新风混合，再经空调机组初、中效和送风口高效3级过滤后又送入洁净室。洁净室空气经过如此反复循环，就把污染控制在一个稳定的水平，保持一个适宜的洁净度等级。在洁净空间净化设计及实施过程中，还需考虑室内气流流向、换气次数和气流速度等因素的影响。

三、制药用水

制药用水是药物生产中用量大、使用广的一种辅料。制药用水分为饮用水、纯化水、注射用水和灭菌注射用水。一般应根据各生产工序或使用目的与要求选用符合用途的制药用水。

制药用水的制备从系统设计、材质选择、制备过程、贮存、分配和使用均应符合药品生产质量管理规范的要求。制水系统应经过验证,并建立日常监控、检测和报告制度,有完善的原始记录备查。

制药用水系统应定期进行清洗与消毒,消毒可以采用热处理或化学处理等方法。采用的消毒方法以及化学处理后消毒剂的去除应经过验证。

(一) 饮用水

饮用水为天然水经净化处理所得的水,其质量必须符合现行中华人民共和国国家标准《生活饮用水卫生标准》。

饮用水可作为药材净制时的漂洗、制药用具的粗洗用水。除另有规定外,也可作为饮片的提取溶剂。饮用水还作为制药用水的原水。

(二) 纯化水

纯化水为饮用水经蒸馏法、离子交换法、反渗透法或其他适宜的方法制备的制药用水。不含任何添加剂。

纯化水可作为配制普通药物制剂用的溶剂或试验用水;可作为中药注射剂、滴眼剂等灭菌制剂所用饮片的提取溶剂;口服、外用制剂配制用溶剂或稀释剂;非灭菌制剂用器具的精洗用水。也用作非灭菌制剂所用饮片的提取溶剂。纯化水不得用于注射剂的配制与稀释。

(三) 注射用水

注射用水为纯化水经蒸馏所得的水,应符合细菌内毒素试验要求。注射用水必须在防止细菌内毒素产生的设计条件下生产、贮藏及分装。其质量应符合注射用水的相关规定。

注射用水可作为配制注射剂、滴眼剂等的溶剂或稀释剂及容器的精洗。

为保证注射用水的质量,应减少原水中的细菌内毒素,监控蒸馏法制备注射用水的各生产环节,并防止微生物的污染。应定期清洗与消毒注射用水系统。注射用水的储存方式和静态储存期限应经过验证确保水质符合质量要求,例如,可以在80℃以上保温或70℃以上保温循环或4℃以下的状态下存放。

(四) 灭菌注射用水

灭菌注射用水为注射用水按照注射剂生产工艺制备所得。不含任何添加剂。

主要用于注射用灭菌粉末的溶剂或注射剂的稀释剂。

灭菌注射用水灌装规格应与临床需要相适应,避免大规格、多次使用造成的污染。

任务三

认识生物制药工艺

一、生物药物生产工艺的特点

1. 生产工艺的多样性

生物药物结构复杂,药品种类繁多,性质差异较大。即使是同种药物,生产原材料及工艺亦不相同,因此,生物药物生产工艺种类繁多,同种药物的生产工艺不唯一。

2. 生产工艺的复杂性

以天然形式存在的药物,或生物来源的目的药物通常含量较低,杂质的量远远大于有效成分的量,并且部分杂质可能与目的药物有相似的结构。分离的难度大,工艺中需要多种方法联合应用,工艺需重点关注回收率。

3. 生产工艺的特殊性

生物药物的活性往往与组成和立体结构有关,具有稳定性差、易分解、易变性等特点。生产时需考虑生物药物的稳定性,工艺方法的选择受到很大限制,生产中要严格控制工艺参数,以保证产品的活性。

4. 生产过程的规范性

生物药物用于制备生物药品,药品关乎生命与人体健康,质量要求高,生产的人员、厂房、设施、设备、卫生、验证、生产管理、质量管理、产品销售与收回、投诉与不良反应报告和自检等必须严格执行和符合《药品生产质量管理规范》(GMP),操作过程严格按照《标准操作规程》(SOP)执行,以保证生产出合格药品。

二、上游工艺过程与下游工艺过程

习惯上,生物制药工艺划分为上游工艺过程与下游工艺过程。

上游工艺过程是以生物材料为核心,目的在于获得目的药物,包括药物研发、工艺放大、发酵及大规模细胞培养等获得目的物质的研究、生产等,常采用基因工程技术、微生物发酵技术、细胞培养技术和酶工程技术等。上游和下游的界定并非固定的,也有人把上游中涉及微生物菌种、细胞改造的阶段称为上游,之后发酵和细胞培养等获得目的药物阶段称为中游。

下游工艺过程以目的药物后处理为核心，从上游工艺制得含有目的物质的混合体系分离纯化制备得到药物。含有目的物质的混合体系组成成分复杂，在制成符合标准的药物过程中需应用各类生物制药单元操作技术，如固液分离技术、萃取技术、层析技术、沉淀技术和干燥技术等。

三、生物制药单元操作原理

（一）基本原理

经过上游加工后，生物材料转变为由菌体或细胞、组织外分泌物、细胞内代谢产物、残存底物、培养基及其他组分组成的含有目的物质的混合物。这些均相或非均相混合物经下游工艺过程分离纯化后制得生物药物原料或原液。根据分离纯化的原理，生物制药单元操作主要有机械分离和传质分离两大类。

1. 机械分离

机械分离过程是利用机械力，针对非均相混合物，在分离装置中简单地将两相混合物相互分离的过程，相间无物质传递。其目的只是分开不同的相，例如：过滤、沉降、离心、中药材的风选和清洗除尘等。

2. 传质分离

传质分离针对均相体系或非均相体系。多数情况为均相体系，第二相是加入分离剂（能量或物质）产生的。传质分离的特点是相间有物质传递发生。传质分离过程分为两类：平衡分离和速率分离。

某些传质分离过程以混合物中各组分在处于相平衡的两相中不等同的分配能力为依据，利用溶质在两相中的浓度与达到相平衡时的浓度之差为推动力进行分离，称为平衡分离过程。如蒸馏、萃取、结晶等分离过程。

某些传质分离过程是在某种推动力（浓度差、压力差、温度差、电位差等）的作用下，有时在选择性透过膜的配合下，利用各组分移动速率的差异实现组分的分离，称为速率控制分离。这类过程所处理的原料和产品通常属于同一相态，仅存在组成上的差别，如膜过滤（微滤、超滤、反渗透、渗析和电渗析等）。

（二）生物制药分离纯化单元操作过程的一般规则

原料为某种混合物，分离纯化后得到两个或两个以上组分或相的产品。分离剂是分离过程的辅助物质或推动力，它可以是某种形式的能量或某种物质，如蒸馏过程的分离剂是热能，液－固提取过程的分离剂是提取剂，亲和层析过程的分离剂是亲和层析剂。分离装置主要提供分离场所或分离介质，如图1－4所示。

原料差异很大，对产品的要求不同，因此，所选用的分离剂和分离装置会有

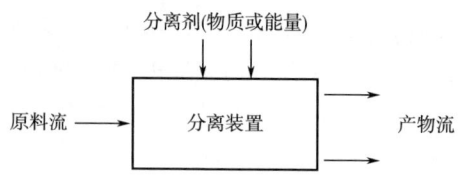

图 1-4　生物药物分离纯化示意

很大差异。大多数情况下，需要用两种、甚至多种分离方法才能使某一混合物实现分离，很少用一种分离方法就能完成。对于某一混合物的生产工艺，需要综合考虑分离技术上和经济上的可行性，不同企业的分离工艺和设备是各不相同的。

（三）常用的生物制药单元操作技术

分离均相混合物和非均相混合物的本质都是有效识别混合物中不同组分间物理、化学和生物学性质的差别，利用能够识别或扩大这些差别的分离介质和分离设备来实现组分间的分离或目标产物的纯化。

混合物中不同组分之间的物理性质、化学性质和生物学性质是设计生产工艺和选择单元操作技术的依据。

1. 依据物理性质

（1）依据分子大小和形状　利用物质间密度、几何尺寸和形状等差异，实现物质分离。如微滤、透析、离心、超滤和凝胶过滤层析等技术。

（2）依据溶解性和挥发性　依据物质间溶解性和挥发性差异，实现物质分离。如萃取、蒸馏、盐析、结晶、等电点沉淀、有机溶剂沉淀等技术。

（3）依据分子极性及电荷性质　依据物质间等电点、电荷特性、电荷分布等差异，实现物质分离。如电泳、电渗析、离子交换层析、等电点沉淀等技术。

2. 依据化学性质

（1）依据分子间的相互作用　利用分子间的氢键、范德华力、离子间的静电引力及疏水作用大小等差异，实现物质分离。如吸附层析技术。

（2）依据特有的化学反应　利用目标产物能与其他试剂发生某种或某类特定化学反应的能力，使目标产物的理化性质、生物学性质发生改变而使目标产物易于采用其他方法从混合物中分离纯化出来。

如金属盐沉淀法分离纯化谷氨酸的锌盐法和钙盐法：谷氨酸与 Zn^{2+} 和 Ca^{2+} 等金属离子作用，生成难溶于水的谷氨酸金属盐沉淀。在酸性环境中谷氨酸金属盐被分解，在 pH 2.4 时，谷氨酸溶解度最小，重新以谷氨酸形式结晶析出。

3. 依据生物学性质

应用生物学性质分离纯化目的物质是生物药物所特有的，它通过目标产物与生物大分子之间的分子识别和特异性结合达

生物制药工艺
单元操作技术
（动画）

到纯化目的，如亲和层析技术，酶与其辅酶是成对互配的，可把辅酶作为固定相使样品中的酶分离纯化，也可把酶作为固定相，使样品中的辅酶分离纯化。

任务四

认识生物制药工艺技术课程

一、课程目标

生物药物是药品的三大药源之一。研发、生产生物药品成为对抗疾病，保障人类健康的有力武器。生物制药工艺是由一系列生物制药单元操作技术组成的工艺路线。生物制药工艺水平决定着产品的质量和生产成本，是影响生物药物能否产业化生产的关键技术，对于生物制药行业的发展有着举足轻重的作用。

"没有一成不变的工艺"，本课程以培养掌握典型生物药物的生产工艺技术和理解生物制药工艺设计思路的生物制药从业人员为目标。通过学习本课程，培养学生科学、务实的专业素质和扎实的专业技能，提高分析技术问题和因地制宜解决问题的能力，适应生物制药工艺多样性、复杂性和特殊性等特点，能规范地开展生物制药生产工作。

二、人才培养目标

培养德智体美劳全面发展的社会主义生物医药产业建设者和接班人。

（一）素质目标

1. 政治思想道德素质方面

通过学习，提高同学们思想觉悟、道德水准、文明素养，从而利于提高全社会文明程度。

（1）融入理想信念教育，深化中国特色社会主义和中国梦宣传教育，弘扬民族精神和时代精神，加强爱国主义、集体主义、社会主义教育，引导同学们坚定拥护党的领导，树立正确的历史观、民族观、国家观、文化观。

（2）落实公民道德建设工程，推进社会公德、职业道德、家庭美德、个人品德建设，激励同学们向上向善、孝老爱亲，忠于祖国、忠于人民。

（3）加强和改进思想政治工作，深化群众性精神文明创建活动。弘扬科学精神，普及科学知识，开展移风易俗、弘扬时代新风行动，抵制腐朽落后文化侵蚀。推进诚信建设和志愿服务制度化，强化社会责任意识、规则意识、奉献意识。

（4）遵守国家法律和校规校纪，爱护环境，讲究卫生，文明礼貌，做文明有礼的中国人。

2. 科学文化素质方面

（1）有科学的认知理念与认知方法和实事求是勇于实践的工作作风。

（2）自强、自立、自爱，有正确的审美观，言谈举止及衣着修饰等符合自己的职业和身份，有较高的文化修养。

3. 身体与心理素质方面

（1）有切合实际的生活目标和个人发展目标。

（2）能处理正常的人际关系，有集体主义和团结协作精神。

4. 职业道德与职业素质方面

（1）有正确的劳动态度和良好的劳动习惯，吃苦耐劳，爱岗敬业，恪尽职守。

（2）有良好的沟通交流能力，诚实守信，爱岗敬业。

（3）有安全意识，节约资源，爱护环境，安全生产。

（二）知识目标与技能目标

培养学生就业后在企业工作岗位上所需的知识和操作技能，实现了毕业即可上岗，胜任生物药物生产、功能食品加工和生化物质生产企业的生产岗位，并具备在检测和科研等岗位从业的能力。每个教学项目都是依据一定的知识目标和技能目标而设置，具体目标要求见各项目的"知识目标"与"技能目标"。

三、课程对应的从业岗位

课程主要是培养从天然的或生物工程的动植物体、组织、细胞、体液及代谢产物中提取和精制目的生物药物，生产生物药品的生产技术人员。包括的职业岗位主要有：

（1）生化药品制造　运用生物或化学半合成等技术，以动物、植物、微生物等为提取原料，制取天然活性物质。

（2）发酵制品生产　从事菌种培育及控制发酵，制得生产用发酵液，并加工成成品。

（3）基因工程药品制造　从事基因工程药品生产制造。

（4）生物制品制造　以微生物、细胞、动物或人源组织和体液等为原料，制造生物制品。

（5）其他生物产品生产　食品类、生物类和制药类行业中从事生化产品和生物活性物质生产的其他岗位。

四、课程特点

（一）知识点多

生物药物种类繁多，性质各异，生产工艺复杂，生产流程较长。同种生物药物的生产工艺往往不同，即使工艺方法相同，工艺参数也会有差异；生产工艺中主要包括预处理、提取、精制和成品加工等生产阶段，每个阶段可采用不同的生物制药单元操作技术，例如，固液分离可采用沉降技术、离心技术或过滤技术；同种单元操作技术可采用的生产设备及操作不同，例如，离心用的离心机可分为过滤式离心机和沉降式离心机等。

因此，生物制药工艺中包含很多种具体的生产技术，在教学过程中涉及的知识点较多，学习压力较大。

（二）理论性强

生物制药工艺中所采用的不同生物制药生产单元操作技术的生产原理是不同的，即使同类单元操作技术，原理上的差异也可能很大。如层析技术，可分为凝胶层析、离子交换层析、亲和层析、反相层析和疏水层析等原理各异的技术，在操作中所需控制的生产条件也是不同的，只有掌握了各自的层析理论才能很好地实现分离目标物质的目的。

（三）系统性强

生物制药工艺过程是各个生产阶段与步骤的依次递进，需要完成前面各个操作过程，才能进行后续步骤操作，得出产物，例如，结晶能够有效去除杂质，提高产品纯度和浓度，是一种常用的分离纯化技术。但是，原料达到一定的纯度和浓度是结晶技术能够应用的前提，一般原料纯度低于50%，目标物质不易结晶析出，所以，必须完成前面的提取和初步分离纯化操作后，才能采用结晶技术。

（四）技能要求高

生产生物药物的每个工艺步骤都会影响生产的结果，某个操作的失误和疏忽可能会导致无法得到合格的目的产物。生产人员需要系统地掌握生产工艺并熟悉各个制药单元操作技术的原理、操作要点，以及这些技术适宜的组合方式，这样才能有效运用这些技术达到分离纯化原料，实现获取生物药物的目的。

五、与其他课程的关系

本课程是在学习生物化学及应用技术、应用微生物技术、仪器分析等前导专业课程后，在学习生化分离技术专业核心课程的基础上开展学习的。为后续学习专业课程、参加综合实训和完成顶岗实习铺平道路，也为将来的毕业实践和从事生物药物生产工作起到重要的支撑作用。

知识拓展

不忘初心、百折不挠的屠呦呦

2015年那个振奋人心的夜晚之后,国人开始熟悉这个实现了中国本土科学家在诺贝尔奖上"零的突破"的有些生疏生涩的名字——屠呦呦。

1930年12月30日,屠呦呦出生于浙江宁波的儒商世家。屠呦呦16岁时患上了肺结核,经过2年多的治疗,才得以痊愈。患病的折磨和苦痛让学医的种子在柔弱少女心中开始萌芽,1951年,她以优异的成绩考入北京大学医学部,选择了当时极其冷门的生药专业!

在20世纪60年代,越南战场上疟疾横行,越南向中国发出求助。中央领导指示,把抗疟药物研究作为国家级的任务,1967年5月23日在北京成立"523工作组"。工作组开展工作的头两年,筛选的化合物和中草药高达万余种,但都没有良好的效果。2年后,屠呦呦临危受命,担任"523工作组"抗疟课题组组长,说是组长,当初只有她一个人。

"执着"是屠呦呦身边的同事对她一致的评价。青蒿素的发现和提取过程并非一帆风顺,经历2000个药方,上万次实验,无数个日夜。最初,青蒿对疟原虫的抑制率还比不上胡椒。功夫不负有心人,她一筹莫展之际,在古籍《肘后备急方》记载的"青蒿一握,以水二升渍,绞取汁,尽服之"中得到灵感,是否因为高温提取青蒿的方法导致有效成分失效呢?经过了大半年190次的提取试验以后,第191次试验获得成功:青蒿提取物对疟原虫的抑制率达到100%,毒副作用低,抗疟药效显著。成功提取的关键是控制温度在60℃以下,把用沸点78℃的乙醇提取改为用沸点35℃的乙醚提取。

即使知道有牺牲和伤害,也要上。随后,课题组在鼠、猫、狗身上做了临床药物毒性实验。为了确保青蒿素临床的安全性,屠呦呦甘当"小白鼠",由自己带头试验服药,亲身测试药物的毒性。经过7天的持续加大药量,屠呦呦、郎林福和岳凤先3位试药科研人员的身体反应良好,提取物对人体没有明显的毒副作用,随后在30例临床病人实验均获得成功。20世纪70年代中国的科研环境十分艰苦,当时实验室设备简陋,连基本的防护装备和通风设施都没有。科研人员接触大量对身体有害的有机溶剂,屠呦呦得了中毒性肝炎,钟玉容肺部发现肿块,切除了部分气管和肺叶;另一位研究人员崔淑莲,很早就不幸过世了,我们应该铭记这些伟大的科研人员做出的贡献。

成功没有捷径。从1969年承担抗疟中药研发的任务,到1999年世界卫生组织将青蒿素列入"基本药品"名单进行世界范围的推广,屠呦呦花了整整三十年时间。科学成果的获得来之不易,尤其需要科技研究者有"献身精神",不但要有耐得住清贫、守得住寂寞、抵得住诱惑的职业素养,更要做到始终坚持如一,不达目的不罢休的坚守。在老一辈的科学家中,拥有这种品质与情怀者可谓众多。他们身上体现出了科学家最应有的基本素养,那便是淡泊名利、潜心研究与长期坚持。屠呦呦以成就铸就了传奇,也因坚守而成为榜样。

青蒿素使全球疟疾死亡率下降47%,非洲疟疾死亡率下降54%,非洲儿童死亡率下降58%。2004年5月,世卫组织正式将青蒿素复方药物列为治疗疟疾的首选药物。BBC曾为屠呦呦先生做了一个纪录片,将屠呦呦列为20世纪最伟大的科学家候选人之一(和她同样候选的有爱因斯坦、居里夫人这样著名的人物)。BBC称,如果单从拯救生命的数量来衡量一位科学家的伟大程度的话,屠呦呦毫无疑问将成为有史以来最伟大的科学家。(摘编自中新网和搜狐网等)

项目检测

(1) 药品是人类对抗疾病的有力武器。作为未来的生物制药人,谈谈你对药品是特殊的商品,以及制药行业是特殊行业的认识。并且进一步说说:为了维护人类健康和保证药品安全,未来你将如何继续你的学习和从业生涯。

(2) 为了加深对生物医药领域知识的理解,试着分别谈一谈,你对新药、孤儿药、重磅炸弹药物、专利保护、生物类似药和生物制品分类的认识。

项目二 发酵工程制药技术

项目简介

工业生产上笼统地把一切依靠微生物的生命活动而实现的工业生产均称为"发酵"。发酵工程制药技术是微生物学、生物化学和化学工程学的有机结合,是利用微生物的特定性质和功能,通过现代工程技术在生物反应器中生产药用物质的一种技术。发酵工程制药技术可用于抗生素、氨基酸、核酸、维生素等多种类型药物的生产。

知识目标

- 了解微生物发酵制药的类型。
- 了解微生物生长与生产的关系。
- 熟悉微生物发酵制药的基本过程。
- 熟悉发酵制药常用生产菌种及其选育、保存方法。
- 熟悉培养基的组成、分类及配制方法。
- 熟悉灭菌的基本原理和方法。
- 熟悉无菌空气的制备过程。
- 了解微生物药物合成的基本途径。
- 熟悉固体孢子和液体种子的制备过程及其质量控制。
- 熟悉发酵过程的主要影响因素及其控制。

- 了解发酵制药下游加工过程的主要特点。
- 熟悉发酵液的常见预处理、提取与精制方法。

技能目标

- 能进行生产菌种的选育和保存。
- 能正确进行培养基的配制和灭菌。
- 能进行无菌空气的制备。
- 会利用微生物的次级代谢产物合成的调节机制进行发酵调节。
- 掌握几种重要的抗生素的生物合成途径。
- 能进行固体孢子和液体种子的制备。
- 能进行孢子和种子的质量控制。
- 能进行发酵过程的参数控制。
- 能进行杂菌检测与污染控制。
- 能进行发酵产物的预处理、提取与精制。
- 能进行发酵工程药物的生产和质量控制。

任务一

了解微生物发酵制药

一、微生物发酵制药的类型

发酵的概念来自拉丁文"发泡"。在应用微生物工业领域中,把所有通过微生物培养而获得产物的过程称为发酵,包括天然发酵过程和人工控制的发酵过程。现在常用产物冠以某某发酵,如青霉素发酵、维生素发酵等。

一般根据微生物的代谢产物类型,将发酵分为初级代谢产物发酵和次级代谢产物发酵,前者常应用于生产氨基酸、核苷酸、维生素、有机酸、辅酶等,而后者常应用于生产抗生素等产品。

还可以从供氧的角度,把发酵分为好氧发酵和厌氧发酵。利用微生物把一种化合物转变为结构相关的更有价值的产物的过程为转化发酵,如甾体药物的转化。由胆酸合成可的松,化学合成需37步,用微生物转化后,仅11步。微生物制药类型及其过程特点见表2-1。

表 2-1 微生物制药的类型

发酵类型	发酵产物	过程特点
厌氧	初级代谢产物,乳酸,琥珀酸	产物积累多,产量高,合成途径明确
好氧	初级代谢产物,谷氨酸,柠檬酸	产物积累多,产量较高,合成途径明确
好氧	次级代谢产物,抗生素	产物量较低,合成途径复杂
好氧	蛋白酶,脂肪酶,淀粉酶	菌体向外分泌的高分子产物
生物转化	甾体激素,醋酸可的松,黄体酮	酶催化的脱氢、羟化等反应,非菌体代谢产物
好氧或厌氧	疫苗	全菌体或组分,液体或固体发酵

二、微生物发酵制药的基本过程

发酵制药是在人工控制的优化条件下,利用制药微生物的生长繁殖,同时在代谢过程中产生目标药物,然后,从发酵液中提取分离、纯化精制,最终获得符合药典标准的药品。菌株选育、发酵和分离纯化或提炼是发酵原料药的三个主要阶段。

1. 生产菌种选育与保存阶段

采用各种选育技术,以获得高产、性能稳定、容易培养的优良菌种,并进行有效的妥善保存,为生产提供合适的生产菌种。

2. 发酵阶段

发酵阶段包括生产菌的活化、种子制备、发酵培养,是生物加工过程。保存的菌种需要活化,扩大繁殖,制备各级种子;保存的菌株可以在固体培养基上复苏生长,产生孢子;再将制备的孢子接到摇瓶或小发酵罐内培养,使孢子发芽繁殖。对于大型发酵,通常采用二次扩大培养制备种子。再将种子以一定比例接入发酵罐进行发酵培养,根据需要进行通气、搅拌,以及维持适宜的温度和罐压。另外,在发酵期间常常需要取样分析,做无菌检查和产量测定;根据需要流加一定的消泡剂、控制发酵液 pH、补加碳源、氮源和前体等是常用的促进发酵产量的措施。

3. 分离纯化阶段

分离纯化阶段包括发酵液的预处理与过滤、分离提取、精制等,以及后续成品检验、包装、出厂检验,是将目标药物从发酵液中完全分离的过程。药物虽然存在于发酵体系中,但往往含量很低,需要通过预处理使发酵液中的蛋白质和杂质沉淀,增加过滤流速,使菌丝体从发酵液中分离出来;如果药物存在于菌体中,如制酶菌素、灰黄霉素等,需要破碎菌体再进行处理;如果存在于滤液中,需要先澄清滤液,进一步提取,把药物从滤液中提取出来。常用的提取技术包括吸附、沉淀、溶酶萃取、离子交换等,通常还会重复或交叉使用几种基本方法以提高提取效率。再将粗制品进一步提纯并制成产品的过程就是精制。化学原料药精制车间洁净度应符合 GMP 相关要求。

经检验合格后的成品,即为原料药。主要检验项目包括性状及鉴别试验、安全试验、降压试验、热原试验、无菌试验、酸碱度试验、效价测定、水分测定等。

三、制药微生物生长与生产的关系

微生物的生长与生产之间的关系复杂,需要采用各种研究方法研究发酵过程的基本特征、生长的动力学、基质利用动力学和产物生成的动力学,并深入研究产物合成的代谢途径及调控机制,为设计合理的生产工艺提供理论依据。

通常把以形成生物量为主的阶段称为微生物的生长阶段,而以形成药物为主的阶段称为生产阶段。根据菌体生长与产物生成的特征,可把发酵过程分为菌体生长期、产物合成期和菌体自溶期三个阶段。

1. 菌体生长期

菌体生长期也称为发酵前期,是指从接种至菌体达到一定临界浓度的一段时间。对于分批式发酵,发酵前期又包括延滞期、对数生长期、减速期和平台期。

2. 产物合成期

产物合成期也称为产物分泌期,或发酵中期,主要进行代谢产物或目标产物的生物合成。发酵中期的主要特征是,产物量逐渐增加,生产速率加快,直至最大高峰,产物合成能力维持在一定水平。

3. 菌体自溶期

菌体自溶期也称为发酵后期。发酵后期的主要特征是,菌体衰老,细胞开始自溶,产物合成能力衰退,生产速率减慢。发酵必须结束,否则产物可能会被破坏,同时菌体自溶还会给产物分离精制带来困难。

任务二

发酵制药菌种选育

发酵制药生产时需要高产优质的菌种。自然界微生物资源非常丰富,目前已经初步研究的不超过自然界微生物总数的 10%。自然界中的菌种趋向于快速生长和繁殖,而且发酵制药工业还需要大量积累产物,在工业发酵过程中,经常用到的生产菌种是细菌、放线菌、酵母菌和霉菌。根据微生物遗传变异的特点,人们在生产实践中已经试验出一套行之有效的微生物育种和保存方法。

一、发酵制药常用生产菌种

(一) 细菌

细菌为原核微生物的一类,形状细短,结构简单,多以二分裂方式进行繁殖,是在自然界分布最广、个体数量最多的有机体。细菌的营养方式有自养及异养两种类型。根据它们对氧气的反应,大部分细菌可以分为以下三类:只能在氧气存在的情况下生长,称为需氧菌;只能在没有氧气存在的情况下生长,称为厌氧菌;无论有氧、无氧都能生长,称为兼性厌氧菌。

(二) 放线菌

放线菌是介于细菌和丝状真菌之间而又近似于细菌的一类原核微生物。放线菌在自然界中的分布很广,存在于土壤、湖泊、河流、空气、动植物体中,其中以土壤和淡水居多。放线菌的形态多样,由分枝状菌丝组成,绝大多数为单细胞,无隔膜。细胞壁中的主要成分为肽聚糖,革兰氏染色为阳性。放线菌最突出的特征之一是能生产大量的、种类繁多的抗生物。在已报道的数千种微生物产生的抗生素中,约有80%以上是由放线菌产生的。

1. 链霉菌属 (*Streptomyces*)

现已报道共约有1000多种链霉菌,其中包括很多不同的种别和变种,是放线菌中最大的一个属,也是抗生素的主要生产菌。常用的典型抗生素如链霉素、土霉素,抗肿瘤的博来霉素、丝裂霉素,抗真菌的制霉菌素,抗结核的卡那霉素等都是链霉菌的次生代谢产物。

链霉菌在培养基上生长出菌丝体,营养阶段的菌丝常无横隔,单细胞。向基质表面和内部伸展的菌丝称为基内菌丝或营养菌丝。由基内菌丝伸向空间的、较粗的、颜色较深的菌丝称为气生菌丝。成熟时,气生菌丝可转化形成孢子丝。

2. 诺卡菌属 (*Nocardia*)

诺卡菌属又名原放线菌属,主要分布在土壤中,已报道有100多种,能产生30余种抗生素,如抗结核菌和地中海诺卡氏菌均能产生利福霉素,此外还有间型霉素、瑞斯托菌素等。

诺卡菌属的菌丝有横隔,只有基内菌丝而无气生菌丝。在培养基上形成的菌落呈多样化,一般比链霉菌属形成的菌落小,有些表面崎岖多皱、致密、干燥;有些则平滑,无光或发亮呈水浸状。大多数诺卡氏菌属为好氧型腐生菌,少数为厌氧型寄生菌。

3. 小单孢菌属 (*Micromonospora*)

小单孢菌属约有30多种,主要分布于土壤和湖底泥土中,也是能产生抗生素较多的一个属。例如由绛红小单孢菌和棘孢小单孢菌产生的庆大霉素,有的能生产利福霉素、氯霉素等共30余种抗生素。

小单孢菌属菌丝体纤细，直径0.3~0.6μm，无横隔膜，不断裂。菌丝体侵入培养基内不形成气生菌丝，只在菌丝上长出很多孢子梗，顶端生着一个球形或长圆形的孢子。在培养基上形成的菌落比链霉菌菌落小，且颜色多样，菌落表面覆盖一层孢子堆。

（三）酵母菌

酵母菌是工农业生产中极为重要的一类微生物，也是微生物遗传研究的非常有价值的材料。酵母菌属于有性繁殖，能产生子囊孢子并进行芽殖。酵母菌除了广泛应用于面包及酒精制造外，还应用在石油脱蜡、单细胞蛋白制造、酶制剂生产及糖化饲料、猪血饲料发酵等许多方面。此外，从酵母菌体中还可以提取如核糖核酸、细胞色素C、凝血质及辅酶A等医药产品。

（四）霉菌

霉菌与人类日常生活密切相关。除了用于传统的酿酒、酿制酱油外，近代广泛用于发酵工业和酶制剂工业。工业上常用的霉菌，有子囊菌纲的红曲霉，藻状菌纲的毛霉、根霉和梨头酶，以及半知菌纲的曲霉及青霉等。

1. 曲霉属（*Aspergillus*）

曲霉种类繁多、分布广泛，工业上利用曲霉生产各种酶制剂和有机酸。

2. 青霉属（*Penicillium*）

青霉既是使果实腐败和食物变坏的有害菌，又是青霉素的产生菌。

3. 根霉属（*Rhizopus*）

根霉用于米酒、黄酒生产。此外，广泛用作淀粉糖化菌、有机酸发酵以及甾体转化等许多方面。

4. 毛霉属（*Mucor*）

毛霉产生蛋白酶，有分解大豆蛋白的能力。

5. 梨头酶属（*Absidia*）

梨头酶的菌丝体与根霉相似，有匍匐枝和假根，但孢囊梗在匍匐枝中间，不与假根对生。此属菌广泛分布于土壤、酒曲和各种粪便中，有些菌株为转化甾族化合物的重要菌株。

想一想

新中国成立之初，国内的抗生素几乎全部依赖进口，一支价格相当于0.9g黄金。在国家"一五"计划中的156个重点项目中，有3个医药项目，华北制药厂占了2个。华北制药集团有限公司（简称华药集团）是新中国制药工业的摇篮，被称为共和国的"医药长子",它曾是亚洲最大的抗生素生产厂,它的投产彻底结束了我国青霉素依赖进口的历史。近年来,随着生态环保意识加强,青霉素生产产生废气、废水问题引起重视,华药集团响应绿色生产的号召,2017年底老厂区全面停产原料药,搬迁。该公司把环保作为搬迁改造工作优先考虑的因素,搬迁并非污染源的转移,新厂区优先考虑生态环境,环保手续不全不建设,环保排放不达标不生产。

医药经济是河北省重要的产业支柱,想一想,河北省乃至全国,为什么不顾药企停产会对GDP造成影响而坚持搬迁,以及我国对生态文明的重视折射出哪些方面的进步?

二、生产用菌种的选育

(一)菌种的选育

微生物的种类和数量虽然庞大,但不是所有的微生物都可以作为菌种用来进行发酵生产。理想的发酵制药所用的微生物应具有遗传性状稳定、易于基因操作、安全性高、发酵周期短且产量高、对所用培养基要求低、发酵产物易于分离等特点。对制药微生物的选育包括自然选育和人工选育,其中人工选育又可分为诱变育种、杂交育种和基因工程育种。

1. 自然选育

自然选育是在生产过程中,利用微生物自然突变从而选育出优良菌种的过程。菌种自然突变往往存在两种可能性:一种是菌种衰退,生产性能下降;另一种是代谢更加旺盛,生产性能提高。对于自然选育来说,大多数菌种的自发突变频率极低,变异过程缓慢,所以获得优良菌种的可能性较小。为了获得新的菌种,开始从一些特殊环境(被污染的水域、一些极端环境、海洋等)中分离微生物。

2. 诱变育种

诱变育种是指利用人工的方法处理微生物,使其发生突变率大幅度提高,再从中筛选符合育种目的的菌株,供生产和科学实验用。诱变育种通常适用诱变剂,主要有物理因素和化学因素。物理因素包括各种射线,如紫外线、快中子、X射线、γ射线、激光、太空射线等。化学因素包括碱基类似物、与碱基发生反应的物质(烷化剂和脱氨剂)、DNA嵌合剂等。这些因素最终使遗传物质DNA的一级结构发生变化,从而导致微生物发生变异。

3. 杂交育种

杂交育种是将两个基因型不同的亲株通过杂交遗传物质重新组合,从中筛选出新的遗传型的个体的过程。杂交育种虽然不像诱变育种那样广泛应用,但通过杂交育种,可以使菌种克服生产活力衰退的趋势,而且杂交后的菌种对诱变剂更加敏感，两个亲本株的性状集中在重组体中，形成新个体。原核微生物可通过接合、转化和转导的杂交方式进行遗传物质的交换，真核微生物则通过有性生殖和准性生殖的杂交方式，分别进行整套染色体高频率重组和整套染色体低频率重组。杂交育种是一个重要的微生物育种手段，比起诱变育种它具有更强的方向性或目的性。

诱变育种（视频）

4. 基因工程育种

基因工程育种是用人工的方法，将所需的某一供体生物的遗传物质 DNA 分子提取出来，用某一限制性内切酶切割后，在 DNA 连接酶的作用下与载体 DNA 连接，然后导入到某一受体细胞中复制、转录和翻译，从而使受体细胞表达出外源基因所编码的遗传性状的崭新的育种技术。

（二）菌种的筛选

所有的微生物育种工作都离不开菌种筛选。因为微生物通过诱变育种处理后，在众多的突变体会存在正突变型、负突变型和稳定型。对于这些不同类型的突变体，要进行分离筛选，从中选出优良菌种，再经过数代的诱变选育，才能得到一个或多个优良的菌株。

（三）菌种的保藏

菌种经过多次传代，会发生遗传变异，导致退化，从而丧失生产能力，甚至菌株死亡。因此，必须妥善保存以保持菌种长期存活、不退化。菌种的保存原理是使其代谢处于不活跃状态，即生长繁殖受抑制的休眠状态，既可保持原有特性，又能延长生命时限。根据不同菌种的特点和对生长的要求，一般用休眠体（如孢子）作为保存材料，人工创造低温、干燥、缺氧、避光和营养缺乏等环境，便可实现菌种的长期保存。保存过程中，为了防止杂菌污染，要定期做无菌检查。

1. 斜面低温保存

斜面低温保存也称定期移植保存，可用于生产菌种的短期保存，是最早使用且仍然普遍使用的方法。利用低温降低菌体的新陈代谢，使菌种的特性在短时间内保持不变。菌种接在适宜的平板培养基上或斜面试管中，在生长温度下，生长至旺盛期，然后置于低温冰箱内保存，一般 4~8℃，相对湿度小于 70%，每隔一定时间移植转移一次。细菌 1 个月移植一次，放线菌 3 个月移植一次，酵母菌 4~6 个月移植一次，丝状菌种 4 个月移植一次。该方法的优点是操作简单，使用方便，缺点是保存时间短。

2. 液体石蜡密封保存

将斜面菌种或穿刺培养物，加入灭菌的中性液体石蜡，覆盖厚度 1cm 左右，封闭管口，然后置于 4℃ 低温下保存，约 1 年。石蜡封存，可减少水分蒸发并隔绝了氧气，增加了保存时间。

3. 砂土管保存

黄砂与泥土（3:2或1:1）灭菌并无菌检查后与孢子混合，使孢子吸附在砂土上。置于干燥管中真空干燥，使砂土外形松散，再置于干燥器中，冰箱低温下保存，可达1年以上；或在适宜温度下生长，增殖后干燥，低温保存。对分生孢子真菌、放线菌和芽孢细菌，可保存5~10年。该方法只适宜于形成孢子或芽孢的菌种，不适用于只有菌丝的真菌和无芽孢的细菌保存。砂土起保存载体的作用，硅胶、滤纸、瓷珠等也可用于保存。

4. 冷冻干燥保存

菌体与保护剂（脱脂乳或血清等）混合，制成菌悬液在 -45~-35℃（酒精或干冰）下预冻15min~2h，使细胞快速冻结而不受破坏，保持细胞的完整性。然后低温真空干燥。封瓶后，低温避光保存。常用的保护剂包括氨基酸、葡萄糖、蛋白、脱脂乳、维生素等。保护剂的作用在于降低细胞的冰点，减少冰晶对细胞的伤害，有利于菌体的复苏。低分子保护剂起直接保护作用，而高分子化合物可以防止冻干过程中细胞内的氨羰基反应和氧化反应，起辅助作用。一般高、低分子化合物配合使用，效果优于单独使用。冷冻干燥保存时间长，一般5~10年，多达15年。主要用于保存各种细菌、酵母、真菌及个别病毒，对动物细胞的保存效果不好，不适于原虫的保存。

5. 液氮保存

菌体培养物中加入细胞冷冻保护剂5%~10%甘油或二甲基亚砜（DMSO）制成孢子或菌悬液，浓度一般大于10^8CFU/mL。分装于小的安瓿瓶或聚丙烯小管后，密封。先降至0℃，再以每分钟降1℃的速度，一直降至 -35℃，然后放液氮罐中保存。也可直接置于液氮中速冻，然后在液氮中保存或 -80℃冰箱中保存。可用于细菌、酵母和体外培养动物细胞，也是目前长期保存主种子批的主要方法。

任务三

培养基的制备

培养基是供微生物生长繁殖和合成目标产物所需要的、按一定比例人工配制的多种营养物质的混合物。同时，培养基还提供渗透压、pH等营养作用以外的其他微生物生长所必需的环境条件。在工业化生产中，为了稳定工艺条件，还要向培养基中加入少量的非营养成分，如消泡剂、前体等。培养基的组成和配比是否恰当，直接影响微生物的生长发育、物质代谢、产物的生成、发酵产物的积累、提取工艺的选择、产品的质量和产量等。生产中人们要根据菌种特性、微生物生长发育阶段、发酵产物特点等因素合理配制使用不同成分及配比的培养基，为微生物提供适宜的营养物质，以满足菌体生长和产物合成的需求。

一、培养基的组成

（一）碳源

工业发酵培养基成分（视频）

凡是构成微生物细胞和代谢产物中碳素的营养物质均称为碳源，包括糖类、醇类、脂肪、有机酸等。按被菌体利用的速率不同，碳源可分为迅速利用的碳源（速效碳源）和缓慢利用的碳源（缓效碳源）。前者能较快速地参与代谢、合成菌体和产生能量，并产生分解产物，因此有利于菌体的生长。速效碳源主要有葡萄糖，其他包括有些微生物能直接吸收利用的单糖和低级碳类物质。但速效碳源有时对很多产物的合成产生阻遏作用。缓效碳源多数有利于产物形成，主要包括二糖、多糖等物质。实际发酵生产时两种碳源一般配合使用，以分别满足微生物生长和产物合成的需要。

糖类有单糖（葡萄糖和果糖）、双糖（如蔗糖和乳糖）和多糖（如淀粉和糊精），常用葡萄糖、淀粉、糊精和糖蜜。其中，糖蜜是制糖厂生产糖时的结晶母液，是甘蔗糖厂或甜菜糖厂的副产物。糖蜜含有丰富的糖、氮素化合物、无机盐、维生素等，是微生物发酵工业价廉物美的原料。

脂肪有豆油、棉籽油和猪油，醇类有甘油、乙醇、甘露醇、山梨醇和肌醇。在以脂肪作为碳源时，必须提供足够的氧气，否则会引起有机酸积累，使发酵液的pH降低。另外，油脂在贮藏过程中容易酸败，同时还可能增加过氧化物的含量，对微生物的代谢有毒副作用。

某些有机酸、醇在单细胞蛋白、氨基酸、麦角碱和某些抗生素的发酵生产中可作为碳源使用。如嗜甲烷棒状杆菌用甲醇作碳源生产单细胞蛋白，在分批发酵的最佳条件下，该菌的甲醇转化率达47.4%。

（二）氮源

凡是构成微生物细胞和代谢产物中氮素的营养物质均称为氮源，可分为有机氮源和无机氮源两类。常用有机氮源有黄豆饼粉、花生饼粉、棉籽饼粉、玉米浆、玉米蛋白粉、蛋白胨、酵母粉、鱼粉和尿素等。有机氮源含有丰富的蛋白质、多肽和氨基酸，水解后提供了主要的氨基酸来源。同时，还含有少量的糖类、脂肪、无机盐和维生素、某些生长因子等。此外，有机氮源还含有微量代谢前体，有利于产物的生成。

常用无机氮源有铵盐、氨水和硝酸盐。铵盐中的氮可被菌体直接利用。硝酸盐中的氮必须还原为氨才可被利用。无机氮源可以作为主要氮源或辅助氮源，铵盐比硝酸盐更快被利用。

氮源与碳源一样，也包括速效氮源和缓效氮源。前者指氨基氮或铵基氮，如氨基酸或铵盐；后者指不能被微生物直接利用，必须通过微生物分泌的胞外水解酶的消化才能被利用的物质，如黄豆饼粉、花生饼粉等。速效氮源通常有利于机体的生长，用于发酵前期；缓效氮源通常有利于代谢产物的形成，用于发酵后期。在工业发酵过程中，往往是将速效氮源与缓效氮源按一定比例制成混合氮源加到培养基中，以控制微生物生长时期与代谢产物形成期的长短，达到提高产量的目的。

（三）无机盐及微量元素

无机盐包括常量元素和微量元素，是生理活性物质的组成成分，具有生理调节作用，包括磷、硫、镁、钙、锰、钾、钠、铜、锌、铁、钼、氯等。一般低浓度起促进作用，高浓度起抑制作用。而各种不同微生物以及同种微生物在不同的生长阶段对这些物质的最适浓度要求均不相同，因此，在生产中要通过试验预先了解菌种对无机盐和微量元素的最适需求量，以稳定提高产量。

在培养基中，钙、镁、硫、磷、钾和氯等常以盐的形式加入，而缺少铁、钴、锰、锌、钼和铜等对微生物生长固然不利，但因其需要量很少，除了合成培养基外，一般在复合培养基中不再另外单独加入，因为复合培养基中的许多动植物原料中都含有微量元素。但有些发酵过程中也有单独加入微量元素的，例如生产维生素 B_{12}，尽管用的也是天然复合培养基原料，但因钴是维生素 B_{12} 的组成成分，其需要量随产物量的增加而增加，所以在培养基中加入氯化钴以补充钴。

（四）生长因子

生长因子是一类对微生物正常生活所不可缺少而需要量又不大，但微生物自身不能合成，或合成量不足以满足机体生长需要的有机营养物质。从广义上讲凡微生物生长不可缺少的微量有机物，统称为生长因子，一般指 B 族维生素，也有氨基酸、嘌呤和嘧啶；而狭义的生长因子一般仅指维生素。不同微生物需求的生长因子的种类和数量不同。缺乏合成生长因子能力的微生物称为生长因子异养型微生物、生物素营养缺陷型。如以糖质原料为碳源的谷氨酸生产菌均为生物素营养缺陷型，以生物素为生长因子，生长因子对发酵的调控起到重要的作用。

有机氮源是生长因子的重要来源，多数有机氮源含有较多的 B 族维生素和微量元素及其他微生物生长不可缺少的生长因子。在微生物的科研和生产中，酵母膏、玉米浆、肝脏浸出液等，通常被作为生长因子的来源物质。事实上，许多作为碳源和氮源的天然成分，如麦芽汁、牛肉膏、麸皮、米糠、马铃薯汁等本身就含有极丰富的生长因子，一般在这类培养基中，无需再另外添加生长因子。但在某些特殊情况下需单独加入维生素。例如在谷氨酸生长过程中需加入生物素，某些植物细胞培养中需要硫胺素。

(五) 前体与促进剂

在产物合成过程中,被菌体直接用于产物合成而自身结构无显著改变的物质,称为前体。前体是直接参与产物生物合成的分子,处于目标产物代谢途径的前端。对于聚合反应产物,加入发酵的前体后,将结合到目标产物中,而其结构基本不变化。前体能明显提高产品产量和质量,在一定条件下还能控制菌体合成代谢产物的方向。有些前体有毒性,或被菌体分解,可采用多次少量流加工艺。例如丝氨酸、色氨酸等发酵时,培养基中须分别添加各种氨基酸的前体物质如甘氨酸等,这样可避免氨基酸合成途径的反馈抑制作用,从而获得较高的产率。但是培养基中的前体物质的浓度超过一定量时,对菌体的生长显示毒副作用。为了避免此现象发生,发酵过程中,一般采用间歇分批添加或连续滴加的方法加入前体物质。

促进产物生成的物质为促进剂,如氯化物有利于灰黄霉素、金霉素的合成。产物促进剂是加入后能提高产量,但不是营养物,也不是前体的一类化合物。有时为了抑制不需要的代谢产物的合成,还需要向培养基中加入某种抑制剂。例如,谷氨酸发酵时容易产生噬菌体引起的异常发酵,现在采取的措施除了交替更换菌种外,也采用添加氯霉素、多聚磷酸盐等抑制剂的措施。发酵过程中添加促进剂的用量极微,若选择恰当,则效果显著。但一般说来,促进剂的专一性较强,往往不能相互套用,应根据研究结果确定。发酵制药中常用的前体及其相应产物见表2-2。

表2-2 发酵制药中常用的前体及其相应产物

前体	产物	前体	产物
苯氧乙酸,苯乙酸	青霉素V,青霉素G	β-紫罗酮	类胡萝卜素
氯化钠	金霉素,氯霉素,灰黄霉素	氯化钴	维生素B_{12}
肌醇,精氨酸	链霉素	α-氨基丁酸	L-异亮氨酸
丙酸,丙醇	红霉素	甘氨酸	L-丝氨酸
丁酸	吉他霉素	邻氨基苯甲酸	L-色氨酸
丙酸	核黄素		

(六) 水

水是培养基的主要组成成分。水既是构成菌体细胞的主要成分,又是微生物体内和体外的溶剂,营养物质只有溶解于水才能被细胞吸收;代谢产物也只有通过水才能排出菌体外。此外,水还能调节细胞的温度。所以水的质量对微生物的生长繁殖和产物合成有着重要的作用。生产中使用的水有深井水、自来水、地表水和纯净水等，一般根据发酵制药的过程合理使用不同级别的水。

（七）消泡剂

发酵制药过程中常用一些消泡剂来消除发酵中产生的泡沫，以防止逃液和染菌，保证生产的正常运转。常用的消泡剂有植物油脂、动物油脂和一些化学合成的高分子化合物。应用何种消泡剂，视生产菌种的生理特性和地域情况确定。其中，以合成的高分子消泡剂效果最好。

二、培养基的类型

培养基的种类繁多，一般可按组成、状态和用途进行分类。

（一）按组成分类

培养基按照其组成的成分可分为合成培养基、半合成培养基和天然培养基。

1. 天然培养基

天然培养基是采用各种植物和动物组织或微生物的浸出物、水解液等物质（如牛肉膏、酵母膏、麦芽汁、米曲汁、蛋白胨等）以及天然含有丰富营养的有机物质（如马铃薯、玉米粉、麸皮、花生饼粉等）制成的培养基。发酵工业中普遍使用天然培养基，它的原料是一些天然动植物产品，营养丰富，适合于微生物生长。一般天然培养基中不需要添加微量元素、维生素等物质，而且培养基组成的原料来源丰富（大多为农副产品）、价格低廉，适用于工业化生产。但是，由于成分复杂、化学成分不清楚或不稳定（受产地、品种、加工以及保存方法等因素影响），故不易重复，如果对原料质量等方面不加控制会影响生产的稳定性。

2. 合成培养基

合成培养基是使用成分明确的化学药品配制而成。合成培养基组分的化学成分明确、稳定，重复性好，但价格较贵。培养的微生物生长较慢，适用于实验室进行微生物生理、遗传育种及高产菌种性能的研究。在生产某些疫苗过程中，为防止异性蛋白等杂质混入，也经常使用合成培养基。

3. 半合成培养基

半合成培养基以天然的有机物作为碳源、氮源及生产因子的来源，并适当加入一些化学成分以补充无机盐、前体等成分，使其能充分满足微生物对营养的需求，又有利于产物的合成。例如培养真菌用的马铃薯蔗糖培养基等。半合成培养基配制方便、成本低、微生物生长良好、应用很广，大多数微生物都能在此培养基上生长。因此，目前发酵生产和实验室中应用的大多数培养基都属于半合成培养基。

（二）按物理性质分类

1. 固体培养基

固体培养基包括细菌和酵母的固体斜面或平板培养基，链霉菌和丝状真菌的孢子培养基。在液体培养基中，添加 1.0%～2.0% 的琼脂粉制成固体培养基。作用是供菌体的生长繁殖或形成孢子。特点是营养丰富，菌体生长迅速。对于丝状菌的孢子培养基，浓度要求低，无机盐浓度适量，以利于产生优质大量的孢子。如果营养太丰富，则不易产生孢子。如灰色链霉菌在葡萄糖－盐类－硝酸盐的培养基上生长良好，形成丰富孢子，如加入 0.5% 以上的酵母粉或酪蛋白氨基酸，则完全不形成孢子。

2. 液体培养基

液体培养基将各营养成分按一定比例配制而成的水溶液或液体状态的培养基。工业上绝大多数发酵都采用液体培养基。实验室中微生物的生理、代谢研究和获取大量菌体时也常采用液体培养基。

3. 半固体培养基

半固体培养基是指琼脂加入量为 0.5%～0.8% 而配制的固体状态的培养基。半固体培养基有许多特殊的用途，如可以通过穿刺培养观察细菌的运动能力、进行厌氧菌的培养及菌种保藏。

（三）按在发酵过程中所处位置和用途分类

1. 种子培养基

种子培养基是供孢子发芽和菌体生长繁殖，包括摇瓶和一级、二级种子罐培养基，为液体培养基。作用是增加细胞数目，生长形成强壮、健康和高活性的种子。培养基成分必须完全，营养丰富，含有容易利用的碳源、氮源和无机盐等，但总体浓度不宜过高。为了缩短发酵的停滞期，种子培养基要与发酵培养基相适应，主要成分相近，差异不能太大。

2. 发酵培养基

发酵培养基是供微生物进行目标产物的发酵生产，不仅要满足菌体的生长和繁殖，还要满足菌体大量合成目标产物，是发酵生产中最关键的培养基，其组成应丰富完整，营养成分浓度和黏度适中。不仅要有满足菌体生长所需的物质，还要有特定的元素、前体、诱导物和促进剂等对产物合成有利的物质。不同菌种和不同产物对发酵培养基的要求差异很大。

3. 补料培养基

补料培养基是发酵过程中添加的培养基。主要作用是稳定培养基工艺条件，有利于微生物的生长和代谢，延长发酵周期，提高目标产物产量。从一定发酵时间开始，间歇或连续补加各种必要的营养物质，如碳源、氮源、前体等。补料培养基一般按单一成分配制,在发酵过程中各自独立控制加入,或按一定比例制成复合补料培养基后再加入。

三、培养基配制及影响质量的因素

(一) 一般原则

(1) 生物学原则 根据不同微生物的营养和生化反应需求,设计培养基。营养物质组成较丰富,浓度适当,满足菌体生长和合成产物的需求,酸碱性物质搭配,具有适宜的 pH 和渗透压。各种成分之间比例恰当,特别是有机氮和无机氮源,C/N 比例适宜。一定条件下,各种原材料之间不能发生化学反应。

(2) 工艺原则 不影响通气和搅拌,又不影响产物的分离纯化和废物处理,过程容易控制。

(3) 低成本原则 因地制宜,来源方便,供应丰富,质量稳定,质优价廉,成本低。

(4) 高效经济原则 使用安全,环境保护,产品高质量,最高得率,最少副产物。

(二) 培养基的设计基本思路

1. 确立起始培养基

据他人的经验和沿用的成分,通过文献资料的查阅,初步确定培养基的成分,作为研究的起始培养基。

2. 单因素实验

确定最适宜的培养基成分。固定其他组分,一次实验只改变一种组分的不同浓度,找到该组分的适宜浓度,依次进行其他组分的浓度实验。集中所有组分的适宜浓度,为培养基的基本组成。

3. 多因素实验

优化各组分之间的浓度和最佳配比。各组分之间可能存在交互作用,但组分的最优条件往往不是培养基的最佳组成。需要把所有的实验因素都考虑,如采用均匀设计、正交试验等进行多因素试验设计,科学合理安排,从中挑选有代表性的水平组合,节约人、财、物和时间。近年来,还出现了利用响应面分析和遗传算法进行培养基优化的实验方法。

4. 中试放大试验

从摇瓶、小型发酵罐,到中试,最后放大到生产罐。

5. 确定最终培养基

综合考虑各种因素后,包括产量、纯度、成本等,确定一个适宜的生产配方。

(三) 理论计算与定量配制

微生物生长和生产可用下列表达式表示：

$$碳源 + 氮源 + 其他营养物质 \rightarrow 细胞 + 产物 + CO_2 + H_2O + 生物热$$

如果能进行定量表达，就可计算得到一定细胞生物量所需最小的营养物质。如果已知生物量与产物之间的特殊表达关系，就可以计算获得一定产量的最少原料。可参考微生物的化学元素组成，做初步计算培养基配方，见表2-3。由于培养基成分的复杂性和所起作用的差异，一般针对碳源和氮源进行转化率计算和分析。

表2-3 微生物的化学组成

成分	细菌	酵母	真菌
水分/%	75~85	70~80	85~90
蛋白质（占干重）/%	50~80	72~75	14~15
碳水化合物（占干重）/%	12~28	27~63	7~40
脂肪（占干重）/%	5~20	2~15	4~40
核酸（占干重）/%	10~20	6~8	1
矿物质（占干重）/%	2~30	3~7	6~12

转化率是单位质量的培养基原料生产的产物量或细胞量，理论转化率是理想状态下，根据代谢途径的物料衡算结果，而实际转化率是发酵过程中实际测量得到的数值。所以理论转化率高于实际转化率，而使实际转化率靠近理论转化率是发酵控制的最终目标。

培养基都是由水、碳源、氮源、无机盐等组成的，具有一定pH和渗透压。工业生产用培养基需要大量细致和周密的试验研究。目前还无法从生化反应的基本原理来推断和计算出最佳培养基配方，只能根据生理学和生物化学的基本理论，参照前人所用的经验培养基，结合生物学和产品特征要求，对培养基的成分进行优化试验。一种好的培养基配方应随菌种的改良、发酵控制条件和发酵设备的变化而作相应的变化。

任务四

灭菌

在制药工艺中，对微生物的合理控制是非常必要的。对于发酵生产过程，除生产菌以外的任何微生物都属于杂菌，感染杂菌的发酵体系为污染。在微生物发酵制药过程中，除大量繁殖的生产菌外，一般不允许其他杂菌生长，因为杂菌会消耗营养物质，干扰发酵过程，改变培养条件，引起培养基的物理化学变化。因此，需要采用不同的灭菌方法，对发酵生产中使用的培养基、各种设备和附件以及通入罐内的空气进行彻底除菌。

制药工业发酵是纯种发酵，污染会给发酵带来严重的后果：杂菌不仅消耗营养物质，干扰发酵过程，改变培养条件，引起溶解氧和培养基黏度降低等变化；还会分泌一些有毒物质，抑制生产菌的生长；杂菌分泌酶，分解目标产物或使之失活，产量大幅下降；噬菌体的污染引起溶菌；杂菌污染直接影响后续工序的有效进行，甚至是产品的质量。因此，为了保证正常生产不受其他微生物的干扰和破坏，在工作中使用的仪器、培养基、发酵罐、管路和空气等必须进行严格灭菌，以保证生产菌的旺盛生长和杜绝杂菌的污染。

一、灭菌的原理和方法

（一）灭菌的质量要求

在微生物培养中，为了防止污染，经常使用消毒、杀菌、灭菌等术语。消毒是指利用物理或化学方法杀灭或清除病原微生物（pathogen），达到无害化程度的过程。消毒只能杀死微生物的营养体，而不能杀灭芽孢，杀灭率要求99.9%以上。杀菌是杀灭或清除所有微生物的过程，杀灭率要求99.9999%以上。灭菌是指杀灭或清除物料或设备中所有生命物质，达到无活微生物存在的过程，杀灭率要求99.999999%以上。灭菌是十分重要的工序，包括培养基、发酵设备及局部空间的彻底灭菌、空气的净化除菌。常用的灭菌方法主要有化学灭菌、物理灭菌两类。

（二）灭菌的方法

1. 干热灭菌法

（1）火焰灭菌法　此法是直接在火焰上灼烧灭菌。如接种针和一些金属小工具、试管口、三角瓶口等的灭菌采用此法。此法简单有效，但局限性较大。

（2）干热灭菌　用于不宜直接用火焰灼烧灭菌的物品，此法利用干燥的热空气灭菌。一般微生物的营养细胞在100℃经1h可被杀灭，而芽孢则需要160℃、2h才能被杀死。此法适用对象：玻璃、陶瓷、金属等能够耐高温的物品。

目前常用的干热灭菌方法是：把要灭菌的物品放入烘箱中，将箱内空气温度升到160~170℃，维持1~2h，即可达到灭菌的目的。但温度不要超过180℃，因为温度超过180℃时，玻璃器皿上的棉塞及外面包的纸张均会被烤焦而着火。由于干热的空气穿透力很弱，所以灭菌时物体不宜放得太紧。在降温时要缓慢进行，以免玻璃破碎。待温度降到80℃以下时，才能打开烘箱的门，如温度过高时开门，物品会遇空气着火。此法适用于一般玻璃仪器、瓷器、金属等物品的灭菌。干热灭菌需要的温度和时间如表2-4所示。

表2-4　干热灭菌需要的温度和时间

灭菌温度/℃	170	160	150	140	121
灭菌时间/min	60	120	150	180	过夜

2. 湿热灭菌法

湿热灭菌法就是按被灭菌物品的性质不同，选择各种不同温度的湿热蒸汽进行灭菌。此法在同一温度下比干热杀菌效力大，这是因为：

①在湿热条件下，菌体吸收水分，蛋白质更容易凝固。因为凝固蛋白质所需的温度与蛋白质的含水量有关，蛋白质含水量增加，所需凝固的温度就降低。

②湿热蒸汽的穿透力大。如一卷布放在烘箱内数小时后，布的外面甚至已经烤焦，而里面尚不能达到灭菌所需温度。而湿热灭菌里外温差不大。

③湿热的蒸汽有潜热存在。灭菌的温度比蒸汽低时，蒸汽在物体表面凝结为水，同时释放出潜热。每克水在100℃下由气体变为液体可放出2253J的热量，这种潜热能迅速提高灭菌物体的温度。

通常湿热灭菌法有以下几种：

（1）煮沸消毒法　这种灭菌方法是将要消毒的物品放在水中煮沸（100℃）15~20min，一般微生物的营养细胞即可被杀死，但不能杀死芽孢，要杀死芽孢必须煮沸1~2h。如果要加速芽孢的死亡，可在水中添加0.5%石炭酸或碳酸钠，该方法适用于一般食品和器材等的消毒。

（2）巴氏消毒法　有些食品经煮沸或用更高的温度处理会损害它的营养价值和色香味，则采用巴氏消毒法，以达到消毒或防腐的目的。将待消毒的物品在60~62℃加热30min或在75℃加热15s，以杀死其中的病原菌和一部分微生物的营养体。如牛乳、啤酒、黄酒、酱油和醋等食品均采用此方法灭菌。

（3）间歇灭菌法　此法是采用反复几次的常压蒸汽灭菌，以达到杀死微生物营养体和芽孢的目的。具体方法为：将待灭菌的物品，放入灭菌器或蒸笼中加热至100℃，维持30~60min可杀死微生物的营养体；然后取出冷却，放入37℃恒温箱内培养1d；如果芽孢萌发成营养体，次日再以同样的方法处理，如此反复三次即可。间歇灭菌法适用于不宜高压灭菌的物质，如糖类、明胶、牛乳、培养基等，但此法比较麻烦，而且工作周期长。

（4）高压蒸汽灭菌法　使用密闭的高压蒸汽灭菌锅，增加压力，由于压力增高，温度也随之增高，因此可以提高杀菌力，并缩短灭菌时间。由于蒸汽价格低廉、来源方便、效果可靠，操作控制简便，这是最有效而广泛使用的灭菌方法。常用的条件为115~121℃，压力1×10^5Pa，维持15~30min。芽孢是一种休眠体，外面有厚膜包裹，耐热性很强，不易杀灭。因此在设计灭菌操作时，经常以杀死芽孢的温度和时间为指标。为了确保彻底灭菌，实际操作中往往增加50%的保险系数。另外，在使用高压灭菌锅时，必须将灭菌锅内的冷空气完全排除，否则压力表所显示的压力是蒸汽压力和部分空气压力的总和，不是蒸汽的实际压力，它所相当的温度与灭菌锅内的实际温度是不一致的。

3. 化学灭菌法

化学灭菌是指用化学物质杀灭微生物的灭菌操作。常用化学灭菌剂有氧化剂类如高锰酸钾、过氧化氢等，卤化物类如漂白粉、氯气等，无机化合物如70% ~ 75%乙醇、甲醛、戊二醛、环氧乙烷、2%新洁尔灭（苯扎溴铵）、3% ~ 5%石炭酸（苯酚）等。化学灭菌剂使蛋白质变性，酶失活，破坏细胞膜透性，细胞死亡。化学灭菌主要适用于皮肤表面、器具、实验室和工厂的无菌区域的台面、地面、墙壁及局部空间或某些器械的消毒。

4. 辐射灭菌

各种物理射线对生物细胞具有杀伤能力，其中以紫外线最常用。但紫外线穿透力极低，只适宜于表面灭菌，常用于一定空间的空气灭菌，如无菌室、超净工作台等的灭菌。

5. 过滤除菌

过滤除菌是指用适当的过滤材料（介质）对液体或气体进行过滤，从而去除微生物的方法，主要用于热敏性物质（生长因子、抗生素等）的灭菌和发酵用无菌空气的制备。液体除菌过滤器常见的有蔡氏细菌过滤器、烧结玻璃细菌过滤器和纤维素微孔过滤器等。蔡氏细菌过滤器采用石棉滤板，烧结玻璃细菌过滤器用规格为小孔径的烧结玻璃。纤维素微孔滤膜有醋酸纤维素和混合纤维素等几种质地，具有一定的热稳定性和化学稳定性，孔径规格为 $0.1 \sim 5.0 \mu m$ 不等，一般选用 $0.22 \mu m$ 进行溶液过滤除菌。无菌空气的制备在后续章节介绍。

影响培养基灭菌的因素（视频）

二、发酵设备和培养基的灭菌过程

（一）培养基灭菌条件的选择

培养基灭菌过程中，在微生物被杀死的同时，培养基成分也受到热破坏。因此，选择恰当的灭菌条件是灭菌的关键。在生产过程中，要选择既能达到灭菌目的，又使培养基成分破坏减至最小的灭菌条件。

高压蒸汽灭菌是生产中常用的培养基灭菌方法，但控制不当，很容易影响培养基的有效成分含量，甚至是活性。高温灭菌还会产生有害物质。如葡萄糖等碳水化合物的醛基与含氮化合物的氨基反应，生成棕色的类黑精。这些有色物质分子质量较大，能引起微生物代谢途径的改变。

微生物死亡符合一级动力学方程，随着温度的升高，微生物的死亡速率加快，但比营养物质分解速率快得多。因此，高温短时灭菌可达到与长时灭菌相同的灭菌效果，而营养物质破坏大大减少，这就是高温短时灭菌的理论基础，可通过连续式操作在工业上实现应用。实践证明，在能达到完全灭菌的情况下，采用高温快速灭菌是有效的措施。

(二) 发酵设备的灭菌

1. 空罐灭菌

空罐灭菌又称为空消，是指将饱和蒸汽通入未加培养基的发酵罐或种子罐内，进行罐体湿热灭菌的过程。空消时，罐内死角少，蒸汽传热效率高，而且空罐灭菌的罐压、罐温可稍高于实罐灭菌，保温时间也可适当延长，灭菌效果好。对于较长时间没有使用的发酵罐、染菌罐或发酵罐更换菌种时都要进行空消。采用培养基连续灭菌工艺，发酵罐及附属设备也要经过空消。

(1) 发酵罐的空罐灭菌程序　灭菌时先要排尽罐内空气。考虑到空气密度比蒸汽密度大，蒸汽应从罐顶通入，罐内空气从底部排出。用蒸汽保压灭菌30min后，压出罐内冷凝水，然后关紧排气阀，继续闷罐30min。闷消时可适度通蒸汽和适量排气，保持罐压不变。闷消结束后，打开排气阀门，排除罐内蒸汽，之后从已消毒的空气分过滤器引入无菌空气，以排除蒸汽，顶住罐压，最后开冷却水冷却，保压接受连消好的培养基（或其他物料）。灭菌过程中总蒸汽压力不应低于 $(3.0 \sim 3.5) \times 10^5 Pa$，维持罐压 $(2.0 \sim 3.0) \times 10^5 Pa$，罐温 $125 \sim 130℃$。整个过程要始终保证蒸汽的畅通，使各有关阀门、管道均能彻底灭菌。

染菌罐，特别是染芽孢杆菌的罐，需进行空消，必要时加甲醛熏蒸，以保证灭菌彻底。采用甲醛熏消时，先在罐内加水至漫过空气分布管，然后加入罐容积万分之一左右的甲醛，盖紧罐盖，从罐底进行蒸汽加热，使水中甲醛同蒸汽一并挥发。当各排气口有甲醛外逸时，关闭排气阀，闷消保压30min后排出罐底冷凝水，开启各排气阀，继续通蒸汽保压30min。灭菌结束后适当加大进风量，延长吹干时间，把甲醛气吹净，然后进料。

(2) 种子罐的空罐灭菌　从取样管、空气管等处将蒸汽引入罐内，放松接种口帽1~2圈，视蒸汽压力状况预热30~50min。当罐温、罐压升至规定范围时开始保温计时，保温30min后，在保温过程中转动接种帽3次或4次，使蒸汽从接种帽的不同方向喷出。随时调整空气管蒸汽阀和罐排气阀的开度，以保证灭菌温度和压力。保温结束后关闭相关阀门，旋紧接种口帽，待罐压降至0.08MPa，开空气阀通入无菌空气。调节排气阀，控制罐压0.1MPa左右，待进料。

2. 实罐灭菌

实罐灭菌又称为分批灭菌，是将饱和蒸汽直接通入装有配制好的培养基的发酵设备中进行灭菌的一种方法，简称实消。该法不需要专门的灭菌设备，投资少，操作简单，灭菌效果可靠。但实罐灭菌与发酵不能同时进行，设备利用率较低；

灭菌过程需要的时间较长，培养基营养成分破坏较多。该法多用于中小型发酵罐和种子罐的灭菌。

（三）培养基的灭菌方法

工业生产中培养基的灭菌方法有分批灭菌和连续灭菌。

1. 分批灭菌

分批灭菌是指将配制好的培养基输入发酵罐内，直接用蒸汽加热，达到灭菌要求的温度和压力后维持一定的时间，再冷却至发酵要求的温度。这种灭菌方法不需要其他的附属设备，操作简便，是国内外生产中常用的灭菌方法。其缺点是加热和冷却时间较长，营养成分有一定的损失；罐利用率低；不能采用高温快速灭菌工艺。培养基分批灭菌的主要过程如下：

（1）培养基灭菌前的准备　检查发酵罐各个阀门，特别是排料阀门，使处于关闭状态；事先将发酵罐的空气过滤器以及过滤器至发酵罐的供气管道进行灭菌、吹干，并用无菌空气保压。

（2）培养基灭菌的主要操作步骤　主要分为8个步骤。

①用泵将配制好的培养基送至发酵罐，然后开启搅拌。

②开启列管（或夹套）的蒸汽阀以及蒸汽冷凝水的排水阀，进蒸汽加热培养基至80℃左右。加热过程中，打开罐顶排气阀、所有进料阀（包括补料阀、消泡剂阀、酸碱阀等）或这些阀门上的小边阀排汽。此过程是间接预热培养基的过程，必须注意掌握好预热温度，若预热温度过高，意味着后面直接通入蒸汽的时间过短，导致发酵罐顶部空间以及一些阀门灭菌不彻底；若预热温度过低，意味着后面直接通入蒸汽的时间过长，导致过多的蒸汽冷凝水进入培养基，使培养基体积增大，营养物质浓度降低。

③完成预热后，关闭列管（或夹套）的蒸汽阀，保持排水阀处于开启状态。然后从三路管道进蒸汽加热培养基，即依次打开发酵罐放料管上的蒸汽阀、放料阀进蒸汽，依次打开通风管上的蒸汽阀、空气阀进蒸汽，依次打开取样管上的蒸汽阀、取样阀进蒸汽。进蒸汽时，一般依照"由远至近"（指某一管路上的阀门离罐体的远近）的次序开启主要阀门进蒸汽，然后再开启管路上的小排汽阀排冷凝水。否则，有可能导致培养基倒流。此过程中，保持所有能排汽的阀门充分排汽，以便消除死角。同时，通风管也要进行灭菌，通风管上的蒸汽一直通至空气过滤器后的阀门，并打开该阀门上的小边阀排汽。

④如果发酵罐容积较大，升温速度较慢，当温度升至100℃左右时，可按照进蒸汽的一般次序打开发酵罐顶部各路管道上的阀门进蒸汽入罐内。一方面，为了对发酵罐顶部各阀门灭菌彻底；另一方面，为了补充蒸汽使升温加速。

⑤当温度升至121℃时，应适当控制各管路上的蒸汽阀以及排气阀的打开程度，使灭菌温度恒定并维持一段时间（即灭菌保温时间）。

⑥保温阶段结束后，先关闭发酵罐顶部各路进料管道上的阀门，然后依次关闭放料管路、通风管路、取样管路上的阀门。保持罐顶的排气阀排蒸汽，使压力降低至 0.05MPa 左右时，打开通风管路上各空气阀，进入无菌空气保压，一般调节罐压在 0.1MPa 左右。保温结束后关闭各路管道上的阀门时，先关闭管路上的小排汽阀，然后依照"由近至远"的次序关闭主要阀门。进入无菌空气前，一般先用空气吹干过滤器至发酵罐这段管路，从发酵罐空气阀上的小边阀排气。

⑦进无菌空气保压操作完毕，开启列管（或夹套）的冷却水阀进水降温。为了避免循环水的贮箱内水温过高，降温前期，经换热的水可由排水阀排走，另外收集；降温中、后期，换热出来的水经回水阀输送至冷却塔降温，收集到贮水箱，循环使用。

⑧当培养基温度降至工艺所要求的温度（一般比培养温度略高 0.5~2℃）时，关闭冷却水，然后停止搅拌，处于无菌空气保压状态，等待接种。

2. 连续灭菌

连续灭菌是将培养基在发酵罐外，通过专用灭菌装置，连续不断地加热，维持保温和冷却后，送入已灭菌的发酵罐内的工艺过程，又称连消。其加热、保温、冷却三阶段是在同一时间、不同设备内进行的，需设置加热器、维持设备及冷却设备等，如图 2-1 所示。灭菌在流动过程中完成，灭菌温度高，时间短，因而培养基受破坏较少；灭菌不在发酵罐内进行，发酵罐的利用率高；连消过程不排气，热能利用较合理，适于自动化控制。但连消需要的设备多，投资大，中小型发酵生产企业应用较少。

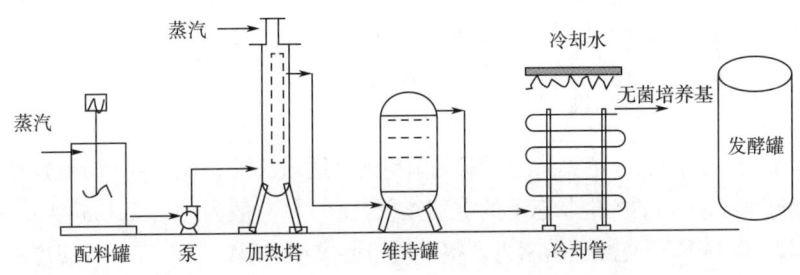

图 2-1 连续灭菌示意图

培养基灭菌前，发酵罐、加热器、维持设备、冷却设备等均应事先灭菌，组成培养基的耐热性物料和不耐热性物料应在不同温度下分开灭菌，以减轻其受热破坏程度。连消葡萄糖培养基时，葡萄糖和氮源应分开进行。连消开始时通常先消水，后消糖水，再消水，而后消氮源，最后再消水，以补充消后总体积和冲洗设备。将磷酸盐放在糖水里一起消，有利于同糖结合促进代谢。碳酸钙必须和磷酸盐分开消，可配在氮源中灭菌。

蒸汽直接加热连续灭菌（视频）

培养基连续灭菌过程中,要求蒸汽供应平稳,蒸汽压力高于4.0×10^5Pa(表压)。

三、无菌空气的制备原理与过程

(一)空气过滤灭菌的原理

普通空气不仅包括了氮气、氧气、二氧化碳及少量惰性气体,还包含了水蒸气及尘埃粒子,其中还夹杂了大量的微生物体如细菌、芽孢、孢子、酵母及病毒等。因此,微生物制药发酵所用的空气必须经过除菌处理。由于化学药剂灭菌、辐射灭菌、热灭菌和静电吸附除菌的处理规模较小和连续性差,不能达到工业生产的经济性和可行性要求,一般工业发酵生产使用的是介质过滤除菌技术。介质过滤除菌包括两种类型:深层介质过滤除菌和绝对介质过滤除菌。由于介质材料的制造技术限制,过滤介质的间隙不可能完全小于微生物颗粒大小,实际应用的所谓绝对过滤介质材料只能说是接近于绝对过滤。

空气深层过滤所使用的介质形态包括纤维、颗粒、纸张及滤板等,一般空气深层过滤介质填充的得到的过滤层较深,但是填充空隙远大于细菌尺寸大小(约$1\mu m$)。因此,深层过滤介质除菌并不是真正意义上的过滤除菌,而是依靠空气气流及微粒与过滤层介质的多种相互作用而截留分离微生物等微粒获得无菌空气。这些作用机制包括扩散截留效应、重力沉降截留效应、惯性冲击截留效应、拦截截留效应以及吸附截留效应等。

膜过滤技术已得到发展,膜过滤器也用来空气灭菌,常用的滤膜有硝酸纤维酯、聚四氟乙烯、聚砜、尼龙膜等。其原理在于微生物和微粒(约$0.5 \sim 20\mu m$)大于滤膜的网眼直径($0.3\mu m$),被直接截留于表面。

(二)发酵空气的标准

发酵需要连续的、一定流量的压缩无菌空气。通风比[单位时间(min)单位发酵液体积(m^3)内通入的标准状态下的空气体积(m^3)]一般为$0.1 \sim 2.0 m^3/(m^3 \cdot min)$,压强为$0.2 \sim 0.4$MPa,克服下游阻力。空气质量要求相对湿度小于70%,温度比培养温度高$10 \sim 30$℃,洁净度A级。

(三)空气预处理与设备

1. 采风塔

采风塔在工厂的上风头、高度一般在10m左右,设计流速8m/s。可建在空压机房的屋顶上。

2. 粗过滤器

粗过滤器安装在空压机吸入口前,前置过滤器。作用是截留空气中较大的灰尘,保护压缩机,减轻总过滤器的负担,也能起到一定除菌的作用。介质为泡沫塑料（平板式）或无纺布（折叠式），流速0.1~0.5m/s。要求是阻力小，容灰量大。

3. 空气压缩机

空气压缩机的作用是提供空气流动的动力。常用往复式、螺杆式、涡轮式空压机。

4. 空气贮罐

空气贮罐设置在空压站附近，消除压缩空气的脉动，用于往复式空压机。螺杆和涡轮式提供均匀连续空气，可省去贮罐。

5. 冷却器

空气压缩机出口气温一般在120℃，必须冷却。在潮湿季节，需要除湿。空气冷却器的传热系数为105/W（$m^2 \cdot ℃$）。采用双程或四程结构，两级串联使用。第一级循环水冷却，第二级低温水（9℃）冷却，设置在发酵车间外。压缩空气每经过1m管道，温度下降0.5~1.0℃。

（四）油水分离与设备

1. 气液分离设备

气液分离设备的作用是除去空气中的油和水，保护过滤介质。有旋风分离器和丝网除沫器两类。

（1）旋风分离器结构简单、阻力小，分离效率高。压缩空气的速度为15~25m/s，切线方向进入旋风分离器，在环隙内做圆周运动，水滴或固体颗粒被甩向器壁，利用离心沉降原理而收集。完全除去20μm以上粒子，对10μm粒子的分离效率为60%~70%。

（2）丝网除沫器利用惯性拦截原理，对1μm以上的雾滴除去率98%。

2. 空气加热设备

空气相对湿度需要降到70%以下，才能进入空气过滤器。列管式换热器，空气走管程，蒸汽走壳程；套夹式加热器，空气走管程，蒸汽走夹套。

（五）空气过滤介质与设备

空气过滤介质与设备要求过滤介质除菌效率高，耐受高温高压，不易被油水污染，阻力小，成本低，易更换。

1. 绝对过滤器

绝对过滤器要求介质孔径小于被截留的微生物体积，如聚四氟乙烯、纤维素树脂微孔滤膜。微孔滤膜过滤器是不锈钢中心柱，滤膜做成折叠型的过滤层，绕在中心柱上，外加耐热的聚丙烯套。特点是体积小，处理量大，压降小，除菌效率高，能除去0.01μm以上粒子。流速0.5~0.7m/s，压降小于100Pa。一般前置空气预过滤器、蒸汽过滤器，延长其使用寿命。膜材料有硼硅酸纤维，用于预过滤器，除去灰、垢；聚偏二氟乙烯和聚四氟乙烯用于终端过滤器。

2. 深层过滤器

深层过滤器要求介质空隙大于被截留的微生物体积，但有一定厚度，防静电、扩散惯性拦截。

纤维及颗粒介质过滤器是圆筒形，直径 2.5~3m，孔径 10~15mm。空气从下方进入，上方引出。常用介质为棉花、玻璃纤维、活性炭等，空气流速 0.2~0.3m/s。可作为总过滤器。

纸过滤器是以超细玻璃纤维纸为介质，孔径 1~1.5μm，厚度 0.25~0.4mm，填充率 14.8%。除菌效率很高，对于 0.3μm 粒子可达 99.99%。空气流速 0.2~1.5m/s，阻力很小，可作为终端过滤器。

金属烧结管过滤器是由几十至上百根金属微孔过滤管安装在不锈钢壳体内组成。孔径 10~30μm，处理能力达 100m^3/min。特点是寿命长、耐高温、阻力小，安装维修方便。可作为终端过滤器。

棉花和活性炭填充时，体积大，吸油水能力强。超细玻璃纤维纸除菌效率高，但易被水油污染。

3. 过滤器的灭菌

通入蒸汽，在 0.2~0.4MPa 下 45min。压缩空气吹干，备用。总过滤器每月灭菌一次。应该有备用过滤器，灭菌时交换使用。

实验室采用一级过滤器，生产规模设置二、三级过滤器，第一级为总过滤器，二、三级为分过滤器。

（六）空气过滤除菌的工艺流程

为了获得无菌空气，一般采用三个主要工段，基本工艺流程如图 2-2 所示。

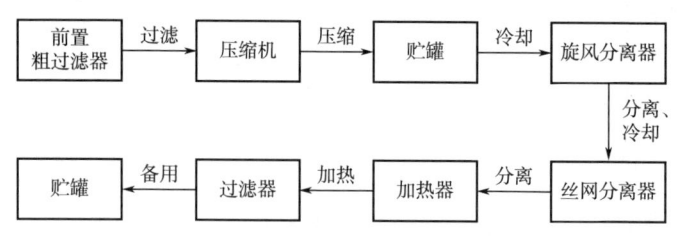

图 2-2 空气灭菌流程

1. 提高空气的洁净度

通过提高空气吸入口的位置和加强过滤，一般吸入口离地面 5~10m。前过滤器可减少压缩机活塞和气缸的磨损、减少介质负荷。

2. 除去空气中的油和水

空气经过压缩机，温度升高，达 120~150℃，不能直接进入过滤器，必须冷却到20~25℃。一般采用分级冷却,一级冷却采用30℃左右的水,使空气冷却到40~50℃,二级冷却器采用9℃冷水或15~18℃地下水,使空气冷却到20~25℃。冷却后,空气湿度提高到100%,湿度处于露点以下,油和水凝结成油滴和水滴,在冷却罐内沉降大液滴。旋风分离器分离5μm以上的液滴,丝网除沫器分离5μm以下的液滴。

3. 获得无菌空气

分离油水后的空气相对湿度仍然达100%,温度稍下降,就会产生水滴,使介质吸潮。加热提高空气温度,降低相对湿度(60%以下)。这样空气温度达30~35℃,经过总过滤器和分过滤器灭菌后,得到符合要求的无菌空气,通入发酵罐。

二级冷却空气除菌流程(视频)

任务五

微生物药物的生物合成

微生物的生命活动是由产能与生物合成中各种代谢途径组成的网络互相协调来维持的。微生物能够通过代谢调节的方式,经济合理地利用和合成所需的各种物质和能量,使其细胞处于平衡生长状态。微生物生命活动中合成的代谢产物是多种多样的,按代谢产物与微生物生长和繁殖的关系,可分为初级代谢产物和次级代谢产物两大类。

一、微生物的代谢

(一)微生物的初级代谢和次级代谢

微生物合成产物是通过细胞内的代谢实现的。初级代谢是指营养物质转变为细胞结构物质和对细胞具有生理活性作用的物质,为细胞提供能量、合成中间体及生物大分子的代谢网络。在初级代谢过程中形成的产物为初级代谢产物,包括各种小分子前体、氨基酸、单糖、核苷酸和多糖、蛋白质、脂肪、核酸等,几乎所有生物的初级代谢基本相同。

次级代谢是指微生物在一定生长时期,以初级代谢产物为前体,合成一些对微生物的生命活动无明确功能的物质的过程,这个产物被称为次级代谢产物。次级代谢产物对生物的基本生命活动来说几乎没有什么作用,产量也很少,但它们在抵抗恶劣环境、伪装躲避、清除自身毒素和排泄物等时都显得非常重要。抗生素、酶抑制剂、植物生长调节剂、毒素、色素等均属于重要的具有生理活性的次级代谢产物。

（二）初级代谢和次级代谢的关系

初级代谢和次级代谢关系密切，初级代谢的关键性中间产物往往是次级代谢的前体。虽然次级代谢产物的分子结构要比初级代谢产物复杂得多，而且次级代谢产物分子中往往还含有初级代谢产物所没有的基团，但是次级代谢产物的合成途径并不是独立存在的，而是与初级代谢产物合成途径间存在着紧密的联系。

一方面，次级代谢产物基本上是由微生物初级代谢产物合成的，如许多次级代谢产物中的糖结构来自葡萄糖的分解代谢产物；乙酸本身是微生物初级代谢中三羧酸循环的产物，它可以进入初级代谢脂肪酸的合成，又是很多聚酮类次级代谢产物合成的起始单位。

另一方面，次级代谢不像初级代谢那样有明确的生理功能，因为次级代谢即使被阻断，也不会影响菌体的生长繁殖。次级代谢产物的化学组成多种多样，它们的合成途径也较复杂，但前体一般是来自初级代谢，常常与初级代谢中的糖代谢、脂肪代谢及三羧酸循环等各途径的中间产物有关。初级代谢和次级代谢的途径是相互交错的，因为无论是在代谢途径还是在代谢调控上，初级代谢和次级代谢都受到微生物的代谢调节，二者密切相关。

二、微生物药物合成的基本途径

（一）微生物次级代谢产物生物合成的基本特征

微生物次级代谢产物是一些与微生物生长、繁殖没有特别关系的蛋白质、酶及由这些酶催化生成的物质，其生物合成也因菌种的不同有很大差异。次级代谢产物既不参与细胞的组成，又不是酶的活性基团，也不是细胞的贮存物质，大多分泌于细胞外。微生物药物主要是微生物的次级代谢产物，具有以下基本特征。

1. 次级代谢产物产生于菌体特定生长期

次级代谢产物通常是在菌体旺盛生长后期（一般是稳定生长期）合成并在菌体内或环境中积累。当培养过程中缺乏某种重要的营养物质而使细胞生长繁殖受到限制时，次级代谢产物的合成才被启动。

2. 次级代谢产物受初级代谢的调节

次级代谢产物的生物合成以初级代谢产物为前体物并受初级代谢的调节。当与次级代谢产物生物合成有关的初级代谢受阻时，该次级代谢产物也不能合成。

3. 次级代谢产物的化学组成多样性

代谢产物可以是糖苷类、多肽类、芳香类等化合物，且一种微生物能够合成多种结构上完全不同的次级代谢产物，同时，不同的微生物也可能合成相同的次级代谢产物。

4. 合成次级代谢产物的酶系对底物的特异性不强

进行次级代谢的产生菌往往同时合成多种结构相似的次级代谢产物，而且代谢过程中也存在着许多结构相似的次级代谢中间产物。

5. 多基因控制次级代谢产物的合成

在次级代谢产物的合成过程中，有时控制次级代谢产物生成的基因不仅位于染色体上，也可位于染色体以外的遗传物质（如质粒）中，而且质粒在次级代谢产物生物合成中所起的作用要比在初级代谢产物生物合成中大得多。

6. 次级代谢产物生物合成具有不稳定性

因为染色体外遗传物质在次级代谢产物合成中所起的作用较大，而染色体外遗传物质较容易受外界环境影响。

（二）次级代谢产物的生源

在研究次级代谢产物生物合成机制时，提出生源说和生物合成两个概念。一般来说，生源说指的是次级代谢产物分子中构建单位的各种原子的起源。生物合成指的是各构建单位在多种酶的作用下合成次级代谢产物的过程。研究次级代谢产物生物合成时，需将两个概念紧密联系起来。

生源是指次级代谢产物分子构建单位的来源。一般次级代谢产物的生源都是直接或间接地来自微生物代谢过程中产生的一些中间产物或是初级代谢产物，如碳水化合物降解生成的五碳（C_5）化合物、四碳（C_4）化合物、三碳（C_3）化合物、二碳（C_2）化合物和其他初级代谢产物合成的。这些物质有的直接作为次级代谢产物的前体，有的经过修饰后作为特殊前体用于合成次级代谢产物，如聚酮体、氨基糖等。

（三）次级代谢产物生物合成的基本途径

合成次级代谢产物的前体合成之后，这些前体就被引进途径特殊的次级代谢产物生物合成途径中，经过聚合等反应形成次级代谢产物。在抗生素生物合成中，这些构建单位可缩合形成聚酮体、寡肽、聚乙烯等物质，再经过一系列的化学修饰和装配构成具有多种多样化学结构和生理活性的次级代谢产物。

这物质的合成途径和修饰作用不同，主要取决于次级代谢产生菌的生理学特性，产生菌可通过多种生物合成途径而装配成结构不完全相同的物质，即抗生素的复合物。另外，构成次级代谢产物的构建单位的种类和数量是不同的，有的由单一前体构成，如环丝氨酸是由丝氨酸衍生的，绝大多数品种是由两种以上的构建单位组成的，如新生霉素分子中的一部分来源于葡萄糖，一部分来源于甲羟戊酸，一部分来源于莽草酸途径，分子中的甲基源于甲硫氨酸。次级代谢产物生物合成的基本途径主要包括前体聚合、结构修饰和不同组分的装配。

1. 前体的聚合

在次级代谢产物的生物合成过程中可以形成多种聚合物，它们的生物合成过程有相似之处，例如由乙酸、丙酸、丁酸单位等合成聚酮体的生物合成过程和参与酶反应的酶系，由乙酰-CoA聚合形成异戊二烯的生物合成过程和参加反应的酶系，都与脂肪酸合成过程相似，所不同的是脂肪酸在聚合的同时不断地还原和脱水而被饱和，合成过程中需要NADPH，而聚酮体的形成过程中对NADPH的要求较低，所以某些酮基在最后的结构中得以保留，大部分酮基只是简单地还原为羟基，而不进行进一步脱水和还原。而氨基酸活化生成磷酸酯过程则被一种特定的酶催化缩合形成肽类化合物，如谷胱甘肽就是在初级代谢阶段按这种方式合成的，一些小肽通常也都用这种方法合成。

非核蛋白肽类抗生素的合成过程与聚体的合成过程类似。在脂肪酸和聚酮体型化合物的合成过程中，活化乙酸的是乙酰-CoA合成酶，需要ATP参加反应，所形成的活性单位都转移至特异性的受体上，如短链聚体链酶复合物上，同时释放出ADP和磷酸。在肽类抗生素的生物合成过程中，前体氨基酸的活化不是特异性的转移RNA，而是通过ATP的激活作用形成类似于复合物的氨基酯酰-腺苷酸，这与乙酸的活化过程相似。

如青霉素生物合成前体是L-α-氨基己二酸、L-半胱氨酸和L-缬氨酸，首先在三肽合成酶的作用下，将3个前体氨基酸缩合成三肽-δ-（L-α-氨基己二酸）-L-半胱氨酰-D-缬氨酸，然后由异青霉素N合成酶催化氧化等，生成异青霉素N，最终形成青霉素。

2. 结构修饰

次级代谢产物的分子骨架合成后，还要经过多种修饰才会形成具有生理活性的物质，才能获得最终产物。这些酶促反应包括糖基化、酰基化、甲基化、羟基化和氨基化反应以及氧化还原等。在聚酮体链形成多种结构衍生物的过程中就伴随着一系列的化学修饰作用，如引进O-甲基、C-甲基、氯原子、氧原子等，这些修饰作用增加了衍生物的多样性。例如，在四环素类抗生素的生物合成中，在完全闭环形成6-甲基四环酰胺中间产物后（即分子骨架已完成），经过C4位上的氧化反应及C6位上的羟化反应等多步修饰形成一种重要的中间产物——脱氢四环素，金霉素链霉菌对此中间产物进一步修饰而形成四环素，龟裂链霉菌对此中间产物进一步修饰而形成土霉素。头孢菌素C生物合成中的重要中间产物脱乙酰氧头孢菌素C经过羟化反应和乙酰化两步修饰后才转化为头孢菌素C。如在次级代谢产物中出现的非核酸嘌呤碱基和嘧啶碱基是由合成核酸用的嘌呤和嘧啶经过化学修饰而形成的。

3. 不同组分的装配

次级代谢产物所必需的几个部分合成后，需要按照一定的顺序在特异酶的催化下组装在一起才会形成具有生理活性的次级代谢产物。例如，新生霉素是由新生霉糖部分、香豆素部分、异戊烯部分和对羟基苯甲酸部分组合而成，几个组分形成后装配在一起得到具有生理活性的新生霉素。氨基糖苷类抗生素的生物合成，从分离得到的中间产物证明糖单元是逐个连接上去的。

任务六

种子扩大培养

随着制药工业的发展，工业规模的发酵罐内体积越来越大，目前已经达到几百甚至上千立方米。若按5%～10%的接种量计算，就要接入几立方到几十立方的种子。通过一般的试管等小规模培养获得种子的量不能满足正常生产需求，因此，工业发酵用的微生物菌种必须经过扩大培养，以增加细胞数量，同时培养出强壮、健康、活性高的细胞，满足大规模工业化生产的需要。菌种扩大培养的目的就是要为每次发酵罐的投料提供相当数量的代谢旺盛的种子。

一、固体孢子的制备

种子的制备是指由保藏的菌种开始，经过不断地扩大培养，使菌体数量达到能够满足生产中发酵罐，或者是实验室摇瓶发酵接种量的需要所涉及的菌种培养的过程。种子的制备也是发酵生产的第一道工序，该工序不仅要使菌体的数量增加，还要使培养出的生产种子具有优良的质量，满足生产指标的要求。因此提供发酵产量高、生产性能稳定、数量足够而不被其他杂菌污染的生产种子是对种子制备工艺的基本要求。

适合于工业化发酵生产的种子必须满足以下条件：
①生长活力强，移种至发酵罐后能迅速生长，延滞期短；
②菌体的生理特性及生产能力稳定；
③菌体总量及浓度能满足发酵罐接种量的要求；
④无杂菌污染。

生产种子的制备与培养条件因生产品种和菌种的不同而异，应根据菌种的生理特征，选择合适的培养条件以获得代谢旺盛、数量足够的种子。

（一）孢子制备的过程

孢子的扩大繁殖可经过斜面培养基生长或谷物固体培养基生长，需视菌种特性和生产工艺的需要而定。

1. 霉菌孢子制备

霉菌孢子的制备多数采用大米、小米、麦麸之类的自然培养基，其优点是培养基简单易得、成本低，这些农产品中的营养物质比较适合霉菌的孢子繁殖，而且这类培养基的比表面积大，获得孢子数量要比营养琼脂斜面多。

霉菌孢子一般的制备过程为：将保存的菌种接种到斜面上，待孢子成熟后制成孢子悬浮液接种于大米等培养基中，25～28℃培养4～14d，待孢子成熟后，放置4℃冰箱中保存备用；如果将大米孢子在真空条件下除去水分，使其含水量降至

10%以下,此大米孢子可连续使用更长时间,有利于生产的稳定。真空干燥适合于能产生大量孢子的菌种,不产生孢子的菌种经真空干燥后容易死亡。

2. 放线菌孢子制备

放线菌的孢子多数采用琼脂斜面培养基来制备,培养基中含有适合产孢子的营养成分,如麸皮、蛋白胨和一些无机盐类物质等。一般情况下,干燥和限制营养可直接或间接诱导孢子的形成。

放线菌发酵生产的工艺流程基本可用以下两种流程表示:

①沙土管→母斜面→子斜面→种子罐→发酵罐

②沙土管→母斜面→摇瓶菌丝→种子罐→发酵罐

采用哪一种形式的种子接入种子罐进行培养,视菌种特性而定。例如,四环素类抗生素产生菌的分生孢子繁殖迅速,孢子数量多。每只茄瓶斜面的生长周期为3~4d,孢子总量可以达到50亿~100亿个,能够满足进罐的种子工艺,因此采用斜面孢子制成孢子悬液直接进罐的种子工艺。

制备斜面培养基。麸皮3.2%,磷酸氢二铵0.015%,硫酸镁0.015%,琼脂2.2%,磷酸二氢钾0.01%,装量60mL。麸皮是培养基的主要原料,其质量对斜面培养基的质量起决定性作用,必须严格控制。麸皮的制备是选用优质小麦,用自来水洗后再用蒸馏水冲洗,去水后盖湿布使充分且均匀地吸水;用湿布闷盖2~3h后,晾干多余的水分,标准是外干内潮;用石磨磨2~3遍,成片状。用20目筛筛除面粉,麸皮便可晾干备用。

斜面孢子培养接种斜面后于35℃恒温培养100h。培养室内的空气相对湿度不得低于30%,以保证菌丝和孢子的正常生长。湿度不足会使菌丝生长缓慢,孢子繁殖数量少;湿度过大则使菌丝疯长,菌丝层长得很厚,产生大量呼吸水,外观呈湿润光秃的菌丝,不长孢子。

培养成熟的斜面孢子每瓶加无菌水40~50mL,制成孢子悬液,合并在一个茄瓶中,用压差法接种到种子罐中,接种数量为每立方米种子液含有500亿个孢子,生产备用的斜面孢子冷藏,保存期不超过1个月。

3. 细菌孢子制备

细菌的菌种一般保藏在冷冻干燥管内,产芽孢的芽孢杆菌有的也保存在砂土管中。细菌的斜面培养基多采用碳源限量而氮源丰富的配方,牛肉膏、蛋白胨是用的有机氮源。其发酵生产的工艺流程见图2-3。

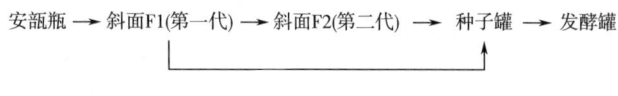

图2-3 细菌发酵生产工艺流程

细菌的培养温度多为37℃,也有部分为28℃。培养时间随菌种的不同而异,一般为1~2d,也有的5~6d甚至10多天。

(二)孢子制备的技术要点

1. 霉菌类

母斜面上的菌落要求分散,以便于挑选理想的菌落。挑取单菌落种子斜面时,要挑取菌落中央部位的种子。斜面制备大米孢子时,孢子悬液的浓度要适当,接种完毕后,把大米等固体培养基与孢子悬液混合均匀,待孢子生长成熟后,在真空下将水分含量抽至10%以下,密封后置4℃冰箱中备用。

2. 放线菌类

灭菌后的琼脂培养基在放凉且未凝固时摆成斜面,如有不溶解的原材料,应轻摇匀,但不要产生气泡。待斜面凝固后置28~37℃培养2~3d,经检查无杂菌和无冷凝后备用。根据放线菌种类的不同,取适量砂土管菌种或母斜面上的菌落划线接种到琼脂面培养基上,调整到合适的温度,经过5~7d培养,待孢子成熟后方可使用。

3. 细菌类

灭菌后的琼脂培养基在放凉且未凝固时摆成斜面。斜面凝固后置37℃培养2~8d,经检查无杂菌和无冷凝水后备用。根据品种不同,取适量菌种直接接种在斜面上,如果要分离单菌落则制成菌悬液,然后再接种在斜面上。

影响孢子质量的因素及控制(视频)

二、液体种子制备

液体种子的制备是将固体培养基上培养好的孢子或菌体转入到液体培养基中培养,使其繁殖成大量菌丝或菌体的过程。种子制备所使用的培养基和工艺条件要有利于孢子发芽和菌丝的繁殖。生产种子的制备包括了摇瓶种子制备和种子罐种子制备。

(一)摇瓶种子制备

将斜面种子或米孢子接种入装在锥形瓶内的液体营养培养基中,在摇床上进行振荡培养所获得的液体种子,称作摇瓶种子。摇瓶种子可以在摇瓶中传代,第一代称作"母瓶",第二代就称作子瓶。

1. 工艺流程

摇瓶种子制备的工艺流程见图2-4。

斜面种子或米孢子
↓
培养基配制 → 分装 → 灭菌 → 接种 → 恒温振荡培养 → 摇瓶种子

图2-4 摇瓶种子制备流程

2. 培养基配制

摇瓶种子以培养具有活性的营养菌体为目的，摇瓶相当于微缩的种子罐，其培养基配方和培养条件与种子罐相似，培养基成分要求比较丰富和完全，并易被菌体分解利用，氮源丰富有利于菌丝生长，原则上各种营养成分不宜过浓，子瓶培养基浓度比母瓶略高，更接近种子罐的培养基配方。

另外，摇瓶种子在培养过程中不便于调节 pH，故在培养基成分的选择时应考虑培养过程中 pH 的稳定，这可以通过生理酸、碱性物质的平衡搭配及加入磷酸盐、碳酸钙之类的缓冲性物质来实现。培养基灭菌之前用棉塞裹上牛皮纸包扎好，置高压蒸汽锅内灭菌。灭菌结束后要缓慢降压至锅内压力为零后方可打开锅盖，以免培养基沸腾冲湿塞子。

3. 接种

摇瓶种子的接种可以采用斜面种子挖块法或米孢子粒计数接入法，但是这两种接种法难以掌握一致的接种量，可能影响种子质量的稳定。因此，对于接种量比较敏感的菌种，最好采用菌悬液接种法，即用无菌蒸馏水将斜面种子或米孢子粒上的细胞或孢子洗下，制成细胞或者孢子悬液，然后按照一定体积或者一定细胞（孢子）数接种至摇瓶种子培养基。

4. 培养

摇瓶种子在恒温摇床上进行培养。摇床分旋转式和往复式，抗生素工厂一般采用的是旋转式。同时，为了使摇瓶中的水分蒸发量保持稳定，恒温室也应控制一定的湿度。可根据菌种不同的生长特性控制在其最适的温度和湿度环境下，同时设定一定的摇床转速，保证摇瓶种子具有较合适的溶解氧。

5. 保存

摇瓶种子应当在培养成熟后立即使用。如果暂时不用，可置 4℃ 冰箱中保存，保存期最好不要超过 3d。经过保存的摇瓶种子一般不用作生产种子，可用于摇瓶发酵实验或小型发酵罐实验。

（二）种子罐种子的制备

种子罐的作用是使接入种子罐内数量有限的孢子（菌体）发芽、生长并繁殖成大量菌体，满足接种发酵罐的需要。种子罐种子的制备工艺过程因菌种不同而异，一般可分为一级种子、二级种子、三级种子。

孢子或者摇瓶菌丝接入到体积较小的种子罐中，经过培养后形成大量的菌丝，该种子称为一级种子，把一级种子转入到发酵罐内发酵，称为二级发酵。如果将一级种子接入到体积较大的种子罐内，经过培养形成更多的菌（丝）体，这样制备的种子称为二级种子，将二级种子转入到发酵罐内发酵，称为三级发酵。依次类推，使用三级种子的发酵称为四级发酵。种子罐的级数主要取决于菌种的性质、菌体生长速度及发酵的容积。对于生长速度慢的菌种常采用较多的发酵级数，如生产链霉素的灰色链霉菌,因菌种生长慢通常采取四级发酵。同样的菌种,发酵罐的体积越大,需要的种子也越多,故需要较多级数的种子扩大培养,才能达到接种量的要求。

三、种子质量的控制与分析

种子质量是影响发酵生产水平的重要因素。种子质量的优劣主要取决于菌体本身的遗传特性和培养条件,只有同时具备优良菌种和良好的培养条件才能获得高质量的种子。

(一) 影响孢子质量的因素及其控制

孢子质量的优劣对发酵产量和产品质量有着决定性影响。影响孢子质量的因素很多,主要有培养基、培养温度、湿度、培养时间、接种量等,这些因素之间相互联系、相互影响,因此在实际发酵过程中,必须统筹考虑各种因素。

1. 培养基

构成孢子培养基所需的各种原材料,其产地、品种、加工方法以及用量对孢子质量都会产生一定的影响,原材料产地、品种和加工方法的不同,会导致培养基中微量元素和其他营养成分含量的变化。例如,由于所用的原材料及生产工艺的不同,蛋白胨的微量元素含量、磷含量、氨基酸组分均有所不同。例如在土霉素的生产中,配制产孢子斜面培养基用的麸皮,因小麦产地、品种、加工方法及用量的不同对孢子质量产生很大的影响。

配制培养基时需要用到大量的水,因此水质对孢子生长会产生一定的影响。为了避免水质波动对孢子质量的影响,可在制药用水中加入适量的无机盐。例如在配制四环素斜面培养基时,可以在水内加入 0.03% $(NH_4)_2HPO_4$,0.028% KH_2PO_4 及 0.01% $MgSO_4$,提高四环素发酵产量。

不同菌种的最适宜的孢子培养基配方是不同的。一般放线菌类的固体孢子培养基含少量的有机氮源有助于菌的生长;霉菌类喜偏酸性环境生长,要求碳源较多;细菌则多配制成无糖组分或者碳源限量而氮源丰富的培养基。另外,制备培养基时要严格控制灭菌。斜面培养基使用前,需在适当温度下放置一定的时间,使斜面无冷凝水呈现,水分适中有利于孢子生长。

菌种在固体培养基上可呈现多种不同代谢类型的菌落,氮源品种越多,出现的菌落类型也越多,不利于生产的稳定。斜面培养基上用较单一的氮源可减少某些不正常型菌落的出现;而对分离筛选的平板培养基则需加入较复杂的氮源,使多种菌落类型充分表现,以利筛选。

2. 培养条件

(1) 温度 微生物的生长温度和最适温度是不同的。微生物生长有一个较宽的温度范围,但是,要获得高质量的孢子,其最适温度区间很狭窄。一般来说,提高培养温度，可使菌体代谢活动加快，缩短培养时间，但是，菌体的糖代谢和氮代谢的各种酶类对温度的敏感性是不同的。例如，土霉素产生菌龟裂链霉菌斜面最适温度为 36.5~37℃，如果高于 37℃，则孢子成熟早，易老化，接入发酵罐后就会出现菌丝对糖、氮利用缓慢，氨基氮回升提前，发酵产量降低等现象。因此需严格控制孢子斜面的培养温度，可以先将龟裂链霉菌斜面放在 36.5℃ 培养 3d，再放在 28.5℃ 培养 1d，所得的孢子数量比在 36.5℃ 培养 4d 所得的孢子数量增加 3~7 倍。

（2）湿度　制备斜面孢子培养基的湿度对孢子的数量和质量有较大的影响。空气中相对湿度高时，培养基内的水分蒸发少；相对湿度低时，培养基内的水分蒸发多。例如，在一定条件下培养斜面孢子时，需根据不同的地方采取不同的湿度控制，通常在北方相对湿度控制在 40%~45%，而在南方相对湿度控制在 35%~42%，所得孢子质量较好。而不同的菌种对湿度的要求又有所不同，一般来说，真菌对湿度要求偏高，而放线菌对湿度要求偏低。现代化的培养箱是恒温、恒湿并可换气的，不用人工控制。

（3）培养时间　孢子的培养时间一般选择在孢子成熟阶段时终止培养，此时显微镜下可见到成串孢子或游离的分散孢子，如果继续培养，则进入斜面衰老菌丝自溶阶段，表现为斜面外观变色、发暗或黄、菌层下陷，有时出现白色斑点或发黑。白斑表示孢子发芽长出第二代菌丝，黑色显示菌丝自溶。孢子的培养时间对孢子质量有重要影响，过于年轻的孢子经不起冷藏，过于衰老的孢子会导致生产能力下降，孢子的培养时间应控制在孢子量多、孢子成熟、发酵产量正常的阶段终止培养。

（4）接种量　制备孢子时的接种量要适中，接种量过大或过小均会对孢子质量产生影响。因为接种量的大小影响到在一定量培养基中孢子的个体数量的多少，进而影响到菌体的生理状态。凡接种后菌落均匀分布整个斜面、隐约可分菌落者为正常接种。接种量过小则斜面上长出的菌落稀疏，接种量过大则斜面上菌落密集一片。

一般传代用的斜面孢子要求菌落分布较稀，适于挑选单个菌落进行传代培养接种摇瓶或进罐的斜面孢子，要求菌落密度适中或稍密，孢子数达到要求标准。一般一支高度为 20cm、直径为 3cm 的试管斜面，丝状菌孢子数要求达到 10^7 个以上。

接入种子罐的孢子接种量对发酵生产也有影响。例如，青霉素产生菌之一的球状菌的孢子数量对青霉素发酵产量影响极大，若孢子数量过少，则进罐后长出的球状体过大，影响通气效果；若孢子数量过多，则进罐后不能很好地维持球状体。

除了以上几个因素需加以控制之外，要获得高质量的孢子，还需要对菌种质量加以控制。用各种方法保存的菌种每过 1 年都应进行 1 次自然分离，从中选出形态、生产性能好的单菌落接种孢子培养基。

（二）影响种子质量的因素及其控制

种子的质量是发酵能否正常进行的重要因素，主要有孢子质量、培养基、培养条件、种龄和接种量、代谢情况等。摇瓶种子的质量主要以外观颜色、效价、菌丝浓度或黏度以及糖氮代谢、pH变化等为指标，符合要求方可进罐。

1. 培养基

种子培养基的原材料质量的控制类似于孢子培养基原材料质量的控制。种子培养基的营养成分应适合种子培养的需要，一般选择一些有利于孢子发芽和菌丝生长的培养基，在营养上易于被菌体直接吸收和利用，营养成分要适当地丰富和完全，氮源和维生素含量较高，这样可以使菌丝粗壮并具有较强的活力。

另外，培养基的营养成分要尽可能地和发酵培养基接近，以适合发酵的需要，这样的种子一旦移入发酵罐后就能比较容易地适应发酵的培养条件，尽量缩短延滞期。发酵的目的是获得尽可能多的发酵产物，其培养基一般比较浓，而种子培养基以略稀薄为宜。种子培养基的pH的变化会引起各种酶活力的改变，对菌丝形态和代谢途径影响很大，因此培养基的pH要相对稳定，以适合菌的生长和发育。

2. 培养条件

种子培养应选择最适温度。培养过程中通气搅拌的控制很重要，各级种子或者同级种子罐的各个不同时期的需氧量不同，应区别控制，一般前期需氧量较少，后期需氧量较多，应适当增大供氧量。在青霉素生产的种子制备过程中，充足的通气量可以提高种子质量。生产过程中，有时种子培养会产生大量泡沫而影响正常的通气搅拌，此时应严格控制，甚至可考虑改变培养基配方，以减少发泡。

对青霉素生产的小罐种子，可采用补料工艺来提高种子质量，即在种子罐培养一定时间后，补入一定量的种子培养基，结果种子罐随罐体积增加，种子质量也有所提高，菌丝团明显减少，菌丝内积蓄物增多，菌丝粗壮，发酵单位增高。

3. 种龄

种子培养时间称为种龄。由于菌体在生长发育过程中、不同生长阶段的菌体的生理活性差别很大，接种种龄的控制就显得非常重要。在发酵生产中，一般都选在生命力最旺盛的对数生长期、菌体量尚未达到最高峰时移种、如果种龄控制不适当、种龄过于年轻的种子接入发酵罐后，往往会出现前期生长缓慢、泡沫多、发酵周期延长以及因菌体量过少而菌丝结团，引起异常发酵等。在土霉素生产中、一级种子的种龄若相差2~3h，转入发酵罐后菌体的代谢就会有明显的差异。最适种龄因菌种不同而有很大的差异、同一菌种的不同批培养相同的时间，得到的种子质量也不完全一样，因此最适的种龄应通过多次试验特别要根据本批种子质量来确定。

4. 接种量

移入的种子液体积和接种后培养液体积的比例称为接种量。发酵罐的接种量的大小与菌种特性、种子质量和发酵条件等有关。不同的微生物其发酵的接种量是不同的，如制霉菌素发酵的接种量为 0.1%~1%、肌苷酸发酵接种量为 1.5%~2%，菌的发酵接种量一般为 10%，多数抗生素发酵的接种量为 7%~15%、有时可加大到 20%~25%。

接种量的大小与该菌在发酵罐中生长繁殖的速度有关。有些产品采用大接种量，种子进入发酵罐后容易适应，而且种子液中含有大量的水解酶，有利于对发酵培养基的利用。大接种量还可以缩短发酵罐中菌体繁殖至高峰所需的时间，使产物合成速度加快。但是，过大的接种量往往使菌体生长过快、过稠，造成营养基质缺乏或溶解氧不足而不利于发酵；接种量过小，则会引起发酵前期菌体生长缓慢，使发酵周期延长，还可能产生菌丝团，导致发酵异常等。但是，对于某些品种较小的接种量可以获得较好的生产效果。

近年来，生产上多以大接种量和丰富培养基作为高产措施。如谷氨酸生产中采用高生物素、大接种量、添加青霉素的工艺。为了加大接种量，有些品种的生产采用双种法、倒种法，甚至以种子液和发酵液混合作为发酵的种子、混种进罐。以上三种接种方法运用得当，有可能提高发酵产量，但是其染菌机会和变异机会也随之增多。

（三）种子质量标准

不同产品、不同菌种以及不同工艺条件的种子质量会有所不同，发酵工业生产上常用的种子质量标准主要考虑如下几个方面。

1. 种子的生长状况

种子培养的目的是获得健壮和足够数量的菌体。因此，菌体形态、菌体浓度以及培养液的外观，是种子质量的重要指标。菌体形态可通过显微镜观察来确定，以单细胞菌体为种子的质量要求是菌体健壮、菌形一致、均匀整齐，有的还要求有一定的排列或形态。以霉菌、放线菌为种子的质量要求是菌体粗壮、对某些染料着色力强、生产旺盛。菌体的浓度也是种子质量的重要指标，生产上常用离心沉淀法、光密度法和细胞计数法等进行测定。种子液外观如颜色、黏度等也可作为种子质量的控制指标。

2. 营养物质含量与 pH 变化

种子液的糖、氮、磷含量的变化和 pH 变化是菌体生长繁殖、物质代谢的反映，不少产品的种子液质量以这些物质的利用及代谢变化为指标。

3. 产物生成量

种子培养阶段是以菌体的生长繁殖为主要目的，虽然并不产生或仅产生少量的发酵产物，但高产的菌种在种子生长繁殖阶段即可表现出一定的发酵产量，因此种子液中产物的产量也可作为判定种子质量的指标之一。

4. 特殊酶活力

测定种子液中某种酶的活力，也可以作为判断种子质量的标准。如土霉素生产的种子液中的淀粉酶活力与土霉素发酵单位有一定的关系，因此种子液淀粉酶活力可作为判断土霉素种子质量的依据。

另外，合格的种子应确保无任何杂菌污染，这也是判断种子质量的重要标准。

四、种子异常分析

在生产过程中，种子质量受各种因素的影响，种子质量发生异常，会给发酵带来很大的困难。种子质量异常常表现为菌种生长发育缓慢或过快、菌丝结团、菌丝粘壁三个方面。

1. 菌种生长发育缓慢或过快

菌种在种子罐生长发育缓慢或过快和孢子质量以及种子罐的培养条件有关。生产中，通入种子罐的无菌空气温度较低或培养基的灭菌质量较差是种子生长、代谢缓慢的主要原因。

2. 菌丝结团

在液体深层培养条件下，繁殖的菌丝并不分散舒展而聚成团状形成菌丝团。这时从培养液的外观就能看见白色的小颗粒，菌丝聚集成团会影响菌的呼吸和对营养物质的吸收。如果种子液的菌丝团较少，种子液移入发酵罐后，在良好的条件下，少量的菌丝团可以在发酵罐中逐渐消失。如果菌丝团较多，种子液移入发酵罐后会形成更多的菌丝团，影响发酵的正常进行。菌丝结团和搅拌效果差、接种量小有关，一个菌丝团可由一个孢子生长发育而来，也可由多个菌丝体聚集一起逐渐形成。

3. 菌丝粘壁

所谓菌丝粘壁是指在种子培养过程中，由于搅拌效果不好，泡沫过多以及种子罐装料系数过小等原因，使菌丝逐步粘在罐壁上。其结果使培养液中菌丝浓度减少，最后就可能形成菌丝团。以真菌为产生菌的种子培养过程中，发生菌丝粘壁的机会较多。

任务七

发酵生产过程控制

在发酵制药生产中，优良菌种仅仅提供获得高产的可能性，要把这种可能性变成现实必须配合必要的外部环境条件。微生物对环境条件特别敏感，而它本身又具有多种代谢途径，环境条件的改变容易引起微生物代谢途径的改变。所以正确地掌握和控制发酵条件，对于提高发酵产量具有十分重要的意义。

一、发酵过程原理

（一）发酵的基本类型

根据发酵产物的形成是否与菌体生长相关联，一般可将发酵分为生长关联型、生长部分关联型和非生长关联型等几种。

1. 生长关联型（偶联型）

生长关联型的特点是菌体生长、碳源利用和产物形成几乎都在相同的时间出现高峰，即表现出产物形成直接与碳源利用有关。

2. 生长部分关联型（半偶联型）

生长部分关联型的特点是在发酵的第一时间菌体迅速增长，而产物的形成很少或全无；在第二时期，产物以高速度形成，生长也可能出现第二个高峰，碳源利用在这两个时期都很高。因此，这一类型其产物形成及菌体生长一般是分开的，从生长源来看，这一类型发酵产物不是碳源的直接氧化，而是菌体代谢的主流产物，所以一般产量较高。

3. 非生长关联型（非偶联型）

非生长关联型的特点是产物形成一般在菌体生长接近或达到最高生长时期，即稳定期。产物形成与碳源利用无明显关系，产量远低于碳源的消耗量。次级代谢产物如抗生素、维生素多属于此类，最高产物量一般不超过碳源消耗量的10%。

（二）发酵方法

按照操作方式和工艺流程可把发酵培养分为分批式操作、流加式操作、半连续式操作和连续式操作等几种，各种操作方式有其独特性，在实践中加以选择使用。

1. 分批式操作

分批式操作又称间歇式操作或不连续操作，指把菌体和培养液一次性装入发酵罐，在最佳条件下进行发酵培养。经过一段时间培养，完成菌体的生长和产物的合成与积累后，将全部培养物取出，结束发酵。然后清洗发酵罐，装料、灭菌后再进行下一轮分批操作。

在分批式操作过程中，物料一次性装入、一次性卸出，无培养基的加入和产物的输出，发酵体系的组成如基质浓度、产物浓度及细胞浓度都随发酵时间而变化，其发酵过程是一个非恒态过程。

2. 流加式操作

流加式操作又称补料—分批式操作，是指在分批式操作的基础上，连续不断地补充新的培养基，但不取出培养液。由于不断补充新培养基，整个发酵体积与分批式操作相比是在不断增加的。

随着菌体的生长，营养物质会不断消耗，加入新培养基如碳源等，满足了菌体适宜生长的营养要求。既避免了高浓度底物的抑制作用，也防止了后期养分不足而限制菌体的生长。通过补充新的培养基解除了底物抑制、产物的反馈抑制和葡萄糖效应，避免了前期用于微生物大量生长导致的设备供氧不足。产物浓度较高，有利于分离，适用范围广。

3. 半连续式操作

半连续式操作又称为反复分批式或换液培养，指菌体和培养液一起装入发酵罐，在菌体生长过程中，每隔一定时间，取出部分发酵培养物（称为"带放"），同时在一定时间内补充同等数量的新培养基；如此反复进行，放料4~5次，直至发酵结束。与流加式操作相比，半连续式操作的发酵罐内的培养液总体积保持不变，同样可起到解除高浓度基质和产物对发酵的抑制作用。延长了产物合成期，最大限度地利用了设备。半连续式操作也是大多数抗生素生产的主要方式，其缺点是失去了部分生长旺盛的菌体和一些前体。

4. 连续式操作

连续式操作指菌体与培养液一起装入发酵罐，在菌体培养过程中，不断补充新培养基，同时取出包括培养液和菌体在内的发酵液，发酵体积和菌体浓度等不变，使菌体处于恒定状态，促进了菌体的生长和产物的积累。连续式操作的主要特征是，培养基连续稳定地加入到发酵罐内，同时产物也连续稳定地离开发酵罐，并保持反应体积不变。发酵罐内物系的组成将不随时间而变。由于高速的搅拌混合装置，使得物料在空间上达到充分混合，物系组成亦不随空间位置而改变，因此称为恒态操作。连续培养体系为恒化器，菌体生长受一种限制性基质的控制。

发酵罐（动画）

连续式操作的优点是，所需设备和投资较少，利于自动化控制；减少了分批式培养的每次清洗、装料、灭菌、接种、放罐等操作时间，提高了产率和效率；不断收获产物，能提高菌体密度，产量稳定。连续式操作的缺点是，由于连续操作过程时间长，管线、罐级数等设备增加，杂菌污染机会增多，菌体易发生变异和退化，有毒代谢产物积累等。

二、发酵过程的影响因素及其工艺控制

微生物发酵的生产水平不仅取决于生产菌种本身的性能，而且取决于合适的发酵工艺。发酵过程中，各种参数不断变化，通过各种监测手段如取样测定随时间变化的菌体浓度、糖、氮消耗及产物浓度，以及采用传感器测定发酵罐中的培养温度、pH、溶氧等参数的情况，掌握菌种在发酵过程中的变化规律，

并予以自动或过程模型计算机有效控制,使生产菌种处于产物合成的优化工艺之中。

(一) 发酵过程的主要控制参数与检测

根据测量方法,通常把发酵过程参数分为物理参数、化学参数和生物参数三类。物理参数包括温度、压力、体积、流量等;化学参数包括pH、氧化还原电位、溶液氧、CO_2溶解度、尾气成分、基质、前体、产物等浓度;生物学参数包括生物量、细胞形态、酶活性、胞内成分等。常见参数及其检测方法见表2-5。

表2-5 发酵过程中的有关参数及其检测方法

参数名称	检测方法	用途
菌体形态;杂菌	肉眼或显微镜观察;划线培养	菌种的真实性和杂菌污染
病毒	电子显微镜;噬菌斑	病毒污染
菌体浓度/(g/L)	OD值或细胞干重	菌体生长
细胞数目/(个/mL)	显微镜计数;比色	菌体生长
菌体ATP、ADP、AMP含量/(mg/g)	取样分析	菌体能量代谢
菌体$NADH_2$含量/(mg/g)	在线荧光分析	菌体合成能力
温度/℃	传感器	生长与代谢控制
搅拌转速/(r/min)	传感器;转速计	混合物料,增加溶解氧
罐压/MPa	压力表;压敏电阻	压力监测
搅拌功率/kW	传感器;功率计	搅拌控制
发酵液密度/(g/cm³)	传感器	发酵液性质
通气量/(m³/h)	传感器;质量流量计;转子流量计	供氧;排废气
黏度/(Pa·s)	黏度计	菌体状况
液位/m³	传感器	发酵液体积
浊度/%	传感器	菌体生长
流加速率/(kg/h)	传感器	流加物质监测
泡沫	传感器	代谢过程
基质、中间体、前体浓度/(g/mL)	取样分析	吸收、转化、利用
酸碱度(pH)	传感器;复合玻璃电极	代谢过程,培养液
氧化还原电位/mV	传感器	代谢过程
溶解氧浓度/(mg/L)	传感器;覆膜氧电极	供氧
CO_2浓度、O_2浓度	传感器	菌体的耗氧与呼吸监测
产物浓度或效价/(mg/mL或IU)	取样分析	产物合成与积累

1. 物理参数与计算

(1) 温度　指发酵维持的温度,由温度传感器直接读出。温度的高低直接关系到细胞的酶活性和反应速率、培养基中的溶解氧和传递速率、菌体生长速率和产物合成速率等。工业生产上,大发酵罐在发酵过程中一般不需加热,因发酵过程一般释放大量发酵热,需冷却的情况较多。利用自动控制阀门,将冷却水通入发酵罐的夹层或蛇管,通过热交换来降温,保持在设定的温度发酵。

(2) 罐压　指罐体内部的压力,由压力传感器直接读出。发酵罐维持正压防止杂菌侵入,罐压会影响 CO_2 和 O_2 的溶解度,对细胞本身也有影响。一般通过调节空气进口阀门或排气出口阀门的开启度,改变进入或排出气体的流量,维持工艺所需的压力,一般维持在 $(0.2 \sim 0.5) \times 10^5 Pa$。

(3) 搅拌　反映搅拌的指标有搅拌转速和搅拌功率,会影响 O_2 等气体在发酵液中的传递速率和发酵液的均匀程度。适宜的搅拌可保持发酵体系中的各种要素(如菌体、培养基、气体、产物等)处于必要温度和良好的悬浮状态。搅拌转速的控制可根据发酵过程中不同阶段对氧的需求进行调节。过度提高搅拌转速会对菌体产生机械剪切,影响菌体形态,甚至损伤菌体,而且不一定能够提高溶解氧系数。因为溶解氧系数随转速提高到一个较高数值,再提高转速其变化很小,反而会增加动力消耗。因此,转速应控制在一个合理范围。

(4) 通气量　影响供氧及其他传递。用每分钟单位体积发酵液内通入的空气体积或每小时通入的空气体积的线速度 (m^3/h)。

(5) 黏度　用表观黏度表示,黏度高时,对氧传递阻力大。

(6) 流加速度　控制流体进料的参数,用单位时间进入的体积(L/min)或质量(kg/h)表示。

2. 化学参数与计量

(1) pH　产酸和产碱的生化反应的综合结果,pH 变化与菌体生长和产物合成有关。发酵过程中的 pH 可通过直接补加生理酸性物质或生理碱性物质和补料的方式来控制。当发酵的 pH 和氨氮含量都低时,补加氨水就可以达到调节 pH 和补充氨氮的目的;pH 较高而氨氮含量低时,就补加 $(NH_4)_2SO_4$。

(2) 培养基质浓度　发酵液中糖、氮、磷等营养物质的浓度。它们影响细胞生长和代谢过程,是提高产量的重要调控手段。

(3) 溶解氧(DO)浓度　指溶解于培养液中的氧,常用绝对含量表示(mgO_2/L),也可用饱和氧浓度的百分数表示(%)。由溶解氧电极测定。

(4) 氧化还原电位　影响微生物生长及其生化活性。培养基的氧化还原电位是各种因素的综合影响的表现,它要与细胞本身的电位相一致。

(5) 尾气　发酵罐释放的气体,包括氧、二氧化碳等。氧含量和细胞的摄氧速率有关,二氧化碳由细胞呼吸释放出。测定尾气中的氧和二氧化碳含量可以计算出细胞的摄氧率、呼吸率和发酵罐的供氧能力。

(6) 产物浓度　在发酵液中所含目标产物的量,可以用质量表示,也可用标准单位表示,如 mg/mL、U/mL 等,产物量的高低反映了发酵是否正常,可用于判断发酵周期。

3. 生物参数与计算

(1) 菌体形态　形态可能发生变化,代谢过程也相应变化。菌体形态可用于衡量种子质量、区分发酵阶段、控制发酵过程,需要离线在显微镜下观察。

(2) 菌体浓度　指单位体积培养液内菌体细胞的含量,可用质量或细胞数目表示。对于微生物而言,经常简称菌浓。它影响溶解氧浓度,与代谢密切相关。生产时根据菌体浓度决定适宜的补料量、供氧量等,以得到最佳生产水平。菌体浓度需要离线测定。

根据发酵液的菌体量、溶解氧浓度、底物浓度、产物浓度等,计算菌体的比生长速率、氧比消耗速率、底物比消耗速率和产物比生产速率,这些参数是控制菌体代谢、决定补料和供氧工艺的主要依据。

(二) 杂菌检测与污染控制

1. 染菌的途径分析

从技术上分析,染菌的途径主要有以下几个方面:种子,包括进罐前菌种出问题;培养基的配制和灭菌不彻底;设备上特别是空气除菌不彻底和过程控制操作上的疏漏。遇到杂菌首先要监测杂菌的来源,做到有的放矢。

2. 染菌的判断

染菌如能及时发现,采取适当的措施可以防止杂菌的发作、减缓其造成的损失。当然,最根本的措施是预防,不让杂菌有机可乘。杂菌的发现常用镜检或无菌试验方法,这是确认染菌的依据。在染菌的初期,要从显微镜检中发现是很难的,如能从视野中发现杂菌,染菌已很严重;无菌试验通常要十多个小时才能发现,再作处理为时已晚。特别是发酵罐前一级(繁殖罐)的种子有无杂菌尤为重要,如能及时检出,则可避免带菌接种。一些状态参数,如溶氧变化的规律也可作为染菌预报的根据。如过程污染好气性杂菌,溶氧会一反往常在较短时间内如 2~5h 下降到接近零,且长时间不回升。但不是一染菌溶氧便掉到零,要看杂菌的种类和数量,还要看与罐内生产菌比谁占优势。有时会出现染菌后溶氧反而升高的现象,这是因为生产菌受到杂菌的抑制,而杂菌本身又并非十分好氧,这样生产菌的呼吸大为减弱而使溶氧上升。一般补料或加油也会引起溶氧速度下降,在低谷处维持 1~3h 即回升,这与染菌使溶氧的变化是不同的。发酵过程中污染噬菌体或其他不明原因会出现发酵液变稀,溶氧迅速回升。

染菌的后果随污染的杂菌种类、数量和发酵阶段而有所不同。一般从染菌的种类大致可以判断其来源。染芽孢杆菌有可能是灭菌不透所致;染大肠杆菌则怀疑是否有脏水污染,如蛇管穿孔;染球菌、短杆菌有可能来自空气。

3. 防止和处理染菌的方法

防止染菌的关键是加强技术管理细化各种预防措施，并做到日常化、制度化、规范化。

（1）重视日常工作　观察水冷式空气冷却器的出口温度和下吹口水量，雨季应加大检查频率，发生穿孔现象能及时发现。观察经过空气夹套加热器（空气列管换热器）加热后的空气温度和预总空气过滤器的下吹口排放情况，检测各罐分预过滤器的下吹口空气湿度，保证进罐的空气相对湿度最多不高于60%。

空气除菌过滤器定期灭菌。观察总蒸汽温度和压力是否对应，保证空罐灭菌、连续打料、设备管灭菌以及除菌过滤器灭菌所用蒸汽均为饱和蒸汽。定期拆检连消塔、维持罐，检查各管路上相关阀门泄漏情况。强化菌种保藏管理，严格执行无菌室管理制度。认真做好发酵相关罐体、管路的清洁工作，清除死角，定期进行碱水煮罐。严格按照标准操作规程进行灭菌操作，合理控制灭菌指标在规定范围。

（2）异常情况处理

①对染菌罐放罐后的处理：对于连续染菌的罐，除常规的罐体检查、清理冲洗外，根据对染菌原因的判断，应拆检罐上所有阀门及相关管路上的阀门，进行打压试漏，泄漏的立即更换；拆检相关设备，如维持罐、除菌过滤器等。

②种子培养期染菌的处理：对于已污染杂菌的种子，不能移入发酵罐，应经灭菌后弃掉，并对种子罐及管道等进行仔细检查和彻底灭菌。同时采用备用种子，选择生长正常无杂菌的种子接入发酵罐，继续进行发酵生产。如无备用种子，可进行"倒种"处理，接入新鲜的培养基中进行发酵生产。

③发酵早期染菌处理：如果早期染菌，原则上可适当改变生长参数，使有利于生产菌而不利于染菌的生长，如降低发酵温度、调节pH、调整补料量、补加培养基等；加入某些抑制染菌的化合物也不失为一种应急办法，条件是这种化合物对生产菌无害，对生产影响不大，且在下游精制阶段能被完全去除；如培养基中碳、氮含量还比较高，可终止发酵，将培养基加热至规定温度，重新进行灭菌处理后，再接入种子进行发酵；如果此时染菌已造成很大危害，培养基中碳、氮源消耗量已比较多，则可放掉部分发酵液，补充新鲜的培养基，重新进行灭菌后，再接种进行发酵。

④发酵中后期染菌的处理：除非是噬菌体，否则通常后果不会很严重，一般可加入一定量的杀菌剂或抗生素以及正常的发酵液，以抑制杂菌的生长，继续进行发酵生产。如抗生素发酵，发酵液中已产生一定浓度的抗生素，对染菌已有一定抑制作用。也可采取降低培养温度、降低通风量、停止搅拌、少量补糖等措施进行处理。如果发酵液中产物浓度已达一定数值，则可放罐。对于没有提取价值的发酵液，废弃前应加热至120℃以上，保持30min后才能排放。实际生产中常采用大接种量的原因之一是即便不慎污染极少量杂菌，生产菌也

能很快占优势。

⑤噬菌体污染的防止及处理：噬菌体可通过环境污染、设备的渗漏或"死角"空气净化系统、培养基灭菌过程、补料过程及操作过程等进入发酵系统而引起菌体受到污染。

在实际生产中污染噬菌体，常由于空气的传播，使噬菌体潜入发酵的各个环节从而造成污染。因此，环境污染噬菌体是造成噬菌体感染的主要根源。

防止噬菌体污染的有效方法是严控活菌体的排放，如清除噬菌体载体如发酵液残渣，或将发酵液经加热灭菌后再放罐，切断噬菌体的"根源"；采用漂白粉、新洁尔灭等消毒，净化生产环境，消灭污染源；改进提高空气的净化度，保证纯种培养，做到种子本身不带噬菌体；因噬菌体的专一性较强，可轮换使用不同类型的菌种，使用抗噬菌体的菌种；抑制罐内噬菌体的生长；改进设备装置，消灭"死角"；采用药物防治等措施。

生产中一旦污染噬菌体，可采取下列措施加以挽救。

①并罐法：利用噬菌体只能在处于生长繁殖阶段的细胞中增殖的特点，当发现发酵罐初期污染噬菌体时，可采用并罐法。即将其他罐批发酵 16~18h 的发酵液，以等体积混合后分别发酵，利用其活力旺盛的种子，不需进行加热灭菌，亦不需另行补种，便可正常发酵。但要肯定，并入罐的发酵液不能染杂菌，否则两罐都将染菌。

②轮换使用菌种或使用抗性菌株：发现噬菌体后，停止搅拌，小通风，降低 pH，立即培养要轮换的菌种或抗性种子，培养好后接入发酵罐，并补加 1/3 正常量的玉米浆（不调 pH）、磷酸盐和镁盐。如 pH 仍偏高，不开搅拌，适当通风，至 pH 正常，OD 值增长后再开始搅拌、正常发酵。

③放罐重消：发现噬菌体后放罐，调 pH（可用盐酸，不能用磷酸），补加 1/2 正常量的玉米浆和 1/3 正常量的水解糖，适当降低温度重新灭菌，不补加尿素，接入 2% 的种子继续发酵。

④罐内灭噬菌体法：发现噬菌体后停止搅拌，小通风，降低 pH，间接加热到 70~80℃，并自顶盖计量器管道（或接种，加油管）内通入蒸汽，自排气口排出。因噬菌体不耐热，加热可杀死发酵液内的噬菌体，通蒸汽杀死发酵罐及管道内的噬菌体。冷却后，如 pH 过高，停止搅拌，小通风，降低 pH，接入 2 倍量的原菌种，至 pH 正常后开始搅拌。当噬菌体污染情况严重，上述方法无法解决时应调换菌种或停产全面清毒，待空间和环境中噬菌体密度下降后再恢复生产。

（三）泡沫的影响与控制

在发酵过程中，由于培养基中存在蛋白质类、糖类等发泡性物质，在通气条件下，容易产生泡沫。微生物代谢过程也会产生一些物质引起发泡。除了培养基成分外，其他发泡的因素包括通气搅拌强度、灭菌条件等，快速搅拌会引起很多泡沫,灭菌体积太大或不彻底也容易引起发泡。发泡对发酵带来诸多不利,减少装料量,降低氧传递。过多泡沫造成大量逃液,从排气管线逃出增加了污染的概率,甚至使搅拌无法进行。泡沫使菌体呼吸受阻,代谢异常或自溶。因此控制泡沫是发酵的重要环节之一。一般情况下,发酵罐的装料系数(料液体积占发酵罐总体积)为0.8左右,泡沫所占体积约为培养基的10%,即发酵罐体积的0.08。在罐外或罐内安装消沫装置,使用消泡剂清除泡沫,是工业生产中采用的较好方法。

泡沫的主要控制方法包括:

(1) 机械消沫 对已经形成的泡沫,可用机械消沫,在罐内搅拌轴上方安装消沫桨,利用机械强烈振动或压力变化而使泡沫破裂。还可以将泡沫引出罐外,通过喷嘴加速力或离心力消除泡沫。机械消沫的优点是节省原料,污染机会低,但效果不理想,只是一种辅助方法。

(2) 化学消沫 加入消泡剂消沫,降低了泡沫的液膜强度和表面黏度,使泡沫破裂。消泡剂都是表面活性剂,降低表面张力。常用的消沫剂有天然油脂类、高碳醇脂肪酸和酯类、聚醚类、聚硅氧烷类。其中天然油脂类、聚硅氧烷类在微生物发酵中最常用。

天然油脂类包括植物油,如豆油、玉米油、棉籽油、菜籽油等和动物油如猪油等。碘值和酸值低的油,消沫能力强,反之对发酵产生不良影响。油很容易发生氧化,导致酸败。应注意保存条件,并对不同种类的油进行发酵试验,控制油品质量。

聚醚类是氧化丙烯或氧化丙烯和环氧乙烷与甘油聚合而成,品种很多。聚氧丙烯甘油亲水性低,抑制泡沫比消除泡沫能力高。聚氧乙烯氧丙烯甘油,又称泡敌,亲水性好,用量少(0.03%),效果好,比植物油大10倍以上,消泡能力强。但消沫维持时间较短,在黏稠发酵液中比稀薄发酵液中更好。聚硅氧烷类,不溶于水。单独使用效果很差,与分散剂(微晶SiO_2)一起使用,适宜于微碱性的放线菌和细菌发酵。

(3) 分散剂 消泡剂的效果取决于在发酵液中的扩散能力。分散剂可帮助消泡剂扩散、缓慢释放,减少消泡剂的黏度,延长消泡剂的作用时间,便于运输。土霉素发酵中,泡敌、植物油、水的比例为(2~3):(5~6):30的乳浊液,效果很好。在实际使用中,采用增效的方法可提高消泡剂的消泡效果。与惰性载体如矿物油、乳化剂或分散剂如吐温等并用,分散消泡剂,增加溶解度;消泡剂之间联合使用,也能互补增效。消泡剂的添加会影响发酵过程、微生物的生长和产物的合成,要注意其不良影响。

泡沫的变化
(视频)

泡沫的控制
(视频)

任务八

发酵产物的提取与精制

微生物经过适当条件培养后，菌体大量繁殖，合成并积累了相当浓度的代谢产物，这时便可以进入下游加工过程。下游加工过程是生物工程的一个重要组成部分，指从发酵液、反应液或培养液中分离、精制有关产品的过程。它是利用产物和杂质的物理化学性质不同，提取产物或者从系统中去除杂质的操作。

一、概述

从上述发酵液、反应液或培养液中分离、精制有关产品的过程称为发酵产物的提取与精制，也是发酵制药的下游加工过程，主要由一些生化分离工程的单元操作组成。通常利用产物和杂质的物理化学性质不同，提取产物或者去除杂质。

（一）发酵制药下游加工过程的主要特点

1. 发酵液是多组分混合物

发酵液是复杂的多相系统，不仅包括营养基质中本身固有的各类营养物质（如糖、蛋白质、无机盐、维生素等），还含有微生物代谢途径的中间产物（如氨基酸、有机酸等）、副产物和目标产物、细胞碎片等。分散在其中的固体和胶状物质，具可压缩性，其密度又和液体相近，加上黏度很大，使从培养液中分离固体很困难。

2. 发酵液中产物浓度较低

发酵液中所含目标成分的生物物质浓度一般很低，反之杂质含量却很高，特别是利用基因工程方法产生的蛋白质常常伴有大量性质相近的杂质蛋白质。

3. 大多数发酵产物的稳定性差

发酵生产所得目标成分通常很不稳定，遇热、极端 pH、有机溶剂会引起失活或分解，特别是与蛋白质的生物活性和一些辅助因子、金属离子的存在及分子构型有关。

另外，发酵或培养通常是分批操作，且微生物又具有一定的变异性，故各批发酵液又不完全相同，这就要求提取和精制工艺有一定的弹性，特别是对染菌的批号也要求能处理。

（二）发酵制药下游加工的一般过程和单元操作

发酵制药下游加工过程是为了从微生物发酵液中获得高纯度的、符合质量标准要求的发酵成品。由于发酵产物存在形式不同，用途各异，而且对产品的质量有不同要求，所以分离纯化步骤可以有不同的组合，但大多数产品的下游加工过程常常按照生产过程的顺序分为4个步骤,即发酵液的预处理和固液分离、初步纯化(提取)、高度纯化(精制)、最后纯化(成品加工)。

二、发酵液的预处理和固液分离

发酵液的预处理及固液分离是发酵液下游加工的第一步操作。预处理的目的是改善发酵液的性质,去除部分可溶性杂质,分离菌体和其他悬浮颗粒,以利于提取和精制工序的操作。在预处理中常用酸化、加热、加絮凝剂等方法,而固液分离则常用过滤离心等方法,并对细胞进行破碎。如果目标产物存在于细胞内,则需要收集菌体或细胞。

(一)发酵液的预处理

发酵液中杂质很多,成分复杂。有些杂质直接影响产品质量和收率,对提取和精制也有很大影响,其中对纯化影响最大的是高价无机离子和杂蛋白等。在发酵液预处理时,采用适当方法除去这些杂质,有利于提取和精制的顺利进行。

1. 高价无机离子的去除

发酵液中主要的无机离子有 Ca^{2+},Mg^{2+},Fe^{3+} 等。去除钙离子通常使用草酸,草酸为弱酸,对发酵产物破坏作用较小。草酸溶解度较小,不适合用量较大的场所。若 Ca^{2+} 浓度较高,可使用草酸的可溶性盐,如草酸钠。草酸与 Ca^{2+} 形成的草酸钙沉淀还能促使蛋白质凝固,改善发酵液的过滤性能。由于草酸镁的溶解度较大,因而草酸不能除尽 Mg^{2+}。去除 Mg^{2+} 可加入三聚磷酸钠,它和 Mg^{2+} 形成可溶性络合物,可消除对离子交换的影响。其反应式如下:

$$Na_5P_3O_{10} + Mg^{2+} \longrightarrow MgNa_3P_3O_{10} + 2Na^+$$

去除铁离子可用黄血盐。黄血盐与铁离子形成普鲁士蓝沉淀。其反应式如下:

$$3K_4Fe(CN)_6 + 4Fe^{3+} \longrightarrow Fe_4[Fe(CN)_6]_3 \downarrow + 12K^+$$

2. 杂蛋白的去除

(1)沉淀法 蛋白质是两性物质,在酸性溶液中带正电荷,在碱性溶液中带负电荷。大多数蛋白质的等电点在酸性范围(pH 4.0~5.5),当蛋白质处于等电点时,极易沉淀析出。但调 pH 不能使大部分蛋白质沉淀,还必须与其他方法共用。在酸性溶液中,蛋白质与一些阴离子如三氯乙酸盐、水杨酸盐、过氯酸盐等形成沉淀;在碱性溶液中,能与 Ag^+,Cu^{2+},Zn^+ 等阳离子形成沉淀。或者加入碱金属中性盐作为脱水剂,破坏蛋白质分子的水化层,使蛋白质沉淀。

(2)变性法 蛋白质变性后,溶解度降低直至沉淀。使蛋白质变性的方法很多,最常用的是加热法。它是在目的产物耐热性允许的范围内,采用加热处理发酵液的方法。加热不仅可以达到去除杂蛋白质的目的,还能降低发酵液黏度,提高过滤速率。使蛋白质变性的其他方法还有大幅调节 pH、加有机溶剂(如乙醇、丙酮等)或表面活性剂等变性法也有一定的局限性,如加热法只适合对热较稳定的目标产物。

（3）吸附法　利用某些吸附剂或沉淀剂的吸附作用去除杂蛋白质。例如在枯草芽孢杆菌发酵液中，常加入氯化钙和磷酸氢二钠，两者生成庞大的凝胶，把蛋白质、菌体、其他不溶性粒子吸附进去，包裹在其中而除去。

3. 色素及其他物质的去除

色素可能是微生物代谢过程分泌的，也可能是培养基（如玉米浆等）带来的。对于药用发酵产品，特别是针剂产品要求不含色素、热原物质和毒素物质等。常用的脱色方法有离子交换剂、离子交换纤维、活性炭等材料的吸附法。

（二）离心过滤与固液分离

发酵液中除了发酵产物，还含有大量的固体如菌体。为了方便提取和精制的进行应该将菌体与发酵液分离。菌体分离通常采用离心分离和过滤两种方法。

离心分离就是在离心力场的作用下，将悬浮液中的固相与液相加以分离，多用于颗粒较小的悬浮液和乳浊液的分离。常采用的离心方法有差级离心法、密度梯度离心、等密度离心、平衡等密度离心。细菌和酵母菌为单细胞，体形较小，大多在 $1\sim10\mu m$ 范围，其发酵液一般采用高速离心机分离。而霉菌和放线菌为丝状菌，体形较大，菌体分离一般多采用过滤方法处理。

过滤的原理是悬浮液通过过滤介质时固态颗粒与溶液分离。根据过滤机理的不同，过滤可分为澄清过滤和滤饼过滤。在澄清过滤中，过滤介质为硅藻土、砂、颗粒活性炭等，它们填充在过滤器内构成过滤层，也有用烧结陶瓷、烧结金属等组成的成型颗粒滤层。当悬浮液通过滤层时，固体颗粒被滤层颗粒阻拦或吸附，滤液得以澄清。在滤饼过滤中，过滤介质为滤布，

板框压滤机
（动画）

生产中常采用板框压滤机等。悬浮液通过滤布时，固体颗粒被滤布阻挡而逐渐形成滤饼。滤饼至一定厚度时即起过滤作用。

1. 影响发酵液过滤的因素

发酵液属于非牛顿性液体，黏度大，过滤速度慢。发酵液的过滤速度与菌体细胞体积、各种发酵条件、未利用完的培养基浓度、消泡剂、发酵周期等有关。

菌体对过滤速度影响很大。一般真菌的菌丝体较粗大。放线菌菌丝细而分支，如链霉菌菌丝径为 $0.5\sim1.5\mu m$，发酵液中含有大量糖类物质，黏度高，过滤比较困难。培养基组成明显影响过滤速度。例如，用黄豆饼粉、花生饼粉做氮源，淀粉做碳源，过滤难度将加大。发酵周期也会影响过滤。周期太长，菌体发生自溶，代谢产物释放出来后，会使发酵液黏稠，影响过滤速度和分离效果。

2. 改善发酵液过滤性能的方法

发酵液难以过滤时需要通过改善过滤性能，降低滤饼比阻的方法，来提高过

滤与分离的速率。改善发酵液性能的方法有调酸、热处理、添加凝聚剂、反应剂、助滤剂等。

(1) 调节 pH　利用酸来调节发酵液 pH，使之达到等电点，可除去蛋白质等两性物质。膜过滤中，发酵液中的大分子物质易与膜发生吸附，调 pH 后，改变了易吸附分子的电荷性质，减少堵塞和污染。

(2) 凝聚与絮凝　凝聚作用是指向胶体悬浮液中加入凝聚电解质（如硫酸铝、氯化铁等），在电解质异电离子作用下，胶粒的双电层电位降低，胶体粒子间相互碰撞而产生凝集的现象。絮凝作用是指悬浮液中加入聚丙烯酰胺、聚丙烯酸钠、聚季铵酯等絮凝剂后，由于这些高分子化合物呈长链状结构，分别吸附在不同胶粒表面，产生桥架连接时，形成较大的絮团。

(3) 吸附剂法　将吸附剂加到细菌悬浮液中，使细菌细胞吸附在吸附剂上。常用的吸附剂有 $CaHPO_4$ 凝胶、氧化铝凝胶等。

(4) 助滤剂法　加适当的硅藻土于细菌悬浮液中，细菌细胞吸附在硅藻土粒子表面，从而改变了滤饼结构。它的可压缩性下降，过滤阻力降低，因而能够加快过滤速度。

(5) 反应剂法　某些不影响目的产物的反应剂加入后，可以和某些可溶性盐类发生反应，形成不溶性沉淀（如 $CaSO_4$ 等）。沉淀既能防止菌丝体黏结，又可作为助滤剂，并能使胶状物和悬浮物凝固，从而改善过滤性能。

（三）微生物细胞的破碎

微生物的代谢产物有的分泌到细胞或组织之外，如细菌产生的碱性蛋白酶，霉菌产生的糖化酶等，称为胞外产物。许多存在于细胞内，如青霉素酰化酶、碱性磷酸酯酶等，称为胞内产物。

对于胞外产物只需直接将发酵液预处理及过滤，获得澄清的滤液，作为进一步纯化的出发原液；对于胞内产物，则需首先收集菌体进行细胞破碎，使代谢产物转入液相中，然后再进行细胞碎片的分离。

1. 微生物细胞的破碎技术

常见的细胞破碎方法有：机械方法（球磨机、高压匀浆器、X – press 法、超声波破碎）和非机械方法（酶解法、渗透压冲击、冻结—融化法、干燥法、化学法），见表 2 – 6。

表 2 – 6　细胞破碎技术

项目	机械法	非机械法
破碎机理	切碎细胞	溶解局部壁，膜
碎片大小	碎片细小	细胞碎片较大
内含物释放	全部	部分

续表

项目	机械法	非机械法
黏度	高（核酸多）	低（核酸少）
时间与效率	时间短，效率高	时间长，效率低
设备	需专用设备	不需专用设备
通用性	强	差（专一性强）
经济性	成本低	成本高
应用范围	工业规模，实验室	实验室，部分工业

2. 破碎方法的选择

选择合适的破碎方法需要考虑下列因素：

（1）细胞的数量。

（2）所需要的产物对破碎条件（温度、化学试剂、酶等）的敏感性。

（3）要达到的破碎程度及破碎所必要的速度。

（4）尽可能采用最温和的方法。

（5）具有大规模应用潜力的生化产品应选择适合于放大的破碎技术。

三、发酵产物的提取与精制

（一）发酵产物的提取

经固液分离或细胞破碎及碎片分离后，活性物质存在于滤液中。滤液体积很大、浓度很低，下游加工过程就是浓缩和纯化的过程，常需多个操作。其中第一步操作称为初步纯化或提取，主要目的在于浓缩，也有一些纯化作用，而以后几步操作所处理的体积小，合称为高度纯化或精制。主要提取方法有吸附法、离子交换法、沉淀法（等电点沉淀法、盐析法、有机溶剂沉淀法、非离子型聚合物沉淀法）等。

（二）发酵产物的精制

1. 萃取法

萃取是将某种溶剂加入到液体混合物中，根据混合物中不同组分在溶剂中溶解度的不同，将所需要的组分分离出来，因此萃取不仅可以提取和浓缩产物，还可以去除掉部分其他类似物质，使产物得到初步纯化。在液－液萃取过程中常用有机溶剂作为萃取试剂，因此液－液萃取常被称为溶剂萃取。近年来溶剂萃取法和其他新型分离技术结合，产生了一系列新型分离技术，如超临界流体萃取，双水相萃取技术等，用于生物制品如酶、蛋白质、氨基酸等的提取、精制。

2. 色谱分离法

色谱分离是一种高效的分离技术，过去仅用于实验室中，后来规模逐渐扩大而应用于工业上。操作是在柱中进行，包含两个相——固定相和移动相，物质在两相间因分配情况不同，在柱中的运动速度也不同而获得分离。色谱分离是一组相关技术的总称，根据分配机理的不同，可以分为如下几种类型，见表2-7。

表2-7 各种色谱分离方法

方法	机理	分离能力	容量
凝胶色谱	分子的大小和形状	中等	小
离子交换色谱	电荷和解离度	高	很大
聚焦色谱	等电点	很高	大
疏水色谱	表面自由能	高	大
亲和色谱（免疫吸附色谱）	特殊的生物作用力	优异	很大

3. 结晶法

结晶可以认为是沉淀法应用时的一种特殊情况。结晶的前提是溶液要达到过饱和。要达到过饱和，可以采用以下办法：加入某些物质，使溶解平衡发生改变，如调节pH；将溶液冷却或将溶剂蒸发。

正确控制温度、溶剂的加入量和加料速度可以控制晶体的生长，以获得粗大的晶体有利于晶体的过滤除去母液。

结晶主要用于低分子质量物质的纯化，例如，抗生素青霉素G用醋酸丁酯从发酵液中萃取出来，然后加入醋酸钾的酒精溶液以产生沉淀。柠檬酸在工业上用冷却的方法进行结晶。

结晶过程
（微课）

（三）成品干燥

干燥是利用热能使湿物料中的湿分（水或其他溶剂）汽化而除去。干燥是发酵产品提取过程中的最后一个环节。许多发酵产品，如味精、酶制剂、柠檬酸、酵母等，需要进行干燥以除去物料中的水分，使产品便于储存、运输，并防止产品的变性、变质。常用干燥方法包括加热干燥法、红外线干燥法、喷雾干燥法、冷冻升华干燥法等。

鼓风干燥烘箱
（动画）

四、典型药物生产实例——青霉素的发酵生产

（一）概述

1. 青霉素及其理化性质

青霉素是一族抗生素的总称，它们是由不同的菌种或在不同的培养条件下获

得的同一类化学物质，目前，已知的天然青霉素（即通过发酵而产生的青霉素）有8种，其中以苄青霉素（即青霉素G）疗效最好，应用最广泛。一般如不特别注明，通常所谓的青霉素是指青霉素G。

青霉素G本身也是一种游离酸，能与碱金属或有机胺类结合成盐类。青霉素游离酸易溶于醇类、酮类、酯类和醚类，但在水中溶解度很小；青霉素钾盐、钠盐易溶于水和甲醇，微溶于乙醇、丙醇、丙酮、乙醚、氯仿，在醋酸丁酯或戊酯中难溶或不溶。如果有机溶剂中含有少量水分，则青霉素G碱金属盐在溶剂中溶解度就大大增加。

青霉素G

青霉素具有一定的吸湿性，其吸湿性的大小与内在质量有关，纯度越高，吸湿性越小，也越易于存放；制成晶体比无定形粉末吸湿性小，而各种盐类结晶的吸湿性又有所不同，且吸湿性随着湿度的增加而增大。固体青霉素盐的稳定性与其含水量和纯度有很大关系，干燥、纯净的青霉素很稳定，但青霉素的水溶液则很不稳定。纯度、吸湿性、温度、湿度和溶液的酸碱性等对其稳定性都有很大影响。

（1）青霉素游离酸的无定形粉末在非常干燥的情况下能保存几个小时，在0℃可保存24h。但其吸湿性较强，即使含微量水分也能使之很快失效。而青霉素盐晶体吸湿性小，因此制备一定晶形青霉素盐则可提高其稳定性。

（2）固体状态的青霉素钠盐类的稳定性质随质量的提高而增加，由于醋酸钾有强烈的吸湿性，所以成品中需将残留的醋酸钾除尽，否则会吸潮变质，影响有效期。

（3）青霉素在水溶液里很快地分解或异构化，因此青霉素应尽量缩短在水中的存放时间，特别由于温度、酸性、碱性的影响。一般青霉素水溶液在15℃以下和pH 5~7范围内较稳定，最稳定的pH为6.0左右。一些缓冲液，如磷酸盐和柠檬酸盐对青霉素有稳定作用。

2. 药理作用及应用范围

青霉素对大多数革兰氏阳性细菌、部分革兰氏阴性细菌、各种螺旋体及部分放线菌有较强抗菌作用。临床上主要用于链球菌所致的扁桃体炎、丹毒、猩红热、细菌性心内膜炎，肺炎球菌所致的大叶肺炎，敏感金黄色葡萄球菌所致的败血症、脑膜炎、骨髓炎、化脓性关节炎、脓疱、淋病、梅毒、炭疽病以及各种脓肿等。

青霉素的毒性低微，但最易引起过敏反应。常见的过敏反应有过敏性休克、血清病型反应、各器官及各组织的过敏反应等。特别是过敏性休克反应，如不及时抢救会危及生命。因此，凡应用青霉素药物都必须先做皮试，皮试阳性者禁用。

发酵初期
（仿真）

发酵过程控制
（仿真）

（二）青霉素的发酵工艺及过程

1. 菌种

目前全世界用于生产青霉素的高产菌株几乎都是由这一菌株经不同的改良途径得到的，有形成绿色和黄色孢子的两种产黄青霉菌株，其在深层培养中菌丝形态可分为球状菌和丝状菌两种，球状菌根据其孢子颜色又分为绿孢子球状菌和白孢子球状菌，生产上多用白孢子球状菌；丝状菌根据其孢子颜色又分为黄孢子丝状菌和绿孢子丝状菌，目前国内青霉素生产厂大都采用绿色产黄青霉菌。

发酵后期（仿真）

2. 发酵工艺流程

青霉素发酵工艺流程如图 2-5 所示。

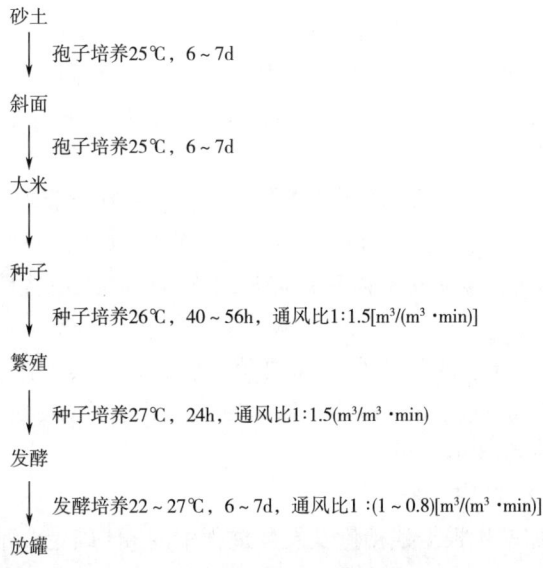

图 2-5　青霉素发酵工艺流程

3. 发酵工艺控制要点

绿色产黄青霉菌的生长分 3 个不同的代谢时期：①菌丝生长繁殖期，这个时期培养基中糖及含氮物质被迅速利用，丝状菌孢子发芽长出菌丝，分枝旺盛，菌丝浓度增加很快，此时青霉素分泌量很少；②青霉素分泌期，这个时期菌丝生长趋势减弱需间歇添加葡萄糖作碳源和花生饼粉、尿素作氮源，并加入前体，此期间丝状菌 pH 要求 6.2～6.4，青霉素分泌旺盛；③菌丝自溶期，此时丝状菌的大型空泡增加并逐渐扩大自溶。按显微镜检查菌丝形态变化或根据发酵过程中生化曲线测定进行补糖，这样既可以调节 pH，又可以提高青霉素发酵单位，延长发酵时间。除补糖外，氮源的补加也可以提高发酵单位。

青霉素发酵是给予最佳条件培养菌种，使菌种在生长发育过程中大量产生和分泌抗生素的过程。发酵过程的成败与种子的质量、设备构型、动力大小、空气量供应、培养基配方、合理补料、培养条件等因素有关。发酵过程控制就是控制菌种的生化代谢过程，必须对各项工艺条件加以严格管理，才能做到稳定发酵。青霉素发酵工艺控制主要有以下几个方面。

（1）种子质量的控制　丝状菌的生种子是由保藏在低温的冷冻安瓿管经甘油、葡萄糖蛋白胨斜面移植到小米固体上，25℃培养7d，真空干燥并以这种形式保存备用。生产时按一定的接种量移种到含有葡萄糖、玉米浆、尿素为主的种子罐内，26℃培养56h左右，菌丝浓度达6%~8%，菌丝形态正常，按10%~15%的接种量移入含有花生饼粉、葡萄糖为主的二级种子罐内，27℃培养24h，菌丝体积10%~12%，形态正常，效价在规定范围内，无菌检查合格便可作为发酵罐的种子。

（2）培养基成分的控制

①碳源：产黄青霉菌可利用的碳源有乳糖、蔗糖、葡萄糖等。目前生产上普遍采用的是淀粉水解糖、糖化液（DE值50%以上）进行流加。

②氮源：氮源常选用玉米浆、精制棉籽饼粉、麸皮，并补加无机氮源（硫酸铵、氨水或尿素）。

③前体：生物合成含有苄基基团的青霉素G，需在发酵液中加入前体。前体可用苯乙酸、苯乙酰胺。这些前体对青霉菌都有一定的毒性，一次加入量不能大于0.1%，采用多次加入，以防止前体对青霉素的毒害。加入硫代硫酸钠可以减少它们的毒性。

④无机元素：青霉素的生物合成需要硫、磷、钙、镁、钾、铁等无机元素，加入无机盐的用量要适度。由于铁离子对青霉菌有毒害作用，必须严格控制铁离子的浓度，一般控制在30μg/mL。

（3）发酵培养条件的控制

①加糖控制：加糖量根据残糖量及发酵过程中的pH确定，最好是根据排气中CO_2量及O_2量来控制，一般在残糖降至0.6%左右、pH上升时开始加糖。

②补氮及加前体：补氮是指加硫酸铵、氨水或尿素，使发酵液氨氮控制在0.01%~0.05%，补前体以使发酵液中残存苯乙胺浓度为0.05%~0.08%。

③pH控制：对pH的要求视菌种不同而异，一般为pH6.2~6.8，应尽量避免pH超过7.0。如pH上升可加葡萄糖或天然油脂进行调节，pH较低可加入$CaCO_3$、NH_3或提高通气量。目前生产上一般采用加酸或加碱控制pH。

④温度控制：青霉素生长的适宜温度为30℃，而分泌青霉素的温度是20℃，因此生产上多采用变温控制办法，以适合菌株不同阶段的需要。一般来说，前期25~26℃，后期23℃，以减少后期发酵液中青霉素的降解破坏。

⑤溶解氧的控制：青霉素产生菌是好氧菌，一般要求发酵中溶解氧量不低于饱和状态下溶解氧量的30%。适宜的通风比为1:(0.8~1)[m^3/(m^3·min)]左

右，搅拌转速在发酵各阶段应根据需要而测整。

⑥泡沫的控制：在发酵过程中产生大量泡沫，可以用天然油脂如豆油、玉米油等或化学合成消泡剂"泡敌"来消泡，但应当控制其用量并要少量多次加入，尤其在发酵前期不宜多用，否则会影响菌体的呼吸代谢，在发酵过程的中后期则可以"泡敌"加水稀释后与豆油交替加入。

⑦发酵液质量控制：生产上按规定时间从发酵罐中取样，用显微镜观察菌丝形态变化来控制发酵，生产上惯称"镜检"。根据"镜检"中菌丝形态变化和代谢变化的其他指标调节发酵温度，通过追加糖或补加前体各种措施来延长发酵时间以获得最多的青霉素。若菌丝中空泡扩大、增多及延伸，并出现个别自溶细地，表示菌丝趋向衰老，青霉素分泌逐渐停止，菌丝形态上即将进入自溶期，在此时期由于菌丝自溶，游离氨释放，pH 上升，导致青霉素产量下降，使色素溶解和胶状杂质增多，并使发酵液变黏稠，增加下一步提纯时过滤的困难。因此，生产上根据"镜检"判断，在自溶期即将来临之际迅速停止发酵，立刻放罐，将发酵液迅速送往提炼工段。

⑧染菌及异常情况处理：在发酵期间为检测生产是否染菌，间隔一定时间取样进行分析、镜检及无菌试验，检测生产状况，分析或控制相关参数，如菌丝形态和浓度、残糖量、氨基氮、抗生素含量、溶解氧、pH、通气量、搅拌转速等。若发酵罐前期染菌或种子带菌，一般可重新消毒并补入适量的糖、氮成分；中后期发生染菌，若是产气细菌则应及时放罐过滤、提炼，事后彻底消毒处理。若发酵前期菌丝生长不良，发酵异常，可倒出部分发酵液，补入部分新鲜料液和良好的种子。遇发酵单位不再增长可酌情提前放罐。

❓ 想一想

2018 年，电影《我不是药神》上映，主角"药神"程勇，原本家庭事业均无成，一个偶然的机会，一个慢性粒细胞白血病患者找到他，求他代购印度仿制药，从此他走上代购抗癌药发"灾难财"之路。上半场是功利小人物的逆袭，下半场是道德至上的人设转变。警方的追查假药，人物的困境和人性的考验，法律与道德标准的双重考量，最终聚焦在向善的人性，剧终他因违反了我国的药品管理制度和信用卡管理制度，涉嫌妨害信用卡管理罪和销售假药罪而受到刑事处罚，但基于其治病救人的主观目的，仅受到从轻判罚，悲凉又不失希望。影视作品外的现实中，陆勇是电影中"药神"的原型，一名慢粒白细胞患者，他给自己买药，也帮助病友代购印度抗癌药，其结局却与电影大有不同。现实中，湖南省检察机关的检察官春节远赴千里调查取证，经过对证据的严格复查，最终于 2015 年对陆勇做出了不予起诉的决定，免予刑罚，无罪释放。检察官办案精准适用法律，不起诉决定"具有司法温度"，办案体现出司法为民，对人民负责，对事实负责，对法律负责。类似地，曾以销售假药罪判决的上海"药神案"改判为走私国家禁止进出口货物罪，连云港"药神案"由销售假药罪改判为非法经营罪等，相比于一审判决，改判后的处罚明显减轻。2019 年修订的《中华人民共和国药品管理法》不仅删除了原来"按假药论处"的相关条款，还明确规定"未经批准进口少量境外已合法上市的药品，情节较轻的，可以依法减轻或者免予处罚"，为建设民主与法治相统一的和谐社会迈出新的一步。法律对"药神们"的得当处理，乃至法律本身做出的改变与进步，无处不体现出国家以人为本，构建和谐社会的坚持与努力。

客观上，陆勇已违反当时法律，想一想：为什么他会免予刑罚而最终释放，这是出于什么考量及体现出哪些进步？

技能实训

技能实训一　谷氨酸的发酵生产

一、实训目的

（1）熟悉发酵制药的步骤与要点。
（2）能用微生物进行发酵制药的生产。

二、实训原理

谷氨酸钠是食用味精，因此谷氨酸也是最大规模的发酵氨基酸，无论发酵吨位还是产量，在整个氨基酸行业具有领头地位。同时，对谷氨酸菌种遗传改造后，可用于生产其他脂肪族氨基酸。

谷氨酸生产菌主要是棒状杆菌属（*Corynebacterium*）的细菌，是一种革兰氏阳性细菌，细胞呈球形、棒形至短杆形，无芽孢、无鞭毛，不能运动，生长需氧，不同阶段形态发生明显变化。生物素缺陷型棒状杆菌增加了细胞膜的通透性，有利于产物的胞外分泌，脲酶活性强，三羧酸循环、戊糖磷酸途径突变，解除了产物的反馈抑制，可耐高浓度谷氨酸。谷氨酸菌种的产酸率为 10%~15%，转化率为 50%~70%，提取收率为 88%~90%。

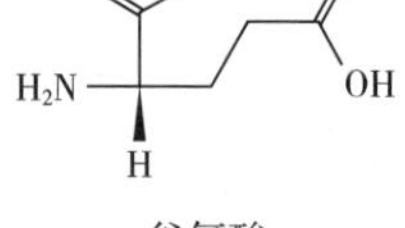

谷氨酸

三、实训仪器和试剂

（1）设备　发酵罐。
（2）菌种　谷氨酸生产菌。

(3) 培养基

斜面培养基：采用葡萄糖、牛肉膏、蛋白胨、NaCl等制备培养基，pH 7.0~7.2。

一级种子培养基：用葡萄糖、尿素、硫酸镁、玉米浆、磷酸氢二钾、少量硫酸亚铁和硫酸锰组成培养基。

二级种子培养基：用水解糖、玉米浆、磷酸氢二钾、硫酸镁、尿素等组成培养基，pH 6.5~7.0。

四、 实训方法与步骤

(1) 种子制备 斜面菌种：取斜面培养基，根据菌种特性，在30~34℃下培养18~24h。

一级种子：取一级种子培养基，在恒温通气培养12h，OD值达0.5以上，残糖0.5%以下，无污染，菌种健壮，活力强。

二级种子：取二级种子培养基，接种量0.8%~1.0%，培养时间7~8h，通风比为1:(0.3~0.5) $[m^3/(m^3 \cdot min)]$。OD值净增加0.5，残糖1.0%以下，无污染，细胞健壮。

(2) 发酵培养 谷氨酸发酵是典型的代谢控制发酵，即人为打破正常代谢的反馈机制，从而积累大量的谷氨酸产物。接种量为0.5%~1.0%，发酵罐装料比0.7，通风比为1:(0.11~0.13) $[m^3/(m^3 \cdot min)]$，培养前期33~35℃，中后期提高温度为36~38℃。供氧充足时，谷氨酸的产率最高。谷氨酸菌种对氧有高依赖性，氧分压应该在$0.01 \times 10^5 Pa$以上才能获得高产。低氧分压下会生成有机酸如乳酸导致生产受阻。类似的氨基酸有谷氨酰胺、脯氨酸和精氨酸等发酵。

谷氨酸发酵中，生物素控制在亚适量，才能积累大量的谷氨酸。氮源要充足，根据pH变化，流加尿素。一般在12h后，菌体密度不增加，pH有所下降，此时及时流加尿素，补充氮源，同时调节pH，维持在pH 7.0~7.2，此时谷氨酸生物合成途径中的关键酶活性最大，有利于产物积累。pH 6.0以下，则易形成谷氨酰胺和N-乙酰谷氨酰胺。发酵结束时，呈近中性pH，浅黄色，谷氨酸以铵盐形式存在于发酵液中。湿菌体占发酵液5%~8%，其他各种氨基酸含量低于1%，铵离子0.6%~0.8%，残糖1%以下。

(3) 谷氨酸的分离纯化工艺过程 谷氨酸的分离纯化可采用等电点沉淀法直接从发酵液中提取。在pH 3.22时，谷氨酸以过饱和状态结晶析出。

发酵液先用盐酸调节pH至4.0~4.5，以出现晶核为准，育晶2h。缓慢加酸调节至pH 3.0~3.2，搅拌20h。降温至5℃，使结晶沉淀，即等电点结晶。静置6h，吸去上层菌体，下层沉淀得粗谷氨酸（俗称麸酸）。等电点沉淀的温度控制适宜，一次沉淀收率可达80%以上。

再将粗谷氨酸溶于适量水，上柱，用活性炭脱色，加热水洗涤，收集谷氨酸。

也可采用离子交换树脂进行脱色。

谷氨酸溶液中加 Na_2CO_3 进行中和,形成谷氨酸单钠。进行减压蒸发,除去水分,谷氨酸钠以过饱和状态结晶出来,得粗品。除去铁、脱色和精制结晶后,得到纯品。

奋进中的谷氨酸发酵工业

知识拓展

人民日报人民时评:让全民医保更好保障病有所医

随着医保制度改革的进一步细化落实,不仅将实现应保尽保,也将更加高效、精准地保障人民群众的基本医药需求。

医保基金是人民群众的"保命钱",医保制度的改革关系到每一位参保人。中共中央、国务院印发《关于深化医疗保障制度改革的意见》(简称《意见》)。《意见》指明了今后一段时间医疗保障制度改革的方向,为全面建立中国特色医疗保障制度描绘了路线图。

医疗保障是民生保障的重要内容。目前,我国已建立了世界上规模最大的基本医疗保障网,全国基本医疗保险参保人数达 13.5 亿人,参保率稳定在 95% 以上;医疗保障基金收支规模和累计结存稳步扩大,整体运行稳健可持续。同时,随着人民群众对健康福祉的需要日益增长,医疗保障领域发展不平衡不充分的问题逐步显现,表现为制度碎片化、待遇不平衡、保障有短板、监管不完善、改革不协同等方面,亟须进一步深化改革。

党的十九大报告提出,要完善统一的城乡居民基本医疗保险制度和大病保险制度,全面建立中国特色医疗保障制度。深化医保制度改革意见的出台,体现出党中央研究部署国家治理急需的制度、满足人民对美好生活新期待必备的制度的深谋远虑和人民情怀。《意见》从增进民生福祉出发,围绕坚持和完善中国特色社会制度,明确了深化医保制度改革的目标、原则与方向,发出了医保制度从有到好、从广覆盖到高质量的改革动员令。随着新一轮医保改革大幕开启,人民群众的健康福祉和医疗获得感,将获得坚实的制度支撑。

《意见》部署的医保总体改革路线图,可以用"1+4+2"来说明。"1"是改革目标,力争到 2030 年,全面建成以基本医疗保险为主体,医疗救助为托底,补充医疗保险、商业健康保险、慈善捐赠、医疗互助共同发展的多层次医疗保障制度体系。"4"和"2"犹如医保的"四梁两柱",即健全待遇保障、筹资运行、医保支付、基金监管 4 个机制,完善医药服务供给和医疗保障服务 2 个支撑。如果说基本医保制度是一栋大厦,此前全力扩面,覆盖了全民,大厦从无到有,主体初步建成;今后,通过统一制度、完善政策、健全机制、提升服务,将使医保的"四梁两柱"更加成熟定型,大厦更加稳固。

坚持保基本、促公平、筑底线、可持续，是此轮深化医保制度改革的重要特征。《意见》直面现实焦点、难点问题，提出的改革举措针对性强，可操作性也很强。例如，实行医疗保障待遇清单制度，有利于缩小地区待遇差距；通过提高年度医疗救助限额、合理控制政策范围内自付费用比例等措施，进一步减轻贫困群众医疗负担；针对药品耗材价格虚高、欺诈骗保等群众反映强烈问题，提出深化药品、医用耗材集中带量采购制度改革……可以预见，随着医保制度改革的进一步细化落实，不仅将实现应保尽保，也将更加高效、精准地保障人民群众的基本医药需求。

民生无小事，枝叶总关情。医保制度既要照顾到参保人的需求，又要确保基金不花超、花得好、花得精准有质量。这意味着改革不可能一蹴而就，而是要结合中国国情，增强医保、医疗、医药联动改革的协同性，不断提升治理能力，确保医保制度高效运转。用持续不断的深入改革，全面建立中国特色医疗保障制度，必能更好保障人民群众病有所医，为健康中国建设奠定坚实基础。（本文摘编自：人民日报、人民网 2020 年 3 月 23 日）

项目检测

一、名词解释

自然选育　诱变育种　碳源　氮源　无菌　F_0 值　连续灭菌　种子扩大培养　次级代谢　分批式发酵　半连续式发酵　絮凝　超临界流体萃取　结晶

二、简答题

（1）常见的微生物育种方法有哪些？

（2）常见的菌种保存方法有哪些？进行保藏时应注意什么问题？

（3）设计培养基时应遵循哪些原则？

（4）连续灭菌分为哪三种形式？简述其过程。

（5）影响孢子和种子质量的因素有哪些？

（6）空气绝对过滤除菌的原理是什么？

（7）微生物初级代谢和次级代谢的关系是什么？

（8）简述青霉素的生物合成途径和工艺控制要点。

（9）发酵工艺过程控制包括哪些内容？

（10）发酵过程中泡沫产生的原因是什么？常用的消除泡沫方法有哪些？

（11）发酵过程中常见的染菌原因是什么？如何判断和防治染菌？发酵罐染菌后应如何处理？

（12）除去发酵液中杂蛋白质的方法有哪些？

（13）改善发酵液过滤性能的主要方法有哪些？简述其机理。

项目三

生化药物生产技术

项目简介

生化药物是从生物体分离纯化,或者用化学合成、微生物合成、现代生物技术制得的,用于预防、治疗和诊断疾病的一类生化物质。主要是氨基酸、多肽、蛋白质、酶及辅酶、多糖、脂类、维生素、激素、核酸及其降解产物等。这些物质是维持正常生理活动、治疗疾病、保持健康必需的生化成分。

人们通常把用传统方法从生物体制备的内源性生理活性物质称为生化药物,而把利用生物技术制备的一些内源性物质包括疫苗、单克隆抗体等统称为生物技术药物。传统生化制药的内容是现代生物制药的基础,生物技术药物是在生化制药基础上利用现代生物技术发展起来的。所以了解传统生化制药工艺对学习掌握现代生物制药技术十分必要。

知识目标

- 认识生化制药中生物制药单元操作技术。
- 了解氨基酸类药物制备的原理、操作关键点。
- 了解肽类及蛋白质类药物制备的原理、操作关键点。
- 了解酶类药物制备的原理、操作关键点。
- 了解糖类药物制备的原理、操作关键点。
- 了解脂类药物制备的原理、操作关键点。
- 了解核酸类药物制备的原理、操作关键点。

- 了解维生素与辅酶类药物制备的原理、操作关键点。

技能目标

- 能进行生化药物生产原料的选取和保存操作。
- 能进行生化药物提取操作。
- 能进行细胞破碎操作。
- 能进行固液分离操作。
- 能进行各类色谱操作。
- 能进行结晶操作。
- 能进行电泳操作。
- 能进行蒸发和干燥操作。
- 能进行生化药物的生产和质量控制。

任务一

了解生化药物生产技术

生化药物是从生物体分离纯化，或用化学合成、微生物合成、现代生物技术制得的用于预防、治疗和诊断疾病的一类生化物质，主要是氨基酸、多肽、蛋白质、酶及辅酶、多糖、脂类、维生素、激素、核酸及其降解产物等。这类物质是维持人体正常生理活动、治疗疾病、保持健康必需的生理生化成分。

一、生化药物的分类

生化药物一般按照其化学本质和化学特性进行分类，该分类方法有利于比较同一类药物的结构与功能的关系。

（一）氨基酸及其衍生物类药物

这类药物包括天然的氨基酸、氨基酸混合物以及氨基酸的衍生物，如赖氨酸、甲硫氨酸、精氨酸、天冬氨酸、水解蛋白等。

（二）多肽和蛋白质类药物

多肽和蛋白质的化学本质相同，都是由氨基酸缩合而成的生物大分子，性质相似，只是因分子质量不同而导致生物学性质上有较大的差异。如分子质量不同的物质，其免疫学性质就完全不一样。蛋白质类药物如胰岛素、明胶、胃膜素、血清白蛋白、丙种球蛋白等；多肽类药物如谷胱甘肽、胸腺肽、催产素、促黑素、胰高血糖素等。

（三）酶类药物

酶是具有催化功能的生物大分子，可按功能分为：消化酶类、消炎酶类、心脑血管疾病治疗酶类、抗肿瘤酶类、氧化还原酶类等。

（四）核酸及其降解产物类药物

核酸及其降解产物类药物有核酸（DNA 和 RNA）、多聚核苷酸、单核苷酸、核苷、碱基及其衍生物，如 5-氟尿嘧啶、6-巯基嘌呤等。

（五）糖类药物

糖类药物以黏多糖为主。多糖类药物是由糖苷键将单糖连接而成的，但由于糖苷键的位置不同，连接单糖数目不同，因而多糖种类繁多，药理活性各异。

（六）脂类药物

脂类药物具有相似的性质，能溶于有机溶剂而不溶于水，其化学结构差异较大，功能各异。这类药物主要有脂肪、脂肪酸类、磷脂类、胆酸类、固醇类、卟啉类等。

（七）动物器官或组织液

动物器官或组织液是一类化学结构、有效成分不完全清楚，但在临床上确有一定疗效的药物，俗称脏器制剂，如骨宁、眼宁等。

二、生化药物生产的一般工艺流程

动物、植物、微生物的组织、器官、细胞及代谢产物是生化药物生产的主要生物资源。生化药物的提取与分离方法因原材料、药物种类和性质不同而存在很大差异。总的来说，其提取纯化一般分为5个步骤：预处理→固液分离→提取→精制→成品加工（包括干燥、制丸、挤压、造粒、制片等步骤），如图 3-1 所示。

生化药物提取的每一步都可采用多种单元操作。一般情况下，原材料中产品浓度越低，其提取纯化的成本越高、操作步骤越多，提取收得率也越低，因此，要尽量选用产品含量较高的原材料，并尽可能减少操作步骤。

三、原料的选取与处理

（一）原料选取、保存与处理

选择生化药物生产原料的主要原则是：有效成分含量高，原料新鲜；原料来

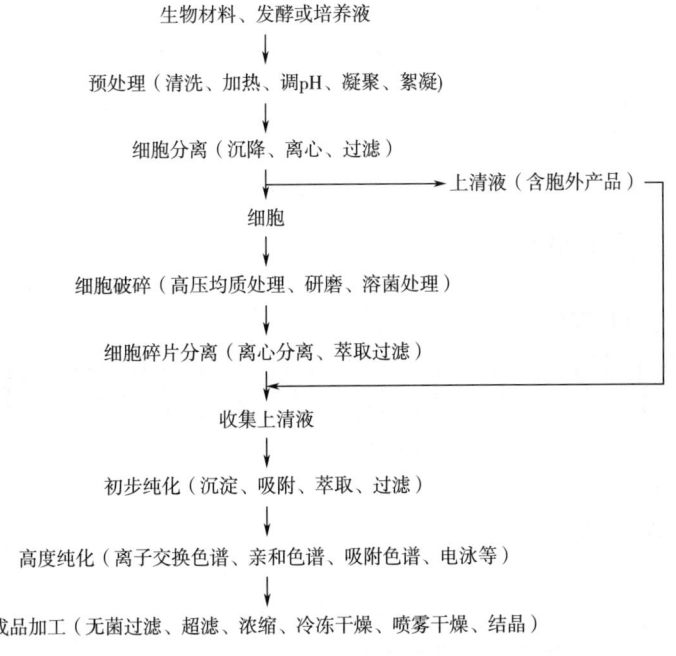

图 3-1 生化药物提取纯化的一般工艺流程

源丰富，易得，原料成本低；原料中杂质含量较少等。这就涉及生物品种、组织器官的类型及生物的生长期等因素。如制备胃蛋白酶只能选用胃为材料；制备催乳素不能选用禽类、鱼类，应以哺乳动物为原材料；制备凝乳酶只能以哺乳期小牛、仔羊的第四胃为材料，而不能用成年牛、羊的胃。而难分离的杂质会增加工艺的复杂性、影响收率、质量和经济效益，所以应尽量避免与产品性质相似的杂质对提纯过程的干扰。如制备磷酸单酯酶时，以前列腺为材料可使操作简化，而不宜以胰脏为材料。因胰脏中除了磷酸单酯酶外，还含有与其性质相近的磷酸二酯酶，二者难以分开。此外，在选择生物材料时，最好能一物多用，综合利用，节约成本。如以胰脏为材料可同时进行胰岛素、弹性蛋白酶、激肽释放酶与胰酶等的生产。

植物原料确定后，要选择合适的季节、时间、地点后采集并就地去除无用部分，将有用部分保鲜处理；动物材料采集后要及时去除结缔组织、脂肪组织等，并迅速冷冻贮存；对于微生物原料，要将菌体细胞与培养液及时分开后进行保鲜处理。

保存生物材料的主要方法有：

（1）冷冻法　常用-40℃速冻，此法适用于所有生物原料。

（2）有机溶剂脱水法　常用有机溶剂丙酮制成"丙酮粉"，此法适用于原料少而价值高、有机溶剂对产品没有破坏的原料，如脑垂体等。

（3）防腐剂保鲜法　如对于发酵液、提取液等液体原料，加入乙醇、苯酚等对其进行保存。

生物材料是由细胞组成的，可溶性物质通常在细胞内，固体物料内部物质距离物料表面较远。为加速浸取的过程，往往要对原料进行预处理，恰当地粉碎原料，甚至破碎细胞，可缩短固体或细胞内部溶质分子向其表面的扩散距离。

万能粉碎机
（动画）

（二）生化药物提取

1. 物质性质与提取

提取是利用目的物的溶解特性，将其与细胞的固形成分或其他结合成分分离，使其由固相转入液相或从细胞内的生理状态转入特定溶液环境的过程。如果是将目的物从某一溶剂系统转入另一溶剂系统则称为萃取，即液—液提取；如用溶剂从固体中抽提物质称作液—固提取，也称浸取。

提取技术
（动画）

2. 提取的溶剂系统

提取时，首先要根据活性物质的性质，选择提取溶剂。

（1）对水溶性、盐溶性生物物质的提取　可以用酸、碱、盐水溶液为提取溶剂，这类溶剂提供了一定的离子强度、pH 范围及相当的缓冲能力，如植酸钙镁是用稀硝酸溶液提取，肝素是用氯化钠溶液提取。

萃取机（动画）

（2）对水、盐系统无法提取的蛋白质或酶的提取　有时可用表面活性剂或有机溶剂提取。

（三）细胞破碎

一些微生物在代谢中将产物分泌到细胞之外的液相中，如胞外酶（细菌产生的碱性蛋白酶、霉菌产生的糖化酶等），提取

一次醋酸丁酯
萃取（仿真）

过程只需直接采用过滤和离心进行固液分离，然后将澄清的滤液再进一步纯化即可。但是，对于细胞内部生化物质，如胞内酶（青霉素酰化酶、碱性磷酸酶等），必须在纯化前先将细胞破碎，使细胞内产物释放到液相中，然后再进行提纯。

（四）固液分离

固液分离是药物生产中经常遇到的重要单元操作，提取液、发酵液、细胞破碎后所得的菌悬液及某些中间产品和半成品等都需进行固液分离。固液分离的方法很多，有重力沉降、离心分离和过滤等，其中，离心和过滤应用得较普遍。

四、沉淀技术

沉淀是物理环境的变化引起溶质的溶解度降低、生成固体凝聚物的现象。沉

淀一般只能达到初步纯化的目的，广泛应用于实验室和工业规模蛋白质等生物产物的回收、浓缩和纯化。通过沉淀，既可使目的物沉淀下来，也可将杂质沉淀下来使目的物留于上清液中。据沉淀机理的不同，其可分为盐析法、有机溶剂沉淀法和等电点沉淀法等。

（一）盐析法

水溶液中蛋白质的溶解度一般在生理离子强度范围内（0.15~0.2mol/L）最大，低于或高于此范围时溶解度均降低。蛋白质在高离子强度的溶液中溶解度降低、发生沉淀的现象称为盐析。不同的蛋白质盐析时所需的盐的浓度不同，因此调节盐的浓度，可以使混合蛋白质溶液中的蛋白质分段析出，达到分离纯化的目的。不仅蛋白质，许多生化物质都可以用盐析法进行沉淀分离。常用的盐析用盐包括硫酸铵、硫酸钠、硫酸镁、氯化钠、磷酸二氢钠等。

（二）等电点沉淀法

两性电解质在溶液 pH 处于等电点时，分子表面电荷为零，导致赖以稳定的电荷层及水化膜被削弱或破坏，分子间引力增加，溶解度降低。调节溶液的 pH，使两性溶质溶解度下降析出沉淀的操作称为等电点沉淀法。

（三）有机溶剂沉淀法

向水溶液中加入一定量亲水性的有机溶剂，降低溶质的溶解度，使其沉淀析出的分离纯化方法，称为有机溶剂沉淀法。亲水性有机溶剂加入溶液后降低了介质的介电常数，使溶质之间的静电引力增加，聚集形成沉淀，并且水溶性有机溶剂的亲水性强，它会抢夺本来与亲水溶质结合的自由水，使溶质分子表面水化层被破坏，导致溶质分子之间的相互作用增大而发生凝聚，从而沉淀析出。

五、色谱技术

色谱，也称为层析，是根据混合物中溶质在互不相溶的两相之间分配行为的差别，引起移动速度的不同而进行分离的方法。其中互不相溶的两相中一相为固定相，通常为表面积很大的固体或多孔性固体；另一相是流动相，是液体或气体。色谱法可用以分离酶等生物活性蛋白质以及多肽、核酸、多糖等生物大分子物质，其分离效率高、设备简单、操作方便、条件温和、不易造成物质变性，所以普遍应用于物质成分的定量分析与检测以及生物物质的制备分离和纯化过程。

柱色谱装置一般由进样器、色谱柱、检测器、记录仪及部分收集器等部分组成（图3-2），其中色谱柱是色谱分离的心脏。为了方便观察色带的移动情况，色谱柱通常选用玻璃柱。工业上的大型色谱柱可以用金属制造，有时在柱壁嵌一条玻璃或有机玻璃狭带，便于观察。柱的入口端有进料分布器使进入柱内的流动相分布均匀。柱的分离效率与柱高度成正比，与直径成反比，因此层析柱多是细长型，一般 L/D 值为 20~30，也有的小于 10，如离子交换色谱柱。检测器用于检测流经色谱柱的样品，其可同时检测多个波长，也可只检测一个波长。记录仪用于记录检测器所检测的信号变化，部分收集器用来收集色谱柱中流出的样品，可按体积、时间等不同方法分管收集。

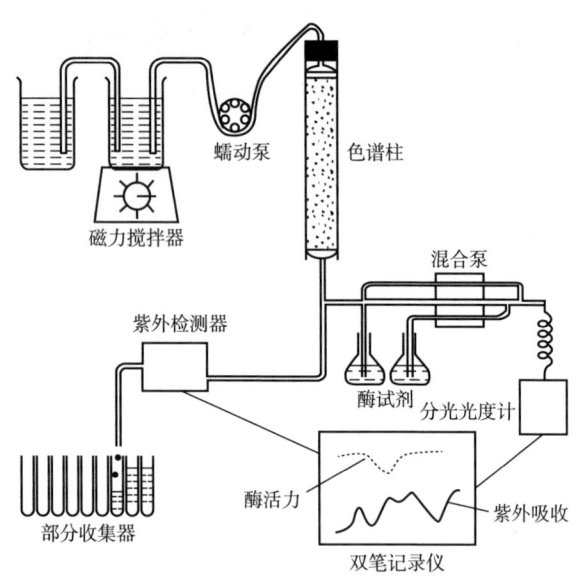

图 3-2　柱色谱分离法装置

六、结晶技术

溶质呈晶态从溶液中析出来的过程称作结晶。通过结晶形成的晶体外观形状一定，内部的分子（或原子、离子）在三维空间进行有规则的排列。结晶是一个重要的化工单元操作，在生物制药工业中也是一种应用广泛的产品精制技术。结晶是同类分子或离子的规则排列，具有高度的选择性，故通过结晶，溶液中的大部分杂质会留在母液中，使产品得到纯化。结晶不但是一种纯化手段，也是一种固化手段（产品从溶解状态变成了固体），结晶产品外观优美，其包装、运输、贮存和使用都很方便。

七、电泳技术

电泳是荷电溶质在电场作用下发生定向泳动的现象。许多重要的生化药物，如氨基酸、多肽、蛋白质、核苷酸、核酸等

电泳技术
（微课）

都具有可电离基团,它们在一定的 pH 下可以带正电荷或负电荷,在电场的作用下,这些带电分子会向着与其所带电荷极性相反的电极方向移动。电泳分离是利用荷电溶质在电场中泳动速度的差别进行分离的方法。

电泳分离的原理和操作形式多种多样,主要有区带电泳、等电点电泳和等速电泳等。电泳装置主要包括两个部分:电源和电泳槽。电源提供直流电,在电泳槽中产生电场,驱动带电分子的迁移。电泳槽可以分为水平式和垂直式两类。垂直板式电泳是较为常见的一种,常用于聚丙烯酰胺凝胶电泳中蛋白质的分离。电泳槽中间是夹在一起的两块玻璃板,玻璃板两边由塑料条隔开,在玻璃平板中间制备电泳凝胶,制胶时在凝胶溶液中放一个塑料梳子,在胶聚合后移去,形成上样品的凹槽。水平式电泳是将凝胶铺在水平的玻璃或塑料板上,然后将凝胶直接浸入缓冲液中。由于 pH 的改变会引起带电分子电荷的改变,进而影响其电泳迁移的速度,所以电泳过程应在适当的缓冲液中进行,缓冲液可以保持待分离物的带电性质的稳定。

八、蒸发与干燥

蒸发和干燥是生物工业中的基本单元操作。蒸发即使含有不挥发溶质的溶液沸腾汽化并移出蒸汽,从而使溶液中溶质浓度提高的过程。其目的是增加溶质浓度或通过蒸发得到较为纯净的溶剂。干燥是利用热能除去目标产物的浓缩悬液或结晶产品中湿分的操作,通常是生物产品分离的最后一步。

(一)蒸发

根据各种物料的特性和工艺要求,蒸发过程可以采用不同的操作条件和方法,如根据操作压力的不同可分为常压蒸发和减压蒸发;根据所用蒸发器的不同可分为膜式蒸发和非膜式蒸发;根据二次蒸汽是否用来作为另一蒸发器的加热蒸汽可分为单效蒸发和多效蒸发。其中,多效膜式蒸发技术在生物工业领域有着广泛的应用。如在抗生素生产中,薄膜蒸发目前广泛用于链霉素、卡那霉素、庆大霉素、春雷霉素、新霉素、博来霉素、丝裂霉素、杆菌肽等抗生素料液的浓缩。此蒸发过程中,物料通过膜式蒸发器的加热面后溶液受沸腾汽化。膜式蒸发器具有传热效果好、蒸发速度快的优点,同时,物料在蒸发器内的停留时间短,物料中的热敏性成分不易被破坏,因此薄膜蒸发技术得到很大发展,在产品多为热敏性物质的生物、医药、食品等行业使用普遍。

(二)干燥

干燥是利用热能除去目标产物的浓缩悬液或结晶产品中湿分的操作,通常是生物产品分离的最后一步。许多生物产品,如谷氨酸、丙氨酸、天冬氨酸、酶制剂、单细胞蛋白、抗生素等均为固体产品,因此,干燥在工业产品的加工过程中非常重要。通过干燥，可以去除某些原料、半成品及成品中的水分或溶剂，以便于加工、使用、贮存和运输，并且许多生物制品在干燥的状态下较为稳定，保质期可明显增长。

1. 干燥的工艺过程

一个完整的干燥工艺过程，是由加热系统、原料供给系统、干燥系统、除尘系统、气流输送系统和控制系统组成（图3-3）。

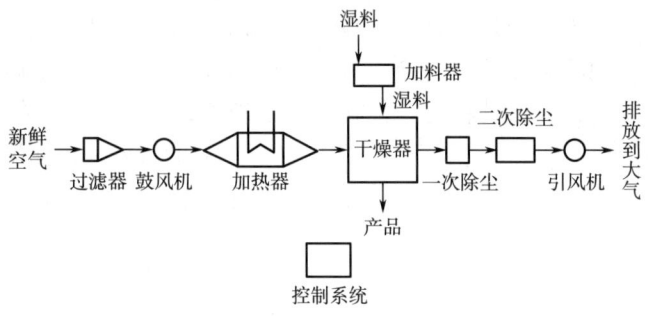

图3-3　干燥操作的流程

湿物料的干燥包括两步，首先是对物料加热使湿分汽化的传热过程，然后是汽化后的湿分蒸汽由于其蒸汽分压差较大而扩散进入气相的传质过程，传质和传热过程同时并存。其中第一步的对物料加热通常需要在较高的温度下进行，而在生物物质的干燥过程中，酶、蛋白质等活性物质在高温下易失活、变性，因此在对热敏性物质进行干燥操作时，应选择合适的干燥设备及干燥方法，以避免或减少目的产物的失活与变性。

2. 生物工业中常用的干燥方法

生产中较常用的干燥方法有常压干燥、减压干燥、气流干燥、喷雾干燥和冷冻干燥，干燥设备主要有厢式干燥器、气流干燥器、流化床干燥器、真空干燥器及冷冻干燥器等。下面介绍生物工业中常用的几种干燥方法。

（1）气流干燥　气流干燥是把呈泥状、粉粒状或块状的湿物料送入热气流中，湿物料在气流输送过程中水分蒸发，从而得到干燥产品的过程，常用设备有真空鼓风干燥箱等。气流干燥具有干燥强度大、干燥时间短、所用设备简单及处理量大等特点，因而被广泛应用于含非结合水的粉状或颗粒状物料的干燥，如阿司匹林、四环素、胃酶、胃黏膜素、扑热息痛等常用气流干燥方法进行干燥。

（2）喷雾干燥　喷雾干燥是采用雾化器将溶液、乳浊液、悬浊液或浆液等料液分散成雾滴，在喷雾干燥器内用热干燥介质将雾滴干燥从而获得粉末状或颗粒状产品的过程。采用喷雾干燥由于雾滴的表面积很大，物料干燥所需时间很短，生产过程简化，操作控制方便，适宜于连续化大规模生产，所得产品具有良好的分散性、流动性和溶解性，并且由于干燥过程中液滴温度不高，所以适用于抗生素、酵母粉和酶制剂等热敏性物料的干燥，其干燥质量基本上能接近于真空下干燥的标准。

（3）冷冻干燥　冷冻干燥是指被干燥液体冷冻成固体，在低温低压条件下利用水的升华性能，使冰直接升华变成蒸汽除去，从而使物料达到干燥目的的一种干燥方法。干燥后的成品呈海绵状，易于溶解，所以一些生物制品如血浆、抗生素、疫苗以及一些需呈固体而临用前溶解的注射剂多用此法制备。

任务二

氨基酸药物的生产

一、氨基酸及氨基酸药物简介

氨基酸是蛋白质的基本组成单位。各种蛋白质作为生物大分子，在生命活动中表现出各种各样的生理功能，其功能差异主要取决于蛋白质分子中氨基酸的组成、排列顺序以及形成的特定三维空间结构。蛋白质和氨基酸之间的不断分解与合成，在机体内形成一个动态平衡体系，任何一种氨基酸的缺乏或代谢失调，都会破坏这种平衡，导致机体代谢紊乱乃至疾病。因此，氨基酸类药物越来越受到重视。

氨基酸类药物主要用于治疗蛋白质代谢紊乱和缺乏引起的一系列疾病，同时也是具有高度营养价值的蛋白质补充剂，有着广泛的生化作用和良好的临床疗效。氨基酸缺乏可导致机体生长迟缓、自身蛋白质消耗、生理功能衰退、抵抗力下降以及一系列临床症状。直接输入复方氨基酸制剂可以改善患者的营养状况，增加血浆蛋白和组织蛋白，纠正负氮平衡，促进酶、抗体和激素合成。还可按需要配制成专用复方氨基酸输液，供婴儿、尿毒症和肝、肾疾病等不同患者选择使用。

二、氨基酸药物制备的一般方法

（一）氨基酸粗品的制备

生产氨基酸的常用方法有蛋白质水解提取法、微生物发酵法、酶合成法和化学合成法。通常将直接发酵法和微生物转化法统称为发酵法；现在除少数几种氨基酸采用蛋白质水解提取法生产外，多数氨基酸生产都采用发酵法，也有几种氨基酸采用酶法和化学合成法生产。

1. 蛋白质水解提取法

蛋白质水解提取法是以毛发、血粉、废蚕丝等作为原料，通过酸、碱或蛋白水解酶水解成氨基酸混合物，经分离纯化获得各种氨基酸。水解法生产氨基酸主要分为分离、精制、结晶三个步骤。本法的优点是原料来源丰富、投产比较容易。缺点是产量低、成本较高。目前仍有一定数量的品种如胱氨酸、亮氨酸、酪氨酸等用蛋白质水解提取法生产。

（1）酸水解法　一般是在蛋白质原料中加入约4倍质量的6mol/L盐酸或8mol/L硫酸，于110℃加热回流16～24h，或加压下于120℃水解12h，使氨基酸充分析出，除酸即得氨基酸混合物。本法的优点是水解完全，水解过程不引起氨基酸发生旋光异构作用，所得氨基酸均为L-型氨基酸。缺点是营养价值较高的色氨酸几乎全部被破坏，含羟基的丝氨酸和酪氨酸部分被破坏，水解产物可与醛基化合物作用生成一类黑色物质而使水解液呈黑色，需进行脱色处理。

（2）碱水解法　通常是在蛋白质原料中加入6mol/L氢氧化钠或4mol/L氢氧化钡，于100℃水解6h，得氨基酸混合物。本法的优点是水解时间较短，色氨酸不被破坏，水解液清亮。缺点是含羟基和巯基的氨基酸大部分被破坏，引起氨基酸的消旋作用，产物有D-型氨基酸，故本法较少采用。

（3）酶水解法　通常是利用胰酶、胰浆或微生物蛋白酶等，在常温下水解蛋白质制备氨基酸。本法的优点是反应条件温和，氨基酸不被破坏也不发生消旋作用，所需设备简单，无环境污染。缺点是蛋白质水解不彻底，中间产物较多，水解时间长，故主要用于生产水解蛋白和蛋白胨，在氨基酸生产上比较少用。

2. 微生物发酵法

微生物发酵法是指以糖为碳源，以氨或尿素为氮源，通过微生物的发酵繁殖，直接生产氨基酸，或是利用菌体的酶系，加入前体物质合成特定氨基酸的方法。其基本过程包括菌种的培养、接种发酵、产品提取及分离纯化等。所用菌种主要为细菌、酵母菌。随着生物工程技术的不断发展，采用细胞融合技术及基因重组技术改造微生物细胞，已获得多种高产氨基酸杂种菌株及基因工程菌，其中苏氨酸和色氨酸的基因工程菌已投入工业生产。有目的地培养产率高的新菌种，是发酵法生产氨基酸的关键。目前大部分氨基酸可通过发酵法生产，如谷氨酸、谷氨酰胺、丝氨酸、酪氨酸等，产量和品种逐年增加。

3. 化学合成法

化学合成法是利用有机合成和化学工程相结合的技术生产氨基酸的方法。通常是以α-卤代羧酸、乙酰氨基丙二酸二乙酯、卤代烃、α-酮酸、醛类、甘氨酸衍生物、异氰酸盐及某些氨基酸为原料，经氨解、水解、缩合、取代、加氢等化学反应合成α-氨基酸。化学合成法是制备氨基酸的重要途径之一，但氨基酸种类较多、结构各异，故不同氨基酸的合成方法也不同。

本法的优点是可采用多种原料和多种工艺路线，特别是以石油化工产品为原料时，成本较低，生产规模大，适合工业化生产，产品容易分离纯化。缺点是生产工艺复杂，生产的氨基酸皆为DL型消旋体，需经拆分才能得到L型氨基酸。目前多用固定化酶拆分DL型氨基酸，具有收率高、成本低、周期短的优点，促进了化学合成法的发展。甲硫氨酸、色氨酸、苏氨酸、苯丙氨酸、丙氨酸、脯氨酸等多用化学合成法生产。

4. 酶合成法

酶合成法也称酶工程技术、酶转化法，是指在特定酶的作用下使某些化合物转化成相应氨基酸的技术。它是在化学合成法和发酵法的基础上发展建立的一种新的生产工艺，其基本过程是以化学合成的、生物合成的或天然存在的氨基酸前体为原料，将含特定酶的微生物、植物或动物细胞进行固定化处理，通过酶促反应制备氨基酸。固定化酶和固定化细胞等技术的迅速发展，促进了酶合成法在实际生产中的应用。

本法的优点是产物浓度高，副产物少，成本低，周期短，收率高，固定化酶或细胞可连续反复使用，节省能源。生产的品种有天冬氨酸、丙氨酸、苏氨酸、赖氨酸、色氨酸、异亮氨酸等。

（二）氨基酸的分离

氨基酸的分离是指从氨基酸混合液中获得某种单一氨基酸产品的工艺过程，是氨基酸生产技术中的重要环节。氨基酸的分离方法较多，常用的有以下几种方法。

1. 溶解度或等电点法

溶解度法是根据不同氨基酸在水和乙醇等溶剂中的溶解度不同，而将氨基酸彼此分离。如胱氨酸和酪氨酸均难溶于水，但在热水中酪氨酸溶解度较大，而胱氨酸则无多大差别，故可将混合物中的胱氨酸、酪氨酸与其他氨基酸分开。

各种氨基酸在等电点时溶解度最小，易沉淀析出，故利用溶解度法分离制备氨基酸时，常与氨基酸等电点沉淀法结合并用。

氨基酸在不同溶剂中溶解度不同这一特性，不仅用于氨基酸的一般分离纯化，还可用于氨基酸的结晶。在水中溶解度大的氨基酸，如精氨酸、赖氨酸，其结晶不能用水洗涤，但可用乙醇洗涤去杂质；而在水中溶解度较小的氨基酸，其结晶可水洗去杂质。

2. 特殊沉淀剂法

氨基酸可以和一些有机化合物或无机化合物生成具有特殊性质的结晶性衍生物，利用这一性质可分离纯化某些氨基酸。如精氨酸与苯甲醛生成不溶于水的苯亚甲基精氨酸沉淀，经盐酸水解除去苯甲醛，即可得纯净的精氨酸盐酸盐；亮氨酸与邻二甲苯-4-磺酸反应，生成亮氨酸磺酸盐沉淀，后者与氨水反应，得游离亮氨酸；组氨酸与氯化汞作用生成组氨酸汞盐沉淀，经处理得组氨酸。

本法操作简单，针对性强，至今仍是分离制备某些氨基酸的方法。缺点是沉淀剂比较难以去除。

3. 离子交换法

离子交换法是利用离子交换剂对不同氨基酸吸附能力不同而分离纯化氨基酸

的方法。氨基酸为两性电解质,在一定条件下,不同氨基酸的带电性质及解离状态不同,对同一种离子交换剂的吸附力也不同,故可对氨基酸混合物进行分组或单一成分的分离。例如,在pH 5~6的溶液中,碱性氨基酸带正电,酸性氨基酸带负电,中性氨基酸呈电中性,选择适宜的离子交换树脂,可选择性吸附不同解离状态的氨基酸,然后用不同pH缓冲液洗脱,可把各种氨基酸分别洗脱下来。

离子交换层析技术（动画）

（三）氨基酸的结晶与干燥

结晶是溶质以晶体状态从溶液中析出的过程。通过上述方法分离纯化后的氨基酸仍混有少量其他氨基酸和杂质,需通过结晶或重结晶提高其纯度,即利用氨基酸在不同溶剂、不同pH介质中溶解度不同,达到进一步纯化。氨基酸结晶通常要求样品达到一定的纯度、较高的浓度,pH选择在等电点附近,在低温条件下使其结晶析出。氨基酸结晶通过干燥进一步除去水分或溶剂获得干燥制品,便于使用和保存。常用的干燥方法有常压干燥、减压干燥、喷雾干燥、冷冻干燥等。

（四）氨基酸类药物的检测

各种氨基酸理化性质不同,检测方法也不同,但一般是以甲酸:冰醋酸按比例混合,采用电位滴定法、高氯酸溶液滴定等。

三、典型药物生产实例——赖氨酸

赖氨酸（Lys）是人体必需氨基酸之一。由于其在大米、玉米等食物中含量较低,容易造成人体缺乏,被称为"第一缺乏氨基酸"。赖氨酸广泛存在于各种蛋白质中,肉、蛋、乳等蛋白中含量较高,约为7%~9%；鸡卵蛋白中高达13%。目前,赖氨酸的生产多采用微生物直接发酵法,工艺比较成熟,已形成一定的生产规模。

（一）结构与性质

赖氨酸属碱性氨基酸,分子中含两个氨基,其化学名称为2,6-二氨基己酸,结构式为：

$$NH_2-CH_2-CH_2-CH_2-CH_2-CH-COOH$$
$$|$$
$$NH_2$$

2,6-二氨基己酸

赖氨酸纯品极易吸潮,一般制成赖氨酸盐酸盐。赖氨酸盐酸盐纯品为白色结晶或结晶性粉末,无臭。本品在水中易溶,在乙醇中极微溶解,在乙醚中几乎不溶。pI为9.74,熔点为263~264℃。

(二)生产工艺

1. 工艺路线

赖氨酸生产工艺路线如图3-4所示。

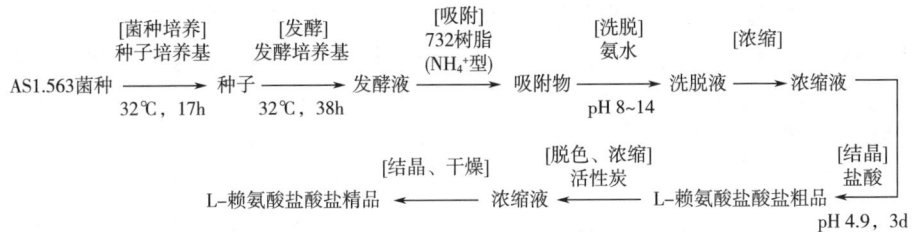

图3-4 赖氨酸生产工艺路线

2. 工艺过程

(1) 菌种的培养 高丝氨酸缺陷型菌株ASL1.563于30~32℃活化24h后,先于32℃进行斜面培养,培养基成分(%)为:葡萄糖0.5,牛肉膏1.0,蛋白胨0.5,琼脂2.0,pH 7.0。再进行种子培养,培养基成分(%)为:葡萄糖2.0,玉米糖浆2.0,硫酸镁0.05,硫酸铵0.4,磷酸氢二钾0.1,碳酸钙0.5,豆饼水解液1.0,pH6.8~7.0。接种量5%,32℃培养17h。

(2) 发酵 发酵培养液成分(%)为:葡萄糖15,尿素0.4,硫酸镁0.04,硫酸铵2.0,磷酸氢二钾0.1,豆饼水解液2.0。接种量5%,通气量1:0.3[m^3/(m^3·min)],32℃培养38h。

(3) 吸附、洗脱、浓缩、结晶 发酵液加热至80℃,搅拌10min,冷却至40℃加硫酸调pH4~5(发酵液含酸量2.5%左右),静置2h后上732树脂(NH_4^+型)柱(树脂用量与发酵液量的体积比为1:3),流速1000mL/min,当流出液pH逐渐升高至pH 5~6时,表明树脂饱和,一般吸附2~3次。饱和树脂用无盐水反复洗涤,除去菌体和杂质,直至流出液澄清。用2~2.5mol/L氨水洗脱,流速为400~800mL/min,从pH8开始收集,至pH 13~14时洗脱结束。真空浓缩,除洗脱液中氨和提高赖氨酸浓度,冷却,用浓盐酸调至pH 4.9,静置3d,析出结晶,离心甩干得L-赖氨酸盐酸盐粗品。

(4) 脱色、浓缩、结晶、干燥 粗品用蒸馏水溶解,加10%~12%活性炭脱色,过滤,滤液澄清略带微黄色,于40~45℃、93kPa下真空浓缩,至饱和为止,自然冷却结晶。滤取结晶,60℃干燥得L-赖氨酸盐酸盐精品,收率50%以上。

(三) 检测方法

1. 质量标准

赖氨酸盐酸盐为白色或类白色结晶粉末,干重含量应大于98.5%,比旋度为+20.4°~+21.5°,其中5%水溶液在430nm波长处透光率不得低于98.0%,0.1%水溶液pH为5.0~6.0,干燥失重不得超过1.0%,炽灼残渣不得超过0.1%,含氯量为19.0%~19.6%,硫酸盐小于0.02%,砷盐小于0.0001%,铁盐小于0.003%,铵盐小于0.02%,重金属不得超过0.001%,每1g盐酸赖氨酸中含内毒素的量应小于10EU。

2. 含量测定

取本品约90mg,精确称定,加无水甲酸3mL使溶解,加冰醋酸50mL与醋酸汞试液10mL,依照电位滴定法,用0.1mol/L高氯酸溶液滴定,滴定结果以空白试验校正。每1mL的高氯酸滴定液(0.1mol/L)相当于9.133mg $C_6H_{14}N_2O_2 \cdot HCl$。

(四) 药理作用与临床应用

赖氨酸在维持人体氮平衡的八种必需氨基酸中特别重要,是衡量食物营养价值的重要指标之一,特别是在儿童发育期、病后恢复期、妊娠哺乳期,对赖氨酸的需要量更高。赖氨酸缺乏会引起发育不良、食欲缺乏、体重减轻、负氮平衡、低蛋白血、牙齿发育不良、贫血、酶活性下降及其他生理功能障碍。本品主要用作儿童和恢复期病人营养剂,可单独使用,一般与维生素、无机盐及其他必需氨基酸混合使用。赖氨酸能提高血脑屏障通透性,有助于药物进入脑细胞内,是治疗脑病的辅助药物。赖氨酸抗坏血酸盐可促进食欲。赖氨酸氯化钙合剂适用于各种缺钙症。赖氨酸铝盐可治疗胃溃疡。赖氨酸乳清酸盐即赖乳清酸为护肝药物,适用于各种肝炎、肝硬化、高血氨症等。赖氨酸阿司匹林具有镇痛作用,无成瘾性,临床应用很广。苯甲酰苯基丙酸赖氨酸具有较好的解热镇痛作用。三甲赖氨酸(THL)对细胞增殖有促进作用,可作为免疫增强药物。

任务三

多肽与蛋白质类药物的生产

一、多肽、蛋白质及多肽、蛋白质类药物简介

(一) 多肽和蛋白质的化学本质

多肽和蛋白质是由20种基本的L-氨基酸通过肽键连接而成的高分子化合物。

一个 L-氨基酸的羧基与另一个 L-氨基酸的氨基脱水生成肽键（酰胺键）相连接，生成的两个氨基酸的聚合物称为二肽，再通过肽键连接成三肽、四肽等。由多个氨基酸通过肽键聚集而成的链状化合物称为多肽。三肽和四肽等寡肽是小分子物质，其理化性质与蛋白质不同，更接近于氨基酸；但随着组成多肽的氨基酸残基数量的增加，其性质逐渐接近蛋白质。一般而言，50 个以下的氨基酸残基组成的多肽，其性质不同于蛋白质的性质，称为多肽；50 个以上的氨基酸残基组成的多肽称为蛋白质。

由于组成多肽或蛋白质的氨基酸的种类、数量和排列顺序不同，多肽或蛋白质具有不同的结构。多肽或蛋白质的一级结构即为肽链，是指构成肽链的氨基酸的种类、数量和排列顺序。在一级结构的基础上，肽链进一步盘旋和折叠形成特定有序的空间结构，包括二级结构、三级结构和四级结构。

蛋白质结构与其生物学活性之间的关系非常密切。表现为一级结构不同，生物学活性不同；一级结构的"关键部分"相同，功能相同；反之，一级结构的"关键部分"改变，生物学活性也相应改变或丧失；蛋白质的空间构象的改变或破坏，也会改变或破坏蛋白质的生物学活性。利用蛋白质结构与功能的这种关系，可以通过某些手段改造蛋白质的生物活性或降低蛋白质对人的免疫源性。当蛋白质受环境因素的影响，从原来有规则的空间结构变为无序松散状态时，其生物活性将会散失，称为蛋白质变性。多数蛋白质的变性是不可逆的。有些蛋白质除了具备完整的蛋白质部分外，还必须含有非蛋白质部分才有生物活性，这类蛋白质称为结合蛋白，其非蛋白部分称为辅基。因此，对于结合蛋白的提取、分离应同时考虑辅基对蛋白质活性的影响。

（二）多肽和蛋白质的理化性质

多肽的显色反应与氨基酸相似，双缩脲反应是多肽链的特征反应，凡具有两个直接连接的肽键结构或通过一个中间碳原子相连的肽键结构的化合物，均有此反应。

含 20 个以上氨基酸的多肽与蛋白质没有明显界限，无严格定义，有的以分子质量为界，有的以热稳定性为界，有的以有无空间结构为依据来区分。通常综合多种性质而以胰岛素作为最小的蛋白质，下面着重介绍蛋白质的性质。

1. 酸碱性

组成蛋白质的肽链两端有游离的氨基（—NH_2）和羧基（—COOH），它们可以分别解离成—NH_3^+ 和—COO^-，此外，有些侧链基团也是可以解离的基团，因此，蛋白质分子具有两性解离的性质。在不同的 pH 溶液中，可解离为正离子或负离子。但在某一 pH 溶液中，蛋白质分子解离为阳离子和阴离子的数目相等，整个分子成电中性，此时溶液的 pH 称为该蛋白质的等电点 pI。在等电点的蛋白质溶解度最小、不稳定、容易从溶液中沉淀析出。

各种蛋白质分子都有各自的等电点。等电点的高低主要与组成蛋白质的氨基酸残基的种类和数量有关。含酸性氨基酸较多的蛋白质，其 pI 偏于酸性；而含碱性氨基酸较多的蛋白质，其 pI 偏于碱性。在体液及生理状态下，哺乳动物及人的许多蛋白质 pI 在 5 左右。

2. 胶体性质

蛋白质的分子质量很大，容易在水中形成胶体颗粒，具有胶体性质。在水溶液中，蛋白质形成亲水胶体，就是在胶体颗粒之外包含有一层水膜。水膜可以把各个颗粒相互隔开，所以颗粒不会凝聚成块而下沉。

稳定蛋白质胶体的因素有：一是胶粒上的电荷；二是水化层。去掉这两个稳定因素，蛋白质胶粒就会因凝聚而沉淀。

3. 离子结合

蛋白质能与阴离子和阳离子结合。不同蛋白质的混合物在一定的 pH 下，如果这些蛋白质的 pI 正好都处于此 pH 的两侧，就会存在阴、阳离子，因而形成蛋白质与蛋白质相互结合的盐。在组织中就是这种情况，因为组织中一般含有碱性蛋白质和酸性蛋白质。小离子与蛋白质的特异性结合在组织和体液中也起重要的作用。

蛋白质分子与很多离子形成不溶性的盐，聚集而从溶液中析出的现象，称为蛋白质的沉淀反应。蛋白质沉淀反应是蛋白质提取、分离不可缺少的手段。根据实际需要，通过控制沉淀条件可以得到变性或不变性的蛋白质。

（1）盐析　向溶液中加入大量的中性盐（硫酸铵、硫酸钠或氯化钠等）而使蛋白质脱去水化层聚集沉淀的现象，称为盐析。盐析沉淀一般不引起蛋白质的变性，当除去盐后，蛋白质又可溶解。

（2）有机溶剂沉淀反应　向蛋白质溶液中加入一定量的与水混的有机溶剂如乙醇、丙酮，因而引起蛋白质脱去水化层以及降低介电常数而增加带电质点间的相互作用，致使蛋白质颗粒容易凝聚而沉淀。用有机溶剂沉淀蛋白质时往往引起蛋白质的变性，但如果控制在低温下操作并且尽量缩短处理时间可使变性速度变慢。

（3）加热沉淀反应　加热可以使大多数蛋白质变性沉淀。当蛋白质处于等电点时，加热凝固最完全和最迅速。加热引起蛋白质变性的原因可能是由于热变性使蛋白质天然结构解体，疏水基外露，因而破坏了水化层，同时疏水基团相互作用而聚集。对于热稳定的多肽与蛋白质，可以利用在杂蛋白等电点条件下加热的方法除去杂蛋白。

（4）金属盐沉淀法　蛋白质在比其等电点高的 pH 溶液中带负电荷，可与一些带正电荷的金属离子（如 Cu^{2+}、Zn^{2+}、Mn^{2+}、Ca^{2+}、Pb^{2+}、Hg^{2+}、Ag^+ 等）形成不溶性蛋白盐复合物沉淀析出。

（5）生物碱试剂和某些酸类沉淀反应　蛋白质在比其等电点低的 pH 溶液中带

正电荷，可以与苦味酸、磷钨酸、三氯乙酸、磺基水杨酸等试剂结合成不溶性复合物而沉淀析出。但蛋白质与生物碱试剂形成的复合物多为不可逆结合，很少用于制备活性蛋白质。多肽因其相对分子质量较小，与生物碱试剂反应不易沉淀析出。所以生物碱试剂常用于鉴定多肽制剂中是否含有蛋白质杂质。向多肽溶液中加入一定量的磺基水杨酸，不应出现浑浊，否则多肽纯度不合格。

4. 变性作用

蛋白质分子的结构复杂，容易受外界环境条件的影响而改变它的结构和理化性质。影响变性的因素很多，如加热、X光照射、强酸、强碱、重金属盐的作用，都可以引起蛋白质的变性。变性以后，分子结构中的某些键裂开，结构紊乱，丧失其生物活性。例如，加热或用乙醇处理，可以使细菌由于蛋白质变性而死亡，从而达到灭菌的目的。相反地，对于生物制品（如疫苗、抗血清等），为了防止变性，保存其成品的活性，必须将生物制品保存在适宜的环境条件中。变性的蛋白质溶液，当将其pH调节到等电点时，则立即结成絮状物。如果再加热，絮状物则变成坚固的凝块。这种凝块不易再溶解，这种现象称作蛋白质的凝固作用。

5. 紫外吸收

含有酪氨酸、苯丙氨酸、色氨酸的多肽与蛋白质由于含有苯环，在波长280nm有一显著吸收峰。这一性质可以用于蛋白质的含量测定。某些有活性的多肽或蛋白质由于空间构象中各个基团间发生相互作用，使得其紫外的最大吸收波长偏离280nm而成为鉴定它们的特征吸收峰。

6. 颜色反应

蛋白质由氨基酸组成，因而氨基酸的显色反应在蛋白质上也有所反映。

（1）酚试剂反应 在碱性条件下，蛋白质分子中的酪氨酸、色氨酸可与酚试剂反应呈现蓝色，蓝色的深浅与蛋白质的含量成正比。该反应灵敏，常用于微克水平的蛋白质含量测定。

（2）茚三酮反应 蛋白质与茚三酮混合加热，反应呈现蓝紫色。

（3）双缩脲反应 蛋白质在碱性溶液中可与Cu^{2+}产生紫红色反应。这是蛋白质的肽键反应，可以用于检验蛋白质的水解程度。蛋白质水解得越完全则反应颜色越浅。

（三）多肽与蛋白质类药物

多肽与蛋白质类药物是临床上应用的一大类药物，其应用特点是针对性强、毒副作用低。随着基因组学、蛋白质组学等的深入研究，会发现越来越多的与疾病有关的多肽与蛋白质，将它们开发成为药物必将为许多目前难治性疾病如癌症等的根治带来希望。

目前应用的多肽与蛋白质类药物已经很多，依据其作用机制及存在部位分为以下几类。

1. 多肽类药物

（1）多肽类激素

①下丘脑-垂体多肽激素：主要有促甲状腺素释放素、促生长抑制素、促性腺素释放素、促肾上腺皮质素、促黑素、促黑素抑制素、缩宫素、加压素等。

②甲状腺激素：甲状旁腺素、降钙素等。

③胰岛激素：胰高血糖素、胰解痉多肽等。

④消化道激素：肠抑胃肽、胃泌素、肠泌素、缓激肽等。

⑤胸腺激素：胸腺肽等。

⑥心脏激素：心房肽等。

（2）多肽类细胞生长调节因子　如表皮生长因子、胰岛素样生产因子－I、成纤维细胞生长因子等。

（3）其他多肽类药物　如谷胱甘肽、胎盘素、杆菌肽等。

2. 蛋白质类药物

（1）蛋白质激素　如胰岛素、生长激素、促甲状腺素、促乳素等。

（2）蛋白质类细胞生长调节因子　如干扰素、白细胞介素－2、神经生长因子、促红细胞生成素、集落刺激因子等。

（3）血浆蛋白　如纤维蛋白原、清蛋白、丙种球蛋白等。

（4）黏蛋白　如胃膜素、硫酸糖肽等。

（5）胶原蛋白　如阿胶、明胶等。

（6）其他蛋白质药物　如抑肽酶等。

二、多肽和蛋白质类药物制备的一般方法

活性多肽与蛋白质的生产方法主要有：生物提取法、微生物发酵法和基因工程。现主要介绍多肽和蛋白质类药物的生化提取法。

（一）材料选择

不同的蛋白质类药物可以分别或同时来源于动物、植物及微生物，在选择提取分离蛋白质药物的原料时应优先考虑来源丰富、目标物含量高、成本低的材料。但有时材料来源丰富而含量不高；或材料来源丰富、含量高，但材料中杂质太多，分离、纯化手续烦琐，以至于影响质量和收率，反而不如采用低含量易于操作的原料。在选择原料时还应考虑其种属、发育阶段、生物状态、解剖部位等因素的影响。

种属影响到原料中待提取蛋白质的含量、结构、生物学活性与其抗原性。例如，牛胰脏中胰岛素含量虽比猪胰脏高，但与人胰岛素相比，猪胰岛素有1个氨基酸差异，而牛胰岛素有4个氨基酸差异，因而牛胰岛素的抗原性高于猪胰岛素。又如，来源于猪垂体的生长素对人体无效，不能用于人体。

此外，被提取蛋白质在原料中的含量还受原料解剖学部位的影响。如猪胰脏尾部含激素较多，猪胰脏头部含消化酶较多，单独收集胰头提取消化酶，收集胰尾提取激素，有利于提高产品的收率。

（二）材料的预处理

对于某种待提取的多肽或蛋白质，如果是体液中的成分或细胞外成分，则可以直接进行提取分离。如果是细胞内成分，就需要首先将细胞破碎，使其胞内成分释放到溶液中，才能有效地将其提纯。不同生物体的不同组织，其细胞破碎的难易程度不同，应采用不同的破碎方法。此外，还应考虑目标多肽或蛋白质的稳定性，尽量采用温和的方法，防止蛋白质变性失活。例如破碎肝细胞，可以采用反复冻融法，但对于反复冻融易失活的蛋白质，则应改用其他细胞破碎方法。

（三）多肽与蛋白质药物的提取与合成

1. 提取法

多肽与蛋白质在不同溶剂中的溶解度，主要取决于蛋白质分子中非极性疏水基团和极性亲水基团的比例，以及这些基团在多肽、蛋白质中相对的空间位置。此外，溶液的温度、pH、离子强度等外界因素影响多肽、蛋白质在不同溶液中的溶解度。

（1）水溶液提取法　水溶液是多肽与蛋白质提取中常用的溶剂。大多数多肽与蛋白质其极性亲水基团位于分子表面，非极性疏水基团位于分子内部，因此多肽与蛋白质在水溶液中一般具有比较好的溶解性。用水为溶剂提取多肽与蛋白质时，还应考虑盐的浓度、pH、温度等因素的影响。

①盐浓度的影响：适当的稀盐溶液和缓冲液可以提高多肽与蛋白质在溶液中的稳定性及增大多肽与蛋白质在水溶液中的溶解度。一般使用等渗盐溶液，如 $0.02 \sim 0.05 mol/L$ 磷酸盐缓冲溶液或 $0.15 mol/L$ 氯化钠。如果目的多肽与蛋白质存在于细胞外，等渗溶液还可减少胞内蛋白的释放，从而减少杂蛋白的混入，有利于后序的多肽与蛋白质纯化。但有些蛋白质在低盐溶液中溶解度低，可以适当提高盐溶液的浓度，如脱氧核糖核蛋白，需要用 $1mol/L$ 以上的氯化钠溶液进行提取。反之，有些蛋白质在盐溶液中溶解度低，则可以直接用水进行提取。

②pH 的影响：溶液 pH 不但影响多肽与蛋白质的溶解度，还可对其稳定性造成很大的影响。因此多肽与蛋白质提取溶液的 pH 首先应保证在其稳定的范围内，选择偏离等电点两侧的某一点，如含碱性氨基酸残基较多的多肽与蛋白质选在偏酸的一侧，含酸性氨基酸残基较多的多肽与蛋白质则选择偏碱一侧，以增大其溶解度，提高提取效率。

③温度的影响：为了防止多肽与蛋白质变性和失活，提取时一般在低温（4℃以下）下操作。但对少数温度耐受力较高的多肽与蛋白质，可适当提高温度，使其中的杂蛋白变性沉淀，有利于提取和简化以后的纯化工作。如超氧化物歧化酶对热稳定，在提取时加热至60℃可除去大部分的杂蛋白。

（2）有机溶剂提取法　一些与脂质结合比较牢固或分子中非极性侧链较多的多肽与蛋白质，不溶或难溶于水、稀盐、稀酸或稀碱中，常用不同比例的有机溶剂提取。存在于细胞或线粒体膜中与脂质结合牢固的多肽与蛋白质常以正丁醇为提取溶剂。正丁醇亲脂性强兼具亲水性，可取代膜脂质的位置与多肽或蛋白质结合，并阻止脂质重新与多肽或蛋白质结合，使多肽与蛋白质在水中的溶解能力大大增加。乙醇也是较常用的有机溶剂。例如，以60%～70%酸性乙醇提取胰岛素，既可抑制蛋白水解酶的活性，又可大量除去其中的杂蛋白。表面活性剂如胆酸盐、十二烷基苯磺酸钠及一些非离子型表面活性剂如吐温-60、吐温-80等，也常用于某些与脂质结合的多肽与蛋白质的提取。特别是非离子型表面活性剂，其作用温和，不易使蛋白质变性失活而被广泛采用。

2. 化学合成法

多肽与蛋白质的化学合成是从1882年Curticus报道的马脲酰甘氨酸，经过半个多世纪对各种保护基和缩合方法的精心设计和实际应用，使得合成方法日趋完善，在20世纪60年代我国率先实现了人工合成蛋白质——牛胰岛素的合成，随后，又出现了简单快速的固相合成、酶促合成或酶促半合成等方法。

多肽的合成方法中，应用较普遍的是用N, N'-二环己基二亚胺（DCCI）作缩合剂的方法，简称DCCI法，它与氨基及羧基已分别被保护的两个氨基酸或小肽作用，脱水缩合生成肽，副产物N, N'-二环己脲沉淀出来，再分离出合成肽。

在多肽的合成中，主要步骤一般包括氨基保护和羧基活化、羧基保护和氨基活化、接肽和除去保护基团。氨基保护剂应用最多的是苄氧羰酰氯，它与氨基酸或肽上的游离氨基作用，形成苄氧羰酰氨基酸或苄氧羰酰肽，除去保护基时可用催化氢化法或钠氨法；也可以用叔丁氧氯作为保护剂，用稀盐酸或乙醇在室温除去保护基。羧基保护通常用无水乙醇或甲醇等在盐酸存在下进行酯化，除去保护基可在常温下用氢氧化钠皂化法。如果氨基酸还含有功能基团，在合成肽时，都要用适当的保护基团加以保护。

（四）多肽与蛋白质类药物的纯化

多肽与蛋白质的纯化包括两个步骤。一是将蛋白质与非蛋白质分开，二是将不同的蛋白质分开。对非蛋白部分可以根据其性质采用不同的方法去除。如脂类可用有机溶剂提取去除；核酸类可用核酸沉淀剂去除，或用核酸水解酶水解去除；小分子杂质用透析或超滤去除等。而对于不同蛋白质的分离则可以利用它们之间性质上的差异进行。常用的方法有以下几种：

1. 依据溶解度的不同

利用溶解度不同纯化多肽与蛋白质的方法主要有盐析法、等电点沉淀法、有机溶剂沉淀法、加热沉淀法、结晶法、双水相萃取法等。盐析是最经典的方法，被广泛应用。一般提取物常用盐析法进行粗分离，也有用反复盐析制得相当纯的产品。有机溶剂分级沉淀一般都在低温下进行。结晶法是使溶液处于过饱和状态，静置后逐渐出现晶核，晶核长大，出现结晶。若要形成过饱和状态，可把盐加到蛋白质溶液中出现浑浊时停止加盐，放置，待出现结晶。调节 pH 向等电点靠近、加入有机溶剂也能出现过饱和状态。

2. 利用分子结构和大小的不同

蛋白质分子形态各异，有细长如纤维状，有些则密实如球形，相对分子质量则从 6000 左右到几百万不等。利用蛋白的这些差别，可以采用凝胶色谱、超滤、SDS-聚丙烯酰胺电泳法来分离。

3. 利用电离性质的不同

组成蛋白质分子的一些氨基酸残基侧链含有各种可解离的基团，如羧基、氨基、咪唑基、胍基、酚基等。由于电离基团的组成及它们在分子中暴露情况不同，蛋白质之间的带电情况也不同，可以依据这种性质上的差异来分离纯化蛋白质。较常用的利用蛋白质电荷性质不同分离蛋白质的方法有离子交换法、电泳法等。

4. 利用生物功能专一性的不同

蛋白质是有专一生物功能的物质，通过与其他生物大分子或小分子物质相结合而发挥其功能，这种结合方法经常是专一且可逆的，如抗原与抗体、激素与受体的结合等。蛋白质与其对应的分子间的这种特异性作用称为亲和作用。利用这一特性进行蛋白质等生物大分子纯化的技术称为亲和纯化。亲和纯化技术中亲和色谱技术是常用的纯化蛋白质的技术，该技术首先将具有高度特异性的亲和配基与不溶性载体（如琼脂糖凝胶）牢固结合，装入色谱柱，在一定的流动相中将含有待分离蛋白质的样品通过该柱，由于专一亲和的作用，待分离的蛋白质与柱上的配基结合而留在柱内，其他杂蛋白则流出柱外，经用与上样液相同性质的缓冲液冲洗后，改变洗脱液性质，降低待分离蛋白质与其配基的亲和力，则可洗脱得到待分离的蛋白质。

亲和层析技术（动画）

近年来发展的利用生物功能专一性不同的分离纯化方法还有亲和膜分离技术、亲和过滤技术等。

5. 利用疏水性的不同

利用多肽与蛋白质疏水性不同的纯化方法有疏水相互作用色谱法、反相色谱法。

常用多肽与蛋白质纯化方法的特点见表 3-1。

表 3-1 常用多肽与蛋白质纯化方法的特点

方法	原理	处理量	纯化效率	产量	样品要求	产物情况
等电点沉淀	电荷	大	很差	中	≥1mg/mL	体积小，浓度高
硫酸铵盐析	疏水性	大	很差	高	≥1mg/mL	离子强度高，浓度高，体积小

续表

方法	原理	处理量	纯化效率	产量	样品要求	产物情况
双水相萃取	溶解性	大	好	高	可含固体	聚合物浓度高
离子交换色谱	电荷	中	中	中	低离子强度，适合pH	高离子强度，不同pH
疏水相互作用色谱	疏水性	中	中	中	高离子强度	低离子强度，不同pH
色谱聚焦	电荷/pI	小	好	中	低离子强度	含两性电解质
染料亲和色谱	多因素	中	好	中	低离子强度，pH中性	高离子强度，不同pH
配基亲和色谱	生物亲和性	中-小	很好	低	取决于配基	潜在变性环境
凝胶过滤色谱	分子大小	很小	差	高	小体积	浓度较低
超滤	分子大小	大	很差	高	无特殊要求	浓度较高

三、典型药物生产实例——谷胱甘肽

谷胱甘肽（GSH）是由HopKins于1921年最先发现的。1930年确定了其化学结构，随后Rudingen等人通过化学合成法制备出了谷胱甘肽。

（一）结构与性质

谷胱甘肽是由谷氨酸、半胱氨酸和甘氨酸通过肽键缩合而成的三肽。

$$H_2N-CH-CH_2-CH_2-\overset{O}{\overset{\|}{C}}-N-CH-\overset{O}{\overset{\|}{C}}-N-CH_2-COOH$$
$$|\qquad\qquad\qquad\qquad H\ |\ \ \ H$$
$$COOH\qquad\qquad\quad CH_2$$
$$\qquad\qquad\qquad\qquad\quad |$$
$$\qquad\qquad\qquad\qquad\quad SH$$

谷胱甘肽

从结构中可以看出，谷胱甘肽分子中有一特殊肽键，是由谷氨酸的羧基（—COOH）与半胱氨酸的氨基（—NH$_2$）缩合而成的肽键，与其他蛋白质的肽键有所不同。还有一个活泼硫基（—SH），易被氧化脱氢，2分子的GSH失去氢后转变成氧化型谷胱甘肽（GSSG），经还原酶的作用，可变成还原型谷胱甘肽（GSH）。

纯品呈白色或结晶性粉末。溶于水、稀乙醇、氨水和二甲基甲酰胺，不溶于乙醇、乙醚和三氯甲烷、丙酮。pI为5.93，熔点为195℃。

（二）生产工艺

1. 提取法

（1）以小麦芽为原料的提取法　取小麦胚芽加水磨浆，过滤。滤液加淀粉酶、蛋白酶处理，再经提取、分离，加入沉淀剂除去蛋白质得澄清液。色谱分离，浓缩，脱色，喷雾干燥，即得GSH成品。

（2）以酵母为原料的提取法　取 GSH 高含量酵母，加热水提取，离心，离心液调 pH 2.8~3.0，经树脂吸附，酸洗脱，洗脱液在搅拌下加入新配制的氧化铜，生成沉淀（GS-Cu），再通入硫化氢置换以除去 Cu（黑色 Cu_2S 沉淀），过滤。滤液浓缩，脱色，喷雾干燥，即得 GSH 成品。

2. 酶工程制造法

利用生物体内天然谷胱甘肽合成酶，以 L-谷氨酸、L-半胱氨酸及甘氨酸为底物，并加入少量的 ATP 即可合成谷胱甘肽。大多利用取自酵母菌和大肠杆菌等的谷胱甘肽合成酶，包括合成酶 I 和合成酶 II 两种。其工艺流程如图 3-5 所示。

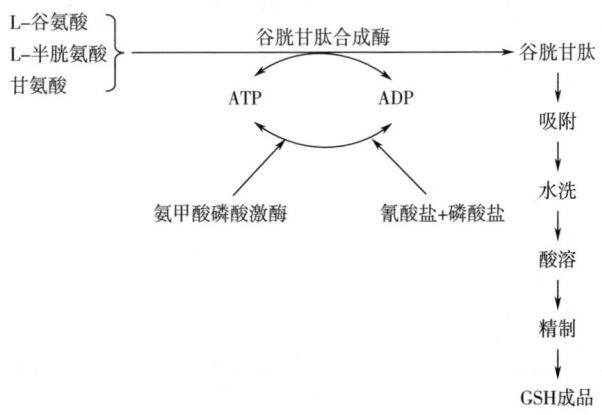

图 3-5　酶法生产谷胱甘肽工艺流程

3. 基因工程制造法

用重组基因获得的大肠杆菌工程菌，在指数流加模式下进行高密度培养。发酵培养基组成为：葡萄糖 10g/L、KH_2PO_4 13.3g/L、$(NH_4)_2HPO_4$ 4g/L、$MgSO_4 \cdot 7H_2O$ 1.2g/L、柠檬酸 1.7g/L、$MgCl_2 \cdot 4H_2O$ 15mg/L、$CuCl_2 \cdot 2H_2O$ 1.5mg/L、H_3BO_3 3mg/L、$NaMoO_4 \cdot 2H_2O$ 2.5mg/L、$Zn(CH_3COO)_2 \cdot 2H_2O$ 13mg/L、柠檬酸铁 100mg/L、盐酸硫胺 4.5mg/L，pH 为 7.2，发酵时间 25h。最大细胞干质量可达 80g/L，GSH 总量 0.88g/L，最大细胞生产强度 3.2g/(L·h)。

（三）质量检测

1. 规格

GSH 含量在 98% 以上，灰分 0.5% 以下，水分 2% 以下。

2. 检测

（1）GSH 含量快速测定法　采用碘量法。

①GSH 标准曲线测定：配制 0~100mg/100mL 的标准 GSH 溶液，取 5mL 标准

GSH溶液，置于250mL锥形瓶内，加入5mL 2%偏磷酸溶液，1mL 5%碘化钾溶液和2滴淀粉指示剂，用0.001mol/L的碘酸钾溶液滴定至溶液由无色变为蓝色为止。以GSH浓度（mg/100mL）为横坐标，滴定值（碘酸钾溶液/GSH溶液，mL/mL）为纵坐标，经线性回归，得到标准曲线。

②GSH含量测定：取5mL待测样品，按①的测定程序进行GSH含量测定。

(2) 亚硝基铁氰化钠显色法　GSH粗溶液在氨水存在下，与亚硝基铁氰化钠发生反应，生成红色化合物，测定中加入硫酸铵可以增加颜色反应的强度。

取3支试管，按表3-2分别加入各溶液，混合后，用722型分光光度计在525nm处比色，测定各管的光吸收值。

表3-2　亚硝基铁氰化钠显色法操作步骤

项目	空白管/mL	标准管/mL	测定管/mL
GSH粗溶液	—	—	2.0
GSH标准液	—	0.8	—
蒸馏水	1.0	0.2	—
10%三氯乙酸溶液	1.0	1.0	—
硫酸铵粉末	1.4g	1.4g	1.4g
饱和硫酸钾溶液	3.0	3.0	3.0
亚硝基铁氰化钠试剂	0.5	0.5	0.5
8mol/L氨水	0.7	0.7	0.7

GSH粗溶液浓度 =（测定管吸收值/标准管吸收值）×标准浓度

(3) 谷胱甘肽含量精确测定　采用ALLOXAN试剂衍生化法。

(4) 灰分测定　用恒重的坩埚准确称取0.7~1g的谷胱甘肽，先在电炉上烧至无烟，再放入600℃马弗炉内烧6h，取出置于干燥器中，冷后称重，得出失重数，换算成百分数。

(5) 水分测定　用称量瓶称取谷胱甘肽1g左右，放在105℃烘箱中烘2h，取出冷却后称重，得出失重数，换算成百分数。

（四）药理作用与临床应用

谷胱甘肽是机体内的重要活性物质，是许多酶的辅基。它参与氨基酸的转运，可清除过多自由基（自由基会破坏生物膜，侵袭生物大分子和促进机体的衰老，并诱发肿瘤或动脉硬化的产生）；阻止H_2O_2氧化血红蛋白，保护巯基，防止出血，使血红蛋白持续发挥输氧功能等。临床用于放射线、放射性药物或由于抗肿瘤物质引起的白细胞减少等；能与进入体内的丙烯腈、氟化物、重金属离子或致癌物质等相结合并排出体外而起到解毒作用；能抑制脂肪肝的形成，改善中毒性肝炎和感染性肝炎症状；能抗过敏，纠正乙酰胆碱、胆碱酯酶的不平衡；防止皮肤色素沉着；用于眼科抑制晶体蛋白质巯基的不稳定，抑制进行性白内障及控制角膜、视网膜疾病的发展等。

> **想一想**

谷胱甘肽发挥活性作用的主要机理是清除机体内过量的自由基。自由基是含有一个不成对电子的原子或原子团。由于具有不成对电子，自由基的性质十分活泼，会夺取其他基团的电子，使自己形成稳定的物质。自由基过多时，会攻击细胞膜，损坏人体正常细胞和组织，使人衰老，引起各种疾病，有人把自由基称为"万病之源"。那么，我们是否有必要经常服用谷胱甘肽、VC 和 VE 等抗氧化药物来清除自由基呢？

事实上，生命离不开自由基，自由基是正常新陈代谢的产物，并且自由基在人体中并非一无是处。人体中，以自由基为底物的超氧化物歧化酶（SOD）为什么只是"智能"地清除超量的自由基，而不彻底清除它？因为，受控的自由基通常在身体里扮演着搬运能量、消毒杀菌、脂肪存储、信号传输和有益大脑等重要的角色。因此，机体是需要适量自由基的，日常我们不需要补充抗氧化药物去清除自由基。有研究表明，滥补抗氧化剂反而老得快。

由此可知，自由基虽然名为"自由"，但是它在机体中是不可以超量和胡作非为的，否则人体中的 SOD 和抗氧化剂会清除它。正如人类社会所追求的自由是相对的，不能为所欲为。试想一下，制药人员为了追求所谓的"自由"，如果随意地改变药品处方，生产出不合格药品，势必会危及人民群众身体健康和生存发展的最大利益、最长久自由权利。我们倡导的自由，不是凌驾于社会利益之上的、绝对的个人自由，而是受到法律和规范制约、权利和义务对等的自由。社会主义的自由更重要的是保证人民充分享有发展自我、实现自我的机会，使每个人都能人生出彩、梦想成真。

个体所追求的自由，既要实现自我的发展，又要符合社会利益，还要与经济社会发展条件相适应。同学们，想一想，当前有哪些自由适合、值得我们去追求？

任务四

酶类药物的生产

酶在自然界中只存在于生物体内，是具有催化功能的生物大分子。存在于细胞内的酶称胞内酶；在细胞外起作用的酶称胞外酶。酶可以从动物的腺体、组织和体液，植物组织和微生物发酵液中制取。微生物繁殖快、产量高、成本低，又不受自然条件限制，产生的酶非常丰富，是非常有前景的酶资源。国际酶学委员会把酶分为七大类：氧化还原酶、转移酶、水解酶、聚合酶、异构酶、连接酶/合成酶、转位酶。

酶类药物是直接用各种剂型的酶以改变体内酶活力，或改变体内某些生理活性物质和代谢产物的数量等，从而达到治疗某些疾病的目的。

一、酶及酶类药物简介

（一）酶的分子组成

虽然少数有催化活性的 RNA 分子已经鉴定，但几乎所有的酶都是蛋白质，酶分子有3种组成形式：①单体酶：仅有一个活性部位的多肽链构成的酶，分子质量为 13~35ku，为数不多，且都是水解酶；②寡聚酶：由若干相同或不同亚基结合而组成的酶，亚基一般无活性，必须相互结合才有活性，分子质量为 35ku 以上到数百万单位；③多酶复合体：指多种酶组合形成可以进行连续反应的酶体系，前一个反应产物是后一反应的底物。

仅有少部分酶是由单一蛋白质所组成，而大部分酶则为复合蛋白质，或称全酶。全酶是由蛋白质部分和非蛋白质部分所组成，其蛋白部分称作酶蛋白；非蛋白部分若与酶蛋白结合较疏松，可以透析分离的称为辅酶；而与酶蛋白部分结合较紧密，不能分开的小分子部分则称为辅基（图3-6）。全酶的酶蛋白本身无活性，需要在辅助因子存在下才有活性。辅助因子可以是无机离子，也可以是有机化合物，它们都属于小分子化合物。有的酶仅需其中一种，有的酶则二者都需要。

图3-6 酶的分子组成

（二）酶类药物的应用

1. 消化酶类

消化酶用于临床，可补充内源消化酶的不足，促进食物中蛋白质、脂肪、糖类的消化吸收，治疗消化器官疾病和其他各种原因所致的食物缺乏、消化不良。主要有胰酶、胰脂酶、胃蛋白酶、β-半乳糖苷酶、淀粉酶、纤维素酶和消食素等。

2. 抗炎、黏痰溶解酶

临床常用于外伤、手术后、关节炎、副鼻窦炎等伴有水肿的炎症，能促进渗出液再吸收，达到抗水肿的目的。主要有胰蛋白酶、糜蛋白酶、糜胰蛋白酶、胶原酶、超氧化物歧化酶、菠萝蛋白酶、木瓜蛋白酶、溶菌酶、玻璃酸酶、细菌淀粉酶、葡聚糖酶等。

3. 与纤维蛋白溶解作用有关的酶类

健康人体血管中凝血和抗凝血过程保持着良好的动态平衡，血管内无血栓形成，治疗在病理情况下形成的血栓目前临床常用的主要有链激酶、尿激酶、纤溶酶、米曲溶纤酶、蛇毒抗凝酶等。

4. 抗肿瘤的酶类

酶能治疗某些肿瘤，利用天冬酰胺酶选择性地剥夺某些类型肿瘤组织的营养成分，干扰或破坏肿瘤组织代谢，而正常细胞能自身合成天冬酰胺故不受影响。谷氨酰胺酶能治疗多种白血病、腹水瘤、实体瘤等。神经氨酸苷酶是一种良好的肿瘤免疫治疗剂。此外，尿激酶可用于加强抗癌药物如丝裂霉素 C 的药效，米曲链激酶也能治疗白血病和肿瘤等。

5. 其他生理活性酶

这类酶很多，如青霉素酶能分解青霉素，治疗青霉素引起的过敏反应；透明质酸可分解黏多糖，使组织间质的黏稠性降低，有助于组织通透性增加，是一种药物扩散剂；弹性蛋白酶有降血压和降血脂作用；激肽释放酶能治疗同血管收缩有关的各种循环障碍；组织葡聚糖酶能预防龋齿；细胞色素 C 用于缺氧治疗的急救和辅助用药。

6. 复合酶

复合酶即含有两种以上酶的混合酶制剂，主要有双链酶、复方磷酸酯酶、风湿宁三合酶、神经宁三合酶、过敏宁复合酶等。

二、酶类药物制备的一般方法

用于蛋白质的分离纯化方法同样适用于酶的制备，但酶的制备过程有其本身的特点。一是某种酶在生物体中含量甚少，常在 0.0001%～1%（占组织干重），且有分布部位特异性；二是酶可以通过测定其活力加以跟踪。前者是制备酶的难点，而后者可使人们找出纯化步骤的关键所在。酶的制备一般包括四个步骤：酶的原材料的选择和预处理、酶的提取、酶的纯化、酶活力的测定和纯度检测。酶活力测定往往贯穿制备各步骤，当提纯到一恒定的比活力时，即可认为酶已纯化，然后对纯化的酶进行纯度检测。

（一）酶的原材料选择与预处理

1. 原材料的选择

原材料的选择视制备哪种酶而异。早期酶的生产多以动植物为原料直接从生物体中提取分离，总的来说，所选动植物生物材料应以含酶量多、取材容易、来源丰富、材料廉价为原则。如选择猪胃底部黏膜腺制备胃蛋白酶，用牛、羊睾丸提取玻璃酸酶，用男性人尿提取尿激酶，从蛋清中提取溶菌酶等。

微生物发酵培养法已成为生产酶最有效的方法。采用从自然界分离筛选，用物理或化学方法处理、诱变，基因重组与细胞融合技术等方法获得酶生产用菌种。

用细胞培养技术大规模在体外培养动植物细胞，可大量获取原来极为珍贵的酶的原材料（如人参细胞、某些昆虫细胞等）用于酶的制备。利用基因工程重组DNA技术，能使某些原本在细胞中含量极微的酶的纯化成为可能。另外，还应注意采集材料的时机，其目的是尽量减少杂质对纯化工作的干扰。为保持酶的活力不受温度、pH和各种抑制剂等因素影响，所取原料应保持新鲜，不能及时处理的应速冻低温保存。

2. 原材料的预处理

胞外酶可以直接提取分离，而对胞内的游离酶以及与细胞器（如细胞核、线粒体、质膜、微粒体）结合的结合酶，一般都需选用适当的方法破碎细胞，促使酶增溶溶解，最大限度地提高抽提液中酶的浓度。在考虑破碎方法时，应根据各种生物组织的细胞特点、性质和处理量，采用不同的技术处理。

（1）机械法　利用机械力的作用破碎细胞。一般先用绞肉机将材料破碎成组织糜后匀浆。在实验室常用的是玻璃匀浆器、组织捣碎机或直接用研钵研磨等。工业上则用高压匀浆泵或高速球磨机。高压匀浆泵处理容量大，很适合于细菌、真菌的破碎，也可用于动物组织的预处理。

（2）冻融法　将匀浆液置冰箱中冷冻后，细胞液形成冰晶及剩余液体中盐浓度的增高，能使细胞中颗粒及整个细胞破裂，从而释放某些酶。此法简单易行，但若用普通冰箱需反复冻融多次，而用低温冰箱（-25℃以下）可缩短冻融时间。

（3）超声波法　通常经过足够时间的超声波处理，细菌和酵母细胞都能破碎。超声波处理的主要问题是超声空穴局部过热而引起酶活力丧失，故超声振荡的时间应尽可能短，容器周围应以冰浴冷却为佳。

（4）酶解法　用组织自溶或利用溶菌酶、蛋白水解酶、糖苷酶、磷脂酶等对细胞膜或细胞壁的降解作用使细胞崩解破碎。酶解法常与冻融法等破碎方法联合使用。

（5）丙酮粉法　用丙酮将组织迅速脱水干燥制成丙酮粉，既可减少酶变性，又可因细胞结构成分的破碎使酶蛋白与脂质结合的某些化学键打开，从而促使某些结合酶释放至溶液中。常用方法是将匀浆（或组织糜）悬浮于0.01mol/L、pH 6.5的磷酸盐缓冲液中，在搅拌下于0℃徐徐加入5~10倍体积的-15℃无水丙酮中，静置10min离心过滤取其沉淀物，用冷丙酮洗数次，真空干燥即得含酶丙酮粉。

（二）酶的提取

在提取某种酶之前，应详细查阅文献和调查研究，全面了解欲提取酶的理化性质，例如等电点、最适温度、激活剂、抑制剂、稳定性等。提取条件与提取溶剂的选择取决于酶的溶解性质、稳定性及其与其他影响因素的关系。一般在提取过程中应注意切断各种干扰因素对酶活力和分离的影响，从而建立一种尽可能简化步骤的提取途径。提取方法主要有水溶液法、有机溶剂法和表面活性剂法三种。

1. 水溶液法

一般胞外酶和细胞内游离的酶均可用此法提取。经过预处理的原料，包括组织糜、匀浆、细胞颗粒以及丙酮粉等，都可用水溶液抽提。常用等渗或低浓度的盐溶液或缓冲液提取，如用 $0.02 \sim 0.05 mol/L$ 磷酸缓冲液和 $0.15 mol/L$ 氯化钠等。焦磷酸盐缓冲液、柠檬酸盐缓冲液因有生成络合物的性能，能帮助切断酶与其他物质的联系并有整合某些离子的作用，因此使用较多。

用水溶液抽提酶时，应重点考虑防止提取过程中酶活力降低，要保持酶的稳定性，要适合酶的溶解度。提取时一般在低温下进行，但对温度耐受性较高的酶却应提高温度。如胃蛋白酶的提取，为了水解黏膜蛋白，需在40℃左右水解 $2\sim3h$ 提取；超氧化物歧化酶的提取则可加热到60℃左右使杂蛋白变性，以利于酶的提取与纯化。提取溶剂 pH 的选择原则是：在酶稳定的 pH 范围内，选择偏离等电点的适当 pH。一般规律是酸性蛋白酶用碱性溶液提取，碱性蛋白酶用酸性溶液提取。

2. 有机溶剂法

对某些与微粒体膜和线粒体膜结合的结合酶，由于和脂质结合牢固，难以用水溶液提取，必须用有机溶剂除去结合的脂质，且不能使酶变性。最常用的有机溶剂是正丁醇。正丁醇亲脂性强，且兼有亲水性，在0℃下仍有较好的溶解度，在脂与水分子间能起类似去垢剂的桥梁作用。丁醇提取法有两种：一种称均相法，丁醇用量小，搅拌后即成均相，抽提时间较长。然后离心，取下层液相层，但许多酶在与脂质分离后极不稳定，需加注意。另一种称两相法，适用于易在水溶液中变性的材料，其方法是：在每克组织或菌体的干粉中加5mL丁醇，搅拌20min，离心，取沉淀，接着用丙酮洗去沉淀上的丁醇，再在真空中除去溶剂，所得干粉可进一步用水提取。

3. 表面活性剂法

表面活性剂有亲水性和疏水性的功能基团，分为阴离子型（如脂肪酸盐、烷基苯磺酸盐及胆酸盐等）、阳离子型（如氯苄烷基二甲胺等）和非离子型（如 Triton 类、吐温-60、吐温-80等）。胆酸盐能与膜结构上的脂蛋白和结合酶形成复合物，并带上静电荷，通过相同电荷间的排斥作用使膜破裂促使酶溶解释放。非离子型表面活性剂比离子型的温和，不易引起酶失活，故使用较多。

（三）酶的纯化

不同酶的纯化工艺有很大差别。判断所选择的纯化方法与条件是否恰当，始终应以活力测定为准则。一个好的步骤应是比活力（纯度）提高多，总活力回收高，而且重现性好。纯化过程要严格控制操作条件，因为随着杂质的去除，总蛋白浓度下降，酶的稳定性也变小，故应特别注意防止酶变性。

目前的纯化方法都是根据酶与杂质在下列性质上的差异建立的：①根据溶解度的不同，包括盐析法、有机溶剂沉淀法、共沉淀及选择性沉淀等；②根据分子大小的不同，如凝胶过滤（色谱）法，超滤法及超离心法等；③根据电解离特性，如吸附法、离子色谱、电泳法、聚焦色谱法等；④利用稳定性的差异，如选择性热变性法、选择性酸碱变性法和选择性表面变性法；⑤根据酶和底物、辅助因子及抑制剂间具有专一性作用的特点，如亲和色谱法。一种酶的纯化往往要交替使用上述方法。

1. 杂质的去除

在酶的提取液中，除了含有待纯化的酶外，不可避免地含有其他小分子和大分子物质。小分子杂质在以后的纯化过程中比较容易去除，而各种蛋白、多糖、脂类和核酸等大分子物质的去除既是纯化的主要工作，同时又是比较困难的工作。杂质去除的主要方法如下：

（1）pH或加热沉淀法　利用蛋白质酸碱变性性质的差别可以通过调pH和等电点除去某些杂蛋白，也可利用不同蛋白质对热稳定的差异，将酶液加热到一定温度，使杂蛋白变性而沉淀。如胰蛋白酶、胰核糖核酸酶、溶菌酶等在酸性条件下可加热到90℃不被破坏，而大量杂蛋白则变性去除。

（2）蛋白质表面变性法　利用蛋白质不同的表面变性的性质，也可去除杂蛋白。如制备过氧化氢酶时，就是利用酶抽提液和氯仿混合振荡，造成选择性表面变性来制备。振荡处理后通常分三层，上层为未变性蛋白，中层为乳浊状变性蛋白，下层为氯仿。

（3）选择性变性法　利用不同的蛋白质对变性剂的稳定性差异，可以选择某种变性剂。如胰蛋白酶、细胞色素C等对三氯乙酸较稳定，可用2.5%三氯乙酸使杂蛋白变性沉淀除去。

（4）加保护剂的热变性法　底物、辅酶、竞争性抑制剂与酶结合可增大酶与杂蛋白间的耐热性差别，所以常用其作为保护剂，再用加热的手段破坏杂蛋白。如D-氨基酸氧化酶加抑制剂o-甲基苯甲酸后耐热性显著上升。

（5）核酸、黏多糖沉淀剂法　用微生物等为原料的抽提液中常含有大量核酸，可加硫酸链霉素、聚乙烯亚胺、鱼精蛋白和二氯化锰等使之沉淀去除。必要时也可用核酸酶将核酸降解，离心分离除去。黏多糖则常用乙酸铅、乙醇、单宁酸和离子型表面活性剂等处理解决。

2. 脱盐和浓缩

（1）脱盐　粗酶常常需要脱盐，最常用的方法是透析和凝胶过滤。

①透析：透析在酶的纯化过程中经常使用，经透析可除去酶液中的盐类、有

机溶剂、低相对分子质量的抑制剂等。最多使用的是玻璃纸袋,其截留相对分子质量极限一般在5000左右。透析袋的选择应根据待提取酶的相对分子质量(大小)选定,一般应留有较大的余地。如将相对分子质量10000以下的酶液进行透析时,就有泄漏的危险。通常透析液需经常更换,一般一天换2~3次,并最好在0~4℃下透析,以防样品变性。脱盐是否干净可用化学试剂或电导仪检查。

②凝胶过滤:这是目前最常用的方法,不仅可除去小分子的盐,而且也可除去其他小相对分子质量的物质。用于脱盐的凝胶有SephadexG-10、SephadexG-25以及Bio-Gel P-2、Bio-Gel P-4、Bio-Gel P-6、Bio-Gel P-10等。

(2)浓缩 提取液或发酵液中酶的浓度一般都很低,所以要加以浓缩。常用的浓缩方法如下。

①蒸发:工业生产中应用较多的是薄膜蒸发浓缩,即使待浓缩的酶液在高度真空条件下变成极薄的液膜,同时使之大面积与热空气接触,其中水分能瞬时大量蒸发并带走部分热量,故只要真空条件好,酶在浓缩中受的影响不大,可用于热敏感性酶类的浓缩。

②超滤法:在加压情况下,使待浓缩液通过只容许水和小分子选择性透过的微孔超滤膜,而酶等大分子被滞留。其优点是操作简便、无热破坏和相变化、保持原有的离子强度和pH。只要膜选择得恰当,浓缩过程还可能同时进行粗分。此外成本低,故使用较多。超滤浓缩的同时,也可脱盐。

③凝胶吸水法:利用Sephadex G-25或Sephadex G-50等能吸水膨润而酶等大分子被排阻的原理进行浓缩。将凝胶干粉末直接加入需要浓缩的酶液中混合均匀,经吸水膨润一定时间后,再用过滤或离心等方法除去凝胶,酶液就得到浓缩。这些凝胶的吸水量每克1~3.7mL。本法的优点是:条件温和,操作简便,pH和离子强度不变。

④冷冻干燥法:此法最适宜溶剂为水的酶溶液,它可将酶液制成干粉。采用这种方法既能使酶浓缩,酶又不易变性,便于长期保存。主要问题是浓缩过程离子强度和pH可能会发生变化,从而导致酶活性降低;酶液量大时则需要大型冷冻干燥机。

3. 酶的结晶

通常当酶的纯度达到80%以上可以使其结晶。酶的结晶是指酶分子通过次级键力(如氢键、离子键或分子间力等),按规则且周期性排列的一种固体形式。结晶既是一种酶是否纯化的标志,也是一种酶和杂蛋白分离纯化的手段。结晶酶不一定就是纯酶,尤其是酶的第一次结晶纯度有时仍低于80%。

酶的抽取和结晶都是利用酶的杂蛋白在溶解度上不同而进行分离的方法,但结晶要求以极为缓慢的速度逐渐降低酶的溶解度,使之略处于过饱和状态以特定的固体形式析出。降低酶溶解度的方法很多。一般酶的结晶往往要使用几种方法才能得到。

（1）盐析法　在适当的 pH、温度等条件下，保持酶的稳定，慢慢改变盐浓度进行结晶。最常采用的盐是硫酸铵和氯化钠，还有柠檬酸钠、乙酸铵、硫酸镁等。盐析必须控制温度（一般在0℃左右）和缓冲液 pH（接近酶的等电点）。利用硫酸铵结晶一般是把盐加入到一个比较浓的酶溶液中，并使溶液微呈浑浊为止。然后放置，并且非常缓慢地增加盐浓度，才能得到较好的结晶。

（2）有机溶剂法　有机溶剂的主要作用是降低溶液的介电常数，使蛋白质分子间引力增强而溶解度降低。故在酶液中滴加有机溶剂也能在低温下使酶形成结晶。本法的优点是结晶悬液中含盐少，缺点是易引起酶失活。因此，要选择使酶稳定的 pH，缓慢滴加有机溶剂，并不断搅拌；所使用的缓冲液一般不用磷酸盐，多用氯化物或乙酸盐，常用的有机溶剂为丙酮、乙醇或丁醇等。

（3）透析平衡法　将酶液装入透析袋中，置于一定饱和度的盐溶液或有机溶剂中进行透析平衡，袋中的酶可缓慢地达到过饱和状态而析出结晶。本法的优点是随着透析膜内外的浓度差减少，平衡速度也变慢，酶不易失活。大量样品和微量样品均可操作，因此是常用方法之一。

（4）等电点法　酶蛋白分子间引力以处于等电点状态时最大，因而容易析出。但由于在等电点时仍有一定的溶解度，一般很少单独使用，多作为酶结晶方法中的一个组合条件。例如在透析平衡时改变透析外液的氢离子浓度使之达到酶结晶的 pH。

（四）酶的活力测定与纯度检测

1. 活力测定

在酶的抽提纯化过程中或是在对酶的性质研究过程中为了了解所选择的方法是否适宜，几乎每一步骤前后都应进行酶的活力测定，做出总活力与比活力的比较。如何进行酶的活力测定可参考有关文献。如果待分离的酶已有报道，可参考其采用的测定方法和条件；如需要另建立新的测活方法，就得先对该酶的作用动力学性质等有所了解，据此选择合适的底物和底物浓度、最适反应 pH 和温度等，同时确定一种相应的测定方法。但不管采用何种测定酶活力的方法，都必须符合以下条件：

（1）酶催化作用的反应时间应选择在初速度范围内；

（2）测定用的酶量必须与测得的活力呈线性关系。

另外，纯化过程中的酶活力测定应考虑：①为迅速知道纯化结果，故要求测定方法快捷、简便，而准确度在一定程度上相对次要，甚至可容许5%～10%的误差，因此常用分光光度法、电学测定法等测定；②全酶在分离纯化过程中可能丢失辅助因子，因此有时需要在反应系统中加入相应的物质，如煮沸过的抽提液、纯酶、盐或半胱氨酸等；③由于在纯化过程中会引入对酶的反应和测定有影响或干扰的某些物质，故有时还需在测活前进行透析或加入螯合剂等。

酶的活力通常用国际单位表示。但在纯化工作中，为求方便，也可采用自选规定的单位，如直接以吸光度表示。一般比活力越高，酶的纯度也较好，但并不能说明实际的纯净程度是多少。

2. 纯度检测

在酶的分离提纯中，总活力用于计算某一抽提或纯化步骤后酶的回收率（Y），而比活力则用于计算某一纯化步骤的效果，即纯度的提高（E），其关系式如下：

$$Y = 某步骤后的总活力/某步骤前的总活力$$
$$E = 某步骤后的比活力/某步骤前的比活力$$

酶的回收率和纯度的提高检定能帮助选择纯化方法和条件。但对所获得的酶是否均一纯净还要进行纯度检测，其中许多分离方法可用于检测酶的纯度，具体见表3-3。

表3-3 某些常用的检测酶纯度的方法

方法	注解
超速离心	对检测少量杂质（少于5%）时不太适合，当存在络合-解离体系时也会出现问题
电泳	必须在多种pH下进行，在单一pH下，两种酶可能一起移动
SDS-电泳	检测与亚基分子量不同的杂质的一个主要方法，常用于检测制备物中蛋白酶的水解作用，当酶由不同亚基组成时会出现多条区带
等电聚焦	一种很灵敏的方法，有时当存在表现异质时，会出现假象
N末端分析	用于单一多肽链的酶，有些酶具有封闭的N末端，另一些酶则由二硫键连接几条多肽链组成
抗原-抗体反应	具有高度的专一性，抗血清的制备比较麻烦

三、典型药物生产实例——胃蛋白酶

胃蛋白酶（pepsin）是脊椎动物胃液中最主要的蛋白酶。胃黏膜基底部的主细胞是合成该酶的部位，首先合成胃蛋白酶原前体，经修饰转变为胃蛋白酶原后分泌至胃腔中，在酸性胃液中经自身催化作用，激活为胃蛋白酶。

药用胃蛋白酶是胃液中多种蛋白水解酶的混合物，含有胃蛋白酶、组织蛋白酶和胶原酶等。胃蛋白酶存在A、B、C、D四种同工酶，其中胃蛋白酶A是主要成分。

（一）结构与性质

（1）药用胃蛋白酶为粗酶制剂，外观为白色至淡黄色粉末，有肉类特殊气味及微酸味，无霉败臭，易溶于水，有引湿性，水溶液呈酸性。难溶于乙醇、氯仿、乙醚等有机溶剂中。

(2) 胃蛋白酶结晶呈针状或板状,经电泳可分出四个组分。其组成元素除 N、C、H、O、S 外,还有 P、Cl。相对分子质量为 34500,等电点为 1.0,最适 pH 1.8 左右。

(3) 结晶胃蛋白酶溶于 70% 乙醇和 pH4.0 的 20% 乙醇中,但在 pH 1.8~2.0 时则不溶解。在冷的磺基水杨酸中不沉淀,加热后可产生沉淀。

(4) 干燥胃蛋白酶较稳定,100℃ 加热 10min 无明显失活。在水中,于 70℃ 以上或 pH 6.2 以上开始失活,pH 8.0 以上则呈不可逆性失活。在酸性溶液中较稳定,但在 2mol/L 以上的盐酸中也会慢慢失活。

(5) 胃蛋白酶对多数天然蛋白质底物都能水解,对肽键的专一性相当广,尤其容易水解芳香族氨基酸残基或具有大侧链的疏水性氨基酸残基形成的肽键,对羧基末端或氨基末端的肽键也容易水解。胃蛋白酶对蛋白质的水解不彻底,其产物有胨、肽和氨基酸。

(6) 胃蛋白酶的最适温度为 37~40℃。生产上用作催化剂时常选用 45℃,《中国药典》(2020 版)规定在 (37±0.5)℃ 测定其活力。

(7) 胃蛋白酶的抑制剂有胃蛋白酶抑制素、蛔虫胃蛋白酶抑制剂及胃黏膜的硫酸化糖蛋白等。

(二) 生产工艺

从猪胃黏膜生产胃蛋白酶。

1. 工艺路线

以猪胃黏膜为原料提取胃蛋白酶的工艺流程如图 3-7 所示。

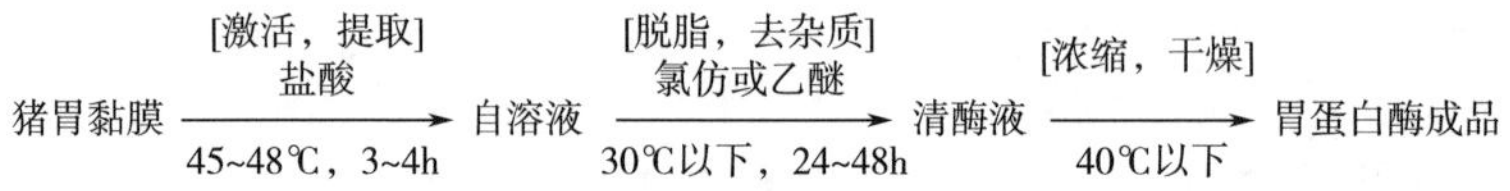

猪胃黏膜 —[激活,提取] 盐酸 45~48℃,3~4h→ 自溶液 —[脱脂,去杂质] 氯仿或乙醚 30℃以下,24~48h→ 清酶液 —[浓缩,干燥] 40℃以下→ 胃蛋白酶成品

图 3-7 胃蛋白酶制取工艺流程

2. 工艺过程

(1) 激活、提取 在夹层蒸汽锅内预先加水 100kg 及化学纯盐酸 3600~4000mL,搅匀,加热至 50℃,在搅拌下加入猪胃黏膜 200kg,快速搅拌使酸度均匀,保持 45~48℃ 消化 3~4h。过滤除去未消化的组织蛋白,收集滤液。

(2) 脱脂、去杂质 将所得滤液降温至 30℃ 以下,加入 15%~20% 氯仿或乙醚,搅匀后转入沉淀脱脂器内,静置 24~48h(氯仿在室温、乙醚在 30℃ 以下)使杂质沉淀。

(3) 浓缩、干燥 分取脱脂后的清酶液,在 40℃ 以下减压浓缩至原体积的 1/4 左右,再将浓缩液真空干燥。干品球磨过 80~100 目筛,即得胃蛋白酶粉。

(三) 质量检测

1. 质量检查

《中国药典》(2020年版)规定:本品系自猪、羊或牛的胃黏膜中提取的胃蛋白酶。按干燥品计算,每1g中含胃蛋白酶活力不得少于3800单位(U)。

(1) 性状　本品为白色至淡黄色的粉末;无霉败臭;有引湿性;水溶液显酸性反应。

(2) 鉴别　取本品的水溶液,加5%鞣酸或25%氯化钡溶液,即生成沉淀。

(3) 干燥失重　取本品,在100℃干燥4h,减失重量不得过5.0%。

2. 酶活力测定

照紫外-可见分光光度法测定。

(1) 对照品溶液的制备　取酪氨酸对照品适量,精密称定,加盐酸溶液溶解并定量稀释制成每1mL中含0.5mg的溶液。

(2) 盐酸溶液和供试品溶液的制备　取1mol/L盐酸溶液65mL,加水至1000mL制成盐酸溶液。供试品溶液取本品适量,精密称定,加盐酸溶液溶解并定量稀释制成每1mL中约含0.2~0.4单位的溶液。

(3) 测定方法　取试管6支,其中3支各精密加入对照品溶液1mL,另3支各精密加入供试品溶液1mL,置(37±0.5)℃水浴中,保温5min,精密加入预热至(37±0.5)℃的血红蛋白试液5mL,摇匀,并准确计时,在(37±0.5)℃水浴中反应10min。立即精密加入5%三氯醋酸溶液5mL,摇匀,滤过,取续滤液备用。另取试管2支,各精密加入血红蛋白试液5mL,置(37±0.5)℃水浴中保温10min,再精密加入5%三氯醋酸溶液5mL,其中1支加供试品溶液1mL,另一支加盐酸溶液1mL,摇匀,滤过,取续滤液,分别作为供试品与对照品的空白对照。依照分光光度法,在275nm波长处测吸光度,算出平均值$\bar{A}_s$和$\bar{A}$,按式(3-1)计算:

$$每1g含胃蛋白酶活力单位 = \frac{\bar{A} \times m_s \times n}{\bar{A}_s \times m \times 10 \times 181.19} \quad (3-1)$$

式中　$\bar{A}_s$——对照品的平均吸光度;

$\bar{A}$——供试品的平均吸光度;

m_s——对照品溶液每1mL中含酪氨酸的量,μg;

m——供试样品取样量,g;

n——供试品稀释倍数。

在上述条件下,每分钟能催化水解血红蛋白生成1μmol酪氨酸的酶量,为1个蛋白酶活力单位。

(四) 药理作用与临床应用

胃蛋白酶于 1864 年最早载入英国药典，随后世界多个国家相继载入药典，作为优良的消化药广泛使用。主要剂型有含葡萄糖胃蛋白酶散剂、胃蛋白酶片、与胰酶和淀粉酶配伍制成的多酶片。其消化力以含 0.2%～0.4% 盐酸时最强，故常与稀盐酸合用。

临床上常用于治疗缺乏胃蛋白酶或因消化功能减退引起的消化不良、食欲缺乏等。

任务五

糖类药物的生产

一、糖及糖类药物简介

(一) 糖的结构及分类

糖类物质的研究已经有百年的历史，许多研究成果表明，糖类是生物体内除蛋白质和核酸以外的又一类重要的生物信息分子。糖类作为信息分子在受精、发育、分化、神经系统和免疫系统平衡态的维持等方面起着重要的作用；作为一种细胞分子表面"识别标志"，参与体内许多生理和病理过程，如炎症反应中白细胞和内皮细胞的粘连，细菌、病毒对宿主细胞的感染，抗原抗体的免疫识别等。

糖类化合物是自然界存在的一大类具有广谱化学结构和生物功能的有机化合物。它主要由 C、H 和 O 三种元素组成。由于一些糖分子中氢和氧原子数之比是 2:1，其分子式通常以 $C_m(H_2O)_n$ 表示。实际上，有些糖的氢、氧原子数之比并非 2:1，如脱氧核糖（$C_5H_{10}O_4$）等；也有些非糖类物质氢、氧原子数之比为 2:1，如甲醛（CH_2O）、乳酸（$C_3H_6O_3$）等。所以"碳水化合物"只是人们的习惯称呼。糖类物质是多羟基醛或多羟基酮类化合物及其衍生物的统称。

糖及其衍生物广泛分布于自然界生物体中，是一类微观结构变化最多的生物分子，生物体内的糖以不同形式出现，且有不同功能。糖类的存在形式，按其聚合的程度可分为单糖、低聚糖和多聚糖等形式。

1. 单糖

单糖是糖的最小单位，如葡萄糖、果糖、氨基葡萄糖等。

2. 低聚糖

低聚糖通常由 2～20 个单糖分子缩合而成，如蔗糖、麦芽糖、乳糖等。

3. 多聚糖

多聚糖常称为多糖，由 20 个以上单糖聚合而成，如香菇多糖、右旋糖酐、肝素、硫酸软骨素、刺五加多糖等。

还有一些糖类药物是糖的衍生物，如 6-磷酸葡萄糖、1,6-二磷酸果糖、磷酸肌醇等。单糖和低聚糖的相对分子质量不变，而多聚糖相对分子质量常随来源不同而不同。

（二）糖类药物

多糖是生物体内除蛋白质和核酸外的重要生物信息分子。20 世纪 60 年代以来，多糖类药物研究基本集中在提高免疫功能、降血脂、抗凝血、抗病毒、抗衰老、抗肿瘤和抗辐射等热点领域。主要生理作用有：①调节免疫力，主要表现在影响抗体活性，促进淋巴细胞增生，激活吞噬细胞功能，增强抗体消炎和抗疲劳能力；②抗肿瘤和抗凝血作用，壳聚糖、硫酸软骨素、肝素及其他类似物的分子中具有硫酸基或羧基，在一定条件下分子中带有大量的负电荷，在血液中癌细胞与其结合后不易在同样带负电荷的血管内膜上附着和迁移，并且这些杂多糖能阻止血小板的凝血和破坏，临床上可广泛用于抗血栓和抗肿瘤的治疗；③降血脂和抗动脉粥样硬化功能，硫酸软骨素、小分子肝素、壳聚糖及其衍生物能削弱胃肠道中的胆汁酸和胆固醇的吸收和消化，降低血液中甘油三酯和低密度脂蛋白含量，升高高密度脂蛋白与甘油三酯的比值。

多糖的相对分子质量较大，有直链和支链两种，多可溶于水，水溶液具有一定的黏度，能被酸、碱和酶水解成单糖和低聚糖。多糖在细胞内的存在方式有游离型和结合型两种。在结合型多糖中，与蛋白质结合在一起的称为糖蛋白，例如：黄芪多糖、人参多糖和刺五加多糖；与脂类结合在一起的称为脂多糖，如胎盘脂多糖和细菌脂多糖等。糖基在糖蛋白分子中的作用与生理活性有关，如有的与抗原性有关，有的与细胞"识别"功能有关。

多糖广泛存在于动物、植物、微生物（细菌和真菌）和海藻中。

1. 动物多糖

动物多糖主要存在于动物结缔组织、细胞间质。重要的动物多糖有肝素、类肝素、透明质酸和硫酸软骨素等。从动物肝脾中得到的肝素具有抗凝血作用；硫酸软骨素则有保护结缔组织弹性的作用，可防治动脉硬化和骨质增生等；从刺参中提取的酸性黏多糖对肿瘤有显著抑制作用；从贝类中提取的壳多糖也具有抗癌活性成分。

2. 植物多糖

植物多糖主要来源于植物的各种组织，从各种中草药中都可以提取分离出药用多糖。近年来，国内对大量中草药来源的多糖及糖缀合物，如黄芪多糖、牛膝多糖、猪苓多糖以及枸杞子多糖缀合物等近百种多糖进行了化学和广泛的活性研究，相继报道了这些多糖及糖缀合物具有免疫调节、抗肿瘤、降血糖、抗放射等多方面的药理作用，有的已被批准在临床应用，为创制新药迈出了坚实的一步。

3. 微生物多糖

微生物多糖具有广泛而重要的用途，越来越受到人们的重视。微生物多糖是一类无毒、高效、无残留的免疫增强剂，能够提高机体的非特异性免疫和特异性免疫反应，增强对细菌、真菌、寄生虫及病毒的抗感染能力和对肿瘤的杀伤能力，具有良好的防病治病效果。微生物多糖不受资源、季节、地域和病虫害条件的限制，而且生长周期短，工艺简单，易于实现生产规模大型化和管理技术自动化。先从真菌得到的真菌多糖如香菇多糖、云芝多糖、灵芝多糖、银耳多糖等微生物多糖已用于肿瘤治疗。细菌和藻类多糖含量丰富，如透明质酸、醛酸多糖等。

上述几类多糖中，目前对微生物来源的多糖研究较多。

二、糖类药物制备的一般技术

糖类药物来源于动植物和微生物，其制备方法根据品种不同可以分为从生物材料中直接提取、发酵生产和酶法转化三种。动植物来源的多糖多用直接提取方法，微生物来源的多糖多用发酵法生产。

（一）单糖、低聚糖及其衍生物的制备

游离单糖及小分子寡糖易溶于冷水及无水乙醇，可以用水或在中性条件下以50%乙醇为提取溶剂，也可以用82%乙醇，在70~80℃下回流提取。溶剂用量一般是材料体积的10倍，需多次提取。植物材料磨碎后经乙醚或石油醚脱脂，拌加碳酸钙，以50%乙醇温浸，浸液合并，于40~45℃减压浓缩至适当体积，用中性乙酸铅去杂蛋白及其他杂质，铅离子可通过H_2S除去，再浓缩至黏稠状。以甲醇或乙醇温浸，去不溶物（如无机盐或残留蛋白质等）；醇液经活性炭脱色、浓缩、冷却、滴加乙醚，或置于硫酸干燥器中旋转，析出结晶。单糖或小分子寡糖可以在提取后用吸附色谱法或离子交换法进行纯化。

（二）多糖的分离与纯化

来源于动物、植物和微生物的多糖的提取方法各不相同。植物体内含有水解多糖及其衍生物的酶，必需抑制或破坏酶的作用后，才能制取天然存在形式的多糖。供提取多糖的材料必须新鲜或及时干燥保存，不宜久受高温，以免破坏其原有形式，或因温度升高使多糖受到内源酶的作用而分解。速冻保藏是保存提取多糖材料的有效方法。

提取所用溶剂根据多糖的溶解性质而定。如葡聚糖、果聚糖、糖原易溶于水，宜用水溶液提取；壳聚糖与纤维素溶于浓酸，可以酸溶液进行提取；直链淀粉因易溶于稀碱可用碱溶液提取；碱性黏多糖常含有氨基己糖、己糖醛酸以及硫酸基等多种结构成分，且常与蛋白质结合在一起，提取分离时，通常先用蛋白酶或浓

碱、浓中性盐解离蛋白质与糖的结合键后，再将水提取液减压浓缩，以乙醇或十六烷基三甲基溴化铵（CTAB）沉淀酸性多糖，最后用离子交换色谱法进一步纯化。

1. 多糖的提取

提取多糖时，一般先需进行脱脂，以便多糖释放。先将材料粉碎，用甲醇或1:1的乙醇-乙醚混合液，加热搅拌1~3h；也可用石油醚脱脂。动物材料可用丙酮脱脂、脱水处理。

（1）稀碱液提取　用于难溶于冷水、热水、可溶于稀碱的多糖。此类多糖主要是一些胶类，如木糖醇、半乳聚糖等。提取时可先用冷水浸润材料，使其溶胀后，再用0.5mol/L NaOH提取。提取液用盐酸中和、浓缩后，加入乙醇沉淀多糖。如在稀碱中不易溶出者，可加入硼砂，对甘露聚糖、半乳聚糖等能形成硼酸配合物，用此法可得到相当纯的产品。

（2）温热水提取　适用于难溶于冷水和乙醇，易溶于热水的多糖。提取时材料先用冷水浸泡，再用热水（80~90℃）搅拌提取，提取液除蛋白质，离心，得清液。透析或用离子交换树脂脱盐后，用乙醇沉淀得多糖。

（3）酶解法提取　蛋白酶水解法已逐步取代碱提取法而成为提取多糖最常用的方法。理想的工具酶是专一性低的、具有广谱水解作用的蛋白水解酶。蛋白酶不能断裂糖肽键及其附近的肽键，因此成品中会保留较长的肽段。为除去长肽段，常与碱解法合用。酶解时要防止细菌生长，可加甲苯、氯仿、酚或叠氮化钠作抑制剂。常用酶制剂有胰蛋白酶、木瓜蛋白酶和链霉菌蛋白酶及枯草芽孢杆菌蛋白酶。酶解液中的杂蛋白可用Servage法、三氯乙酸法、磷钼酸-磷钨酸沉淀法、高岭土吸附法、三氟三氯乙烷法、等电点法去除，再经透析后，用乙醇沉淀即可制得多糖粗品。

2. 多糖的纯化

多糖的纯化方法很多，但必须根据目的物的性质及条件选择合适的纯化方法，而且往往用一种方法不易得到理想的结果，因此必要时应考虑合用几种方法。

（1）乙醇沉淀法　乙醇沉淀法是制备黏多糖的最常用手段。乙醇的加入改变了溶液的极性，导致糖溶解度下降。其中多糖的浓度以1%~2%为佳。如使用过量的乙醇，黏多糖浓度少于0.1%也可以沉淀完全。向溶液中加入一定浓度的盐，如乙酸钠、乙酸钾、乙酸铵或氯化钠有助于使黏多糖从溶液中析出，盐的最终浓度5%即可。一般只要黏多糖浓度不低，并有足够的盐存在，加入4~5倍乙醇后，黏多糖可完全沉淀。通过这种方法获得的多糖沉淀中不可避免地夹杂有所用的无机盐，为了除去所含无机盐，可以使用多次乙醇沉淀法，也可以用超滤法或分子筛的方法脱除其中的盐类。沉淀物可用无水乙醇、丙酮、乙醚脱水，真空干燥即可得到疏松的粉末状产品。

（2）分级沉淀法　不同多糖在不同浓度的甲醇、乙醇或丙酮中的溶解度不同，因此可用不同浓度的有机溶剂分级沉淀分子大小不同的黏多糖。在 Ca^{2+}、Zn^{2+} 等二价金属离子的存在下，采用乙醇分级分离黏多糖可以获得最佳效果。

（3）季铵盐络合法　黏多糖与一些阳离子表面活性剂如十六烷基三甲基溴化铵（CTAB）和十六烷基氯化吡啶（CPC）等能形成季铵配合物。这些配合物在低离子强度的水溶液中不溶解，在离子强度大时，这种配合物可以解离、溶解、释放。聚阴离子的电荷密度对配合物的溶解情况产生明显影响，黏多糖的硫酸化程度会影响聚阴离子的电荷密度，不同的多糖其硫酸化程度不同，据此，可将其进行配合分离。

3. 多糖药物鉴定检测方法

分离纯化是否达到预期的效果，需进行检测。检测目的是测定纯化产物的多糖含量；确认分离纯化产物是一定相对分子质量范围的均一组分；确认该产物是某种特定的多糖。

（1）定量测定　在进行多糖提取、分离和纯化时，首要的是多糖含量的检测。除测定终产品多糖含量外，还需对工艺过程的每一阶段的中间产物进行快速而灵敏的跟踪分析，作为评估方法、操作和成品质量的客观依据。

①苯酚-硫酸法：苯酚-硫酸试剂与游离的或寡糖、多糖中的戊糖、己糖、糖醛酸发生显色反应，己糖在 490nm 处有最大吸收，戊糖和糖醛酸在 480nm 处有最大吸收。吸收值与糖含量呈线性关系。

②蒽酮-硫酸法：糖类与浓硫酸脱水生成糠醛或其衍生物，可与蒽酮试剂缩合产生有色物质，反应后溶液呈蓝绿色，于 620nm 处有最大吸收，显色与多糖含量呈线性关系。此法可用于单糖、多糖含量测定，但色氨酸含量较高的蛋白质对显色反应有一定的干扰。

③氨基己糖的比色测定：糖胺聚糖中的 N-取代（乙酰基或硫酸基）氨基己糖，可以先在盐酸溶液中将氨基己糖经碱性乙酰化后，再与对二甲氨基苯甲酸发生呈色反应，从而进行定量测定。

（2）鉴别

①测定糖基组成：组成多糖的单糖种类及其比例在不同多糖中不同，而在同一多糖中一般相对恒定。因此，可以先对多糖进行完全或不完全水解，然后通过高效液相色谱、气相色谱及薄层色谱等方法鉴定其中所含单糖的种类和比例，从而确定多糖的成分。

②高压电泳法鉴定多糖均一性：多糖因其分子大小、形状及其所带电荷不同，在电场作用下移动的距离不同。中性多糖不带电荷，但其分子中的邻二醇与硼砂形成的复合物带有电荷。不同多糖与硼砂形成不同的复合物，在电场作用下其迁移率也不同，根据这一特性，可用高压电泳结合显色技术对多糖的均一性进行鉴别。

③超离心法鉴定多糖均一性：悬浮液中的固体颗粒在离心力作用下，其沉降

速度与微粒大小、形状和密度有关。利用这一原理，将待测多糖样品按一定浓度溶于水或相应缓冲液，置于离心管中，用分析型带照相的超速离心机离心，到一定转速时开始间隔照相（一般5次），以一定速率增加转速。如果5次照相所得峰均为一对称的峰，可判断多糖为均一组分。

④凝胶柱色谱法鉴定多糖的均一性：不同形状、大小的多糖分子在具有一定大小孔径的凝胶色谱柱中移动的速度不同，较大分子移动较快，较小分子移动较慢，故在流出液中出现的先后不同。针对不同相对分子质量多糖的适应范围，选择适当规格的凝胶，上样并以洗脱液洗脱，分步收集流出液，经过与记录仪相连的示差仪检测并自动记录。若记录纸上出现单一对称峰，可以证明该多糖为均一组分。

⑤相对分子质量测定：常用渗透压法、蒸气压渗透计法、端基法、黏度法、光散射法、凝胶色谱法和超过滤法等测定多糖相对分子质量。

由于多糖属于高分子聚合物，其相对分子质量不是均一的，而只代表相似链长的平均配布。所谓相对分子质量实际是指大小分子的平均数，即平均相对分子质量。作为相对分子质量较为分散的样品，用不同方法测出的相对分子质量，结果往往存在一定的差异。因此在说明多糖相对分子质量时，应标明测定方法的性质。文献中报道的多糖相对分子质量一般指平均相对分子质量。

三、典型药物生产实例——香菇多糖

香菇多糖（lentinan）是高分子葡聚糖，具有 β -（1→3）糖苷键链接的主链和 β -（1→6）糖苷键链接的支链，分子质量为500ku。1969年日本的千原等人从香菇子实体中分离得到香菇多糖，并发现其有很强的抑瘤活性。从香菇中提取分离的多糖组分能提高多种癌症、慢性支气管炎等患者的免疫功能，治疗恶性肿瘤可改善症状。香菇多糖经磺化生成的硫酸酯化多糖有显著抗获得性免疫缺陷综合征（HIV）活性，可协同叠氮胸苷（AZT）使用，对HIV有抑制作用。

香菇多糖KS-2是存在于深层发酵香菇菌丝体中的一种葡萄糖、甘露糖肽，其多糖部分以甘露糖为主，含少量葡萄糖、微量盐藻糖，还有半乳糖、木糖、阿拉伯糖等；其肽链由天冬氨酸、组氨酸、赖氨酸等18种氨基酸组成。1978年由日本学者首先报道了该多糖的分离纯化及生理活性。20世纪80年代国内研制成功，并以香菇菌片投放市场，用作免疫增强剂。

香菇菌丝提取物LEM是香菇经固体培养后在菌丝生长到一定阶段时，从中提取分离得到的以木糖为主的多糖。具有显著的免疫调节、抗病毒、抗感染等作用，有报道对HIV有抑制作用。

（一）结构与性质

香菇多糖的结构如下。

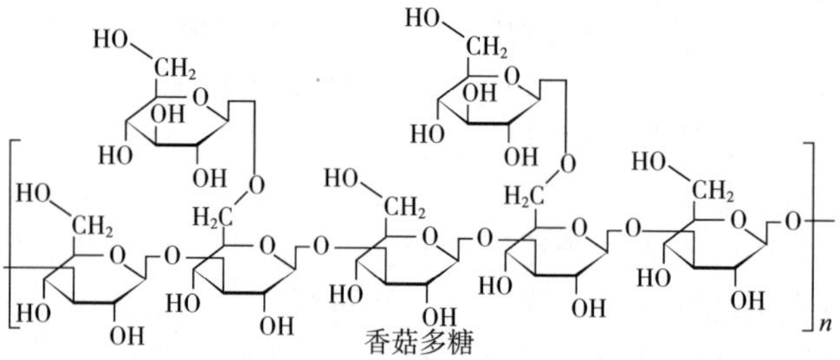

香菇多糖为白色粉末状固体，对光和热稳定。在水中最大溶解度为3mg/mL，能溶解于0.5mol/L的NaOH溶液中，溶解度为50mg/mL，不溶于甲醇、乙醇、丙酮等有机溶剂。香菇多糖具有吸湿性，在相对湿度为92.5%的室温环境（25℃）中放置15d，吸水量可达40%。香菇多糖是极性大分子化合物，其特定的结构与免疫活性有密切关系。香菇多糖的提取大多采用不同温度的水和稀碱溶液，并尽量避免在过于酸性的条件下操作。强酸性溶液能引起多糖糖苷键的断裂。

（二）生产工艺

1. 常规提取法

工艺流程如图3-8所示。

鲜香菇→捣碎→浸渍→过滤→浓缩→乙醇沉淀→乙醇、乙醚干燥→干燥→成品

图3-8 香菇多糖生产工艺流程

新鲜香菇（*Lentinus edodes*）子实体200kg，捣碎后加水1000L，100℃加热提取8~15h，离心或过滤得提取液。减压浓缩提取液至出现轻微浑浊。加入等量乙醇，析出纤维状沉淀物。离心或过滤收集沉淀，干燥，即为粗多糖。

得粗多糖50g，悬浮在2L水中，在室温下均质至棕色黏性溶液。添加20L水，搅拌1~2h，得到澄清均质溶液。向溶液滴加pH13.2、0.2mol/L CTA-OH（十六烷基三甲基溴化铵的碱）水溶液，同时用力搅拌。在pH7~8时，形成少量纤维状沉淀后，在pH0.5~11.5时，出现大量白色沉淀。滴加CTA-OH直至无更多沉淀生成（pH12.8）。在9000r/min离心5min收集全部沉淀物，并用乙醇洗涤，然后悬浮在1.2L 20%乙酸中，在0℃搅拌5min，沉淀物分为不溶解部分和可溶解部分。收集不溶解部分，用乙醇洗涤2次，乙醚洗涤1次，室温真空干燥。

真空干燥产物在Waring搅拌器中，用1L 50%乙酸在0℃搅拌洗涤3min后离心，分为不溶性和可溶性两部分。不溶部分溶解于2L 6% NaOH水溶液中，离心除去杂质，上清液加入4L乙醇，用乙醚洗涤1次，真空干燥，得到粉状物。用Sevage法去除蛋白，氯仿和1-丁醇脱蛋白，以3倍体积乙醇沉淀，用甲醇洗涤

2次，乙醚洗涤1次，室温下在氯化钙干燥器中真空干燥，得到香菇多糖。

2. 复合酶提取法

香菇粉碎后浸渍，加入适量1.5%中性蛋白酶，其他条件参考传统提取法。香菇500g，粉碎，加入适量水，加入1.5%中性蛋白酶在50℃和pH4.8条件下酶解60min，加水至10L，然后升温至95℃，使生物酶失活，在95℃下于药物提取器中恒温提取2h，滤布过滤，收集滤液。用Sevage试剂（氯仿:正丁醇=5:1或4:1）5:1混合，振荡，离心，变性后的蛋白质介于提取液与Sevage试剂交界处。此法条件温和，不会引起多糖的变性。量取多糖提取液，微滤膜预处理后，选择超滤温度、压力和pH进行超滤，收集透过液和截留液，加压浓缩至适当体积，乙醇沉淀，冷冻干燥，得三种不同分子质量范围的多糖产品。将截留分子质量为300ku膜的截留液，调节pH 9.2左右，上717型阴离子交换树脂色谱柱，用0.05~0.5mol/L的NaCl溶液进行梯度洗脱，洗脱速度为1mL/min，收集多糖流出部分，减压浓缩，透析脱盐，乙醇沉淀，冷冻干燥。

3. 深层培养提取法

香菇发酵液由菌丝体和上清液两部分组成。胞内多糖含于菌丝体，胞外多糖含于上清液。因此多糖提取要分上清液和菌丝体两部分来完成。其他提取步骤参考传统提取法。

（三）质量检测

一般采用苯酚－硫酸法。

1. 试剂

浓硫酸：分析纯，95.5%。80%苯酚：80g苯酚（分析纯重蒸馏试剂）加20g水使之溶解，可置于冰箱中长期贮存。6%苯酚：临用前以80%苯酚配制。标准葡聚糖、葡萄糖或标准香菇多糖。

2. 方法

（1）制作标准曲线　准确称取标准葡聚糖（标准葡萄糖或香菇多糖）20mg溶于500mL容量瓶中加水至刻度，分别吸取0.4mL、0.6mL、0.8mL、1.0mL、1.2mL、1.4mL、1.6mL及1.8mL，各用水补齐至2.0mL，然后加入6%苯酚1.0mL及浓硫酸5.0mL，静止10min，摇匀，室温放置20min。在490nm处测吸光度，以2.0mL水按同样显色操作作为空白，横坐标为多糖微克数，纵坐标为吸光度，得标准曲线。

（2）样品含量测定　吸取样品液1.0mL（相当于40μg左右的多糖），按上述步骤操作，测光密度，以标准曲线计算多糖含量。

（四）药理作用与临床应用

1. 治疗肝炎

香菇多糖具有增强T淋巴细胞功能的作用，已作为新的细胞免疫增强剂应用于病毒性肝炎的治疗。临床应用发现其可改善慢性乙肝患者的乏力、恶心、肝痛和腹胀等常见症状，促进转氨酶和胆红素回复正常，总有效率达90%。慢性乙肝患者 $CD4^+$ 细胞减少，$CD8^+$ 细胞增多，$CD4^+/CD8^+$ 比值降低，IL-2受体表达不足。经其治疗后外周血 T 细胞亚群发生变化，$CD4^+$ 细胞增多，$CD4^+/CD8^+$ 比值增加，IL-2受体表达也显著增加，表明其可增加 $CD4^+$ 细胞和IL-2受体表达，增强细胞免疫功能，对感染肝细胞的清除和肝细胞的恢复是有益的。

2. 治疗癌症

近年来研究表明免疫治疗辅助化疗的免疫疗法已成为肿瘤综合治疗的重要组成部分。20世纪90年代以来在国内外已有多家医院开始将香菇多糖用于治疗恶性肿瘤。

香菇多糖能提高对胃癌化疗的疗效，能提高患者的部分细胞免疫功能，是治疗晚期胃癌的理想辅助药物。香菇多糖与化疗药物联合应用时，可改善患者的生活质量，延长其生存期，对血象无明显影响。香菇多糖与化疗药物联合应用可显著提高晚期非小细胞肺癌的近期疗效。其对肝癌实体瘤有抑制作用，可提高宿主免疫力，抑制肿瘤的生长。采用热化疗联合香菇多糖胸腔灌注治疗恶性胸腔积液，疗效显著。

香菇多糖对治疗小儿反复呼吸道感染、寻常型银屑病、硬皮病、尖锐湿疣和面部扁疣都有比较明显的效果。

任务六

脂类药物的生产

一、脂类及脂类药物简介

脂类是脂肪、类脂及其衍生物的总称，广泛存在于动物、植物等生物体内。脂肪是三脂酰甘油（又称甘油三酯）。类脂的性质与脂肪类似，体内的类脂有磷脂、糖脂和胆固醇等。脂类物质的共同物理性质是不溶于水或微溶于水，易溶于某些有机溶剂如乙醚、氯仿、丙酮等。

脂类药物是具有重要生理生化、药理药效作用的脂类物质，具有良好的营养、防治疾病效果。脂类药物种类很多，结构和性质相差很大，大体可分为以下几类：①胆汁酸类，如胆酸、脱氧胆酸等；②不饱和脂肪酸类如花生四烯酸、亚麻油酸等；③磷脂类，如卵磷脂、脑磷脂等；④固醇类，如胆固醇、麦角固醇等；⑤色素类，如胆红素、血红素等；⑥其他，如鲨烯等。

二、脂类药物制备的一般方法

脂类药物以游离或结合形式广泛存在于生物体的组织细胞中，工业生产中常依其存在形式及各成分性质，通过生物组织提取分离、微生物发酵、动植物细胞培养、酶转化及化学合成等不同的生产方法提取。

（一）脂类药物的制备方法分类

1. 直接抽提法

在生物体或生物转化体系中，有些脂类药物以游离形式存在，如卵磷脂、脑磷脂、亚油酸、花生四烯酸等。因此，通常根据各种成分的溶解性质，采取相应的溶剂系统从生物组织或反应体系中直接抽提出粗品，再经各种相应的分离纯化和精制获得纯品。

2. 水解法

生物体内有些脂类与其他成分形成复合物，这类物质需先水解，然后分离纯化。如脑干中的胆固醇经丙酮抽提、浓缩、用乙醇结晶；再用硫酸水解和结晶才能获得胆固醇。在胆汁中，胆红素绝大多数与葡萄糖醛酸结合成共价化合物，提取胆红素需先用碱水解胆汁，然后用有机溶剂抽提。

3. 化学合成

某些脂类药物可以用相应的有机化合物或生物体中的某些成分为原料，采用化学合成或半合成方法制备。如血卟啉衍生物是以原卟啉为原料，经氢溴酸加成反应，再经水解后所得的产物。又如以胆酸为原料，经氧化或还原反应可分别合成脱氢胆酸、鹅脱氧胆酸及熊脱氧胆酸，称半合成法。

4. 生物转化法

微生物发酵、动植物细胞培养及酶工程技术可统称为生物转化法，多种脂类药物均可采用生物转化法生产。如用微生物发酵法或烟草细胞培养法生产 CoQ_{10}，用紫草细胞生产紫草素等。在此重点介绍。

发酵工程生产脂类药物是利用微生物在最适宜的条件下把糖等底物转化成脂类化合物的现代生产技术。可以用合适的培养条件，调节微生物代谢途径或通过基因工程手段改造微生物，提高脂类化合物的产量和效率。

微生物先将培养基中各种碳水化合物分解成单糖如葡萄糖，再通过糖酵解途径及 EMP 途径，在细胞质中将葡萄糖分解成丙酮酸，在移位酶作用下，丙酮酸进入线粒体，在有氧条件下，丙酮酸脱羧生成乙酰辅酶 A，然后进行三羧酸循环（TCA 循环），生成柠檬酸。在氮源缺乏的情况下，柠檬酸积累转送出线粒体，经裂解成乙酰辅酶 A，再循环以上各步骤，通过一系列过程合成脂肪酸及油脂。

（二）脂类药物的分离

脂类药物的品种很多，结构多样化，性质差异甚大，通常用溶解度法、吸附分离法、超临界流体萃取技术进行分离。

1. 溶解度法

溶解度法是依据脂类药物在不同溶剂中的溶解度的差异进行分离的方法,如游离胆红素在酸性条件下溶于氯仿及二氯甲烷,故胆汁经碱水解及酸化后用氯仿抽提,其他物质难溶于氯仿,而胆红素则溶出,因此得以分离。又如卵磷脂溶于乙醇而不溶于丙酮,脑磷脂溶于乙醚而不溶于丙酮和乙醇,故脑干丙酮提取液用于制备胆固醇,不溶物用乙醇抽提得卵磷脂,乙醚抽提物得脑磷脂,从而三种成分得以完全分离。

2. 吸附分离法

吸附分离法是根据吸附剂对各种成分吸附力差异进行分离的方法,如从家禽胆汁提取鹅脱氧胆酸粗品,经硅胶柱色谱及乙醇-氯仿溶液梯度洗脱即可与其他杂物分离。

3. 超临界流体萃取技术

超临界流体萃取技术是利用超临界流体(SF)的溶解能力与其密度的关系,即利用压力和温度变化影响超临界流体溶解不同物质能力而进行分离的方法。在超临界状态下,超临界流体与待分离的物质接触,使其有选择性地把极性大小、沸点高低、相对分子质量大小不同的成分一次萃取出来。根据脂类物质不同组分在超临界流体中沸点高低不同和溶解度的差异可分离所需要的有效成分,如不饱和脂肪酸、磷脂、植物甾醇等均可采取该种分离方法。超临界流体萃取技术具有操作温度低、可调性及选择性强、提取分离效率高、产物生物活性好等优点;但有设备投资费用大、工艺技术要求高等缺陷。

(三)脂类药物的精制

经分离后的脂类药物中常有微量杂质,需用适当的方法精制,常用的有结晶法、重结晶法和有机溶剂沉淀法。如用色谱法分离的 PGE_2 经乙酸乙酯-己烷结晶;用色谱法分离后的 CoQ_{10} 经无水乙醇结晶得到纯品。

三、 典型药物生产实例——卵磷脂

磷脂是指在分子中含有磷酸基及其衍生物的脂类物质,属于类脂。磷脂是构成细胞膜、核膜、线粒体膜等生物膜的基本材料,在自然界中有广泛的分布。在植物界,以大豆等植物的种子含量较为丰富;在动物界,神经组织(如大脑)中含量最高。在动物的心、脑、肾、肝、骨髓以及禽蛋的卵黄中含有很丰富的卵磷脂。大豆磷脂则是卵磷脂、脑磷脂、心磷脂等的混合物。不同来源的磷脂由不同的脂肪酸烃链组成。豆磷脂含有约65%~75%的不饱和脂肪酸,动物来源的仅含约40%。豆磷脂与蛋黄磷脂比较,前者不含胆固醇及高百分比的无机磷。几种不同来源的卵磷脂的脂肪酸成分见表3-4。临床上,卵磷脂用于动脉粥样硬化、脂肪肝、神经衰弱及营养不良。不同来源的制剂疗效不同,如豆磷脂更适用于抗动脉粥样硬化，也可作静注用脂肪乳的乳化剂。由于卵磷脂是维持胆汁胆固醇溶解度的乳化剂，有希望成为胆固醇结石的防治药物。

表3-4 大豆、卵黄、贻贝的卵磷脂的脂肪酸组成比较　　　　　单位：%

脂肪酸	大豆	卵黄	贻贝
$C_{14:0}$	0.13	0.19	1.91
$C_{14:1}$	0.09	0.09	1.78
$C_{16:0}$	15.86	26.94	12.05
$C_{16:1}$	0.12	1.37	3.05
$C_{18:0}$	3.80	16.44	6.68
$C_{18:1}$	14.34	29.89	3.28
$C_{18:2}$	51.83	14.15	6.59
$C_{18:3}$	6.94	—	5.44
$C_{20:0}$	2.30	—	3.72
$C_{20:1}$	0.35	—	3.51
$C_{20:2}$	—	—	0.51
$C_{20:5}$	—	—	12.98
$C_{22:0}$	—	—	3.39
$C_{22:2}$	—	—	1.48
$C_{22:5}$	—	—	0.31
$C_{22:6}$	—	—	9.13

（一）结构和性质

卵磷脂是磷脂酸的衍生物，是磷脂酸中的磷酸基与羟基化合物——胆碱中的羟基连接成酯，又称磷脂酰胆碱。所含脂肪酸常见的有硬脂酸、软脂酸、油酸、亚油酸、亚麻酸和花生四烯酸等。从化学结构可看出卵磷脂属甘油磷脂。磷脂酸是1，2-二酯酰甘油的磷酸酯，是L型的，磷酸与羟基所形成的磷酸酯是在3位上，2位上的脂肪酰基和3位上的磷酰基是两个方向。

R_1，R_2—饱和或不饱和脂肪酸；—$OCH_2CH_2\overset{+}{N}(CH_3)_3$—胆碱

卵磷脂

纯卵磷脂为吸水性白色蜡状物，难溶于水，溶于三氯甲烷、石油醚、苯、乙醇、乙醚，不溶于丙酮。卵磷脂分子中兼具亲水性和亲脂两种基团。其亲水基团主要是磷酸、胆碱，不离解的甘油部分也有一定的亲水性，故可乳化于水。其亲脂基团为脂肪酸的烃基（—R_1和—R_2），故又可溶于有机溶剂。但卵磷脂、脑磷脂与胆固醇在有机溶剂中的溶解度差别很大（表3–5）。根据这个性质，可以将以上几种物质有效地分离。卵磷脂可与蛋白质、糖及金属盐如氯化镉、氯化钙和胆汁酸盐形成配合物，某些水溶性食用色素可与磷脂发生配合而被分散到油脂中去。卵磷脂具有两性离子结构，等电点pI 6.7，有两性离子存在，即磷酸上的H和胆碱上的OH皆解离。卵磷脂在沸水和碱性条件下可发生皂化反应，在酸性条件下能水解形成游离脂肪酸、甘油、磷酸基胆碱等。分子中的不饱和脂肪酸容易被氧化，发生酸败。

表3–5 磷脂与胆固醇在常用有机溶剂和水中溶解度比较

类脂	有机溶剂			水
	乙醇	乙醚	丙酮	
卵磷脂	溶	溶	不溶	不溶
脑磷脂	不溶	溶	不溶	不溶
胆固醇	溶于热乙醇	溶	溶	微溶

磷脂在动物的神经组织中含量最高，脑组织含量为3.1~9.3g/100g新鲜组织，神经含量为2.2~10.6g/100g。在组织中，各种磷脂、胆固醇和其他脂质共存。磷脂与胆固醇的分离以及不同磷脂的分离均是基于它们在不同的有机溶剂中溶解度不同来实现的。制备卵磷脂的原料有动物的脑、豆油脚、酵母等。下面仅介绍以动物神经组织或骨髓为原料提取卵磷脂的生产工艺。

（二）生产工艺

以大脑或骨髓为原料提取。

1. 工艺路线

卵磷脂生产工艺如图3–9所示。

2. 工艺过程

（1）原料处理　取新鲜或冷冻大脑或骨髓50kg，去膜及血丝等组织，绞碎。

（2）提取胆固醇　原料用丙酮浸泡5次，每次用丙酮60L，时间为4.5h，不断搅拌。过滤，滤液用于制备胆固醇，滤渣真空干燥。

（3）提取卵磷脂　将干燥滤渣用95%乙醇90L在搅拌下于35~40℃提取12h，过滤后再提取1次。滤液用于制备卵磷脂，滤渣于真空干燥器干燥。

（4）浓缩　将含有卵磷脂的乙醇滤液真空浓缩至原体积的1/3。浓缩液冷室过

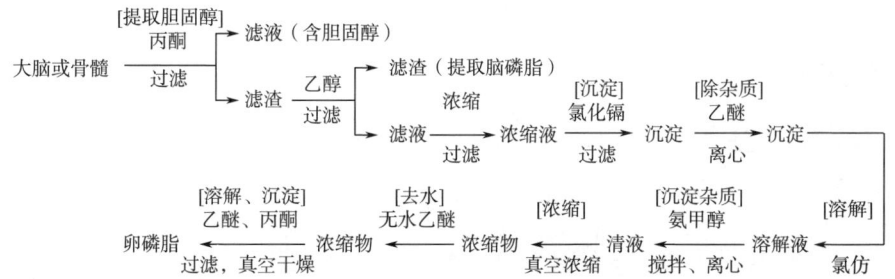

图 3-9 卵磷脂生产工艺

夜，过滤，得滤液。

（5）沉淀、去杂质　于滤液中加入足够的氯化镉饱和溶液，致使卵磷脂沉淀完全。静置分层，滤取沉淀物，加 2 倍量乙醚洗涤，离心收集沉淀，如此重复 8~10 次。

（6）溶解、沉淀杂质　取离心沉淀物，悬浮于 4 倍量氯仿中，振摇，直至形成微浑浊液为止。加入含 25% 氨水的甲醇溶液（即浓氨水 25mL 溶于甲醇 75mL 中），直至形成沉淀，离心。

（7）浓缩、去水　清液真空浓缩近干。将浓缩物溶于无水乙醚中，真空浓缩，重复 2 次以除去水分。

（8）沉淀、干燥　将浓缩物溶于最少的乙醚中，然后倒入约 3 倍量丙酮中，静置，过滤。沉淀物真空干燥即得。

（三）质量检测

（1）含磷量　2.5%。

（2）水分　不超过 5%。

（3）乙醚不溶物　小于 0.1%。

（4）丙酮不溶物　不低于 90%。

（四）药理作用和临床应用

1. 药理作用

卵磷脂具有乳化、分解油脂的作用，可增进血液循环，改善血清脂质，清除过氧化物，使血液中胆固醇及中性脂肪含量降低，减少脂肪在血管内壁的滞留时间，促进粥样硬化斑的消散，防止由胆固醇引起的血管内膜损伤；是构成生物膜的基本物质，也是构成各种脂蛋白的主要组成成分。能保持血管内壁沉积物，防止血液凝固；使神经系统反应敏锐，提高记忆力；可有效地防止肝功能疾病和缓解糖尿病；可促进人体损伤细胞的更新，提高人体免疫力。

2. 临床应用

辅助治疗动脉粥样硬化、脂肪肝，也用于治疗小儿湿疹、神经衰弱症。在药用辅料中作增溶剂、乳化剂及油脂类的抗氧化剂。

任务七

核酸药物的生产

一、核酸及核酸类药物简介

（一）核酸

核酸是生物体重要的生物大分子，由许多核苷酸以 3′，5′-磷酸二酯键连接而成，核苷酸又由磷酸、核糖和碱基三部分组成。1868 年，Miescher 称其为核质，后来人们根据该物质来自细胞核，且呈酸性，故改称其为核酸。

核苷酸是核酸的组成单元（图 3 - 10）。将核苷酸中的磷酸基团去掉，剩余部分称核苷。核苷进一步水解可生成戊糖和碱基。

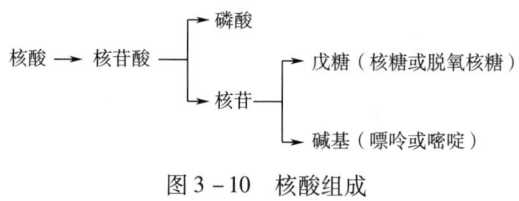

图 3 - 10 核酸组成

（二）核酸类药物

核酸类药物是具有药用价值的核酸、核苷酸、核苷以及碱基的统称。除了天然存在的碱基、核苷、核苷酸以外，它们的类似物、衍生物或这些类似物、衍生物的聚合物也属于核酸类药物。

核酸是生命的物质基础，它不仅携带有各种生物所特有的遗传信息，而且影响生物的蛋白质合成和脂肪、糖类的代谢。核酸类药物是在恢复它们的正常代谢或干扰某些异常代谢中发挥作用的。具天然结构的核酸类物质，有助于改善机体的物质代谢和能量平衡、修复受损伤的组织使之恢复正常功能。所以，这类药物已广泛用于治疗放射病、血小板减少症、白细胞减少症、急慢性肝炎、心血管疾病和肌肉萎缩等代谢障碍疾病。天然核酸类的类似物或衍生物具有干扰肿瘤、病毒代谢的功能，因而在治疗病毒引起的疾病，如疱疹、艾滋病和癌症方面有一定的疗效。这类药物或者直接抑制病毒或肿瘤的生长，或者通过刺激机体产生干扰素提高机体的免疫力而发挥作用。

二、核酸类药物制备的一般方法

一切生物都含有核酸。在真核生物细胞中，RNA 主要存在于细胞质中，约占总 RNA 的 90%（另 10% 存在于细胞核里的核仁内，核浆及染色体中只有少量）；DNA 则主要存在于细胞核中，占总 DNA 的 98%，另 2% 存在于线粒体和叶绿体中。由于 DNA 是遗传物质，所以对同一种生物而言，每个细胞（除生殖细胞外）中的 DNA 含量是基本恒定的（见表 3-6）。RNA 的含量与细胞的活跃程度有关，在蛋白质合成旺盛的细胞中，其 RNA 的含量也相应地较高。

表 3-6 鸡的各种组织中的 DNA 含量

组织	DNA 含量/（pg/细胞核）	组织	DNA 含量/（pg/细胞核）
肝脏	2.60	心	2.50
脾脏	2.60	胰	2.61
红细胞	2.60	精细胞	1.30

由于核酸的含量与细胞的大小无关，所以制备核酸时常采用生长较旺盛的组织，如胰、脾、胸腺等。这类组织比同样体积的其他组织，如肌肉、脑等组织含有更多的细胞数，因而就有更高的核酸含量（见表 3-7）。

表 3-7 大鼠不同组织中的核酸含量

组织	RNA-P	DNA-P	组织	RNA-P	DNA-P
肝（成体）	77~110	21~25	胸腺	87~116	181~242
肝（胚胎）	87~134	35~65	脑	20~33	15~19
胰	63~86	76~85			

注：以每 100g 新鲜组织中所含核酸磷的毫克数表示。

由于 RNA 和 DNA 存在于细胞中的不同部位，所以它们的预处理是相关的，同一资源可用于制备 RNA，又可用于制备 DNA。至于核苷酸、碱基的制备，则可用水解相应的核酸的方法。有些非天然或含量较少的核苷酸、核苷和碱基，则用酶法合成，或用特异的发酵方法制备。

（一）RNA 的制备

1. 材料的选择与预处理

制备 RNA 的材料大多选取动物的肝、肾、脾等含核酸量丰富的组织，所要制备的 RNA 种类不同，选取的材料也各有不同。工业生产上，则主要采用啤酒酵母、面包酵母、酒精酵母、白地霉、青霉等真菌的菌体为原料。如酵母和白地霉，其 RNA 含量丰富，易于提取，而其 DNA 含量则较少，所以它们是制备 RNA 的好材料。

对于动物组织而言，预处理过程是：先把组织捣碎，制成组织匀浆，然后利用0.14mol/L氯化钠溶液能溶解RNA核蛋白而不能溶解DNA核蛋白这一特性将组织匀浆中含有RNA的核糖核蛋白提取出来（含有DNA的细胞核物质则留在沉淀中），再通过调节pH为4.5，RNA仍保留在溶液中，核蛋白则成为沉淀，从而将两者分开。

核酸含量测定则可用下述的预处理方法。将材料用组织匀浆器捣碎后，先用稀三氯乙酸（TCA）或过氯酸（PCA）处理，浓度为5%~10%，以除去其中的酸溶性含磷化合物（此时将被除去的还有少量核苷酸和分子量较小的寡聚核苷酸），然后将残留物用有机溶剂（如乙醇、乙醚、氯仿等）处理，以除去脂溶性含磷化合物（主要为磷脂类物质）。留下的沉淀物为不溶于酸的非脂类含磷化合物，其中有RNA、DNA、蛋白质和少量其他含磷化合物。将此沉淀物经酸处理法或碱处理法处理，可将RNA与DNA分开。整个处理过程如图3-11所示。

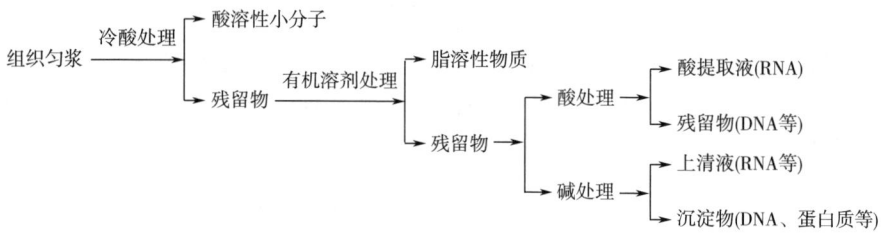

图3-11 材料预处理

（1）酸处理法 将经酸和有机溶剂处理后的残留物用1mol/L的过氯酸液于4℃下处理18h，从中抽提出RNA，沉淀部分再用1mol/L过氯酸溶液80℃下处理30min（植物材料用0.5mol/L过氯酸溶液70℃下处理20min）提取DNA。以上提取液即可用定糖法、定磷法或紫外分光光度法测定。此法的缺点是有些材料的DNA在冷过氯酸抽提时被少量提取，从而使RNA部分中混杂有少量DNA。

（2）碱处理法 将残留物用1mol/L氢氧化钠溶液（或氢氧化钾溶液）于37℃下处理过夜，则RNA被碱解为碱溶性核苷酸，DNA不降解。加入过氯酸或三氯乙酸使溶液酸化，至酸浓度为5%~10%，此时RNA的分解产物溶解在上清液中，DNA等则被沉淀下来。此法的优点是RNA和DNA分开得较为彻底，缺点是RNA中还含有其他含磷化合物，如磷肽、磷酸肌醇等，用定磷法测RNA时结果偏高。

2. 提取与纯化

（1）提取 提取方法有多种，但基本上大同小异。目前最广泛使用的是酚提取法或其改良方法，此外还有乙醇沉淀法及去污剂处理法等。

①乙醇沉淀法：将核糖核蛋白溶于碳酸氢钠溶液中，然后加入含少量辛醇的

氯仿，并连续振荡，以沉淀蛋白质。上清液中的 RNA 可用乙醇使之以钠盐的形式沉淀得到。或者先用乙醇使核糖核蛋白变性，然后用 10% 氯化钠溶液提取 RNA，去沉淀留上清液后，再用 2 倍量的乙醇使 RNA 沉淀。

②去污剂处理法：在核糖核蛋白溶液中加入 1% 的十二烷基磺酸钠（SDS）、乙二胺四乙酸二钠（EDTA）、三乙醇胺、苯酚、氯仿等以去除蛋白质，使 RNA 留在上清液中，然后用乙醇沉淀 RNA。或者先用 2mol/L 盐酸胍溶液 38℃ 下溶解蛋白质，再冷至 0℃ 左右，使 RNA 沉淀，沉淀中混有少量蛋白质，然后再用去污剂处理。

③酚法：酚法最大的优点是能得到未被降解的 RNA。酚溶液能沉淀蛋白质和 DNA，经酚处理后 RNA 和多糖处于水相中，可用乙醇使 RNA 从水相中析出。随 RNA 一起沉淀的多糖则可通过以下步骤去除：用磷酸缓冲液溶解沉淀，再用 2－甲氧乙醇提取 RNA，透析，然后用乙醇沉淀 RNA。改良后的皂土酚法，由于皂土能吸附蛋白质、核酸酶等杂质，因此其稳定性比酚法好，其 RNA 得率也比酚法高。

（2）纯化　用上述方法取得的 RNA 一般都是 RNA 的混合物，这种混合 RNA 可以直接作为药物使用，如以动物肝脏为材料制备的 RNA 即可作为治疗慢性肝炎、肝硬化等疾病的药物。但有时需要均一性的 RNA，这就必须将其进一步分离和纯化。常用的纯化方法有密度梯度离心法、柱色谱法和凝胶电泳法等。

①密度梯度离心法：一般采用蔗糖溶液作为分离 RNA 的介质，建立从管底向上逐渐降低的浓度梯度，管底浓度为 30%，最上面为 5%；然后将混合 RNA 溶液小心地放于蔗糖面上经高速离心数小时后，大小不同的 RNA 分子即分散在相应密度的蔗糖部位中。然后从管底依次收集一系列样品，分别在 260nm 处测其光吸收并绘成曲线。合并同一峰内的收集液，即可得到相应的较纯 RNA。

②柱色谱法：用于分离 RNA 的柱色谱法有多种系统，较常用的载体有二乙氨乙基（DEAE）纤维素、葡聚糖凝胶、DEAE－葡聚糖凝胶以及 MAK（甲基化清蛋白吸附于硅藻土）等。混合 RNA 从色谱柱上洗脱下来时一般按相对分子质量从小到大的顺序，分步收集即可得到相应的 RNA。

③凝胶电泳法：各种 RNA 分子所带电荷与其质量之比都非常接近，故一般电泳法无法使之分离。但若用具有分子筛作用的凝胶作载体，则不同大小的 RNA 分子在电泳中将具有不同的泳动速度，从而可分离纯化 RNA。琼脂糖凝胶和聚丙烯酰胺凝胶即有这种作用，故常被用作分离 RNA 的载体。

3. 含量测定

RNA 是磷酸和戊糖通过磷酸二酯键形成的长链，所以磷酸或戊糖的量正比于 RNA 的量，故可通过测定磷酸或戊糖的量来断定 RNA 的量，前者称定磷法，后者称定糖法。

（1）定磷法　此法首先必须将 RNA 中的磷水解成无机磷。常用浓硫酸或过氯酸将 RNA 消化，使其中的磷变成正磷酸。正磷酸在酸性条件下与钼酸作用生成磷钼酸，后者在还原剂（如抗坏血酸、α-1，2，4-氨基萘酚磺酸或氧化亚锡等）存在下，立即还原成钼蓝。钼蓝的最大光吸收在 660nm 处，在一定浓度范围内，溶液在该处的光密度和磷的含量成正比，从而可通过测光吸收度，用标准曲线算出样品的含磷量。根据对 RNA 和 DNA 的分析，已知前者的磷含量为 9.4%，后者的为 9.9%，于是可从磷含量推算出核酸的含量。

用抗坏血酸作还原剂，比色的最适范围在含磷量 1μg/mL 左右，在室温下颜色可稳定 60h 以上。用 α-1，2，4-氨基萘酚磺酸作还原剂，比色的最适范围在含磷量为 2.5~25.0μg/mL，室温下颜色可稳定 20~25min。前者重复性好，后者测定范围较宽。

钼蓝反应非常灵敏，核酸制品中若含有微量的磷、硅酸盐、铁离子，以及酸度偏高或偏低都会影响测定结果。所以，测试时样品应尽量除去杂质，反应条件要严格控制，试剂要可靠。

（2）定糖法　此法先用盐酸水解 RNA，使核糖游离出来，并进一步变成糠醛，然后再与地衣酚（又称苔黑酚、3，5-二羟基甲苯）反应。产物呈鲜绿色，在 670nm 处有最大吸收度，当 RNA 溶液在 20~200μg/mL 范围时，光吸收度与 RNA 的浓度呈正比，从而可测出 RNA 的含量。此法的显色试剂为地衣酚，故又称地衣酚法，反应需用三氯化铁作催化剂。

地衣酚反应的特异性不强，凡是戊糖均有反应，因此，对被测溶液的纯度要求较高，最好能同时测定样品中的 DNA 含量以校正所测得的 RNA 含量。

（二）DNA 的制备

1. 材料的选择与预处理

制备 DNA 的材料一般用小牛胸腺或鱼精，这类组织的细胞体积较小，像鱼精，整个细胞几乎全被细胞核占据，细胞质的含量极少，故这类组织的 DNA 含量高。预处理方法与 RNA 的类似。只不过制备 DNA 时用 0.14mol/L 氯化钠溶液溶解 RNA 的目的是去掉 RNA，留下 DNA。

2. 提取与纯化

将含 DNA 的沉淀物用 0.14mol/L 氯化钠溶液反复洗涤，尽量除去 RNA，然后用生理盐水溶解沉淀物，并加入到去污剂 SDS 溶液中使 DNA 与蛋白质解离、变性，此时溶液变黏稠。冷藏过夜后，再加入氯化钠溶液使 DNA 解离，当盐浓度达 1mol/L 时，溶液黏稠度下降，DNA 处在液相，蛋白质沉淀。离心去杂质，得乳白状清液，过滤后加入等体积的 95% 乙醇，使 DNA 析出，得白色纤维状粗制品。在此基础上反复用去污剂去蛋白质等杂质，可得到较纯的 DNA。当 DNA 中含有少量 RNA 时，可用核糖核酸酶、异丙醇等处理，用活性炭柱色谱以及电泳去除。

分离混合 DNA 可采用与分离、纯化 RNA 类似的方法。

3. 含量测定

DNA 含量测定也有定磷法和定糖法两种方法。定磷法与用于 RNA 测定的定磷法相同，DNA 的含磷量为 9.9%，从而可根据定磷的结果推算出 DNA 的含量。定糖法又称二苯胺法。在酸性溶液中，将 DNA 与二苯胺共热，生成蓝色化合物，该化合物在 595nm 处有最大吸收。当 DNA 在 20～200μg/mL 范围时，光吸收度与 DNA 浓度呈正比关系，从而可测出 DNA 的含量。若在反应液中加入少量乙醛，则可在室温下将反应时间延长至 18h 以上，从而使灵敏度提高，使其他物质造成的干扰降低。

（三）核苷酸、核苷及碱基的制备

1. 制备方法

核苷酸、核苷及碱基虽然是互相关联的物质，但要得到某种特定的单一物质，往往必须采取某种特别的制备方法。至于非天然的类似物或衍生物，制备方法则更是各不相同。

（1）直接提取法　类似于 RNA 和 DNA 的制备，可直接从生物材料中提取。此法的关键是去杂质，被提取物不管是呈溶液状态还是呈沉淀状态，都要尽量与杂质分开。为了制得精品，有时还需多次溶解、沉淀。从兔肌肉中提取 ATP 和从酵母或白地霉中提取辅酶 A 即是采用此法。下面将要讲到几种制备方法的最后阶段都涉及提取问题，但因关键在提取前的处理，故不属直接提取法。

（2）水解法　核苷酸、核苷和碱基都是 RNA 或 DNA 的降解产物，所以前者当然能通过相应的原料水解制得。水解法又分酶水解法、碱水解法和酸水解法 3 种。

①酶水解法：在酶的催化下水解称酶水解法。如用 5′- 磷酸二酯酶将 RNA 或 DNA 水解成 5′- 核苷酸，就可用来制备混合 5′-（脱氧）核苷酸。酶的来源不同其特性也往往有些不同，因此提起酶时常常指明其来源，如牛胰核糖核酸酶（RNase A），蛇毒磷酸二酯酶（VPDase），脾磷酸二酯酶（SPDase）等。又如橘青霉 AS 3.2788 产生的 5′- 磷酸二酯酶的最佳催化条件是：pH6.2～6.7，温度 63～65℃，底物浓度 1%，酶液用量 20%～30%，反应时间 2h。

②碱水解法：在稀碱条件下可将 RNA 水解成单核苷酸，产物为 2′- 核苷酸和 3′- 核苷酸的混合物。这是因为水解过程中能产生一种中间环状物 2′，3′- 环状核苷酸，然后磷酸环打开。DNA 的脱氧核糖 2′- 位上无羟基，无法形成环状物，所以 DNA 在稀碱作用下虽会变性，却不能被水解成单核苷酸。

③酸水解法：用 1mol/L 的盐酸溶液在 100℃ 下加热 1h，能把 RNA 水解成嘌呤碱和嘧啶碱核苷酸的混合物。DNA 的嘌呤碱也能被水解下来。在高压釜或封闭管中酸水解，可使嘧啶碱从核苷酸上释放下来，但此时胞嘧啶常常会脱氨而形成尿

嘧啶。

(3) 化学合成法　利用化学方法将易得到的原料逐步合成为产物，称化学合成法。腺嘌呤即可用次黄嘌呤或丙二酸二乙酯为原料合成，但此法多用于以自然结构的核酸类物质做原料，半合成为其结构改造物，且常与酶合成法同时使用。

(4) 酶合成法　即利用酶系统和模拟生物体条件制备产物，如酶促磷酸化生产 ATP 等。

(5) 微生物发酵法　利用微生物的特殊代谢使某种代谢物积累，从而获得该产物的方法称为发酵法。如微生物在正常代谢下肌苷酸是中间产物，不会积累，但当其突变为腺嘌呤营养缺陷型后，该中间物不能转化成腺嘌呤核糖核苷的（AMP），于是在前面的代谢不断进行下，大量的肌苷酸就成为终产物而积累在发酵液中。事实上肌苷酸的制备正是采用了此法。

2. 含量测定

核苷酸、核苷及碱基均有其独特的紫外吸收曲线，以碱基为例，不同的碱基的吸收高峰往往处于不同波长处。如果选定某两个波长处的吸收值计算其比值，则不同碱基的比值也是特异的。所以，在某两波长处（如 250nm/260nm，280nm/260nm，290nm/260nm）测定吸收值之比，然后与已知碱基的标准比值比较，即可作出判断。此法常用作碱基的定性测试，核苷和核苷酸的鉴别也可采用此法。

含量测定采用紫外分光光度法，先将碱基、核苷或核苷酸用某种溶剂，配成一定浓度的溶液，然后在某一特定波长下测定该溶液的吸光度，通过计算即可得出该物质的含量。例如，设某种样品的浓度为 ρ（g/mL），在波长 λ 下的吸光度为 OD_λ（应减去溶剂的吸收度，即以溶剂作为空白对照），换算成标准条件下的吸光度如式（3-2）所示：

$$A_{1cm}^{1\%} = \frac{OD_\lambda}{\rho} \text{ 或 } A_\lambda = \frac{OD_\lambda}{\rho} \times M_r \qquad (3-2)$$

前者为光路长度为 1cm、溶液浓度为 1%（g/mL）时，样品的光吸收度，如式（3-3）所示；后者则是浓度为 1mol/L 时，样品的光吸收度，如式（3-4）所示。所以：

$$样品含量(\%) = \frac{A_{1cm}^{1\%}(样品)}{E_{1cm}^{1\%}(标准品)} \times 100\% = \frac{OD_\lambda}{E_{1cm}^{1\%}(标准品) \times \rho} \times 100\% \qquad (3-3)$$

或：

$$样品含量(\%) = \frac{A_\lambda(样品)}{E_\lambda(标准品)} \times 100\% = \frac{OD_\lambda}{E_\lambda(标准品) \times c} \times 100\% \qquad (3-4)$$

式中　$E_{1cm}^{1\%}$——吸收系数或消光系数；

E_λ——摩尔消光系数；

ρ——样品浓度，g/mL；

c——样品浓度，mol/L。

三、典型药物生产实例——三磷酸腺苷

腺嘌呤核苷三磷酸，简称腺三磷（ATP），又称三磷酸腺苷。核苷三磷酸是一类具有高能键的化合物，在生物体内起着很重要的作用，其中最重要的是ATP，此外还有胞嘧啶核苷三磷酸和鸟嘌呤核苷三磷酸等。

（一）结构与性质

药用ATP是其二钠盐，其结构如下。

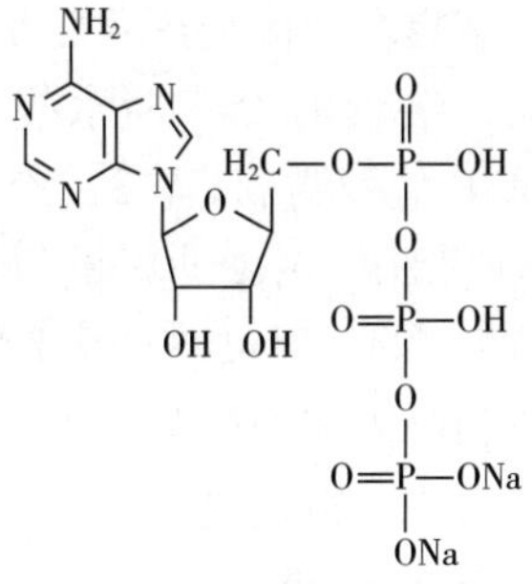

带3个结晶水的ATP二钠盐（ATP – $Na_2 \cdot 3H_2O$）呈白色或类白色粉末或结晶状物，无臭，微有酸味，有吸湿性，易溶于水，难溶于乙醇、乙醚、苯、氯仿。在水中溶解后呈氢型的钠盐、钡盐或汞盐。在碱性溶液（pH 10）中较稳定，25℃时每月约分解3%。在稀碱作用下水解成5'– AMP，在酸作用下则水解产生核苷和碱基。pH5时90℃加热，70h可完全水解为腺苷。

ATP二钠盐在pH2时吸收度比值为：$A_{250}/A_{260} = 0.85$，$A_{280}/A_{260} = 0.22$，$A_{290}/A_{260} = 0.1$以下。

ATP二钠盐是两性化合物，其氨基能解离成阳离子，磷酸基能解离成阴离子，解离度大于ADP和AMP，所以与离子交换树脂吸附时，吸附得更紧，从而可将其与ADP和AMP分离。它能与可溶性汞盐和钡盐形成不溶于水的沉淀物，提取ATP时即可利用这一性质。但因汞盐有毒，目前已不采用。

（二）生产工艺

生产ATP的方法有提取法、光合磷酸化法、氧化磷酸化法和发酵法四种，现分别介绍如下。

1. 以兔肌肉为原料的提取法

（1）工艺路线　以兔肌肉为原料提取ATP的工艺流程如图3 – 12所示。

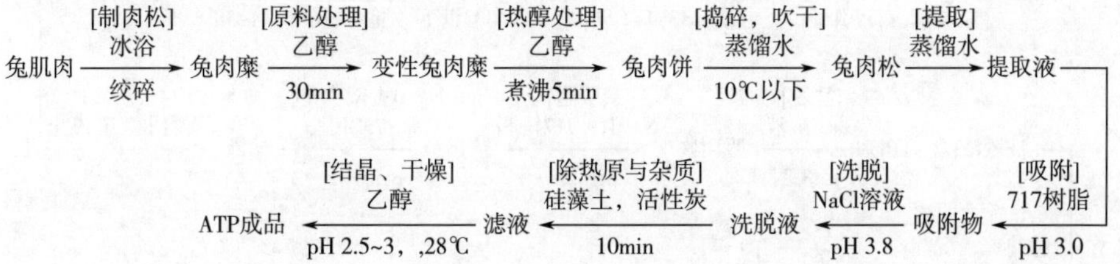

兔肌肉 →[制肉松 冰浴 绞碎]→ 兔肉糜 →[原料处理 乙醇 30min]→ 变性兔肉糜 →[热醇处理 乙醇 煮沸5min]→ 兔肉饼 →[捣碎，吹干 蒸馏水 10℃以下]→ 兔肉松 →[提取 蒸馏水]→ 提取液 →[吸附 717树脂 pH 3.0]→ 吸附物 →[洗脱 NaCl溶液 pH 3.8]→ 洗脱液 →[除热原与杂质 硅藻土、活性炭 10min]→ 滤液 →[结晶、干燥 乙醇 pH 2.5~3, 28℃]→ ATP成品

图3 – 12　以兔肌肉为原料提取ATP工艺流程

（2）工艺过程

①兔肉松的制备：将兔体冰浴降温，迅速去骨、搅碎，加入兔肉重3~4倍的95%冷乙醇，搅拌30min，过滤、压榨。将肉饼捣碎，再以2~2.5倍95%冷乙醇同上法处理1次。再将肉置预沸的乙醇中，继续加热至沸，保持5min。取出兔肉，迅速置于冷乙醇中降温至10℃以下，过滤、压榨。将肉再捣碎，摊于盘内，冷风吹干至无乙醇味为止，即得兔肉松。

②提取：肉松用4倍量的冷蒸馏水搅拌提取30min，过滤压榨成肉饼，再捣碎后加3倍量的冷蒸馏水提取，合并两次滤液。按总体积加冰醋酸至4%，再用6mol/L盐酸调pH至3，冷室放置3h，布氏漏斗过滤至澄清。

③吸附：用处理好的氯型201×7或717阴离子交换树脂装色谱柱，柱高:直径=(3:1)~(5:1)，用pH 3的水平衡柱后，将提取液上柱，流速控制在0.6~1mL/（$cm^2 \cdot min$）。因树脂吸附能力较强，上柱过程中应用DEAE-C（二乙胺基乙基纤维素）薄层板进行检查，待出现AMP或ADP斑点时，即开始收集（从中回收AMP和ADP）。继续进行，待追踪检查出现ATP斑点时，说明树脂已被ATP饱和，停止上柱。

④洗脱：用pH 3、0.03mol/L氯化钠溶液洗涤柱上滞留的AMP、ADP及无机磷等，流速控制在1mL/（$cm^2 \cdot min$）左右。薄层检查无AMP、ADP斑点并有ATP斑点出现时，再用pH 3.8、1mol/L氯化钠溶液洗脱，流速控制在0.2~0.4mL/（$cm^2 \cdot min$）左右，收集洗脱液。在0~10℃下操作，以防ATP分解。

⑤除热原与杂质：按硅藻土:活性炭:洗脱液=0.6:0.4:100的比例混合，搅拌10min，用4号垂熔漏斗过滤。

离子交换层析操作举例（微课）

⑥结晶、干燥：用6mol/L盐酸调ATP滤液至pH2.5~3，在28℃水浴中恒温，加入滤液量3~4倍的95%乙醇，不断搅拌，使ATP二钠盐结晶。用4号垂熔漏斗过滤，分别用无水乙醇、乙醚洗涤1~2次。收集ATP结晶，置五氧化二磷干燥器内真空干燥。

2. 光合磷酸化法

（1）工艺路线　光合磷酸化方法制备ATP的工艺流程如图3-13所示。

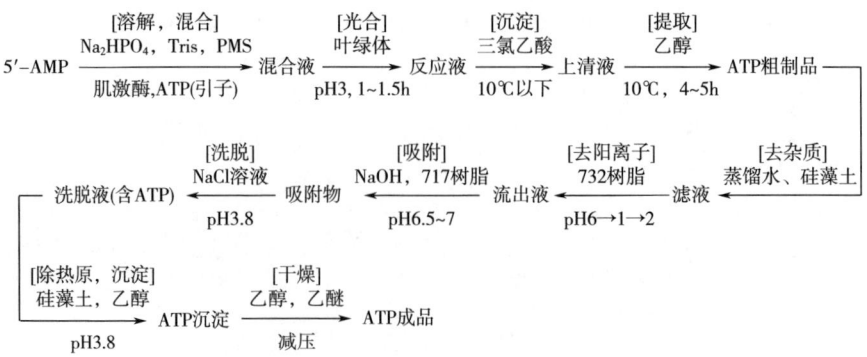

图3-13　光合磷酸化法生产ATP工艺流程

（2）工艺过程

①光合反应：光合磷酸化的原理是在离体条件下，利用植物的叶绿体，把光能转变为化学能，即使 ADP 变成 ATP，使化学能以高能磷酸键的形式保留下来。其反应步骤大致如下：

$$AMP + AIP（引子）\xrightarrow{肌激酶} 2ADP$$

$$2ADP + 2Pi \xrightarrow[叶绿体,PMS]{光,Mg^{2+}} 2ATP$$

总反应为：

$$AMP + 2Pi \xrightarrow[叶绿体,PMS]{肌激酶,光,Mg^{2+}} ATP$$

叶绿体悬液用菠菜制备，取新鲜菠菜叶 2kg，冰水中冷却后，加 0.05mol/L Tris 缓冲液（pH 8）2000mL，捣碎，四层纱布过滤去渣，得滤液约 3000mL。

取 85cm×85cm 的反应盘，反应液层厚约 0.5cm，每盘每次盛入磷酸氢二钠 150g，用 2000mL 蒸馏水加热溶解，再将 Tris 50g、AMP 55g 加入其中，搅拌溶解后加水稀释至 4000mL，再用 6mol/L 盐酸调 pH 6.5~7。另取 ATP 4~5g（含量 50%~60%，作引子）、0.308%二氮蒽甲硫酸（PMS）溶液 50mL、肌激酶 250mL，混合后加入叶绿体悬浮液中。

光照用 1000W 碘钨灯 15 个，光强为 13 万 lx，比日光稍强。反应温度为 18℃（14~22℃）。灯与反应盘之间加以玻璃盘，通流动的冷水降低灯温，反应盘下面装冷却盐水管冷却。抽样测定游离磷反应，照光开始后每隔 15min 测定变化情况，至不变时反应完成，约 1~1.5h。停止照光，降温至 10℃以下，搅拌中加入 40% 三氯乙酸 1kg 凝固蛋白质，用纱布过滤，得上清液。

②树脂法提纯：上清液中加入 3~4 倍体积 95%乙醇，稍稍搅拌，在 10℃下放置 4~5h，倾去上清液，过滤得 ATP 粗品。将粗品溶于少量蒸馏水中，加硅藻土（为粗品质量的一半），搅拌 1min 左右，过滤，得浅杏黄色澄清液。然后，上 732 阳离子树脂柱，去阳离子，流出液 pH 由 6 降至 1 后又升至 2 时，柱内水流完，开始收集。收集液用 6mol/L 氢氧化钠调 pH 6.5~7 后，上 717 阴离子柱，流速控制在 6~10mL/min，用 25%乙酸钡检查流出液，若出现白色沉淀，则吸附饱和。每 100g 湿树脂约吸附 20gATP。

ADP 的洗脱：用 pH 2.5、0.003mol/L 盐酸（内含 0.03mol/L 氯化钠）洗脱至电泳检查流出液时 ADP 消失，A_{260nm} 读数降至稳定后略有回升（即有 ATP 出现）洗脱液可回收 ADP。

ATP 的洗脱：用 pH 3.8、1mol/L 氯化钠溶液洗脱至流出液不再被乙醇沉淀。洗脱液用硅藻土（1g ATP 加 0.5~1g 硅藻土）去热原，过滤。滤液用结晶法（同前）可得精品。按 AMP 质量计算得率 50%~60%，含量 85%以上。

3. 氧化磷酸化法

（1）工艺路线　氧化磷酸化方法制备 ATP 的工艺流程如图 3-14 所示。

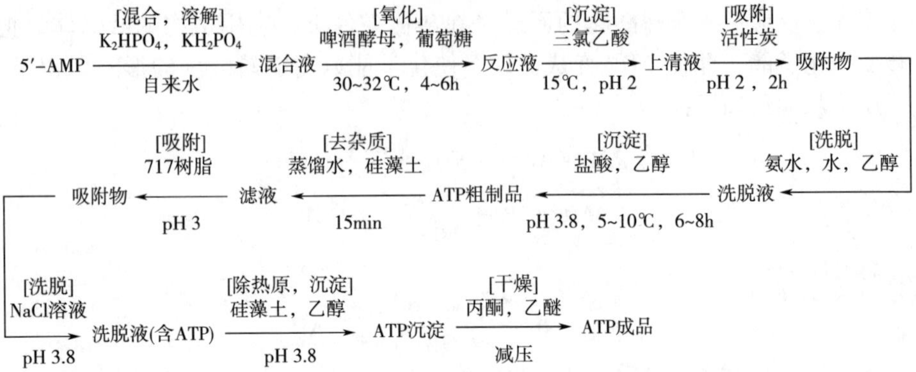

```
[混合，溶解]              [氧化]                [沉淀]          [吸附]
K₂HPO₄, KH₂PO₄          啤酒酵母，葡萄糖      三氯乙酸        活性炭
5'-AMP ─────────→ 混合液 ──────────────→ 反应液 ──────→ 上清液 ──────→ 吸附物
        自来水            30~32℃, 4~6h       15℃, pH 2      pH 2, 2h

       [吸附]             [去杂质]                        [沉淀]                    [洗脱]
       717树脂            蒸馏水，硅藻土                  盐酸，乙醇                氨水，水，乙醇
    ←─ 吸附物  ←──────── 滤液 ←──────── ATP粗制品 ←────────────────── 洗脱液 ←──
       pH 3               15min                           pH 3.8, 5~10℃, 6~8h

    [洗脱]                [除热原，沉淀]              [干燥]
    NaCl溶液              硅藻土，乙醇                丙酮，乙醚
 └─→ 洗脱液(含ATP) ──────────────→ ATP沉淀 ──────────→ ATP成品
       pH 3.8              pH 3.8                    减压
```

图 3-14　氧化磷酸化法生产 ATP 工艺流程

(2) 工艺过程

①氧化反应：在葡萄糖氧化成二氧化碳的过程中，能量释放，使 AMP 转化成 ATP。酵母中的腺苷酸激酶几乎可以定量地把 AMP 变成 ATP，理论转化率达 90%，实际转化率可达 85%。反应步骤为：

$$AMP + ATP（引子）\xrightarrow{\text{酵母腺苷酸激酶}} 2ADP$$

$$葡萄糖 + 2ADP + 2Pi \xrightarrow{Mg^{2+}} C_2H_5OH + CO_2 + 2ATP$$

总反应为：

$$AMP + 2Pi \xrightarrow[\text{葡萄糖, } Mg^{2+}]{\text{酵母腺苷酸激酶}} ATP$$

取 AMP（含 85% 以上）50g 用 2L 水溶解，必要时用浓氢氧化钠溶液调至全溶。另取磷酸氢二钾（$K_2HPO_4 \cdot 3H_2O$）184.8g，磷酸二氢钾（KH_2PO_4）57.5g、硫酸镁（$MgSO_4 \cdot 7H_2O$）17.5g，溶于 5L 自来水。两液混合后，投入离心甩干的新鲜酵母 1.8~2kg 及葡萄糖 175g，在 30~32℃下缓慢搅拌，发酵起泡。每 30min 抽样 1 次，用电泳法（或测无机磷法）观察转化情况，约 2h，部分 AMP 转化成 ADP 或 ATP 时，提高温度至 37℃，至 AMP 斑点消失为止，全程 4~6h。然后将反应液冷至 15℃左右，加入 40% 三氯乙酸 500mL，用盐酸调 pH 至 2，尼龙布过滤，去酵母菌体和沉淀物，留上清液。

②分离纯化：在上清液中加入颗粒活性炭，于 pH2 下缓慢搅动 2h，吸附 ATP。倾去清液后，用 pH 2 的水洗涤活性炭，洗去酵母残余后装柱。再用 pH 2 的水洗至澄清，用氨水:水:95% 乙醇 =4:6:100 的混合液洗脱 ATP，流速 30mL/min。

将洗脱液置于冰浴中，用盐酸调 pH 至 3.8，加 3~4 倍量 95% 乙醇，在 5~10℃静置 6~8h，倾去清液，沉淀即为去氨后的 ATP 粗品。将粗品溶于 1.5L 蒸馏水中，加硅藻土 50g，搅拌 15min，布氏漏斗过滤，取滤液。

清液调 pH 至 3，上 717 阴离子交换树脂柱（100g 树脂可吸附 10~20gATP），饱和后用pH 3、0.03mol/L氯化钠液洗柱，去ADP（回收）和杂质。再用pH 3.8、1mol/L氯化钠溶液洗脱。

③精制：洗脱液加硅藻土25g，搅拌15min，抽滤，清液pH调至3.5，加3~4倍量95%乙醇，置冰箱过夜。次日滤晶、洗涤、干燥（同前）。按AMP质量计算得率100%~120%，含量80%左右。

4. 产氨短杆菌直接发酵法

某些微生物在适量浓度的Mn^{2+}存在时，其5'-磷酸核糖、焦磷酸核糖、焦磷酸核糖激酶和核苷酸焦磷酸化酶能从细胞内渗出，若在培养基中加入嘌呤碱，可分段合成相应的核苷三磷酸。已知棒状杆菌、小球杆菌、节杆菌等都能在含有腺嘌呤的培养基中合成ATP，目前用的生产菌株为产氨短杆菌B1-787。此法也称作酶合成法，反应过程为：

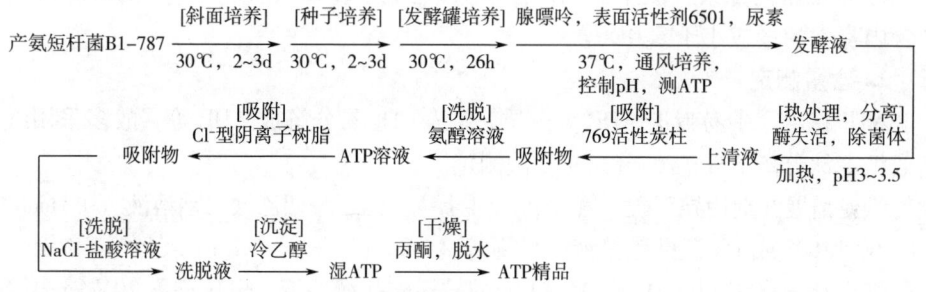

（1）工艺路线　产氨短杆菌直接发酵生产ATP的工艺流程如图3-15所示。

图3-15　产氨短杆菌直接发酵生产ATP工艺流程

（2）工艺过程

①菌种培养：菌种培养的培养基配方为葡萄糖10%，$MgSO_4 \cdot 7H_2O$ 1%，尿素0.3%，$CaCl_2 \cdot 2H_2O$ 0.01%，玉米浆适量，磷酸氢二钾1%，磷酸二氢钾1%，pH7.2。各级种子培养时间20~24h，接种量7%~9%，pH控制在6.8~7.2。

②发酵培养：500L发酵罐培养28~30℃，24h前通风比1:0.5（体积比），24h后通风比1:1（体积比），40h后投入腺嘌呤0.2%，表面活性剂6501（椰子油酰胺）0.15%，尿素0.3%，升温至37℃，pH7.0。

③提取、精制：发酵液加热使酶失活后，调节pH至3~3.5，过滤去菌体，滤液通过769活性炭柱，用氨醇溶液洗脱，洗脱液再经Cl^-型阴离子柱，经氯化钠-盐酸溶液洗脱，洗脱液用结晶法（同前），得ATP精品，得率2g/L

发酵液。

(三) 质量检测

1. 质量检查

(1) 澄明度 取本品0.15g,加水10mL溶解后,依法检查(通则0901第一法和通则0902第一法),溶液应澄清无色。

(2) pH 取本品0.50g,加水10mL溶解后,依法测定(通则0631),pH应为2.5~3.5。

(3) 含水量 取本品适量,精密称定,以乙二醇-无水甲醇(60:40)为溶剂,使供试品溶解完全,照水分测定法(通则0832第一法1)测定,含水分应为6.0%~12.0%。

(4) 氯化物 取本品0.10g,依法检查(通则0801),与标准氯化钠溶液5.0mL制成的对照液比较,不得更浓(0.05%)。

(5) 铁盐 取本品1.0g,依法检查(通则0807),与标准铁溶液1.0mL制成的对照液比较,不得更深(0.001%)。

(6) 重金属含量 不得超过0.0010%。

(7) 细菌内毒素 取本品,依法检查(通则1143),每1mg三磷酸腺苷二钠中含内毒素的量应小于2.0EU。

2. 含量测定

ATP在生产中易带进ADP等杂质,贮存中也易分解成ADP等,故多采用纸色谱或纸电泳分离ATP后的分光光度法测定。

纸色谱展开剂用异丁酸-氨水(1mol/L)-乙二胺四乙酸二钠溶液(0.1mol/L)(100:60:1.6)或1%硫酸铵溶液-异丙醇(1:2)。

纸电泳分离用pH3.0、0.05mol/L的柠檬酸盐缓冲液,电压梯度20V/cm。

(1) 纸色谱法 纸色谱后洗脱,洗脱液在紫外分光光度计中测OD_{260},按摩尔消光系数计算含量,即:

$$ATP 含量(\%) = \frac{样本平均 OD_{260}}{E_{260} \times c} \times M_r \times 100\%$$

式中 E_{260}——摩尔消光系数,1.43×10^4;

c——样品浓度,mg/mL;

M_r——ATP二钠盐的分子质量,551.19。

将样品配成10mg/mL液,取10μL点样(色谱滤纸先用1mol/L甲酸溶液浸泡过夜,次日取出,用水漂洗至洗液的pH不低于4为止,吹干可除去纸中的金属离子,使ATP、ADP和AMP的斑点集中),纸色谱后将ATP样点剪下,用0.01mol/L盐酸5mL浸洗1~2h,测260nm处的光密度。同一样品做3点,空白对照用同一色谱纸上同样大小空白处纸片。所以,样品浓度为:

$$c = \frac{10\text{mg/mL} \times 0.01\text{mL}}{5\text{mL}} = 0.02\text{mg/mL} \quad (3-5)$$

而 $E_{260} = 1.43 \times 10^4$，代入公式后，得：

$$\text{ATP 含量（\%）} = OD_{260} \times \frac{551.19 \times 100\%}{1.43 \times 10^4 \times 0.02} = OD_{260} \times 193\% \quad (3-6)$$

（2）纸电泳法　取本品，精密称量，加水制成每1mL中含10mg的溶液，依照纸电泳法测定，电泳完毕，取出，吹干，置紫外灯（254nm）下检视，用铅笔划出滤纸最前端的紫色斑点，剪下供试品斑点和与斑点面积相近的空白滤纸，剪成细条，分别放入试管中，精密加入盐酸溶液（0.01mol/L）5mL，摇匀，放置1h，倾取上清液，依照分光光度法，在（257±1）nm的波长处测定吸光度，减去滤纸空白吸光度的平均值，按 $C_{10}H_{14}N_5Na_2O_{13}P_3$ 的吸光系数（$E_{1\text{cm}}^{1\%}$）为263来计算含量。

（四）药理作用与临床应用

在生物体内，ATP广泛参与各种生化过程，除参与核酸的合成外，主要起着提供能量和磷酸基团的作用。

ATP除了作为危重病人抢救的辅助药品外，还对急慢性肝炎、肝硬化、肾炎、心肌炎、冠状动脉硬化、进行性肌肉萎缩、再生障碍性贫血、脑血管意外后遗症、中心性血管痉挛性视网膜脉络膜炎、风湿性关节炎、耳聋、耳鸣等有一定疗效。

任务八

维生素与辅酶药物的生产

一、维生素、辅酶类药物简介

维生素是生物体内一类量微、化学结构各异、具有特殊功能的小分子有机化合物，它们大多在体内不能合成，需从外界摄取。其具有以下特点：①作用特殊：维生素是天然食物中的一类成分，它不能供给能量，也不是组织细胞的结构成分，而是一类活性物质，对机体代谢起调节和整合作用；②需求量小：例如人每日约需维生素A 0.8～1.7mg、维生素B_1 1～2mg、维生素B_2 1～2mg、泛酸3～5mg、维生素B_6 2～3mg、维生素D 0.01～0.02mg、叶酸0.4mg、生物素0.2mg、维生素E 14～24μg、维生素C 60～100mg等；③来源广：人体所需的维生素广泛存在于食物中，来源丰富。

长期以来，人们就认识到食物中缺乏某种维生素，会导致产生某种疾病。例如，缺乏烟酸可引起癞皮病、缺乏维生素B_1可引起脚气病、缺乏维生素A会引起夜盲症、缺乏维生素 C 会引起坏血病等，可见维生素在机体的代谢中起着十分重要的作用。后来陆续发现大部分维生素其本身就是辅酶、辅基，或者是辅酶、辅基的组成部分。例如维生素 B_1（硫胺素），它在体内的辅酶形式是硫胺素焦磷酸（TPP），是 α - 酮酸氧化脱羧酶的辅酶；又如泛酸，其辅酶形式是 CoA，是转乙酰基酶的辅酶。但是，需注意维生素过度摄入也会影响健康。

维生素大多是小分子有机化合物，在结构上差别甚大，通常根据它们的溶解性质区分为脂溶性和水溶性两大类。脂溶性维生素主要有维生素 A、维生素 D、维生素 E、维生素 K 等，水溶性维生素有维生素 B_1、维生素 B_2、维生素 B_6、维生素 B_{12}、烟酸、泛酸、叶酸、生物素和维生素 C 等。

二、 维生素及辅酶类药物制备的一般方法

维生素及辅酶类药物的化学结构各不相同，决定了它们生产方法的多样性。在工业上，大多数维生素是通过化学合成法获得的，近年来，通过微生物发酵法生产维生素及辅酶成为重要的制备方法，从生物材料中直接提取的不多。

（一）化学合成法

化学合成法是根据已知维生素的化学结构，采用有机化学合成原理和方法制造维生素的过程。近代的化学合成常与酶促合成、酶拆分等结合在一起使用，以改进工艺条件，提高收率和经济效益。用化学合成法生产的维生素有：烟酸、烟酰胺、叶酸、维生素 B_1、硫辛酸、维生素 B_6、维生素 D、维生素 E、维生素 K 等。

（二）发酵法

即用人工培养微生物的方法生产各种维生素，整个生产过程包括菌种培养、发酵、提取、纯化等。目前完全采用微生物发酵法或微生物转化制备中间体的有维生素 B_{12}、维生素 B_2、维生素 C 和生物素、维生素 A 原（β - 胡萝卜素）等。

（三）生物提取法

该法主要是从生物组织中，采用缓冲液抽提或有机溶剂萃取等方法获得维生素。如从猪心中提取辅酶 Q_{10}、从槐花米中提取芦丁、从提取链霉素后的废液中制取维生素 B_{12} 等。在实际生产中，有的维生素既使用化学合成法又使用发酵法进行生产，如维生素 C、叶酸、维生素 B_2 等；也有既用生物提取法又用发酵法的，如辅酶 Q_{10} 和维生素 B_{12} 等的生产。

生物化学的发展证明了维生素缺乏的临床表现是由于多种代谢功能的失调，大多数维生素是许多生化反应过程中酶的辅酶或辅基，有的维生素则在体内转变

为激素。因此，用维生素及辅酶能治疗多种疾病。目前世界各国已将维生素的研究和生产列为制药工业的重点。

三、典型药物生产实例——维生素 C

2015 年我国维生素 C 产量约为 15 万吨，出口量约为 12 万吨。我国维生素 C 占据了全球近 90% 的市场份额，在国际市场上具有技术及产能优势。近年来，我国维生素 C 市场已经变成石药集团、山东鲁维、江山制药（帝斯曼）三足鼎立的局面，维生素 C 年生产能力都在万吨以上。我国尹光琳教授发明了维生素 C 微生物两步发酵法，进而替代了莱氏法等化学合成方法。

（一）维生素 C 的理化性质

维生素 C（vitamin C），又称 L-抗坏血酸，化学名称为 3-氧代-L-古龙糖酸呋喃内酯，是目前世界上产销量最大、应用范围最广的维生素产品。

维生素 C 分子中有 2 个手性碳原子，存在 4 种旋光异构体，但只有 L-（+）型活性最高，其他 3 种临床效果很低或无活性。

维生素 C 是白色结晶或结晶性粉末，无臭，味酸。熔点 190~192℃，熔融时同时分解。易溶于水和甲醇，呈酸性反应，有旋光性。略溶于乙醇和丙酮，不溶于乙醚、氯仿、石油醚等有机溶剂。溶液通常由无色到浅黄色→黄色→棕色，在干燥结晶状态较稳定。因此，应在避光、避热、干燥、无金属离子或充惰性气体的容器中保存。

维生素C

维生素 C 是世界卫生组织及联合国工业发展组织共同确定的人类 26 种基本药物之一，参与人体内多种重要生物化学反应。能够保持人体细胞及血管基质的完整性，具有心血管疾病和癌症的预防和治疗作用，也已应用于抗感染、过敏性反应等临床辅助治疗。

（二）维生素 C 两步法发酵工艺路线

1. 两步发酵法生产维生素 C 的工艺过程

两步发酵法是以葡萄糖为原料，经高压催化氢化、两步微生物（黑醋菌、假单胞杆菌和氧化葡萄糖酸杆菌的混合菌株）氧化、酸（或碱）化等工序制得维生素 C。这种方法系将莱氏法中的丙酮保护和化学氧化及脱保护等三步改成一步混合菌株生物氧化。因为生物氧化具有特异的选择性，利用合适的菌将碳上羟基氧化，可以省去保护和脱保护两步反应。其中 L-山梨糖的制备和 2-酮基-L-古龙酸的制备两步为发酵生产。

此法的最大特点是革除了大量的有机溶剂，改善了劳动条件并解决了环境保护问题，近年来又去掉了动力搅拌，大大地节约了能源。我国目前已全部采用两步发酵法生产维生素 C。以下简单介绍 L-山梨糖和 2-酮基-L-古龙酸的发酵制备工艺过程。

2. L-山梨糖的制备发酵工艺过程

（1）菌种　黑醋杆菌是一种小短杆菌，属革兰氏阴性菌。将黑醋杆菌保存于斜面培养基中，每月传代一次，保存于 0~5℃冰箱内。菌种从斜面培养基移入三角瓶种液培养基中，在 30~33℃振荡培养 48h，合并入血清瓶内，糖量在 100mg/mL 以上，镜检菌体正常，无杂菌，可接入生产。

生产时分为一级、二级种子罐培养，都以质量分数为 16%~20% 的 D-山梨醇投料，并以玉米浆、酵母膏、泡敌、碳酸钙、复合 B 族维生素、磷酸盐、硫酸盐等为培养基，灭菌后接种。接种温度为 30~34℃，通入无菌空气，通风比为 $1m^3/(m^3 \cdot min)$，罐压 0.03~0.05MPa。一级种子罐产糖量大于 50mg/mL（发酵率达 40% 以上），二级种子罐产糖量大于 70mg/mL（发酵率达 50% 以上），菌体正常，即可移种。

（2）发酵　以 20% 左右 D-山梨醇为投料浓度，玉米浆、尿素等为培养基，在 pH5.4~5.6，灭菌消毒冷却后，按接种量为 10% 接入二级种子培养液。发酵条件为：温度 31~34℃，通入无菌空气，通风比为 $0.7m^3/(m^3 \cdot min)$，罐压 0.03~0.05MPa。当发酵率达 95% 以上、pH7.2 左右，糖量不再上升时即为发酵的终点。

（3）发酵液处理　发酵终点后对生成的 L-山梨糖（醪液）应立即于 80℃加热 10min，杀死第一步发酵液微生物后，冷却至 30℃，再开始进行第二步的混合菌株发酵。

3. 2-酮基-L-古龙酸的制备工艺过程

（1）菌种　将保存于冷冻管的假单胞杆菌和氧化葡萄糖酸杆菌菌种活化，分离及混合培养后移入三角瓶种液培养基中，在 29~33℃振荡培养 24h，产酸量在 6~9mg/mL，pH 降至 7 以下，菌形正常、无杂菌，再移入血清瓶中，即可接入生产。

（2）发酵　先在一级种子培养罐内加入经过灭菌后的辅料（玉米浆、尿素及无机盐）和醪液（折纯含山梨糖 1%），控制温度为 29~30℃，发酵初期温度较低，通入无菌空气维持罐压为 0.05MPa，pH 6.7~7.0，至产酸量达合格浓度，且不再增加时，接入二级种子罐培养，条件控制同前。作为伴生菌的芽孢杆菌开始形成芽孢酸时，产酸菌株开始产生 2-酮基-L-古龙酸，直到完全形成芽孢和出现游离芽孢时，产量达高峰（5mg/mL 以上）为二级种子培养终点。

供发酵罐用的培养基经灭菌冷却后，加入山梨糖的发酵液内，接入第二步发酵菌种的二级种子培养液，在 30℃通入无菌空气进行发酵，为保证产酸正常进行，往往定期滴加灭菌的碳酸钠溶液调 pH，使保持 pH 7.0 左右。当温度略高（31~33℃）、pH 在 7.2 左右、二次检测酸量不再增加、残糖量 0.5mg/mL 以下，即为发酵终点,得含古龙酸钠的发酵液。此时游离芽孢及残存芽孢杆菌菌体已逐步自溶成碎片,用显微镜观察已无法区分两种细菌的差别,整个产酸反应到此也就结束了。所以,根据芽孢的形成时间来控制发酵是一种有效的办法。在整个发酵期间,保持一定数量的氧化葡萄糖酸杆菌(产酸菌)是发酵的关键。

整个发酵过程可分为产酸前期、产酸中期和产酸后期。产酸前期主要是菌体适应环境进行生长的阶段。该阶段产酸量很少,为了提高发酵收率应尽可能缩短产酸前期。产酸前期长短与底物浓度、接种量、初始pH及溶氧浓度等有关。产酸中期是菌体大量积累产物的时期。产酸中期的时间主要决定于产酸前期菌体生长的好坏和中期的溶氧浓度控制,也与pH等有关。因此适宜的操作条件可获得较大的产酸速率和较长的发酵中期,从而可提高发酵收率。产酸后期,菌体活性下降,产酸速率变小,同时部分酸发生分解,引起酸浓度下降。生产上由于要求发酵液中残糖浓度小于0.5mg/mL,不可能提前终止发酵,所以在此期间应采取措施,设法延长菌体活性,使之继续产酸。

(3)工艺要点

①山梨糖初始浓度:在一定的温度(30℃)、压力(表压0.05MPa),pH(6.7~7.0)和溶解氧浓度(10%~60%)下存在一个极限浓度,此极限浓度为80mg/mL。当山梨醇浓度大于该浓度时,将抑制菌体生长,表现为产酸前期长、产酸速率变小,使发酵产率下降。从生产角度考虑,希望得到尽可能高的酸浓度,亦即要求山梨糖初始浓度越高越好。因此,较适宜的初始浓度为80mg/mL左右。在产酸中期,菌体生长正常时,高浓度的山梨糖对发酵收率影响不大。因此,在发酵过程中滴加山梨糖或一次补加山梨糖均能提高发酵液中产物浓度。

②溶氧浓度:在发酵过程中,溶氧不但是菌体生长所必需的条件,而且又是反应物之一。在菌体生长阶段,高溶氧能使菌体很好地生长,而在中期,则应控制一定的溶氧浓度以限制菌体的过度生长,避免过早衰老,从而延长菌体的生产期。中期溶氧浓度越高,产酸速率越大,但产酸中期越短,这对整个发酵过程是不利的。因此,生产上一般前期处于高溶氧状态;中期溶氧以3.5~6.0mg/mL为宜;后期耗氧减少,大多数情况下溶氧浓度会上升。

③pH:发酵过程中如pH降至6.4以下是不利的,通过连续的调节使pH维持在6.7~7.9时对发酵是有利的。

(三)质量检测

《中国药典》(2020版)规定了维生素C的质量控制内容,包括鉴别、检查与含量测定三部分。

1. 鉴别

(1)取本品0.2g,加水10mL溶解后,分成两等份,在一份中加硝酸银试液0.5mL,即生成银的黑色沉淀;在另一份中,加二氯靛酚钠试液1~2滴,试液的颜色即消失。

(2) 本品的红外光吸收图谱应与对照的图谱（光谱集 450 图）一致。

2. 检查

(1) 溶液的澄清度与颜色　取本品 3.0g，加水 15mL，振摇使溶解，溶液应澄清无色；如显色，将溶液经 4 号垂熔玻璃漏斗滤过，取滤液，照紫外－可见分光光度法（通则 0401），在 420nm 的波长处测定吸光度，不得过 0.03。

(2) 草酸　取本品 0.25g，加水 4.5mL，振摇使维生素 C 溶解，加氢氧化钠试液 0.5mL、稀醋酸 1mL 与氯化钙试液 0.5mL，摇匀，放置 1h，作为供试品溶液；另精密称取草酸 75mg，置 500mL 量瓶中，加水溶解并稀释至刻度，摇匀，精密量取 5mL，加稀醋酸 1mL 与氯化钙试液 0.5mL，摇匀，放置 1h，作为对照溶液。供试品溶液产生的浑浊不得浓于对照溶液（0.3%）。

(3) 炽灼残渣　不得超过 0.1%（通则 0841）。

(4) 铁　取本品 5.0g 两份，分别置 25mL 量瓶中，一份中加 0.1mol/L 硝酸溶液溶解并稀释至刻度，摇匀，作为供试品溶液（B）；另一份中加标准铁溶液（精密称取硫酸铁铵 863mg，置 1000mL 量瓶中，加 1mol/L 硫酸溶液 25mL，用水稀释至刻度，摇匀，精密量取 10mL，置 100mL 量瓶中，用水稀释至刻度，摇匀）1.0mL，加 0.1mol/L 硝酸溶液溶解并稀释至刻度，摇匀，作为对照溶液（A）。照原子吸收分光光度法（通则 0406），在 248.3nm 的波长处分别测定，应符合规定。

(5) 铜　取本品 2.0g 两份，分别置 25mL 量瓶中，一份中加 0.1mol/L 硝酸溶液溶解并稀释至刻度，摇匀，作为供试品溶液（B）；另一份中加标准铜溶液（精密称取硫酸铜 393mg，置 1000mL 量瓶中，加水溶解并稀释至刻度，摇匀，精密量取 10mL，置 100mL 量瓶中，用水稀释至刻度，摇匀）1.0mL，加 0.1mol/L 硝酸溶液溶解并稀释至刻度，摇匀，作为对照溶液（A）。照原子吸收分光光度法（通则 0406），在 324.8nm 的波长处分别测定，应符合规定。

(6) 重金属　取本品 1.0g，加水溶解成 25mL，依法检查（通则 0821 第一法），含重金属不得超过 0.001%。

(7) 细菌内毒素　取本品，加碳酸钠（170℃加热 4h 以上）适量，使混合，依法检查（通则 1143），每 1mg 维生素 C 中含内毒素的量应小于 0.020EU（供注射用）。

3. 含量测定

取本品约 0.2g，精密称定，加新沸过的冷水 100mL 与稀醋酸 10mL 使溶解，加淀粉指示液 1mL，立即用碘滴定液（0.05mol/L）滴定至溶液显蓝色并在 30s 内不褪。每 1mL 碘滴定液（0.05mol/L）相当于 8.806mg 的 $C_6H_8O_6$。

（四）药理作用与临床应用

维生素 C 是细胞氧化－还原反应中的催化剂，它释放两个氢原子后变成氧化型维生素 C，有供氢体存在时，脱氢抗坏血酸可以接受两个氢原子变成抗坏血酸，参与机体新陈代谢，增加机体对感染的抵抗力，用于防治坏血病和抵抗传染性疾病，促进创伤和骨折愈合，以及用作辅助药物治疗。

技能实训

技能实训二　酸醇提取法制备猪胰岛素

一、实训目的

（1）学习猪胰岛素的制备方法。
（2）了解猪胰岛素的理化性质及其在制备方面的应用。
（3）掌握酸醇提取法制备猪胰岛素的技术。

二、实训原理

胰岛素是动物胰腺中 β 细胞所分泌的一种动物激素，在体内具有降低血液中葡萄糖含量和调节血糖平衡的作用，医疗上主要用于治疗糖尿病，也是生化工程中作为研究蛋白质结构与功能的常用材料。

胰岛素由 51 个氨基酸缩合而成，由 A、B 两条链组成，A 链含 21 个氨基酸，B 链含 30 个氨基酸，两条肽链之间由两个二硫键连接。人胰岛素分子质量为 5734u，等电点 pI 为 5.6。其在酸性环境 pH 2.5～3.5 较稳定，在碱性溶液中极易失去活力，可形成锌、钴等胰岛素结晶。又由于其分子中酸性氨基酸较多，可与碱性蛋白如鱼精蛋白等结合，形成分子质量大、溶解度低的鱼精蛋白锌胰岛素。胰岛素不溶于水和乙醇、乙醚等有机溶剂，但易溶于稀酸和稀碱的水溶液，也能溶于酸性或碱性的稀乙醇和稀丙酮中。

胰岛素可通过动物脏器提取、发酵等方法生产。由动物脏器提取胰岛素的生产方法有酸醇提取减压法、分级提取锌沉淀法和磷酸钙凝胶、DEAE－纤维素及离子交换树脂吸附法。

本实训介绍由猪胰脏用酸醇提取减压浓缩法提取胰岛素的方法。

三、实训仪器和试剂

（1）仪器　组织捣碎机或匀浆机、布氏漏斗（10cm）、抽滤瓶（1000mL）、抽气泵、剪刀、烧杯（400mL、200mL 和 100mL 若干）、纱布、玻璃棒 2 根、量筒（500mL、100mL 和 10mL 若干）、100mL 容量瓶 1 只、250mL 分液漏斗 1 个、离心机等。

(2) 试剂 86%乙醇、68%乙醇、草酸、6mol/L硫酸溶液、浓氨水、2mol/L氨水、氯化钠、冷丙酮、20%与6.5%乙酸锌溶液、2%与10%柠檬酸溶液、0.01mol/L盐酸、0.1mol/L磷酸二氢钠溶液、乙醚、乙腈等。

四、 实训方法与步骤

1. 提取

取冻猪胰块100g用匀浆机绞碎后加入2.3~2.6倍的86%（质量分数）乙醇、5%冻胰重的草酸（用少许硫酸调至pH2.5~3.0），在10~15℃下搅拌提取3h。过滤或离心取上清液。滤渣再用1倍量68%乙醇和0.4%冻胰重的草酸及少许硫酸按照上法提取2h，同上法分离合并乙醇提取液。

2. 碱化、酸化

提取液在不断搅拌下加入浓氨水调溶液pH为8.0~8.4（液温10~15℃），立即压滤或离心除去碱性蛋白，上清液立即加6mol/L硫酸酸化至pH为3.4~3.8，降温至0~5℃，静置4h以上，使酸性蛋白充分沉淀。

3. 减压浓缩

离心取上清液，在30℃以下真空浓缩除去乙醇，浓缩至浓缩液相对密度为1.04~1.06（为原来体积的1/10~1/9）为止。

4. 去脂、盐析

将浓缩液转入烧杯，于10min内加热至50℃，立即用冰盐水冷却降温至5℃，转至分液漏斗静置3~4h，使油层分离。分出下层清液（上层油脂可用少量蒸馏水洗涤回收胰岛素），调pH为2.3~2.5，于20~25℃在搅拌下加入230g/L固体氯化钠，搅拌盐析，静置数小时，盐析物即为粗品胰岛素（含水量约为40%）。

5. 精制

（1）除酸性蛋白 取粗制胰岛素，按其干重加入7倍量冰冷蒸馏水溶解（7倍量水应包括粗制胰岛素中所含水量），再加入3倍量的冷丙酮（按粗品计），并用2mol/L氨水调节pH为4.2~4.3，然后按耗用的2mol/L氨水量补加丙酮使溶液中水和丙酮的比例为7:3。充分搅拌后，低温放置过夜，使溶液冷至5℃以下，次日在5℃以下用离心分离法或用布氏漏斗过滤法将沉淀分离。

（2）锌沉淀 在滤液中加入2mol/L氨水调pH至6.2~6.4，按溶液体积加入3.6%乙酸锌溶液（浓度为20%），再用2mol/L氨水调节使最终pH为6.0，低温放置过夜，次日用布氏漏斗过滤，分离沉淀。

（3）结晶 经丙酮脱水后按每克精品（干重）加入2%柠檬酸50mL、6.5%乙酸锌2mL、丙酮16mL，并用冰水稀释至100mL，置冰浴中速冷至5℃以下，用2mol/L氨水调pH至8.0，迅速过滤。滤液立即用10%柠檬酸溶液调pH至6.0，然后补加丙酮使整个溶液体系保持丙酮含量为16%。在10℃下缓慢搅拌2~5h后放入3~5℃冰箱72h使之结晶，前48h内需用玻璃棒间歇搅拌，后24h静置不动。这一步骤关系到结晶优劣，须仔细操作。在显微镜下观察，外形为正方形或扁斜方形六面体结晶。结晶离心收集，并用毛刷小心刷去晶体上面所覆灰黄色无定形沉淀，用蒸馏水或乙酸铵溶液洗涤，再用丙酮、乙醚脱水，离心后，在五氧化二磷真空干燥箱中干燥，即得结晶胰岛素，效价每毫克应在25单位以上。

6. 检测

取对照品及供试品适量，分别加0.01mol/L盐酸溶液配制成每1mL中含40单位的溶液，照高效液相色谱法试验，以十八烷基硅烷键合硅胶为填充剂（5μm）；柱温40℃；以0.1mol/L磷酸二氢钠溶液（用磷酸调节pH为3.0）-乙腈（73:27）或适宜比例的混合液（含0.1mol/L硫酸钠）为流动相；检测波长为214nm；流速为1mL/min。取供试品溶液及对照品溶液各20μL注入液相色谱仪，记录主峰的保留时间，供试品的主峰保留时间应与同种属对照品的主峰保留时间一致。

7. 效价测定

将胰岛素标准品用0.01mol/L盐酸液配制并稀释成40，30，20，10，1，0.5U/mL溶液。样品原料以0.01mol/L盐酸液配制并稀释成1.5mol/mL溶液进样测定。效价计算以主峰面积为纵坐标、胰岛素浓度为横坐标进行线性回归，计算而得。

知识拓展

人工合成结晶牛胰岛素——我国生化产业发展史上的丰碑

1965年9月17日，世界上第一个人工合成的蛋白质——牛胰岛素在中国诞生，在国内外引起巨大反响。

56年前，中国科学院生物化学研究所、北京大学、中国科学院有机化学研究所成功协作完成人工全合成结晶牛胰岛素。自1958年12月正式立项至1965年9月观察到人工全合成牛胰岛素结晶，历时近7年。这是世界上第一次人工合成与天然胰岛素分子相同化学结构并具有完整生物活性的蛋白质，标志着人类在揭示生命本质的征途上实现了里程碑式的飞跃。这一成果获得1982年国家自然科学一等奖。

胰岛素由人和动物胰脏胰岛β细胞分泌，有降低血糖和调节体内糖代谢等功能。胰岛素是一种蛋白质，蛋白质是生命体中最重要的生物大分子之一，通过氨基酸序列排布和肽链组合折叠形成具有生物活性的大分子。1889年，德国的敏柯夫斯基首次发现了胰脏和糖尿病的关联后，就不断有人研究胰脏的"神秘内分泌物质"。1921年，加拿大的弗雷德里克·班廷等因首次成功提取到了胰岛素，并成功地应用于临床治疗，获得了1923年诺贝尔医学奖。牛胰岛素是世界上首个弄清各级结构的蛋白质，此项工作由生物学先驱，英国科学家桑格于1955年完成，并因此荣获1958年诺贝尔化学奖。

作为一种蛋白质，胰岛素由A、B两条肽链，共17种51个氨基酸组成。人工合成胰岛素，首先要把氨基酸按照一定的顺序联结起来，组成A链、B链，然后把A、B两条链连在一起。这是一项复杂而艰巨的工作，在20世纪50年代末，世界权威杂志《自然》曾发表评论文章，认为人工合成胰岛素还有待于遥远的将来。

从1958年开始，中国科学院上海生物化学研究所、中国科学院上海有机化学研究所和北京大学生物系三个单位联合，以钮经义为首，由龚岳亭、邹承鲁、杜雨花、季爱雪、邢其毅、汪猷、徐杰诚等人共同组成一个协作组，在前人对胰岛素结构和肽链合成方法研究的基础上，开始探索用化学方法合成胰岛素。经过周密研究，他们确立了合成牛胰岛素的程序。合成工作是分三步完成的：第一步，先把天然胰岛素拆成两条链，再把它们重新合成为胰岛素，并于1959年突破了这一难题，重新合成的胰岛素是同原来活力相同、形状一样的结晶。第二步，在合成了胰岛素的两条链后，用人工合成的B链同天然的A链相连接。这种牛胰岛素的半合成在1964年获得成功。第三步，把经过考验的半合成的A链与B链相结合，在1965年9月17日完成了结晶牛胰岛素的全合成。最后，通过小鼠惊厥试验证明了纯化的人工合成胰岛素确实具有和天然胰岛素相同的活性，而中国终于也成功地得到了人工合成的胰岛素结晶。国家科学技术委员会先后两次组织著名科学家进行科学鉴定，它的结构、生物活力、物理化学性质、结晶形状都和天然的牛胰岛素完全一样，证明人工合成牛胰岛素具有与天然牛胰岛素相同的生物活力和结晶形状。

随后，1965年11月，这一重要科学研究成果首先以简报形式发表在《科学通报》杂志上，1966年3月30日，全文发表，在国际上引起极大轰动。

人工牛胰岛素的合成，被认为是继"两弹一星"之后我国的又一重大科研成果，标志着人类在认识生命、探索生命奥秘的征途中迈出了关键性的一步，促进了生命科学的发展，开辟了人工合成蛋白质的时代，在我国基础研究尤其是生物化学的发展史上有巨大的意义与影响。（本文摘编自：宣讲家网）

项目检测

一、填空题

（1）生化药物提取纯化常用的沉淀技术有_____、_____和_____。

（2）氨基酸粗品常用制备方法有_____、_____、_____和_____ 4种。

(3) 氨基酸的蛋白质水解提取法有_____、_____和_____。
(4) 较常用的利用蛋白质电荷性质不同分离蛋白质的方法有_____、_____等。
(5) 全酶是由_____和_____组成。
(6) 多糖的提取一般采用_____、_____和_____。

二、简答题
(1) 生化药物的提取纯化一般有哪五个步骤？
(2) 什么是脂类？
(3) 简述多肽和蛋白质类药物的分类。
(4) RNA 的纯化方法有哪些？简述其原理。
(5) 酶的生物提取分离过程中的结晶方法有哪些？
(6) 常见的脂类药物有哪些？
(7) 生物工业中常用的干燥方法有哪三种，各有什么特点？
(8) 简述酶工程法制备谷胱甘肽的工艺原理。
(9) 简述生化制药的发展趋势。
(10) 生化制药在我国医药工业中的地位如何？

项目四

生物制品生产技术

项目简介

本项目的内容是生物制品的生产技术,介绍了生物制品的概念及分类方法、生物制品的质量要求以及从业人员应该遵循的岗位职责和相关的规定和标准,从预防类生物制品、诊断类生物制品、治疗类生物制品分别安排了经典药物的生产项目任务,并将安全防护意识、无菌操作意识贯穿到生物制品生产的各个环节,以深入了解生物制品菌毒种管理办法、生产工艺过程控制和质量管理方案。

知识目标

- 熟悉生物制品的基本概念和分类。
- 熟悉生物制品生产的基本要求。
- 掌握常用生物制品生产的基本技术。
- 熟悉预防类生物制品的特点和生产方法。
- 熟悉诊断类生物制品的特点和生产方法。
- 熟悉治疗类生物制品的特点和生产方法。

技能目标

- 能正确认识生物制品及其分类。

- 能进行预防类生物制品的生产和质量控制。
- 能进行诊断类生物制品的生产和质量控制。
- 能进行治疗类生物制品的生产和质量控制。

任务一

了解免疫及生物制品生产

生物制品主要是指以微生物、细胞、动物或人源组织和体液等为起始原材料，用生物学技术制成，用于预防、治疗和诊断人类疾病的制剂，如疫苗、血液制品、免疫调节剂。

一、生物制品的分类

生物制品根据所用材料、制备方法或用途，一般分为三大类：预防类生物制品、治疗类生物制品和诊断类（体外、体内）生物制品。

（一）预防类生物制品

1. 细菌类疫苗

细菌类疫苗由有关细菌、螺旋体或其衍生物制成的进入人体后使机体产生抵抗相应细菌能力的生物制品，有减毒活菌苗、灭活菌苗、亚单位菌苗、基因工程菌苗等（表4-1）。

表4-1 常用菌苗

减毒活菌苗	灭活菌苗	亚单位菌苗	基因工程菌苗
卡介苗	百日咳疫苗	23价肺炎球菌多糖菌苗	重组疟疾疫苗
鼠疫活疫苗	副伤寒疫苗	破伤风疫苗（类毒素）	重组幽门螺杆菌疫苗
炭疽活疫苗	霍乱菌体疫苗	白喉疫苗（类毒素）	
布氏菌活疫苗		脑膜炎球菌多糖疫苗	
伤寒疫苗			

2. 病毒类疫苗

病毒类疫苗由病毒、衣原体、立克次氏体或其衍生物制成的进入人体后使机体产生抵抗相应病毒能力的生物制品，有减毒活疫苗、灭活疫苗、亚单位疫苗、基因工程疫苗等（表4-2）。

表 4-2 常用疫苗

减毒活疫苗	灭活疫苗	亚单位疫苗	基因工程疫苗
风疹活疫苗	狂犬病疫苗	流感病毒裂解疫苗	重组乙型肝炎疫苗
水痘活疫苗	流感全病毒灭活疫苗		
腮腺炎活疫苗	森林脑炎灭活疫苗		
麻疹活疫苗	甲型肝炎灭活疫苗		
脊髓灰质炎活疫苗	出血热疫苗		
乙型脑炎减毒活疫苗			
甲型肝炎减毒活疫苗			

3. 类毒素

类毒素由有关细菌产生的外毒素经脱毒后制成，常用的有白喉疫苗、破伤风疫苗、肉毒素及葡萄球菌类毒素等。

4. 混合制剂

由两种或两种以上疫苗、菌苗、抗原液配制成的具有多种免疫原性的灭活疫苗或活疫苗，见表 4-3。

表 4-3 常用混合制剂

联合菌苗	联合疫苗	菌苗
伤寒甲型副伤寒联合疫苗	麻疹、牛痘苗联合疫苗	白喉类毒素、百日咳菌苗和破伤风类毒素混合制剂
伤寒甲型乙型副伤寒联合疫苗	甲型、乙型肝炎联合疫苗	
霍乱、伤寒、副伤寒甲、乙联合菌苗	麻疹、风疹联合疫苗	
	风疹、腮腺炎联合疫苗	
	麻疹、腮腺炎风疹联合疫苗	

（二）治疗类生物制品

1. 免疫血清及抗毒素

免疫血清及抗毒素是用细菌、病毒、类毒素、毒素等免疫注射动物或人体后，经采血、分离血浆或血清，而后精制而成。抗细菌和病毒的称抗血清，抗蛇毒和其他毒液的称抗毒血清，这两种统称为免疫血清；抗微生物毒素的称抗毒素。常用的免疫血清和抗毒素见表 4-4。

表4-4 常用的免疫血清和抗毒素

抗血清	抗毒血清	抗毒素
抗狂犬病血清	抗蛇毒血清	破伤风抗毒素
抗痢疾血清		白喉抗毒素
抗炭疽血清		肉毒杆菌抗毒素
		链球菌抗毒素

2. 血液制品

血液制品是指"由健康人的血液、血浆或特异免疫人血浆分离、提纯或由重组 DNA 技术制成的血浆蛋白组分或血细胞组分"的制品。血液制品是重要的生物制品，在医疗急救及某些特定疾病的预防和治疗上，血液制品有着其他药品和生物制品不可替代的临床疗效。常见的血液制品的分类及常用品种见表4-5。

表4-5 血液制品的分类及常用品种

分类	常用品种	临床用途
白蛋白类制品	人血白蛋白	休克、烧伤、体外循环
免疫球蛋白类制品	人免疫球蛋白	提高免疫力，预防病毒性传染疾病
	乙肝免疫球蛋白	乙肝的治疗和预防、肝移植
	破伤风免疫球蛋白	治疗破伤风
凝血因子类制品	人凝血因子Ⅷ	血友病
	人凝血酶原复合物	凝血因子缺乏性出血性疾病

3. 免疫调节剂

免疫调节剂由健康人细胞增殖、分离、提纯或由基因工程技术制成的，在体内和体外对效应细胞的生长、增殖和分化起调控作用的多肽类或蛋白质类制剂。包括各种细胞因子（干扰素、白细胞介素、集落刺激因子、红细胞生成素、肿瘤坏死因子等）及转移因子、胸腺肽、免疫核糖核酸等。

（三）诊断类生物制品

1. 体外诊断制品

体外诊断制品由特定抗原、抗体或有关生物物质制成的免疫诊断试剂或诊断试剂盒，包括细菌学试剂、免疫学试剂、临床化学试剂等，如沙门菌属诊断血清、乙型肝炎病毒表面抗原诊断试剂盒、梅毒快速血浆反应素诊断试剂等，用于体外免疫诊断。

2. 体内诊断制品

由变态反应原或相关抗原材料制成的免疫诊断试剂,用于皮内接种,以判断个体对病原的易感性或免疫状态。如卡介苗纯蛋白衍生物、锡克试剂毒素、结核菌素、标记的单克隆抗体等,用于体内免疫诊断。

二、生物制品的基本属性和特点

(1) 其起始材料均为生物活性物质。
(2) 生物制品生产加工全过程是生物学过程,是无菌操作过程。
(3) 有些生物制品的生产过程是有毒或有菌的过程。
(4) 生物制品多为蛋白质或多肽类物质,相对分子质量较大,并具有复杂的分子结构,较不稳定,易失活,易被微生物污染,易被酶解破坏。
(5) 其质量控制和质量检定是采用生物学分析方法,其效价或生物活性检定有其变异性。
(6) 生物制品原材料、中间品、成品、运输、贮存、甚至使用保持在"冷链"系统中。
(7) 特别是预防制品使用对象不是病人,而是健康人群。
(8) 生物制品的质量控制实行生产全过程监控。

三、生物制品生产的基本要求

(一) 生物制品的管理

1. 生物制品国家管理六项基本职能

(1) 完整的疫苗和生物制品审批程序和审批标准的法规文件。
(2) 审批结论要以实验和临床试验数据为依据。
(3) 国家质控部门对疫苗和生物制品出厂销售实行国家批签发制度。
(4) 要有对疫苗和生物制品进行质量评价的法定实验检定机构和实验实施。
(5) 对生物制品生产企业实施 GMP 定期检查。
(6) 对生物制品有效性和不良反应进行上市后检测。

2. 生物制品国家批签发制度

《生物制品批签发管理办法》第二条指出:本办法所称生物制品批签发,是指国家药品监督管理局对获得上市许可的疫苗类制品、血液制品、用于血源筛查的体外诊断试剂以及国家药品监督管理局规定的其他生物制品,在每批产品上市销售前或者进口时,经指定的批签发机构进行审核、检验,对符合要求的发给批签发证明的活动。未通过批签发的产品,不得上市销售或者进口。依法经国家药品监督管理局批准免予批签发的产品除外。

(二) 生物制品 GMP 检查要点

(1) 保护环境和操作者。
(2) 防止交叉污染，严格分区，独立空调。
(3) 局部负压。
(4) 尽可能一个产品、一个车间。
(5) 彻底消毒和清场。
(6) 严格动物使用及动物管理。
(7) 环境温度。

(三) 细菌和病毒类疫苗质控要点

(1) 所有原辅材料应符合"生物制品生产用原材料及辅料质量控制"及现行《中国药典》的有关规定。
(2) 采用强毒菌株（鼠疫、霍乱、炭疽等）、芽孢菌和强毒病毒株，应有专用生产操作间，专用生产设备及隔离设施，操作人员应有安全防护设施。
(3) 所用生产的菌株或病毒株，要建立原始种子批、主种子批、工作种子批三级种子批系统；病毒疫苗生产用细胞也要建立细胞种子、主细胞库、工作细胞库的三级细胞库系统。
(4) 菌苗及疫苗原液、中间品合并、分离、纯化等每道加工工序后均要做无菌试验和鉴别试验。
(5) 细菌类及病毒类的灭活疫苗，加入灭活剂后，必须要做活菌或活毒试验，确保彻底灭活。
(6) 原材料、半成品及成品，应按现行《中国药典》相关标准进行检定。
(7) 对制品的安全、效价或免疫力试验等项目检定所用实验动物应符合清洁级。
(8) 从起始材料直至使用全过程，必须无菌操作，制品 2~8℃保存。
(9) 生物制品生产用水均为注射用水。

(四) 血液制品质量控制要点

(1) 生产用具，必须经过严格清洗、去热原处理、灭菌处理。
(2) 原料血浆要经过乙肝、丙肝、艾滋、梅毒、ABO 定型诊断试剂检测合格，-20℃以下保存。
(3) 生产工艺采用低温乙醇法分部提取各组分，工艺中应有去除/灭活病毒工艺步骤。
(4) 原液、半成品、成品符合现行《中国药典》相应标准。

(五) 重组 DNA 产品质量控制要点

（1）生产用工程菌株或工程细胞株要建立原始种子批、主种子批、工作种子批系统，定期进行质粒稳定性检查。

（2）发酵用培养基应不含抗生素，生产用细胞培养液应不含血清和抗生素。

（3）发酵培养过程中应根据工艺要求控制其培养温度、pH、溶氧、辅料及培养时间。

（4）根据其工艺要求，通过初步纯化和高度纯化达到规定质量要求。

（5）重组产品的原液，应做：蛋白质含量、比活性、纯度、效价、SDS-PAGE法、高效液相色谱法、相对分子质量、外源性 DNA 残留含量、宿主蛋白残留含量、等电点、紫外光谱肽图（至少每年1次），N 末端氨基酸序列（至少每年测一次）。

（6）半成品及成品应按现行《中国药典》相关标准进行检定。

（7）工程菌株应进行菌落形态、革兰氏染色、抗生素的抗性、电镜检查、生化反应、表达量、质粒酶切图谱等检查。

（8）工程细胞应进行外源因子（细菌、真菌、支原体、病毒）检查、致病性实验、细胞鉴别试验、表达量测定等。

（9）重组 DNA 产品生产，必须按其生产所用工程菌株或工程细胞株、将原核细胞系与真核细胞系彻底分离分别进行生产。

任务二

预防类生物制品的生产

预防类生物制品一般分为细菌性疫苗、病毒性疫苗、类毒素及混合制剂，不同种类的生物制品由于性质各异，因此制法差异较大。下面只介绍细菌性疫苗及类毒素、病毒性疫苗的一般制造方法。

一、细菌性疫苗及类毒素的一般制造方法

细菌类疫苗和类毒素的制备，均由细菌培养开始，但细菌类疫苗是用菌体作为加工对象，而类毒素则是对细菌分泌的外毒素进行加工而成。不同的菌苗生成差异较大，但是其主要程序基本相似。细菌类疫苗和类毒素的一般制造工艺流程如图4-1所示。

（一）菌种的选择

（1）菌种必须具有特定的抗原性，能使机体诱发特定的免疫反应，足以阻止

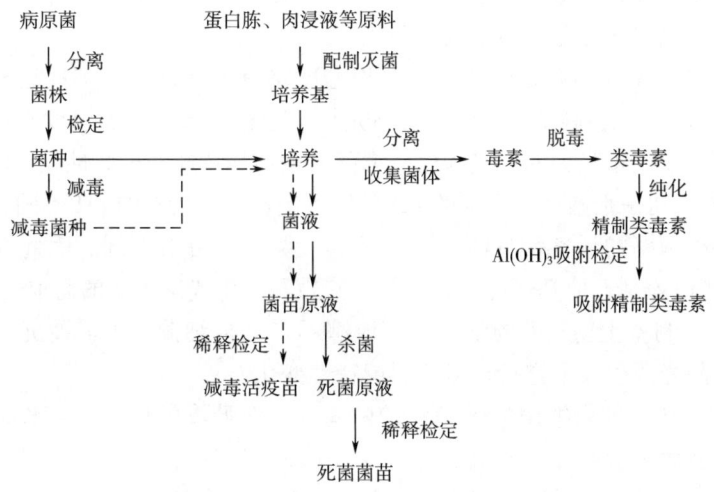

图 4-1 细菌类疫苗和类毒素的一般制造工艺流程

有关病原体的入侵或防止机体发生相应的疾病。

（2）菌种应具有典型的形态、培养特性和生化特性，并在传代过程中，能长期保持这些特性。

（3）菌种应易于在人工培养基上培养。

（4）制备死菌苗，菌种在培养过程中应产生较小的毒性；制备活菌苗，菌种在培养过程中应无恢复原毒性的现象，以免使用过程中，机体产生相应的疾病。

（5）制备类毒素，菌种必须有较强的毒力，在培养过程中应能产生大量的典型毒素。

总之，制备细菌类疫苗和类毒素的菌种，应该是生物学特征稳定，能获得安全性好、副作用小和效力高的产品的菌种。

（二）菌种的培养

碳源、氮源和钾、镁、钴等各种无机盐类，都是培养微生物所需要的一般营养要素，但由于某些微生物的生理特性，需要添加特殊的营养物质，才能保证其正常生长，如结核杆菌需要甘油作为碳源，百日咳杆菌需要谷氨酸和胱氨酸作为氮源。由于某些细菌不能合成自身生长所必需的生长因子，在培养过程中，培养基中除含有一般碳源、氮源和无机盐成分外，往往还需要添加某种生长因子。

（三）培养条件的控制

（1）气体　习惯上人们按照细菌对氧气的需要将细菌分为需氧菌、兼性厌氧菌和厌氧菌。各种细菌在生长时对氧气的需求不同，因此，培养过程中溶氧要与菌种的需要特性保持一致。培养需氧菌时，需要有高氧分压的环境，培养厌氧菌时，需要降低并严格控制环境中的氧分压。

（2）温度　不同的病原菌的最适培养温度略有不同，但大都接近人体的正常温度（35~37℃），在制备菌苗时，必须先找出菌种的最适培养温度，在生产过程中严格控制，以获得最大的产量和保持细菌的生物学特性和抗原性。

（3）pH　同一细菌可在不同的pH条件下生长，但培养的pH不同，可以抑制或增进某些细菌酶的活性，从而导致细菌的代谢产物可能不同。因此在培养过程中，pH要严格控制，使其适应菌种生长、繁殖和产生代谢产物的需求。

（4）光　制备生物制品的细菌，一般都不是光合细菌，不需要光线照射。培养时不应在阳光或射线下进行，避免引起特性变化。

（5）渗透压　如果细菌的细胞壁较坚固，能在低渗的环境下生长，但在高渗环境中往往能使细菌收缩以致死亡。如果细菌的细胞壁较脆弱，它们需要高浓度的盐来提高培养基的渗透压，防止细菌溶胀后细胞壁破裂而死亡。

（四）灭活与浓缩

死菌疫苗制剂制成原液后需用物理或化学方法杀菌，活菌疫苗不需此步骤。不同菌苗杀菌的方法不同，但总的杀菌目标是彻底杀死细菌而不影响菌苗的防病效力，可用加热杀菌法、甲醛溶液杀菌法、丙酮杀菌等方法。例如，大肠杆菌液中加入0.5%甲醛溶液，37℃下作用48~72h，可达到杀死细菌的目的。灭活后需对菌液进行浓缩，常用的浓缩方法有离心沉降法、氢氧化铝吸附沉淀法和羧甲基纤维素沉淀法，可使菌液浓缩1倍以上。

（五）稀释、分装和冻干

经杀菌的菌液，一般用含有防腐剂的缓冲生理盐水稀释至所需的浓度，然后在无菌条件下分装于适当的容器，封口后2~8℃保存，直至使用。有些菌苗特别是活菌苗，亦可分装后冷冻干燥，以延长其有效期。

二、病毒类疫苗的一般制造方法

不同病毒类疫苗的生产工艺基本上都是由制备病毒或抗原成分收获液开始，经过分离、纯化和配制、分装、成品几个阶段。虽然生产工艺过程各有差异，但主要步骤相似。病毒类疫苗的生产工艺流程如图4-2所示。

（一）毒株的选择和减毒

（1）毒株必须具备特定的抗原性，能使机体诱发特定的免疫力，足以阻止有关病原体的入侵或防止机体发生相应的疾病。

（2）毒种应具有典型的形态和感染特定组织的特性，并能在传代过程中长期

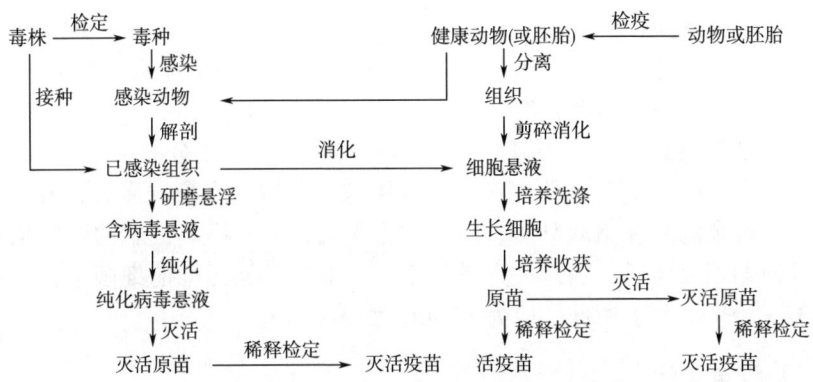

图 4-2 病毒类疫苗的一般制造工艺流程

保持其生物学特性。

（3）毒种易于在特定组织中大量繁殖。

（4）毒种在人工繁殖过程中不产生神经毒素或能引起机体损害的其他毒素。

（5）如生产活疫苗，毒种在人工繁殖过程中应无恢复原致病性的现象。

（6）在分离时或形成毒种的全过程中，毒株未被其他病毒所污染，并需要保持历史记录。

用于制备活疫苗的毒种，往往需要在特定的条件下传代数十次、上百次，以降低其毒力，直至无临床致病性，才能用于生产。

（二）病毒的繁殖

病毒只能在活细胞中繁殖，因此病毒可经活体动物培养、鸡胚培养、组织培养和细胞培养进行繁殖。

（1）活体动物培养　将病毒接种于动物的鼻腔、腹腔、脑腔或皮下，使之在相应的细胞内繁殖。例如牛痘病毒接种到牛的皮下、狂犬病毒接种到羊的脑腔进行繁殖。这种方法由于动物饲养管理麻烦并且有潜在的病毒传播危险，生产中已逐渐被淘汰。

（2）鸡胚培养　将病毒接种到 7~14 日龄鸡胚的尿囊腔、卵黄囊或绒毛尿囊膜处进行繁殖。这种方法较动物管理方便，但易受支原体、沙门菌污染，不宜于大规模生产使用。目前，除了黏病毒（如流感病毒等）和痘病毒（如牛痘病毒等）外，其他病毒已很少使用。

（3）组织培养　自 20 世纪 50 年代开始，组织培养已广泛用于病毒培养。

（4）细胞培养　主要有原代细胞培养和传代细胞培养两种方法。在大规模培养动物细胞的过程中，最根本的是使细胞的培养条件达到最优化，尽可能消除或减轻环境对细胞的影响，维持细胞高存活力和高效表达，同时又要充分考虑细胞表达产物的后续纯化。

①培养基：配制细胞生长最适合的培养基，常使用 Eagle、RPMI-1640、DMEM 等作为维持液，加入小牛血清作为生长液。培养基中应富含氨基酸、辅酶、维生素、核酸衍生物、脂类、葡萄糖和无机盐等营养物质。

②培养条件控制：pH 为 6.8~7.2；保持环境 CO_2 摩尔分数为 5%；保持氧的供应，维持在 20%~50%；培养容器内壁用硫酸铬酸混合液洗涤后，要用大量的纯水冲洗掉残余的酸和铬酸分子，防止细胞中毒，从而影响细胞的贴壁培养；容器和培养液彻底灭菌后，加入一定量抗生素，抑制可能污染的细菌生长；培养温度为 $(37±1)℃$，培养时间一般为 2~4d，大多为 3d。

（三）疫苗灭活

不同疫苗灭活的方法不同。可用甲醛溶液或酚溶液进行灭活处理。动物组织对灭活效果有影响，要根据动物组织特性调整灭活的浓度。灭活温度和时间要考虑病毒的生物学特性和热稳定性，原则是既要以足够高的温度和足够长的时间充分破坏疫苗的毒力，又要尽可能以最低温度和最短时间来尽量减少疫苗免疫力的损失。这种矛盾需要通过试验选取最适的灭活温度和时间来解决。

（四）疫苗纯化

疫苗纯化的目的是去除存在的动物组织（如牛血清），降低疫苗接种后可能引起的不良反应。用细胞培养所得的疫苗，动物组织量少，在细胞培养过程中，通过换液的方法可去除培养基中的牛血清。

（五）冻干

疫苗的稳定性较差，一般在 2~8℃下能保存 12 个月，在 37℃下，很多疫苗只能稳定几天或几小时，为了提高疫苗的稳定性，可使用冻干的方法将之干燥，冻干的疫苗在真空或充氮后密封保存，使残余水分保持在 3% 以下，可使疫苗的稳定性提高 1 倍以上。

三、疫苗（菌苗）类生物制品的质量检定

（一）理化性质检定

1. 物理性状的检查

包括外观、真空度、装量、溶解速度检查等。

2. 蛋白质含量测定

有些制品如血液制剂、抗毒素和纯化菌苗，需要测定其蛋白质含量。

3. 纯度检查及鉴别试验

血液制品、抗毒素和类毒素等制品，需要进行纯度检查或做鉴别试验。

4. 相对分子质量或分子大小测定

提纯的蛋白质制品，在必要时需测定其单体或裂解片段的相对分子质量及分子的大小；提纯的多糖体菌苗需测定多糖体的分子大小及其相对含量，常用的方法有凝胶层析法、SDS – PAGE 法和超速离心分析法。

5. 防腐剂含量测定

生物制品在制造过程中，为了脱毒、灭活或防止杂菌污染，常加入苯酚、甲醛、三氯甲烷、硫柳汞等试剂作为防腐剂或灭活剂。规程中对于各种防腐剂的含量都要求控制在一定的限度以下，防腐剂的含量过高能引起制品有效成分的破坏，注射时也易引起疼痛等不良反应。

（二）安全试验

预防或治疗用生物制品，在生产过程中须进行安全性方面的系统检查，一般要求抓好以下 3 个方面：

一是菌毒种或主要原材料的检查；

二是半成品（包括原液）的检查；

三是成品检查，按各项制品的不同要求，进行无菌试验、纯菌试验、毒性试验、过敏性试验、热原质试验及安全试验（指某制品的单项试验）等。

为了保证使用安全，所有生物制品、血液制品，都必须逐批进行检查。

安全试验包括以下 4 个方面的内容：

1. 外源性污染的检查

除无菌与纯菌试验外，还需进行以下项目的检查：

（1）野毒检查。

（2）热原质试验。

按照国内外药典的规定，以家兔试验法作为检查热原的基准方法。

2. 杀菌、灭活和脱毒情况的检查

需做以下 3 项试验：

（1）无菌试验　目的主要是检查有无本菌生长。

（2）活毒检查　主要是检查灭活疫苗。

（3）解毒试验　主要用于检查类毒素等需要脱毒的制品。

3. 残余毒力和毒性物质的检查

（1）残余毒力试验　用作活菌苗及活疫苗检定。

（2）无毒性试验（一般安全试验）。

（3）毒性试验　死菌苗经杀菌、灭活后，其本身可能仍具有毒性。

（4）防腐剂试验　除用化学方法作定量测定外，还应做动物实验。

4. 过敏性物质的检查

（1）过敏性试验（变态反应试验）　一般采用豚鼠试验。

（2）牛血清含量的测定　由于牛血清是一种异体蛋白，如制品中残留量偏高，多次使用能引起机体变态反应。

（3）血型物质的检测　对这类制品应检测血型物质，并应规定其限量。

（三）效力试验

生物制品的效力，从实验室检定来讲，一是指制品中有效成分的含量水平，二是指制品在机体中建立自动免疫或被动免疫后所引起的抗感染作用的能力。效力试验包括以下5个方面的内容：

1. 免疫力试验

将制品对动物进行自动（或被动）免疫后，用活菌、活毒或毒素攻击，从而判定制品的保护力水平。

（1）定量免疫定量攻击法　该法多用于活菌苗和类毒素的效力检定。

（2）变量免疫定量攻击法。

（3）定量免疫变量攻击法。

（4）被动保护力测定　先从其他免疫机体（如人体）获得某制品的相应抗血清，用以注射动物，待一至数日后，用相应的毒苗或活毒攻击，观察血清抗体的被动免疫所引起的保护作用。

2. 活菌数和活病毒滴度测定

（1）活菌数（率）测定　以制品中抗原菌的活存数（率）表示其效力。

（2）活病毒滴度测定　活疫苗（如麻疹疫苗、流感活疫苗）多以病毒滴度表示其效力。

3. 类毒素和抗毒素的单位测定

（1）絮状单位测定　能和一个单位抗毒素首先发生絮状沉淀反应的（类）毒素量，即为一个絮状单位。此单位数常用以表示类毒素或毒素的效价。

（2）结合单位（BU）测定　能与0.01单位抗毒素相中和的最小类毒素量称为一个结合单位。常用以表示破伤风类毒素的效价。系用中和法通过小鼠测定。

（3）抗毒素单位测定　目前国际上都用"国际单位"（IU）代表抗毒素的效价。常用中和法测定。

4. 血清学试验

主要用来测定抗体水平或抗原活性。常用以下血清学方法检查抗体或抗原活性，并多在体外进行试验，包括沉淀试验、凝集试验、间接血凝试验、间接血凝抑制试验、反向血凝试验、补体结合试验及中和试验等。

5. 其他有关效力的检定和评价

（1）鉴别试验　亦称同质性试验，一般采用已知特异血清（国家检定机构发给的标准血清或参考血清）和适宜方法对制品进行特异性鉴别。

（2）稳定性试验　制品的质量水平，不仅表现在出厂时效力检定结果，而且还表现于效力稳定性。

（3）人体效果观察

①人体皮肤反应观察；

②血清学效果观察；

③流行病学效果观察；

④临床疗效观察。

四、典型预防类生物制品生产实例

（一）卡介苗的制备

结核病是由结核杆菌感染引起的慢性传染病。结核菌可能侵入人体全身各种器官，但主要侵犯肺脏，称为肺结核病。1882年德国的柯霍（Robert Koch）首次发现结核杆菌，并证明结核分枝杆菌是结枝病的病原菌。目前使用的卡介苗生产菌是从牛体内分离得到的一株牛型结核杆菌，经过长期的培养驯化，毒性已经大大降低。

1. 种子批制备

卡介菌在苏通培养基上生长良好，培养温度在37~39℃。抗酸染色应为阳性。在苏通马铃薯培养基上培养的卡介菌应是干皱成团略呈浅黄色。在牛胆汁马铃薯培养基上为浅灰色黏膏状菌苔。在鸡蛋培养基上有突起的皱型和扩散型两类菌落，且带浅黄色。在苏通培养基上卡介菌应浮于表面，为多皱、微带黄色的菌膜。

2. 原液的制备

（1）生产用种子　启开工作种子批菌种，在苏通马铃薯培养基、胆汁马铃薯培养基或液体苏通培养基上每传一次为一代。在马铃薯培养基培养的菌种置于冰箱中保存，不得超过2个月。

（2）培养基　生产用培养基为苏通马铃薯培养基、胆汁马铃薯培养基或液体苏通培养基。

（3）接种与培养　启开工作种子批菌种培养1~2周，挑取生长良好的菌膜，移种于改良苏通综合培养基或经批准的其他培养基的表面，37~39℃静置扩大培养8~10周。培养过程中应每天逐瓶检查，如有污染、湿膜、混浊等情况应废弃。

（4）收获和合并　培养结束后，应逐瓶检查，若有污染、湿膜、浑浊等情况应废弃。收集菌膜压干，移入盛有不锈钢珠的瓶内，钢珠与菌体的比例应根据研磨机转速控制在适宜的范围，并尽可能在低温下研磨。加入适量无致敏原稳定剂稀释，制成原液。

（5）原液检定　进行纯菌检查与浓度测定

①纯菌检查：活菌含量测定按《中国药典》（2020版）第四部通则1101无菌检查法进行，生长物做涂片镜检，不得有杂菌。

②浓度测定：用国家药品检定机构分发的卡介苗参考比浊标准，以分光光度法测定原液浓度。

3. 半成品

（1）半成品的制备　用稳定剂将原液稀释成 1.0mg/mL 或 0.5mg/mL，即为半成品。

（2）半成品检定

①纯菌检查：检查方法同原液检定。

②浓度测定：检查方法同原液检定，应不超过配制浓度的 110%。

③沉降率测定：将供试品置室温下静置 2h，采用分光光度法测定供试品放置前后的吸光度值（A_{580}），计算沉降率，应≤20%。

④活菌数测定：应不低于 1.0×10^7 CFU/mg。

⑤活力测定：采用 XTT 法测定，将供试品和参考品稀释至 0.5mg/mL，取 100μL 分别加到培养孔中，于 37～39℃避光培养 24h，检测吸光度（A_{450}），供试品吸光度应大于参考品吸光度。

4. 成品

（1）分批　应符合"生物制品分包装及贮运管理"规定。

（2）分装与冻干　应符合"生物制品分包装及贮运管理"规定。分装过程中应使疫苗液混合均匀。疫苗分装后应立即冻干，冻干后应立即封口。

（3）包装　应符合"生物制品分包装及贮运管理"规定。

（4）成品检定　检定项目包括鉴别试验、物理检查、水分、纯菌检查、效力测定、活菌数测定、无有毒分枝杆菌和热稳定性试验。除水分测定、活菌数测定和热稳定性试验外，按标示量加入灭菌注射用水，复溶后进行其余各项检定。

通过鉴别试验确定细菌形态与特性是否符合卡介菌特征。物理检查项目包括外观和装量差异。外观应为白色疏松体或粉末状，按标示量加入注射用水，应在 3min 内完全溶解。装量差异应符合规定。水分含量应不高于 3.0%。

效力测定选用经过结核菌素纯蛋白衍生物皮肤试验（皮内注射 0.2mL，含 10IU）阴性、体重 300～400g 的同性豚鼠 4 只，每只皮下注射 0.5mg 供试品，注射 5 周后皮内注射 TB-PPD 10IU（0.2ml），并于 24h 后观察结果，局部硬结反应直径应不小于 5mm。

每亚批疫苗都应做活菌数测定。抽取 5 支疫苗，稀释并混合后进行测定，培养 4 周后含活菌数应不低于 1.0×10^6 CFU/mg。

无有毒分枝杆菌试验中，试验动物选用结核菌素纯蛋白衍生物皮肤试验（皮内注射 0.2mL，含 10IU）阴性、体重 300～400g 的同性豚鼠 6 只，每只皮下注射相当于 50 次人用剂量的供试品，每 2 周称体重一次，观察 6 周，动物体重不应减轻；同时解剖检查每只动物，若肝、脾、肺等脏器无结核病变，即为合格。当动物死亡或有可疑病灶时，应做涂片和组织切片检查，并将部分病灶磨碎，加少量生理盐水混匀后，由皮下注射 2 只豚鼠，若证实是结核病变，该批产品就应作废。

取每亚批疫苗于 37℃放置 28d 测定活菌数，并于 2~8℃保存的同批疫苗进行比较，计算活菌率；37℃的产品活菌数应不低于 2~8℃本品的 25%，且不低于 2.5×10^5 CFU/mg。以此确定产品的热稳定性。所用稀释剂应为灭菌注射用水。

产品应于 2~8℃避光保存和运输。自生产之日起，按批准的有效期执行。保质期一般为一年。

（二）甲型肝炎灭活疫苗的制备

甲型肝炎是由甲肝病毒感染人体引起的一种急性传染病，是病毒性肝炎中传播面最广，发病率最高的一种。目前，我国上市销售的甲肝疫苗剂型上以冻干和水针剂型为主，根据其性质又可分甲肝减毒活疫苗和灭活疫苗。甲肝疫苗生产用细胞主要是：人二倍体细胞（2BS 株、KMB_{17}株或其他经批准的细胞株）。甲肝疫苗所采用的毒种，常见的有：TZ84 株、吕 8 株、HM-175 株、H_2减毒株及 L-A-1 减毒株。制备步骤如下。

1. 溶液配制

分别配制 0.02%EDTA、PBS 缓冲液、$NaHCO_3$溶液并在 121℃下，灭菌 60min；另配制 3%谷氨酰胺、胰酶溶液（均采用过滤方式除菌）；$Al(OH)_3$溶液于 116℃灭菌 20min。

2. 细胞复苏

取经高温灭菌的烧杯一只，内装 2/3 杯 41℃的注射用水。取出细胞冻存管并迅速置入烧杯中不断搅拌，使冻存管中的冻存物迅速融化。在 A 洁净级别的操作间中，打开冻存管，将融化的细胞悬液转移到离心管中，1000r/min 离心 5min，弃去上清液，加入少量生长液进行吹打，并将细胞吸至含生长液的无菌细胞培养瓶中。

3. 细胞传代

镜检观察，当细胞生长到要求水平时，则进行细胞传代。弃旧液，加 PBS 清洗细胞表面一次并倒去，然后加入胰酶消化液消化细胞。消化时，水平放置细胞瓶，使消化液覆盖整个细胞面，消化 1~2min，肉眼观察瓶壁，至细胞层出现裂纹。倒掉消化液让细胞干消化一段时间，待细胞面呈现毛玻璃状时，每瓶加入少量新的生长液，充分吹打细胞，使细胞脱落并分散均匀。根据消化前细胞生长情况按（1:2）~（1:5）比例进行分装，分装后，每瓶补加足量的生长液。

4. 病毒接种

在层流罩下，用 PBS 溶液清洗细胞瓶中待种毒细胞的表面。弃掉 PBS 洗液，加入细胞消化液消化；倒掉消化液让细胞干消化一段时间，待细胞面呈现毛玻璃状时，每瓶加入少量病毒稀释液，充分吹打细胞。每 5~7d 更换一次维持液。

5. 病毒液收获

在层流罩下将待收毒的细胞瓶用酒精进行表面消毒，向瓶内加入 PBS 溶液来清洗细胞表面。弃掉 PBS 并加入胰酶消化液消化细胞，轻晃动数圈，使消化液布满整个细胞表面，待细胞表面呈现毛玻璃状时，弃消化液，加入 PBS 冲洗、吹打细胞。于 4~8℃ 条件下，用大容量低速冷冻离心机以 2500r/min 离心 25min。弃掉上清液，用不含牛血清的维持液悬浮沉淀（$20\mu L/cm^2$）即为病毒液，同时取样做无菌，冻存于 -80℃ 冰库中。

6. 超声破碎

在层流罩下组装好探头，紫外消毒 30min，超声波破碎仪 90% 振幅工作，开 1min，停 1min，破碎 10 次后，保存于 -80℃。如此重复冻融超声破碎 3 次，滴片显微镜下观察细胞破碎达 99% 以上（同时留样待检）。

7. 氯仿抽提

于层流罩下将上述破碎合格细胞悬液平均分装于两个离心杯中，再 1:1 加入等量氯仿振荡 30min，用低速冷冻离心机以 3000r/min，4~8℃ 离心 30min，吸取上层水相。在剩余的蛋白相中再 1:1 加入等量 PBS 溶液，重复上述程序共 5 次操作。合并 5 次收集的水相，获得甲肝疫苗粗制品，于 4℃ 保存备用（取样做无菌及抗原滴度检测）。

8. 病毒纯化

将甲肝疫苗粗制品采用超滤技术进行超滤浓缩，然后选用 DEAE - Sepharose FF 凝胶进行纯化。先对凝胶进行平衡，将超滤浓缩后获得的产物加于凝胶上，全部进入后，加入洗脱液分步洗脱。

9. 病毒灭活及吸附

将纯化后甲肝病毒液除菌过滤后，加入终浓度为 $250\mu g/mL$ 的甲醛，于 (36.5 ± 0.5)℃ 灭活 12d，病毒灭活到期后，每个灭活容器应立即取样，分别进行病毒灭活验证试验。灭活后的病毒液即为原液。甲肝病毒被吸附到 $Al(OH)_3$ 上或与 $Al(OH)_3$ 共沉淀。

10. 分装、分批

应符合"生物制品分包装及贮运管理"规定。

疫苗能够帮助人类抵御病原微生物入侵，接种疫苗是预防新冠肺炎和流感最重要、经济、有效的手段。新冠病毒灭活疫苗（Vero 细胞）生产工艺与甲肝疫苗生产工艺相似，技术较为成熟。接种新冠疫苗、创新治疗药物与加强防控等举措相配合，能有效遏制新冠肺炎疫情传播。坚持"防控疫情人人有责，规则面前人人平等"，将能确保防控措施落实到位。新冠肺炎疫情期间，四川省某村村民郭某某违反规定，聚众打麻将，被确诊并导致两人被传染和 120 名密切接触者被强制医学隔离，被依法判决犯有妨害传染病防治罪，判处有期徒刑两年；湖南省一卫生局副局长因泄露新冠肺炎患者隐私，受到纪委监委予以党纪立案调查；某澳籍女性华人外出跑步时未佩戴口罩，并对防疫人员的劝阻采取拒不配合的态度，被北京市公安局依法注销工作居留许可，并在规定的时间内离开中国。可见为了捍卫广大人民的根本利益，对于在我国违反法律法规的人员，无论是什么身份，均公正地予以惩处。

想一想，在这惩恶扬善、人人平等、追求公平正义的社会里，未来的学习和工作中，我们如何表现才能不负青春、不负韶华、不负时代，成为追逐梦想、有担当的新时代青年？

任务三

诊断类生物制品的生产

诊断类生物制品是指采用免疫学、微生物学、分子生物学等原理或方法制备的检测试剂或试剂盒，主要用于实验室对各种疾病的诊断、检测、流行病学调查，以及生物制品质量标准及药品的临床疗效的判定等。诊断类生物制品在疾病防治中起到了"探针"的作用。虽然它不能在疾病预防和治疗上起直接的作用，但近年来随着相关检测技术的发展，诊断类生物制品在病原的鉴定和监测、临床诊断及对疾病预防和治疗方面的作用显得越来越重要。常见诊断类生物制品包括微生物抗原、抗体及核酸、血型、细胞组织配型、人类基因检测、肿瘤标记物、免疫组化与人类组织细胞类、变态反应原类及生物芯片等。

一、免疫学基础知识

（一）抗原

抗原是指能刺激机体免疫系统诱导免疫应答并能与应答产物如抗体或效应 T 细胞产生特异性反应的物质。抗原一般具备两种特性，一是免疫原性，指抗原诱导机体产生免疫应答的能力，即刺激免疫系统产生抗体或效应 T 细胞，诱生体液免疫或细胞免疫的能力；二是免疫反应性，指与抗体或效应 T 细胞发生特异性结合的能力，亦称反应原性。

同时具有免疫原性和反应原性的物质称为完全抗原，如大多数蛋白质、细菌、病毒等。只具有反应原性，而不具备免疫原性的物质称为半抗原，半抗原多为简单的有机小分子物质，与载体蛋白结合后可形成完全抗原。

（二）抗体

抗体是 B 细胞接受抗原刺激后增殖分化为浆细胞所产生的一类能与相应抗原特异性结合的球蛋白。抗体主要存在于血清中，但也见于其他体液和外分泌液中，故将抗体介导的免疫称为体液免疫。

(三) 人工制备抗体的意义

研究抗体的理化性质、分子结构与功能，利用抗原抗体特异性结合的特点进行疾病的诊断、治疗和预防都需要人工制备特异性强和效价高的抗体，目前，根据人工制备抗体的原理和方法可分为多克隆抗体、单克隆抗体及基因工程抗体等。

二、抗体的制备

(一) 多克隆抗体的制备

多克隆抗体是带有多种抗原决定簇（也称表位）的抗原性物质免疫动物所得到的抗体，即多个 B 淋巴细胞克隆所分泌的抗体。多克隆抗体的抗原识别谱广，可有效阻断抗原对抗体的危害，多年来一直是一种有效的治疗制剂，但是抗体的特异性差，灵敏度低。

多克隆抗体的生产工艺流程见图 4-3。

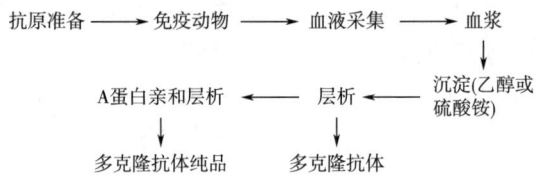

图 4-3 多克隆抗体的生产工艺流程

在多克隆抗体的生产过程中，应注意以下环节：

(1) 免疫原　天然抗原、人工合成抗原，如蛋白质、多糖、脂类、核酸等。

(2) 半抗原免疫原　通过物理或化学方法，利用某些功能团将半抗原连接到载体上。载体包括蛋白质、多肽聚合物、大分子聚合物等。

(3) 佐剂　由于不同的抗原产生的免疫反应能力也有高低，且不同个体的反应不同，因此，在注射抗原的同时，通常加入一些能增强抗原的抗原性的物质，来刺激机体产生免疫应答，这种物质称免疫佐剂，如氢氧化铝胶明胶、明矾、弗氏佐剂等。佐剂除了增加抗原刺激作用外，更重要的是，能刺激网状内皮系统参与免疫反应，增强了机体对抗原的细胞免疫，促使抗体的产生。

(4) 免疫动物　可作抗原感染或免疫的动物有兔、山羊或绵羊、马、驴、豚鼠和鸡等。动物种类的选择主要是根据抗原的特性和所要获得抗体的量和用途。如制备抗 γ-免疫球蛋白抗血清多用兔和山羊，因动物反应良好，且能提供足够量的血清；豚鼠适用于制备抗酶类抗体和补体结合试验用的抗体，但抗血清产量较少；对于难以获得的抗原，且抗体需要量少，可用纯系小鼠制备。

（5）免疫途径　包括静脉内、腹腔内、肌肉内、皮内、皮下、淋巴结内注射等，一般常用皮下或背部多点皮内注射，每点注射 0.1mL 左右。途径的选择决定于抗原的生物学特性和理化特性，如激素、酶、毒素等生物学活性抗原，一般不宜采用静脉注射。

（6）免疫剂量　免疫剂量依照抗原的种类、免疫次数、注射途径、受体动物种类及所要求抗体特性等的不同而异。一般而言，抗原剂量首次为 300~500μg，剂量过低不能形成足够的免疫刺激，过高又可能造成免疫耐受。每 2~4 周加强免疫一次，抗原量为首次剂量的 1/4~1/2。

（7）取血测效价　加强免疫两次或三次以后的第 7 天取血。制备血清，检测抗体效价。如未达到预期效价，需再进行加强免疫，直到满意时为止。当抗体效价达到预期水平时，即可放血制备抗血清。

（8）抗血清的保存　抗血清收获后，加 0.01% 叠氮化钠或 0.01% 硫柳汞溶液防腐，也可加入等量中性甘油，分装后于 -20℃ 以下保存，注意避免反复冻融。也可将抗血清冷冻干燥后保存。

（二）单克隆抗体的制备

单克隆抗体生产多采用杂交瘤技术，它是将抗体产生细胞与具有无限增殖能力的骨髓瘤细胞相融合，通过有限稀释法及克隆化使杂交瘤细胞成为单一的单克隆细胞系而产生的。单克隆抗体是单个 B 淋巴细胞克隆所分泌的抗体。该种抗体仅针对一个抗原决定簇，又是单一的 B 淋巴细胞克隆产生，结构和特异性完全相同，具有纯度高、特异性强、灵敏度好的优点。

单克隆抗体生产的工艺流程见本书项目六任务四。

（三）基因工程抗体的制备

基因抗体，又称重组抗体，是指利用重组 DNA 和蛋白质工程技术，对抗体基因进行加工改造和重新装配，经转染适当的受体细胞后所表达的抗体分子。基因工程抗体存在抗体亲和性相对较弱的缺点，其原因是大多数蛋白质在大肠杆菌表达系统表达后不具备天然蛋白的构象，无翻译后修饰。而用真核表达系统如酵母、昆虫和哺乳类动物细胞表达蛋白质，存在着试验周期长、表达产量低、技术难度大等问题。

1. 常规技术

首先提取杂交瘤细胞或免疫细胞 DNA、总 RNA 或 mRNA，若已知抗体基因序列可根据基因序列设计特异引物，若抗体序列未知可选用抗体通用引物。通用引物的设计是根据抗体特定区域基因序列相对保守，再加入混合碱基后，基本可克隆相应种属所有抗体基因。通过 RT-PCR 扩增，克隆所需要的抗体基因或基因片段。最后根据所制备抗体类型选择适当的表达载体和表达系统进行表达。工艺流程见图4-4。

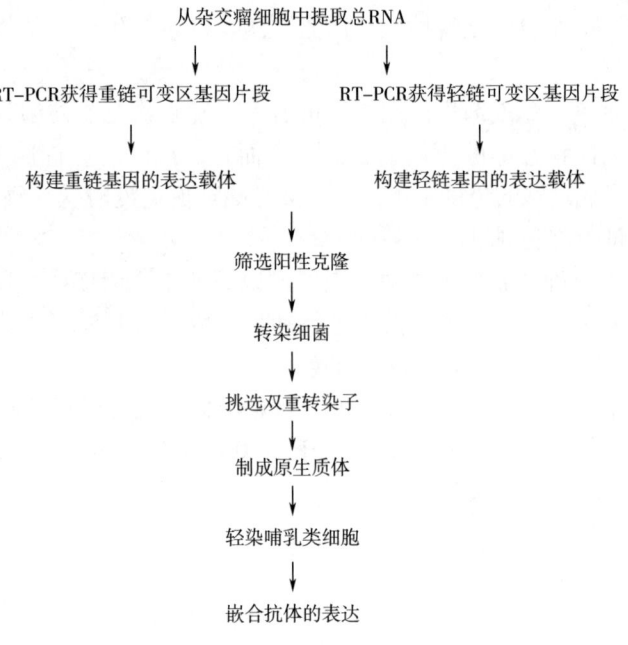

图4-4 基因工程抗体生产工艺

2. 抗体库技术

抗体基因库技术不需要细胞融合，不需要免疫，直接使用抗原从库中筛选特异性抗体基因。该技术主要是采用PCR扩增全套VH和VL基因并将其克隆到适当载体上表达，再利用固相化抗原筛选特异性抗体。

3. 基因工程抗体的表达系统

细菌、酵母、昆虫、植物、哺乳动物细胞表达系统均可用于基因工程抗体的生产。

三、常见的诊断类生物制品的介绍及质量标准

（一）酶联免疫法（ELISA）诊断试剂盒

酶联免疫法是目前应用最广泛的免疫检测方法，该法将抗原抗体反应的特异性与酶对底物的高效催化作用结合起来，根据酶作用底物后显色，以颜色变化来判断试验结果。酶联免疫法诊断试剂盒的主要试剂为固相的抗原或抗体、酶标记的抗原或抗体和与标记酶直接关联的酶反应底物。影响试剂盒质量的主要因素是抗原（或抗体）的选择、所用酶的催化效率和标记方法。

（二）胶体金法诊断试剂盒

胶体金法诊断试剂盒是根据免疫反应原理，利用微孔滤膜为载体，以胶体金作为固相标记物来检测样本中待测物质，多为胶体金试纸条，是20世纪90年代以来在单克隆抗体技术、免疫层析技术及胶体金显色技术基础上发展起来的一项新型体外诊断技术。胶体金试剂盒所选用的抗原（或抗体）的特异性、纯度、效价和亲和力等直接关系到试剂盒的敏感性和特异性。

（三）PCR法诊断试剂盒

聚合酶链反应（PCR）试剂盒是在离体条件下，以特定DNA为模板，在DNA聚合酶的作用下以引物3′端为起点，以单核苷酸为原料，延伸引物，合成双链DNA，是对一种特定的DNA片断在体外进行快速扩增的新方法，主要由高温变性、低温退火和适温延伸三个步骤反复的热循环构成。引物和探针的设计是否合理及纯度、聚合酶的质量是决定PCR试验能否成功的重要因素。

新型冠状病毒肺炎核酸检测原理：病毒核酸检测需要用到试剂盒，多数采用荧光定量PCR方法。检测原理就是以新冠病毒独特的基因序列为检测靶标，通过PCR扩增，使我们选择的这段靶标DNA序列指数级增加，每一个扩增出来的DNA序列，都可与我们预先加入的一段荧光标记探针结合，产生荧光信号，扩增出来的靶基因越多，累积的荧光信号就越强。而没有新冠病毒的样本中，由于没有靶基因扩增，因此就检测不到荧光信号增强。所以，核酸检测，其实就是通过检测荧光信号的累积来确定样本中是否有病毒核酸。由于核酸检测技术成熟、易于实施，目前是新冠病毒感染检测的最主要方法。

（四）质量标准检定项目及相关要求

1. 敏感性和特异性

敏感性和特异性是衡量诊断制品质量的重要指标，敏感性，又称真阳性率，是指在病例组中，被新诊断试验判为有病的比例。敏感性反映新试验正确判断患者的能力。敏感性越高，漏诊的可能性越小。特异性，又称真阴性率，是指对照组（即被金标准诊断为无病者）中被新试验判断为无病的比例。特异性反映新试验能正确排除某病的能力。特异性越高，误诊的可能性就越小。诊断制品标准中采用最小检出量和阳性参考品符合率来衡量制品的敏感性，用阴性参考品符合率来衡量制品的特异性。

2. 稳定性试验

采用加速试验考查试剂盒中组分的生物活性、物理、化学性质的变化。探讨试剂盒的稳定性，预测其在贮存条件下有效期内的质量情况。

四、典型药物生产实例——酶标记抗体

酶标记抗体是一种用与底物结合后能显色的酶与抗体连接后所制备的结合物。它可与被检抗原结合形成酶标记的免疫复合物,结合在免疫复合物上的酶在遇到相应的底物时,催化无色的底物使其水解、氧化或还原生成有色的产物,可以根据有色产物的有无及浓度对抗原做定性、定位和定量检测。

用于标记的酶有辣根过氧化物酶(HRP)、碱性磷酸酶(AP)、β - 半乳糖苷酶等。国内多采用 HRP,其可使 H_2O_2 分解释放出新生态氧,将底物氧化成有色产物。HRP 常用的底物有邻苯二胺(OPD)、邻苯二甲胺(OT)和 3,3′ - 二氨基联苯胺(DAB)等。用于标记的抗体要求高纯度、高效价、与抗原亲和力强,最为理想的抗体是提取的 IgG。酶标记抗体制备常用的方法有戊二醛一步法、戊二醛两步法和过碘酸钠氯化法三种。

过碘酸钠氯化法的标记步骤如下:

(1)称取 5mgHRP 溶于 1.0mL 新配制的 0.3mL pH8.1 的 $NaHCO_3$ 溶液中。

(2)滴加 0.1mL 1% 的 2,4 - 二硝基氟苯无水乙醇溶液,室温避光下轻轻搅拌 1h。

(3)加入 1.0mL 0.06mol/L 的过碘酸钠($NaIO_4$)水溶液,室温轻搅 30min。

(4)加入 1.0mL 0.06mol/L 的乙二醇,室温避光下轻轻搅拌 1h,然后装入透析袋中。

(5)于 1000mL pH9.5 的 0.01mol/L 碳酸盐缓冲液中,4℃透析过夜。

(6)吸出透析袋中的液体,加入含 IgG 5mg 的 pH 为 9.5 的 0.01mol/L 碳酸盐缓冲液 1mL,室温避光轻轻搅拌 2h。

(7)加硼氢化钠 5mg,置 4℃ 2h 或过夜。

(8)在搅拌下逐滴加入等体积的饱和硫酸铵溶液,置 4℃ 1h,4000r/min 离心 15~30min,弃上清。沉淀用半饱和硫酸铵洗两次,最后的沉淀物溶于少量 pH 为 7.4 的 0.01mol/L 的 PBS 中。

(9)将上述溶液装入透析袋中,用 pH 为 7.4 的 PBS 透析至无铵离子(用萘氏试剂检测),10000r/min 离心 30min,上清液即为酶标记抗体,分装后,冰冻保存。

任务四

治疗类生物制品的生产

治疗类生物制品主要包括各种血液制品、免疫血清、抗毒素以及免疫调节剂。其中血液制品在治疗用生物制品中占有非常大的比例,它通过将血浆中的有效成分分离出来,有效地解决了全血不易运输和大量长期储存中的问题。目前用于临

床的血液制品主要有血浆蛋白制品和血细胞组分制品。国际上大规模生产和应用的主要有三大类：白蛋白、免疫球蛋白和凝血因子制剂。

一、血液制品的种类

（一）白蛋白类制剂

白蛋白是血浆中含量最高的蛋白质，血浆中的浓度高达 40~50g/L，占血浆蛋白的 60% 左右，易大量、高纯度提取。主要的功能是：增加血容量和维持血浆胶体渗透压；运输及解毒；营养供给。白蛋白制剂临床上主要用于失血创伤、烧伤引起的休克，脑水肿及损伤引起的颅压升高，肝硬化及肾病引起的水肿或腹水，新生儿高胆红素血症等方面的治疗，是临床急救的一种特殊药品。

1. 人血白蛋白

人血白蛋白自健康人血浆中分离制得的灭菌无热原血清白蛋白，又称清蛋白，可直接静脉注射到病人体内。

取健康新鲜血浆或保存期不超过 1 年的冰冻血浆，用低温乙醇蛋白分离法分段沉淀或国家批准的其他方法提取白蛋白组分，经超滤或冷冻干燥脱醇，浓缩等工序制得，其白蛋白纯度不低于 96%，不含防腐剂和抗生素。用灭菌注射用水按照规定的蛋白质浓度配制成溶液，按照每 1g 蛋白质加入 0.16mmol 辛酸钠或 0.08mmol 乙酰色氨酸钠作为稳定剂，在 60℃±0.5℃水浴中灭活病毒至少 10h，分装后置 20~25℃至少 4 周，或 30~32℃放置至少 14d，逐瓶检查外观应符合规定。生产工艺见图 4-5。

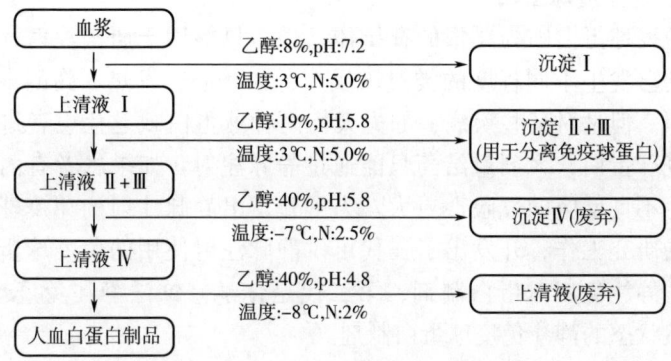

图 4-5 人血白蛋白的生产工艺

2. 血浆蛋白成分

血浆蛋白成分是经低温乙醇或其他适当方法提取的血浆蛋白制剂，又称为血浆蛋白溶液，一般蛋白质浓度为 4% 或 5%，蛋白质中白蛋白的纯度在 83% 以上。

（二）免疫球蛋白类制剂

免疫球蛋白制剂有三类：正常人免疫球蛋白、特异性免疫球蛋白、静脉注射免疫球蛋白制品。

1. 正常人免疫球蛋白

正常人免疫球蛋白又称丙种球蛋白或者多价免疫球蛋白，是采用低温乙醇蛋白分离法或经批准的其他蛋白质分离方法从健康人血浆中分离制得的免疫球蛋白浓缩剂。有液体剂型和冻干剂型两种，仅供肌肉注射用。正常人免疫球蛋白主要用来预防一些病毒性感染，如甲肝、丙肝、麻疹等疾病的预防以及丙种球蛋白缺乏症的治疗。但是国内滥用正常免疫球蛋白的现象比较严重。有些人认为，经常使用丙种球蛋白可以"增强抵抗力"或"有益无害"，事实上滥用正常免疫球蛋白不但无益，而且可能产生免疫依赖等副作用。

2. 特异性免疫球蛋白

特异性免疫球蛋白是用具有高效价的特异性抗体血浆为原料制备的免疫球蛋白制剂，对健康献血员进行免疫注射，即注射疫苗使献血员产生抗体，用单采血浆术获得含有特异性抗体的血浆。经低温乙醇蛋白分离法制备并经低 pH 孵放病毒灭活处理的特异性免疫球蛋白制剂，分为肌肉注射和静脉注射两种。特异性免疫球蛋白由于其内含高效价的特异性抗体，防治专一疾病比标准免疫球蛋白疗效好，故此类制剂临床上用于特定疾病的预防和治疗。目前常用的特异性免疫球蛋白有乙肝免疫球蛋白、甲肝免疫球蛋白、破伤风免疫球蛋白、狂犬病免疫球蛋白、风疹免疫球蛋白、抗 Rh 免疫球蛋白、水痘免疫球蛋白等。

3. 静脉注射免疫球蛋白

正常人免疫球蛋白因为严重的补抗体活性，只能用于肌肉注射，不能用于静脉注射，否则会发生不同程度的类过敏反应，如恶心、发热、胸闷，甚至血压下降，丧失意识。但是对某些疾病，如先天性丙种球蛋白缺乏症患者进行治疗时需要大剂量免疫球蛋白，大剂量给药只能通过静脉注射。如果患者有丙种球蛋白缺乏症，则发生不良反应的危险性更大。为了开发出静脉注射的免疫球蛋白，专家们做了大量的研究工作，开发出了三代可供静脉注射使用的免疫球蛋白制剂。第一代是酶解法静注免疫球蛋白制剂，第二代是化学修饰法静注免疫球蛋白制剂，第三代是天然状态的静注免疫球蛋白制剂。

（三）凝血因子制剂

凝血因子是指血浆与组织中直接参与血液凝固的蛋白质组分。目前已知的凝血因子主要有14种，有凝血因子Ⅰ、Ⅱ、Ⅲ、Ⅳ、Ⅴ、Ⅶ、Ⅷ、Ⅸ等。

由于先天性遗传缺陷可发生各种凝血因子缺乏症，最常见的是甲型血友病，缺乏凝血因子Ⅷ；其次是乙型血友病，缺乏凝血因子Ⅸ，一些肝病疾患可引起继发性凝血因子缺乏，导致凝血机能障碍。这些凝血功能紊乱通常使用全血或使用从全血中纯化的相应凝血因子来加以治疗。

目前临床上常用的凝血因子制剂包括：凝血因子Ⅷ制剂、凝血酶原复合物和纤维蛋白原制剂。

二、人血浆蛋白分离纯化技术

为保证血浆蛋白制剂的安全性和有效性，选择蛋白质分离纯化方法时，要考虑以下原则：①分离过程中，被分离提纯的血浆蛋白要尽可能地保留天然理化和生物学性质；②分离过程能够最大限度地避免和排除受病原微生物及其代谢产物的污染；③所采用的技术工艺要适应工业化规模生产，分离步骤力求简便，并要求低消耗、高产出；④从血浆中可同时分离出多种蛋白成分，符合血浆综合利用的原则。

低温乙醇法是目前最常用的血浆蛋白分离方法。它操作相对简单，产量高，适合工业化规模生产；操作温度低，蛋白质变性少，保持其天然性质；低温、乙醇分离过程中有抑菌、去病毒作用，能有效地保障制品的安全性；可同时分离多种血浆蛋白成分，有利于血浆资源的综合利用；乙醇作为主要原材料，价格低廉，易于获得。缺点是需要相当规模的厂房，并需具备较大面积的低温操作车间及连续冷冻离心机等设备条件，投资规模较大；低温的工作条件，对身体健康不利；工业乙醇中潜在的污染物（如甲基乙基酮）会影响成品的安全性；某些敏感蛋白的生物学功能会因乙醇（即使浓度极低）和低温的影响而受损或被破坏。

（一）原理

在蛋白质水溶液中，蛋白质自身所带的电荷能与水发生相互作用，在蛋白质表面形成水化膜，以保证蛋白质的稳定性。溶液的介电常数越大，蛋白质的溶解度也就越大，在介电常数小的溶液中蛋白质的溶解度就小。在蛋白质水溶液中加入有机溶剂（如乙醇）后，会破坏蛋白质表面的水化膜，也能显著降低溶液的介电常数，蛋白质的溶解度变小，从而析出沉淀。最常使用的有机溶剂是乙醇，因为乙醇在水中的溶解度大，毒性小，安全性高，操作方便。

（二）影响蛋白质沉淀反应的因素

（1）pH 当pH位于等电点时，蛋白质的溶解度最小，最易沉淀。不同的蛋白质由于所带的氨基和羧基数量的差异，等电点是不同的，所以通过调节pH的大小，可以按顺序沉淀出不同血浆蛋白。通常低温乙醇沉淀法pH控制在4.4~7.4。

（2）温度 蛋白质的溶解度与温度成正比关系，温度降低，蛋白质的溶解度也会减小。在溶液中加入乙醇，由于乙醇的水合作用，会产生发热现象，使溶液的温度升高，可能促成蛋白质变性，所以在低温乙醇工艺中，温度均应控制在 $-8 \sim 0℃$ 之间。这样既可以使蛋白质的溶解度减低，又可以保证蛋白质不变性，提高蛋白质的获得率。

（3）蛋白质浓度　在蛋白质分离过程中应选择适宜的浓度。蛋白质的浓度过高，蛋白质之间的相互作用较强，容易发生多种蛋白质共沉淀。蛋白质的浓度太低，分离的溶液量太大，分离效率较低，可以适当浓缩。在低温乙醇沉淀法中，蛋白质适宜浓度为 0.2% ~ 6.6%。

（4）离子强度　在低盐溶液中，盐浓度的很小改变即可引起蛋白质溶解度的极大变化，盐类与蛋白质的互相影响随离子强度而变化。在低温乙醇沉淀法中，离子强度的变化范围在 0.01 ~ 0.16 mol/kg。

（5）乙醇浓度　乙醇能降低蛋白质溶液的介电常数，随着乙醇浓度的增加，蛋白质溶液的介电常数逐渐降低，溶解度急剧下降。在低温乙醇沉淀法中，乙醇的浓度范围在 0 ~ 40%。

在以上五个影响因素中，最重要的因素是 pH 和乙醇浓度。

（三）分离条件的选择原则

（1）选择提取的蛋白质溶解度最大，其他蛋白质溶解度较小的条件，这样要提取的蛋白质留在溶液中，其他的蛋白质被沉淀。

（2）与上述原则相反，要提取的蛋白质溶解度最小，其他的蛋白质溶解度较大，这样要提取的蛋白质被沉淀，其他的蛋白质留在溶液中。

三、典型药物生产实例——人血白蛋白

人血白蛋白由健康人的血浆，经低温醇法分离提取，60℃ 10h 加温灭活病毒后制成。含适宜稳定剂，不含抑菌剂和抗生素。白蛋白含量在 96% 以上，主要用于治疗创伤性休克、出血性休克、严重烧伤以及低蛋白血症等。

（一）生产工艺要求

（1）血浆及其贮存　所有的血浆来源应符合"血液制品生产用人血浆"的规定。

（2）对制造工作室、设备及原材料的要求　制造工作室应符合工艺流程。冷库及各种生产用具必须专用，严禁与其他异种蛋白质混用。制造工作室的建筑应便于清洁、消毒和防霉。在制造过程中，为防止制品污染热原质，应采取各种有效措施，如降低操作室温度，注意无菌操作等。各种直接接触制品的用具，用后应立即洗净，用前须经除热原质或灭菌处理。

（3）生产用水及化学药品　生产用水应符合饮用水标准，直接用于制品的水应符合注射用水标准。所用各种化学药品应符合现行版《中国药典》的规定，未纳入现行版《中国药典》规定者应不低于化学纯。

（二）生产制造工艺

（1）分离清蛋白　采用低温乙醇法取一定量的经检定合格的冰冻血浆，室温融化。按无菌操作要求破袋收集血浆于反应罐中，计量，搅拌均匀。采用传统的低温乙醇连续离心工艺分离清蛋白。每步沉淀反应后的蛋白溶液即为要分离的蛋白悬浮液，除菌分装后即得清蛋白制品。

（2）热处理　每批制品必须经（60±0.5）℃加温10h处理。热处理可在除菌过滤前或分装后24h内进行。

（3）分批　同一制造工艺、同一容器混合的制品作为一批。一批均一的半成品分装于若干个中间容器中，即成为若干个亚批，而后再分装于最终容器；或一批均一的半成品，通过若干分装机分装于最终容器，即成为若干个亚批；不同滤器除菌过滤或不同机柜冻干的制品亦为亚批。亚批是分装批的一部分。

（4）半成品检定　液体制剂于除菌过滤后应做理化检测（残余乙醇含量＜0.03%）及热原质试验，并应按亚批抽样做无菌试验。一般直接分装时留样做上述试验。

（5）冻干　除菌过滤后的制品应及时分装、旋冻、冻干。制品的冻干工艺可根据机器性能特点制定，但应保证制品制备质量及保存质量符合要求。在冻干的全过程中，制品温度最高不得超过50℃。冻干的全过程必须在严格无菌条件下进行。

（三）成品检定

1. 抽样

每批成品应抽样做全面质量检定。不同机柜冻干制品应分别抽样做无菌试验及水分测定。

2. 物理检查

（1）外观　冻干制剂应为白色或灰白色的疏松固体，无融化现象。液体制剂和冻干制剂重溶后应为略黏稠、黄色或绿色至棕色的澄明液体，不应有异物、浑浊和沉淀。

（2）可见异物　依法检查（现行版中国药典通则0904），应符合规定。

（3）不溶性微粒检查　依法检查（现行版中国药典通则0903第一法），应符合规定。

（4）渗透压摩尔浓度　应为210～400mOsmol/kg或经批准的要求（现行版中国药典通则0632）。

（5）装量　依法检查（现行版中国药典通则0102），应不低于标示量。

（6）热稳定性试验　取供试品置57℃±0.5℃水浴中保温50小时后，用可见异物检查装置与同批未保温的供试品比较，除允许颜色有轻微变化外，应无肉眼可见的其他变化。

3. 化学检定

（1）pH　用0.85%～0.90%氯化钠溶液将供试品蛋白质含量稀释成10g/L，依法测定（现行版中国药典通则0631），pH应为6.4～7.4。

（2）蛋白质含量　应为标示量的95.0%～110.0%（现行版中国药典通则0731第一法）。

（3）纯度　应不低于蛋白质总量的96%（供试品溶液的蛋白质浓度为5%，按现行版中国药典通则0541第二法、第三法进行）。

（4）钠离子含量　应不高于160mmol/L（现行版中国药典通则3110）。

（5）钾离子含量　应不高于2mmol/L（现行版中国药典通则3109）。

（6）吸光度　用0.85%～0.90%氯化钠溶液将供试品蛋白质含量稀释至10g/L，按紫外－可见分光光度法（现行版中国药典通则0401），在波长403nm处测定吸光度，应不大于0.15。

（7）多聚体含量　应不高于5.0%（现行版中国药典通则3121）。

（8）辛酸钠含量　每1g蛋白质中应为0.140～0.180mmol。如与乙酰色氨酸混合使用，则每1g蛋白质中应为0.064～0.096mmol（现行版中国药典通则3111）。

（9）乙酰色氨酸含量　如与辛酸钠混合使用，则每1g蛋白质中应为0.064～0.096mmol（现行版中国药典通则3112）。

（10）铝残留量　应不高于200ug/L（现行版中国药典通则3208）。

4. 激肽释放酶原激活剂含量

应不高于35IU/ml（现行版中国药典通则3409）。

5. HBsAg

用经批准的试剂盒检测，应为阴性。

6. 无菌检查

依法检查（现行版中国药典通则1101），应符合规定。

7. 异常毒性检查

依法检查（现行版中国药典通则1141），应符合规定。

8. 热原检查

依法检查（现行版中国药典通则1142），注射剂量按家兔体重每1kg注射0.6g蛋白质，应符合规定。

于28℃或室温避光保存和运输。自生产之日起，按批准的有效期执行。标签只能规定一种保存温度及有效期。

? 想一想

制造疫情的是病毒，比病毒危害更大的是社会混乱，而法治则是社会的稳压器。我国已有针对突发疫情等的《中华人民共和国传染病防治法》《中华人民共和国突发事件应对法》《中华人民共和国疫苗管理法》《突发公共卫生事件应急条例》《国家突发公共卫生事件应急预案》等法律法规，再辅以《中华人民共和国刑法》和《中华人民共和国药品管理法》等相关法律，并从立法、司法、执法等多维度发力，完善、构建了科学有效的防控疫情法治体系，为当前的疫情防控提供了坚实的法律依据和实践指导。从将新冠肺炎疫情纳入法定传染病管理，到全国各地启动突发公共卫生事件一级响应，再到一批失职渎职官员被免职问责，以及违法防疫法律法规人员被惩处……均做到有法可依、有章可循。新冠肺炎疫情暴发后，最高法、最高检、公安部、司法部又联合出台《关于依法惩治妨害新型冠状病毒感染肺炎疫情防控违法犯罪的意见》，从而与时俱进地有力遏制种种不法行为，确保疫情防控措施落实到位，维护医护人员以及社会公众的切身利益。医药行业监管机构及法律法规建设情况见本书项目一任务一。

依法防控是战胜疫情的有力保障。在党中央集中统一领导下，全国依法有序开展疫情防控工作，全社会凝聚起抗击疫情的强大合力，使经济、生产和生活逐步、有序得到恢复。抗疫所取得成绩与坚持依法治国、依法执政和依法行政密不可分，有力证明了中国特色社会主义法治道路是一条适合中国国情、符合法治规律、具有中国特色的社会主义法治道路。想一想，相对于国外疫情持续扩散与难以遏制，社会主义法治起到了什么样的作用？

技能实训

技能实训三　麻疹减毒活疫苗的制备

一、实训目的

（1）掌握二氧化碳细胞培养箱、冷冻干燥机的使用。
（2）掌握麻疹减毒活疫苗的制备工艺。

二、实训原理

麻疹减毒活疫苗是用麻疹病毒减毒株接种原代鸡胚细胞，经培养、收获病毒液，加入适宜稳定剂后冻干制成的生物制品，用于预防麻疹。

三、实训仪器与试剂

（1）仪器　二氧化碳细胞培养箱、转瓶机、分装机、冻干机、外包装设备等。
（2）试剂　Earle's液、0.125%胰蛋白酶液。

四、实训材料

SPF 鸡胚（9 日龄）。

五、实训方法与步骤

1. 原代鸡胚细胞制备

（1）选用 9 日龄 SPF 鸡胚，蛋壳用 0.1% 新洁尔灭浸泡洗刷，剔除破损的鸡胚，气室向上放在蛋托上。

（2）用碘酒消毒气室部，用镊子敲破卵壳，用眼科弯头镊子撕开壳膜及撕破羊膜尿囊膜，夹住鸡胚颈部取出鸡胚，放至平皿内。

（3）剪去头部、翅爪及内脏，用 Earle's 液洗去血液。

（4）洗净后收集到脑瓶中，用剪子剪成 $2\sim3mm^3$ 大小的小块，倒入三角瓶中，再用 Earle's 液洗 2 遍。

（5）倒去洗液，加入 0.125% 胰蛋白酶液，然后置 37℃ 水浴箱内消化 25～30min。消化后将瓶取出，倒去胰酶液，用生长液洗涤 2 次。倒去洗液，用吹打吸管吹打组织块分散细胞，共吹打 3 遍，每遍吹打分散下来的细胞用生长液稀释倒入瓶中。

（6）用 8 层无菌纱布过滤，收集滤液，用生长液稀释至所需用量，待用。

（7）按照 1:2 的比例分种到细胞培养瓶中，盖好瓶盖，在瓶上写好批号，置 37℃ 培养至单层。

2. 培养及收获病毒原液

（1）观察生长至单层的鸡胚成纤维样细胞，选择无污染、形态正常的单层细胞。

（2）开启工作用种子，无菌方式取定量的病毒液加至配制完毕的细胞维持液中，摇匀。

（3）以无菌方式开启细胞培养瓶，弃旧生长液，换以新鲜的、含适量病毒的细胞维持液。

（4）加塞后，置 33℃ 继续培养，至 CPE 达到"＋＋"。

（5）选择无污染、CPE 达到"＋＋"的细胞培养物。

（6）以无菌方式开启细胞培养瓶，弃旧的细胞维持液，细胞面用不少于细胞维持液的生理平衡盐溶液洗涤，根据 CPE 情况，更换以适量的疫苗液，加塞后置 33℃ 继续培养至 CPE 达到"＋＋＋～＋＋＋＋"。

（7）选择无污染、CPE 达到"＋＋＋～＋＋＋＋"的细胞培养物，于 2～8℃ 条件下释放病毒 48h。

（8）以无菌方式开启细胞培养瓶，收获上清液，即为单次病毒收获液。

（9）留取检定用样品后，置 2～8℃ 或 -60℃ 条件下保存。

（10）同一细胞批的多个单次病毒收获液检定合格后可合并为一批原液。

3. 半成品的制备

（1）操作者进入无菌室，打开照明及层流（30min 后进行无菌操作），检查无菌室内是否有清场合格证。灭菌物品从灭菌间传入无菌室。

（2）用75%酒精棉球对手指甲、手心、手背、手腕进行消毒，点燃煤气灯。

（3）将疫苗原液缓慢倒入不锈钢桶中，加入所需量的稳定剂搅拌均匀。

（4）以无菌的方式将配好的定量的疫苗稀释液缓慢倒入不锈钢桶中，充分摇匀，即为半成品。

（5）将每瓶半成品上贴上标签，注明批号、体积和日期。

4. 成品的制备

（1）生产前准备

①检查设备，确认后挂生产状态标识。

②核实冻干制品的品名、规格、生产批号和数量。

③放置已灌装的制品，放置温度探头。

（2）冻干

①开压缩机的前箱板冷阀，对制品进行 -40℃ 预冻。

②当制品的温度达到工艺所需求的温度后，保持恒温 2~3h。同时对冷凝器进行制冷，关闭前箱板冷阀，开前箱掺冷阀和后箱板冷阀。

③当冷凝器的温度低于 -45℃ 后，开启真空泵组，抽真空，依次开启小蝶阀、大蝶阀。

④当冻干箱的真空度达到 10Pa 以下时，开始加热，进行升华干燥。

⑤逐步提高导热油温度，然后恒温保持。当制品温度逐渐接近导热油温度时，真空度曲线有明显弯曲，升华干燥结束。

⑥继续加热到最高允许温度，进行解析干燥。

⑦当导热油温度达到最高温度后，恒温 2h。

⑧当制品温度与导热油温度重合时，恒温 2~4h，冻干结束。

⑨开液压泵，进行压塞，压塞结束后按上升按钮升起板层，关闭液压泵。

⑩按顺序关闭阀门、泵。

⑪退出操作界面。

（3）清场。

六、注意事项

（1）鸡胚要严格挑选，不选畸形、破裂的鸡胚，选用 9~11 日龄鸡胚。

（2）鸡胚剪碎后碎块要均匀，用洗液清洗。

（3）吹打不宜过于用力，以免吹破细胞。

（4）释放病毒时要保持低温，时间要充分。

（5）注意无菌操作。

技能实训四　ABO 血型诊断试剂的生产

一、实训目的

（1）了解 ABO 血型诊断试剂的诊断原理。
（2）掌握在制作血液制品中基本的灭活、除菌等操作。

二、实训原理

人的血液中凡红细胞上具有 A 抗原者为 A 型，有 B 抗原者为 B 型，A 抗原和 B 抗原都没有者为 O 型，A 抗原和 B 抗原都有者为 AB 型，这四种血型。为了准确地鉴别血型，常采集富含抗 A 或抗 B 抗体的健康人血，经分离纯化血清，制成抗 A 或抗 B 血清，用于鉴别血型。

三、实训仪器与试剂

（1）仪器　离心机、平板滤器装置（配套 0.22μm 滤膜）、无菌服及口罩、玻璃器皿（经 121℃，1h 高压灭菌）。
（2）试剂　75% 乙醇、美蓝、吖啶黄。

四、实训材料

新鲜血液。

五、实训方法与步骤

1. 血液的采集

利用无菌采血系统从健康的献血人员采集血液，置于灭过菌的玻璃器皿中。经传染病项目（HBsAg、HCV 抗体、HIV-1/HIV-2 抗体、梅毒血清）检验应为阴性，丙氨酸氨基转移酶（ALT）值应在正常范围内。用人 A 血型红细胞和 B 血型红细胞分别测定抗 A 和抗 B 血型血清凝集效价，均应不低于 1:128。

2. 分离

采集的血液凝固后置于 2~6℃ 的环境中 48h，便于去除冷凝集素，在洁净室内按照无菌操作要求进行离心，分离血清到无菌的容器内。

3. 灭活与保存

分离制得的血清经 56℃ 处理 30min，使血清中的某些补体及酶等活性物质失活，保证血清的稳定性，加入叠氮化钠或其他适宜的防腐剂保存。

4. 染色

取制备好的血清，加入染料，使抗 A 血型血清染色呈蓝色（抗 A 血清中加入美蓝），抗 B 血型血清染色呈黄色（抗 B 血清中加入吖啶黄）。

5. 除菌过滤

利用经过灭菌的平板滤器，在无菌环境将血清通过滤器中 0.22μm 的滤膜来达到除菌的目的。

6. 分装、冻干

经过除菌过滤的血清，按照无菌操作要求分装到无菌容器中，及时封口，或冷冻干燥制成冻干品。

六、 注意事项

（1）所用玻璃器皿及容器具必须经过高温灭菌处理；平板滤器系统在生产前后，均应做完整性测试－起泡点试验，从而保证膜的完整性，将整个系统于 121℃处理 1h。

（2）采集的血低温存放，其目的是去除冷凝集素。否则，当成品抗血清在较低温度情况下使用的话，容易出现假阳性反应，干扰检测结果。

知识拓展

"新冠疫苗将成全球公共产品"体现中国担当！

全球新冠肺炎疫情及其连带效应，给世界人民和各国政府带来多重危机。有效应对危机，更加凸显了构建人类命运共同体的迫切性。应对新冠病毒引发的全球公共卫生危机，亟须践行人类命运共同体所要求的团结合作精神。

当前，世界抗疫形势不容乐观，全球累计确诊和死亡人数还在大幅攀升，欧美国家疫情拐点尚未到来，非洲、拉美、印度等医疗力量相对薄弱的国家和地区的疫情流行风险巨大，中国外防输入、内防反弹的压力依然很大。同时，我们对新冠病毒的认知比较有限，病毒究竟源自何处，如何传染给人，其分子属性到底是怎样的，是否会发生突变而使传染性变得更强等科学问题还在探索当中，有效疫苗和特效药尚在研制之中。要想彻底战胜病毒，遏制疫情蔓延势头，仅凭一个国家很难实现，要大力践行团结合作精神，就必须积极构建人类命运共同体。

国家主席习近平 2020 年 5 月 18 日晚在第 73 届世界卫生大会视频会议开幕式上发表致辞。习近平主席在致辞中提出的加强疫情防控六项建议、中国为推进全球抗疫合作的五大举措，引发了国际社会广泛关注。此次世界卫生大会，中国方面提出将在两年内提供 20 亿美元国际援助，用于支持受疫情影响的国家特别是发展中国家抗疫斗争以及经济社会恢复发展。同时郑重承诺，中国新冠疫苗研发完成并投入使用后，将作为全球公共产品，为实现疫苗在发展中国家的可及性和可担负性做出中国贡献。作为最早遭受新冠疫情大规模袭击的受害者,中国较早开始经济和社会的恢复、重启,并努力将自己应对疫情的经验、教训和国际社会分享,积极履行国际义务,向国际社会尤其最需要帮助的发展中国家,提供了力所能及的抗疫帮助。此次世界卫生大会,中国在此基础上提出的国际援助等一系列承诺,正是秉承了当前抗疫急需、各国殷切期待的团结原则。新冠肺炎疫情来势凶猛,在短时间内对世界各国民生、经济和社会造成重创,此时此刻,世界各国团结一致、合作抗疫,成为在尽可能短的时间里以尽可能小的代价控制疫情的关键所在。而作为全球公共卫生战略协调枢纽,作为国际卫生防疫合作的关键机制,世界卫生组织(WHO)的重要性不言而喻,对于"全球一盘棋"控制疫情,尤其对于公共卫生基础薄弱国家的疫情应对,WHO不可或缺。中国和其他许多国家一道,加入为WHO、为全球抗疫大局雪中送炭的行列,充分表现出负责任国际家庭成员的担当,也让更多人重新看到了国际合作抗疫的希望。

2020年12月31日,国务院联防联控机制发布,国药集团中国生物新冠灭活疫苗已获得国家药监局批准附条件上市。已有数据显示,保护率为79.34%,实现安全性、有效性、可及性、可负担性的统一,达到世界卫生组织及国家药监局相关标准要求。后续,疫苗免疫的持久性和保护效果还需持续观察。这一成果来之不易,中国疫苗上市为全球战胜疫情注入信心,也为疫苗成为全球公共产品提供有力支撑。

面对前所未有的全球性疫情,建设一道强大的全球防疫体系,巩固全球防疫大局,需要各国积极履行国际义务,始终奉行生命至上的原则,强化全球卫生系统的薄弱环节,防止出现"木桶效应"。中国用实际行动证明了国际社会积极支持WHO可持续性对国际抗疫大局的正面效应。这无疑有助于WHO更有效地发挥协调全球疫情应对战略,主导对发展中国家防疫帮助等应有作用,对全球、全人类战胜疫情至关重要。在此关键时刻,中国的承诺与担当令人瞩目,其意义也将被历史所证明。(本文摘编自:新华网和搜狐网等)

项目检测

一、名词解释

生物制品　细菌类疫苗　病毒类疫苗　血液制品　抗原

二、填空题

(1) 根据用途可将生物制品分为 _____、_____ 和 _____ 三大类。

(2) 临床上常用的治疗类生物制品主要包括 _____、_____、_____、_____。

三、判断题

（1）类毒素的特点是有毒性，有免疫原性。（　　）
（2）活疫苗的一个优点就是疫苗稳定，便于制备多价或多联苗。（　　）
（3）生物制品的灭活是指彻底将病原体摧毁。（　　）

四、简答题

（1）简述生物制品有哪些特点？
（2）细菌性灭活疫苗的制备主要包括哪些过程？
（3）疫苗为什么要进行效力检验？其检验方法是什么？
（4）什么是生物制品国家批签发制度？包括的范围有哪些？
（5）人血浆蛋白分离纯化的常用方法有哪些？

项目五 基因工程制药技术

项目简介

基因工程制药是基因工程技术在制药方面的应用。基因工程药物的生产包括上游技术和下游技术，上游技术是研究开发必不可少的基础，主要是分离目的基因、构建重组质粒、构建基因工程菌（细胞），该阶段是在实验室完成；下游技术是将工程菌进行大规模培养一直到产物分离纯化、质量控制等，该阶段是将实验室成果产业化、商品化。现在通过基因工程技术已经能够获得之前由于材料来源困难或制造技术问题无法生产的药物，主要有生理活性物质（如胰岛素、干扰素、重组人生长激素等）、抗体和疫苗3大类。

知识目标

- 了解基因工程药物的发展情况。
- 知晓基因工程药物的设计原理。
- 熟知基因工程药物常用的生产方法。
- 熟悉基因工程菌的培养、发酵、分离和提纯过程。

技能目标

- 能采用基因工程菌进行发酵生产。
- 能正确控制发酵过程的指标。

- 能准确判断发酵的终点。
- 能对基因工程宿主的产物进行分离纯化、质量控制。
- 能进行基因工程药物的生产和质量控制。

任务一

了解基因工程制药

一、基因工程药物概述

1953年，沃森（Watson）和克里克（Crick）提出了DNA双螺旋理论，为基因工程技术奠定了理论基础。20世纪70年代，重组DNA技术的发展使生命科学进入了一个崭新的时代，以基因工程为核心的现代生物技术已应用到农业、医药、化工、环境等各个领域。而随着基因工程技术问世，最先应用该技术且研究最活跃的领域便是医药产业。目前基因工程制药主要用于新型生物药物的研制，可大量生产过去难以获得的生理活性蛋白和多肽（如胰岛素、干扰素、细胞因子等），为临床使用提供有效的保障。

基因工程药物有多肽、蛋白质、酶类（尿激酶、链激酶、超氧化物歧化酶）、激素、疫苗、单克隆抗体和细胞因子（干扰素、白介素、生长因子）等。用传统技术提取5mg的生长激素释放因子需要50万头绵羊脑，而用基因工程技术生产只需9L细菌发酵液；生产10g胰岛素传统技术要用450kg猪胰脏，而用基因工程技术（见图5-1）只用200L细菌培养液；2L人血只能生产1μg人白细胞干扰素，而1L基因工程菌发酵液则可生产600μg人白细胞干扰素。

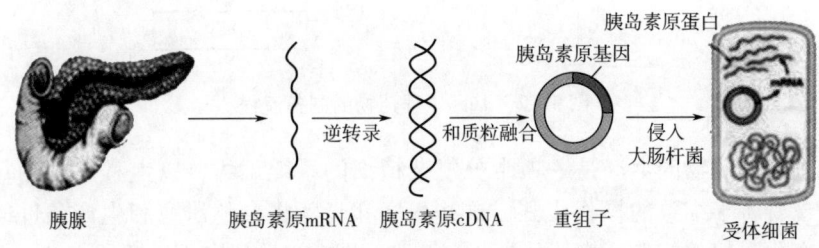

图5-1 基因工程药物——胰岛素的制备流程

二、重组DNA技术的基本过程

基因工程又称基因拼接技术或DNA重组技术，是指将不同来源的DNA片段（目的基因）按预先设计的蓝图，插入到质粒、病毒等载体中，实现遗传物质的重新组合，然后导入宿主细胞，并在其中扩增和表达的过程。基因工程制药技术的出现，使得很多难以从自然界获得或不能获得的蛋白质得以大规模合成，并通过基因工程菌的发酵、基因工程动物细胞培养、转基因动物生物反应器等方式大规模生产。

基因工程药物是首先确定对某种疾病有预防和治疗作用的蛋白质，然后将控制该蛋白质合成过程的 DNA 片段（目的基因）取出来，经过一系列基因操作，最后将该 DNA 片段放入可以大量生产的宿主细胞中去，在宿主细胞不断繁殖过程中，大规模生产具有预防和治疗这些疾病的药用蛋白质。

其主要程序是：获取目的基因，构建 DNA 重组体，将 DNA 重组体转入宿主细胞从而构建出工程菌（细胞），工程菌的发酵（或工程细胞的大规模培养等），外源基因表达产物的分离纯化，产品的检验等（见图 5-2）。

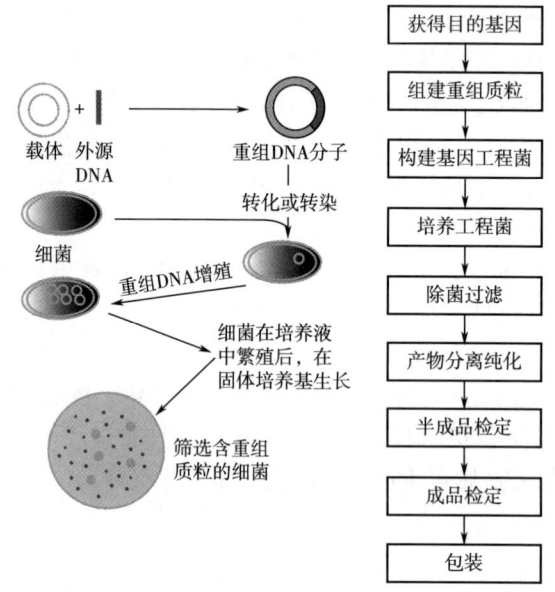

图 5-2 基因工程药物的制备流程

基因工程药物的生产是一项十分复杂精细的系统工程，以上程序中的每个阶段都包含着若干细致的操作步骤，这些程序和步骤将会随研究和生产条件的不同而发生变化，但总体上可将其分为两个阶段，即上游阶段和下游阶段。

上游阶段是研发必不可少的基础，主要在实验室内完成，主要任务是分离目的基因、构建基因工程菌或细胞。在生产基因工程药物时首先要获得目的基因，然后用限制性内切酶和连接酶将所需目的基因插入适当的载体质粒或噬菌体中，然后通过转化、转染、显微注射等方法将其转入大肠杆菌或其他宿主菌（细胞）中，以便大量复制目的基因。在获取目的基因时要进行基因测序。目的基因获得后，最重要的就是选择合适的基因表达系统使目的基因表达。基因表达系统有原核生物系统和真核生物系统，在选择时主要考虑的是保证表达的蛋白质的功能，其次要考虑的是表达量的多少和分离纯化的难易。之后将目的基因与表达载体重组，转入适宜的表达系统，获得稳定高效表达的基因工程菌（细胞）。

下游阶段是将实验室内的成果转化为商品，即大规模地生产出可供使用的医药商品。主要包括新型生物反应器的研制，工程菌大规模发酵（或工程细胞的大规模培养等）最佳参数的确立，分离纯化的优化控制，高纯度产品的制备工艺研究，生物传感器等一系列仪器仪表的设计和制造等。就生产流程而言，从发酵（或工程细胞的大规模培养等）到分离、纯化目标产物，工程菌（细胞）和常规微生物（细胞）生产并无太大差异。但工程菌（细胞）在保持过程中及生产过程中表现出不稳定性，使得工程菌（细胞）的培养有着区别于传统的抗生素和氨基酸发酵等的特殊性。在进行基因工程菌（细胞）培养时需要对影响目的基因表达的因素进行分析，对各种影响因素进行优化，建立适于目的基因高效表达的培养工艺，以便获得较高产量的目的基因表达产物。为了获得合格的目的产物，必须建立起一系列相应的分离纯化、质量控制、产品保存等技术。本项目以基因工程菌制药技术为例，开展学习。

任务二

了解基因工程工具酶和克隆载体

应用基因工程技术生产新型药物，第一步就是构建生产各种新药的不同的基因工程菌株。

一、基因操作中常用的工具酶

由于 DNA 分子很小，其直径只有 2nm，DNA 分子的重组就如同在它们身上进行"手术"，这种操作是非常困难的，因此基因工程实际上是一种"超级显微工程"，是分子水平上的操作，为了获得需要重组和能够重组的 DNA 片段，需要一系列酶促反应的参与，对 DNA 进行修饰、切割、缝合，这些酶包括限制性核酸内切酶、连接酶、聚合酶等对基因进行人工切割和拼接等操作，将这些酶称为工具酶（见表 5-1）。

表 5-1 基因操作中常用的工具酶

工具酶	功能
限制性核酸内切酶	识别特异序列，切割 DNA
DNA 连接酶	催化 DNA 中相邻的 5′磷酸基和 3′羟基末端之间形成磷酸二酯键，使 DNA 切口封闭或使两个 DNA 分子或片段连接

续表

工具酶	功能
DNA 聚合酶 I	①合成双链 cDNA 分子或片段连接 ②缺口平移制作高比活探针 ③DNA 序列分析 ④填补 3′末端
Klenow 片段	又名 DNA 聚合酶 I 大片段，具有完整 DNA 聚合酶的 5′→3′聚合、3′→5′外切活性，而无 5′→3′外切活性。常用于 cDNA 第二链合成，双链 DNA 3′末端标记等
逆转录酶	①合成 cDNA ②替代 DNA 聚合酶 I 进行填补，标记或 DNA 序列分析
多聚核苷酸激酶	催化多聚核苷酸 5′羟基末端磷酸化，或标记探针
末端转移酶	在 3′羟基末端进行同质多聚物加尾

（一）限制性内切酶

限制性内切酶是一类能够识别双链 DNA 分子上特定核苷酸序列，并对此进行切割的水解酶。主要存在于原核微生物中。根据限制酶的结构、辅因子的需求切位与作用方式，分为Ⅰ型、Ⅱ型、Ⅲ型。

1. 限制和修饰系统

原核微生物中存在限制性内切酶及甲基化酶，它们对 DNA 底物有相同的识别序列，但有相反的生物功能。限制性内切酶是一类能够识别双链 DNA 分子上特定核苷酸序列，并进行切割的水解酶。甲基化酶具有宿主专一性，可识别宿主双链 DNA 分子的特定序列进行甲基化修饰，而不修饰外源性 DNA 分子，从而避免了限制酶对宿主 DNA 的降解。因此限制性内切酶及甲基化酶构成了宿主细胞的限制修饰的保护机制。

2. 命名和分类

限制性核酸内切酶分布极广，几乎在所有细菌的属、种中都发现至少一种限制性内切酶，多者在一属中就有几十种，例如，在嗜血杆菌属中现已发现的就有 22 种。一般是以微生物属名的第一个字母和种名的前两个字母组成，第四个字母是特殊标记，如果有株名或血清型，则将株名或血清型的第一个字母置于第三个字母之后。如果同菌株中有若干内切酶，则分别以罗马数字表示，置于宿主菌名称后。如限制性内切酶 *Eco* R I，属名（大写）"E"，种名（小写）"co"，株名"R"，序数"I"，指从大肠杆菌（*Escherichia coli*）R 株分离得到的第一种限制酶。

Ⅰ型和Ⅲ型限制酶在同一蛋白质分子中兼有修饰（甲基化）作用及依赖 ATP 的限制（切割）活性。Ⅲ型限制酶在识别位点上切割 DNA，然后从底物上解离。

Ⅰ型限制酶的切割位点与识别位点不一致，它能够识别结合位点，但却随机切割回转到被结合酶处的 DNA。在分子克隆中，Ⅰ型和Ⅲ型都不常用。Ⅱ型限制性内切酶能够对含有特定基因的 DNA 片段进行有效分离和分析，因此在基因工程中使用广泛。

3. Ⅱ型限制性内切酶

Ⅱ型限制性内切酶能识别双链 DNA 分子中 4~6bp 组成的特定核苷酸序列称为识别序列或识别位点，并在识别位点进行专一性切割 DNA 分子，产生特定的末端。它们对被识别的碱基序列通常具有双轴对称性，即回文序列。最早发现的Ⅱ型限制性内切酶是从大肠埃希菌中分离鉴定的 Eco R I，它的识别序列如图 5-3 所示，具有回文序列，能够特异地结合在一段含有这个核苷酸的 DNA 区域里，在每一条链的鸟嘌呤和腺嘌呤间切断 DNA 链。DNA 链经 Eco R I 对称切割后产生两个单链末端，每个末端有四个核苷酸延伸出来，称为黏性末端。

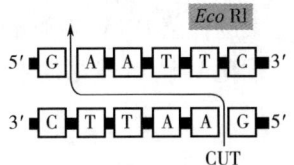

图 5-3 Eco R I 的识别序列

Ⅱ型限制性内切酶切割序列方式有两种：①断裂位置交错，形成黏性末端，又可分为 5′端黏性末端和 3′端黏性末端；②对称轴处断裂形成平头末端（图 5-4）。

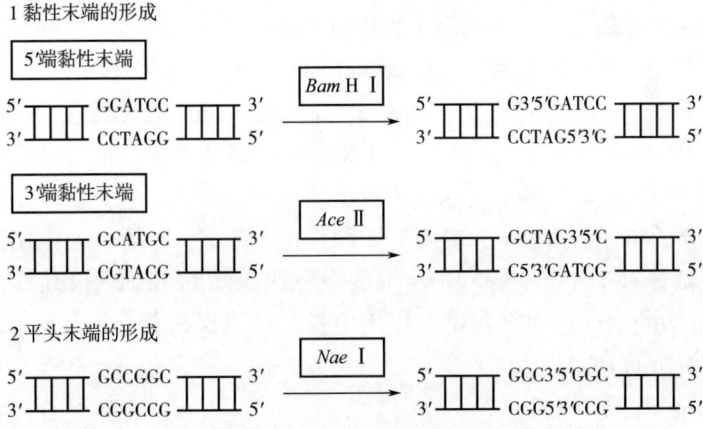

图 5-4 限制性内切酶基本酶切方式

（1）同裂酶（异源同工酶） 来源于不同物种但能识别相同 DNA 序列的限制性内切酶，切割位点可以相同也可以不同。

（2）同尾酶 一些来源不同、识别的靶序列也各不相同，但却能产生出相同的黏性末端的限制性内切酶，特称为同尾酶。

4. 影响限制性内切酶反应的因素

DNA 的纯度、反应的温度、反应体系的缓冲液、酶浓度、反应体积、时间等。

(二) DNA 连接酶

DNA 连接酶是能够催化两条分别具有 5′-磷酰基末端与 3′-羟基末端的 DNA 单链之间形成磷酸二酯键，从而将两条 DNA 分子拼接起来。目前广泛使用的连接酶有 T_4 噬菌体 DNA 连接酶和大肠杆菌 DNA 连接酶。

T_4 噬菌体 DNA 连接酶是从感染 T_4 噬菌体的大肠杆菌中分离到的，分子质量为 68ku，是 T_4 噬菌体自身 DNA 编码的产物，以 ATP 为能源，能够催化 DNA 片段的黏性末端或平头末端的连接或双链 DNA 的切口。

大肠杆菌 DNA 连接酶来源于大肠杆菌，分子质量为 74ku，以 NAD^+ 为辅基，能够催化 DNA 片段黏性末端的连接或双链 DNA 的切口，但不能催化 DNA 平头末端连接。

(三) 聚合酶

1957 年，美国科学家 Arthur Kornberg 首次在大肠杆菌中发现 DNA 聚合酶，这种酶被称为 DNA 聚合酶 I（DNA polymerase I，简称：Pol I）。聚合酶分为 RNA 聚合酶和 DNA 聚合酶。基因工程中应用较多的有大肠杆菌 DNA 聚合酶 I，T_4 噬菌体 DNA 聚合酶，T_7 噬菌体 DNA 聚合酶，Taq DNA 聚合酶及反转录酶等。其中 DNA 聚合酶 I 具有多种酶活性，在基因工程中应用最广泛。

1. 大肠杆菌 DNA 聚合酶 I（*E. coli* DNA pol I）

1956 年，A. kornberg 首先从 *E. coli* 中分离得到。至今已经获得 3 种 DNA 聚合酶，分别为 DNA 聚合酶 I（pol I）、DNA 聚合酶 II（pol II）、DNA 聚合酶 III（pol III），其中 DNA 聚合酶 I 在基因工程中使用最为广泛。它是由一条多肽链组成的球蛋白，分子质量为 109ku。主要有 3 种作用：①5′→3′的聚合作用：但不是复制染色体而是修补 DNA，填补 DNA 上的空隙或是切除 RNA 引物后留下的空隙；②3′→5′的外切酶活性：消除在聚合作用中掺入的错误核苷酸；③5′→3′外切酶活性：切除受损伤的 DNA。

2. Klenow 片段酶

大肠杆菌的 DNA 聚合酶 I 经过枯草杆菌蛋白酶（或胰蛋白酶）处理后，原来的酶分子切成两个片段，其中大片段分子质量为 76ku，小片段分子质量为 34ku。该大片段通常称为 Klenow 片段或 Klenow 酶，通过克隆技术也可以获得 Klenow 片段。它具有 5′→3′的聚合酶活性和 3′→5′的外切酶活性，不具备 5′→3′外切酶活性。

3. T_4 噬菌体 DNA 聚合酶

T_4 DNA 聚合酶是从噬菌体 T_4 感染的大肠杆菌中分离得到的，它与 Klenow 片段相似，也是一条多肽链，分子质量为114ku，由噬菌体自身基因编码。作用如同 Klenow 片段，具有5′→3′的聚合酶活性和3′→5′的外切酶活性，不具备5′→3′外切酶活性。但是，其他的外切酶活性比大肠杆菌 DNA pol I 高200倍。

4. T₇噬菌体 DNA 聚合酶

T₇噬菌体 DNA 聚合酶由 T₇噬菌体感染的大肠杆菌中分离得到，分子质量为80ku。具有5′→3′的聚合酶活性和3′→5′的外切酶活性，其外切酶活性比大肠杆菌 DNA pol I 高100倍。是经过基因工程改造的 T₇噬菌体 DNA 聚合酶，它完全丧失了外切酶的活性，故该酶是 Sanger 双脱氧法对长片段 DNA 进行序列分析的理想用酶（商品名即测序酶）。

5. Taq DNA 聚合酶

Taq DNA 聚合酶是第一个被发现的热稳定 DNA 聚合酶，分子质量为65ku，最初由 Saiki 等从温泉中分离的一株水生噬热杆菌（thermus aquaticus）中提取获得。该酶是一种耐热的依赖于 DNA 的 DNA 聚合酶，具有5′→3′聚合酶活性以及依赖5′→3′聚合酶作用的外切酶活性，聚合酶的最适反应温度是75~80℃。该酶的主要用途是进行聚合酶链式反应（PCR）扩增 DNA。

6. 逆转录酶

逆转录酶（反转录酶）又称为依赖 RNA 的 DNA 聚合酶。1970年 Temin 等在致癌 RNA 病毒中发现了一种特殊的 DNA 聚合酶，该酶以 RNA 为模板，以 dNTP 为底物，tRNA（主要是色氨酸 tRNA）为引物，在 tRNA 3′-OH 末端上，根据碱基配对的原则，按5′-3′方向合成一条与 RNA 模板互补的 DNA 单链，这条 DNA 单链称作互补 DNA（cDNA）。商品化逆转录酶有两种：①AMV（禽成髓细胞瘤）；②Mc-MLV（鼠白血病病毒）。两者都具有5′→3′聚合酶活性，能以 RNA 或 DNA 为模板合成 DNA，具有 RNA 酶 H 活性（核糖核酸外切酶活性）。

7. 末端脱氧核苷酸转移酶

末端脱氧核苷酸转移酶（TdT）是一种无需模板的 DNA 聚合酶，催化脱氧核苷酸结合到 DNA 分子的3′-羟基端。它提取自小牛胸腺，是一种碱性蛋白质，分子质量为34ku。

二、载体

目的基因的获得可以通过工具酶处理得到，然而将获得的目的基因导入宿主细胞却很难做到，即使导入受体细胞也很难复制、表达，因此必须借助于一些"运载工具（交通工具）"携带外源基因进入宿主细胞。通过体外重组技术，将目的基因连接到"运载工具"上，再将"运载工具"送入宿主细胞中进行复制，从而实现目的蛋白的大量表达。我们把这种"运载工具"称为载体，它是指凡来源于质粒或噬菌体的 DNA 分子，可以供插入或克隆目的基因 DNA 并具有运载外源 DNA 导入受体细胞能力的片段。基因工程所用的载体实际上是 DNA 分子，主要来源包括质粒、病毒、噬菌体等。

载体必须具备以下的基本条件：①具有独立复制能力；②具备多个限制酶的识别位点（多克隆位点）；③具有遗传表型或筛选标记；④有足够的容量以容纳外源 DNA 片段；⑤可导入受体细胞。

载体可以有多种分类方法，如按功能分成：克隆载体和表达载体；按进入受体细胞类型分：原核载体、真核载体和穿梭载体；按载体来源分：质粒载体、病毒载体、噬菌体载体。

（一）质粒载体

1. 天然质粒

质粒是指独立于原核生物染色体之外具有自主复制能力的遗传物质，为双链共价闭合的环状 DNA 分子，在所有的细菌类群中都可发现。自然界中，质粒是在营养充足时出现的，大小变化很大，为 1~300kb。有三种构型：共价闭合环状 DNA（cccDNA），两条多核苷酸链均保持完整的环状结构，呈超螺旋的 SC 构型；开环 DNA（ocDNA），两条多核苷酸链仅一条保持完整的环形结构，另一条存在一处或多处缺口，即 OC 构型；线性分子（ssDNA），质粒 DNA 经限制性内切酶酶切后，发生双链断裂而形成，称 L 构型。在琼脂糖凝胶电泳中不同构型的同一质粒 DNA 虽有相同的分子质量，却具有不同的迁移率，迁移速率大小依次为 cccDNA、ssDNA、ocDNA。

质粒具有遗传传递和遗传交换的能力，依赖宿主编码的酶和蛋白质进行复制和转录，伴随宿主染色体的复制而复制，通过分裂传递到后代，但也可以使宿主细胞获得质粒编码的功能，呈现非染色体控制的遗传性状，从而赋予宿主额外的特性。质粒对宿主生存无决定性影响，质粒复制可以与细菌的细胞周期同步，也可独立于细胞周期。一些质粒在菌种间可自由地转移它们的 DNA 分子，另一些只转移质粒给同种细菌，而有些则根本不转移它们的 DNA。质粒带有具有许多功能的基因，这些功能包括对抗生素和重金属的抗性、对诱变原的敏感性、对噬菌体的易感或抗性、产生限制酶、产生稀有的氨基酸和毒素、决定毒力、降解复杂有机分子，以及形成共生关系的能力和在生物界内转移 DNA 的能力。

质粒具有不相容性。质粒的不相容性是指在没有选择压力下，两种亲缘关系密切的不同质粒，不能在同一宿主细胞中稳定共存，也称为质粒的不亲和性。存在于同一宿主细胞中的两种亲缘关系密切的不同质粒，其中的一种会在质粒的增殖过程中被排斥除去。属于不同的不亲和群的质粒则可以在同一宿主细胞中共存。

2. 质粒载体

质粒载体是在天然质粒的基础上为适应实验室操作而进行人工构建的质粒。与天然质粒相比，质粒载体通常带有一个或一个以上的选择性标记基因（如抗生素抗性基因）和一个人工合成的含有多个限制性内切酶识别位点的多克隆位点序列，并去掉了大部分非必需序列，使分子质量尽可能减少，以便于基因工程操作。

用于克隆表达的质粒载体通常涉及以下三个要素。

（1）复制子　复制子又称复制起始区，包含控制质粒DNA复制起点和质粒拷贝数等遗传因素。复制子分为松弛型复制子和严紧型复制子两类。松弛型复制子的复制与宿主蛋白质的合成功能无关，独立于宿主细胞周期。宿主染色体DNA复制受阻时，质粒仍可复制，因此含有此类复制子的质粒在每个宿主细胞中的拷贝数可达到几百甚至几千。严紧型复制子的复制与宿主蛋白质合成相关，与宿主细胞周期同步，因此在每个宿主细胞中为低拷贝数，仅1~3个。目前用于基因克隆的大多数质粒载体为松弛型载体，以提高载体拷贝数。严紧型载体主要用于克隆多拷贝质粒大量表达目的蛋白质导致宿主死亡的目的基因。质粒的复制类型还受宿主状况的影响。

（2）选择标记　由质粒编码的选择标记赋予宿主细胞新的表型，用于鉴定和筛选转化有质粒的宿主细胞。最常见的选择标记为抗生素抗性基因，包括氨苄西林（amp）、四环素（tet）、氯霉素（cm）、卡那霉素（kan）、新霉素（neo）等。含有质粒的宿主细胞被赋予拮抗抗生素的表型而能在含抗生素的环境中生长，从而达到被鉴定筛选的目的。

（3）多克隆位点　质粒载体中由多个限制性内切酶识别序列密集排列形成的序列称之为多克隆位点（MCS）。在克隆操作中，在目的基因两端设计限制性内切酶酶切位点用于插入多克隆位点中特定的酶切位点（见图5-5）。

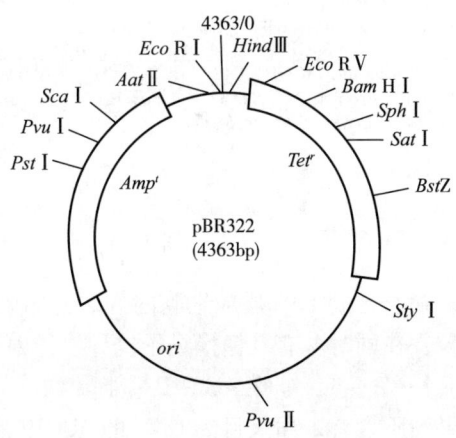

图5-5　质粒pBR 322结构示意图

常用的质粒载体有pBR 322和pUC19。可以克隆的DNA最大片段一般在10kb左右。

（1）质粒载体　pBR 322是研究最多、使用最广泛的载体。pBR 322大小为4363bp，有一个复制起点、一个抗氨苄西林基因（Amp^r）和一个抗四环素基因（Tet^r）。质粒上有36个单一的限制性内切酶位点，如Hind Ⅲ、Eco R I、Bam H I、Sal I、Pst I、Pvu Ⅱ等（见图5-5）。而Bam H I、Sal I、Pst I分别处于四环素和氨苄青霉素抗性基因中。如将一个外源DNA片段插入到Bam H I位点时，将使四环素抗性基因失活；将外源DNA片段插入到Sal I、Pst I位点后，可引起Amp^r失活。因此可以通过Amp^r、Tet^r方便地筛选重组菌。

（2）质粒载体pUC19（见图5-6）是在pBR 322基础上发展起来的性能更优

良的质粒载体。pUC19 大小为 2686bp，带有 pBR 322 的复制起始位点、一个 Amp^r、一个大肠杆菌乳糖操纵子 β - 半乳糖苷酶基因（lacZ）的调节片段、一个调节 lacZ 基因表达的阻遏蛋白基因 lac I。由于 pUC19 质粒含有 Amp^r，可以通过颜色反应和 Amp^r 抗性对转化体进行双重筛选。

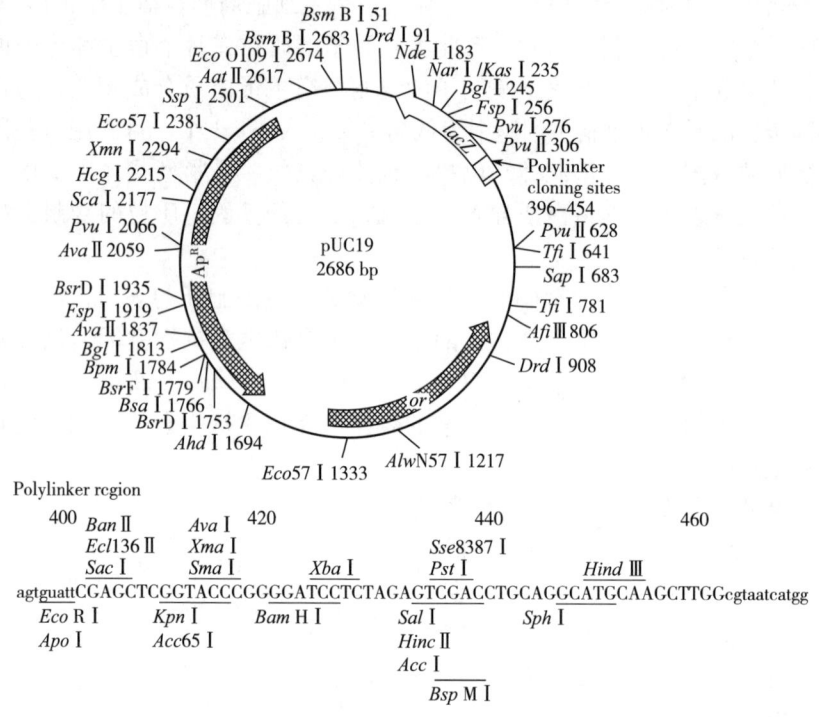

图 5-6　质粒 pUC19 的结构示意图

筛选含 pUC19 质粒细胞的方法：如果细胞中含有已经插入目的 DNA 的 pUC19 质粒，在同时含有乳糖操纵子诱导物异丙基 - β - D - 硫代半乳糖苷和 X - gal（5 - 溴 - 4 - 氯 - 3 - 吲哚 - α - D - 半乳糖苷）底物的培养基上培养时，菌落为白色；如果细胞含有未插入目的 DNA 的 pUC19 质粒，在同样的培养基上将会形成蓝色菌落。因此，可以根据培养基上的颜色反应筛选重组子。

（二）λ 噬菌体载体

噬菌体是感染细菌的一类病毒，有的噬菌体基因组较大，如 λ 噬菌体和 T 噬菌体等；有的则较小，如 M13、f1、fd 噬菌体等。用感染大肠杆菌的 λ 噬菌体改造成的载体应用最为广泛。

λ 噬菌体由头和尾构成，其基因组是长约 49kb 的线性双链 DNA 分子，全长 50kb，含 66 个基因，组装在头部蛋白质外壳内部，其序列已被全部测出，在其分子两端各含有 12 个碱基的互补单链，是天然的黏性末端，被称为 COS 位点

（见图5-7）。

λ噬菌体载体常用于构建基因组文库和cDNA文库。野生型λ噬菌体内含有太多的限制性酶切点，需要经过改造后才能成为可应用的载体。λ噬菌体载体有插入型和置换型两种，插入型载体是指载体中一个酶切位点用于外源DNA的插入，置换型载体是指外源DNA通过置换型载体上非必需序列插入载体。

（三）柯斯质粒

柯斯质粒是将λ噬菌体的黏性末端和大肠埃希菌质粒的抗氨苄青霉素和抗四环素基因相连而获得的人工载体，含一个复制起点、一个或多个限制酶切位点、一个COS片段和抗药基因，能插入40~50kb的外源DNA，常用于构建真核生物基因组文库。

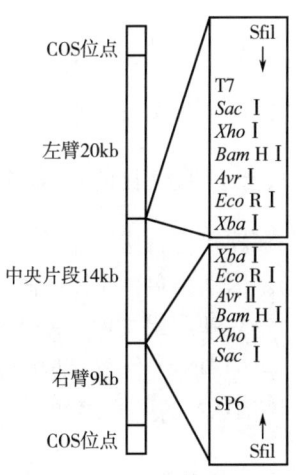

图5-7 λ噬菌体结构图

任务三

基因工程菌构建

基因工程药物的生产以目的基因的获得为起始构建基因工程菌，操作步骤见图5-8。

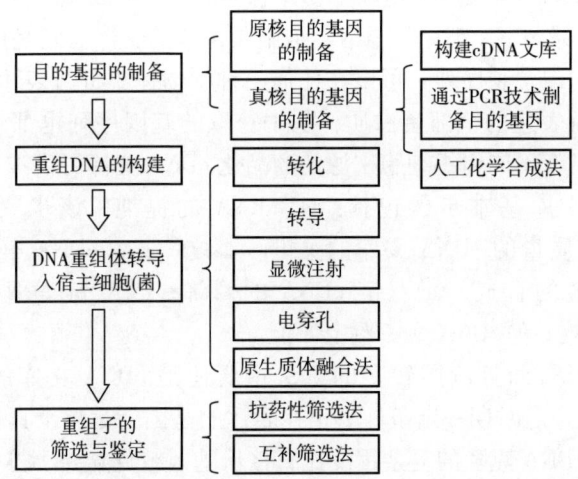

图5-8 基因工程菌构建过程

一、目的基因的获得

基因工程菌（细胞）是含有外源基因的重组载体。

（一）原核目的基因的获得

在原核生物中，结构基因通常会在基因组 DNA 上形成一个连续的编码区域，目的基因在染色体 DNA 中的含量很少，可以选用合适的限制性内切酶切下目的基因，建立基因组文库。基因组文库是将基因组 DNA 通过限制性内切酶部分酶解后所产生的 DNA 片段，随机地同相应的载体重组、克隆，所产生的克隆群体代表了基因组 DNA 的所有序列。

（二）真核目的基因的获得

来源于真核细胞的产生基因工程药物的目的基因，是不能进行直接分离的。真核细胞中单拷贝基因只是染色体 DNA 中很小的一部分，大约为其 $10^{-7} \sim 10^{-5}$，即使多拷贝基因也只有其 10^{-3}，因此从染色体中直接分离纯化目的基因极为困难。另外，在真核生物中由于基因结构是由外显子（蛋白质编码序列）和内含子（非蛋白质编码的间隔序列）排列组成，其转录物需要经过剪接去除内含子，使外显子连接加工产生成熟的 mRNA，为获得完整的能直接进行表达的真核生物编码的基因。常用的方法有构建 cDNA 文库、聚合酶链反应（PCR）法和化学合成法。

1. 构建 cDNA 文库

通过反转录法筛选目的 cDNA。cDNA 是以 mRNA 为模板，在反转录酶作用下合成的互补 DNA。cDNA 文库是提取生物体总 mRNA，并以 mRNA 作为模板，反转录成 cDNA，将全部 cDNA 都克隆至宿主细胞而构建的文库。它是成熟的 mRNA 的拷贝，不含有任何内含子序列，可以在任何一种生物体中进行表达。cDNA 文库代表了细胞或组织所表达的全部蛋白质，从中获取的基因序列也都是直接编码蛋白质的序列。目前已有不同组织细胞来源的商品化 cDNA 文库可供选购。

构建 cDNA 文库基本步骤包括：①mRNA 的提纯，该步骤获取高质量的 mRNA，是构建高质量的 cDNA 文库的关键步骤之一；②cDNA 第一条链的合成；③cDNA 第二条链的合成；④双链 cDNA 的修饰；⑤双链 cDNA 的分子克隆；⑥cDNA 文库的扩增；⑦cDNA 文库鉴定评价。

目前，比较可行而且应用较多的方法主要还是 cDNA 文库的筛选。一方面 cDNA 文库只代表一定时期一定条件下正在表达的基因，是整个真核基因组中的少部分序列，因此 cDNA 克隆的复杂程度比直接从基因组克隆要小得多；另一方面由于每个 cDNA 克隆只代表一种 mRNA 序列，因此在基因克隆过程中出现假阳性的概率比较低，所以 cDNA 文库的构建已成为当前分子生物学研究和基因工程操作的基础。

2. 聚合酶链反应（PCR）法

聚合酶链反应（图5-9）是在1983年由美国科学家Mullis首先提出设想，并在1985年发明了聚合酶链反应，即简易DNA扩增法。该反应的发明意味着PCR技术的真正诞生，他也由此获得了1993年诺贝尔化学奖。PCR是根据生物体内DNA复制原理在DNA聚合酶催化和dNTP参与下，引物依赖DNA模板特异性地扩增DNA。根据已知基因的核苷酸序列，设计引物，进行PCR扩增，获得目的基因。

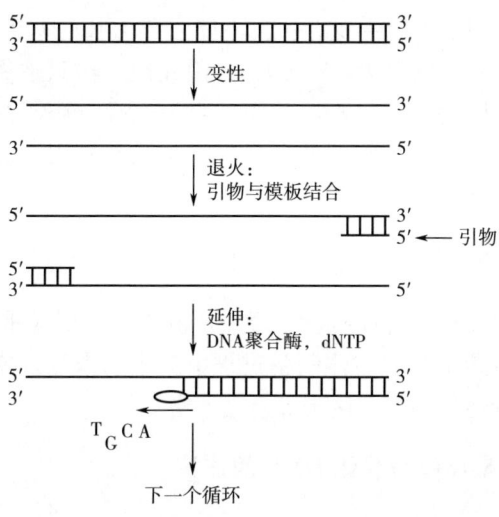

图5-9 聚合酶链反应的基本原理示意图

PCR技术可在短时间内于试管中获得数百个特异DNA序列的拷贝，实际上是在欲扩增的目的DNA的两侧设计一对正向和反向引物，在模板DNA以及四种脱氧核糖核酸（4dNTPs）底物存在的条件下由Taq DNA聚合酶所引导催化的DNA扩增酶促反应。

PCR由三个基本反应组成：①高温变性。通过加热使DNA双螺旋的氢键断裂，双链解离形成单链DNA。②低温退火。使温度下降，引物与模板DNA中所要扩增的目的序列的两侧互补序列进行配对结合。③适温延伸。在TaqDNA聚合酶、4dNTPs及Mg^{2+}存在下，引物3′端向前延伸，合成与模板碱基序列完全互补的DNA链。通过变性、退火和延伸便构成一个循环，每一次循环产物可作为下一次循环的模板，数小时之后（25~30次循环），介于两引物间的目的DNA片段便可扩增10^5~10^7拷贝。

必须注意的是PCR体外扩增容易带入突变，为了保证目的基因片段序列的正确性，建议使用高保真的DNA聚合酶和相对保守的PCR扩增条件。同时，凡经PCR扩增制备的目的基因片段，在实现克隆后必须进行测序分析。

3. 化学合成法

已知序列的较小蛋白质或多肽的编码基因可以用化学合成法直接合成。

根据已知序列编码基因的核苷酸排列序列，利用化学合成方法分别合成 DNA 两条互补的单链，在适当条件下退火，形成黏性末端的 DNA 双链片段，然后将这些双链片段按正确的次序进行退火，连接成较长的 DNA 片段，再用连接酶连接成完整的基因。1983 年美国 ABI 公司研制的 DNA 自动合成仪，可以合成单链的寡核苷酸链，而获得某些真核生物小分子蛋白质或多肽的编码基因。

人工化学合成基因的限制主要有：①不能合成太长的基因。目前 DNA 合成仪所合成的寡核苷酸片段长度仅为 50~60bp，因此此方法只适用于克隆小分子肽的基因。②人工合成基因时，遗传密码的简并会为选择密码子带来很大困难，如用氨基酸顺序推测核苷酸序列，得到的结果可能与天然基因不完全一致，易造成中性突变。③费用较高。

二、重组 DNA 的构建（目的基因与载体的连接）

连接酶催化载体 DNA 与目的基因 DNA 片段连接，形成重组子，称为 DNA 分子体外重组。根据目的基因和载体制备过程中产生的末端性质不同，可采用黏性末端连接、平头末端连接和人工接头等连接策略。

（一）黏性 DNA 片段与载体 DNA 的连接

如图 5-10 所示，目的基因 DNA 片段经双酶切后获得不同黏性末端的两端，可与双酶切后的载体 DNA，经连接酶作用顺利连接，形成重组 DNA 分子。当目的基因 DNA 片段经单酶切或同尾酶切后会获得相同黏性末端的两端，与经单酶切的载体 DNA（含有相同黏性末端的两端与目的基因 DNA 片段的黏性末端互补）也可在连接酶的催化下连接，但获得的是正反两个方向的重组 DNA 分子。连接反应产生的目的基因和载体的自身环化可以通过载体上的选择标记进行筛选。

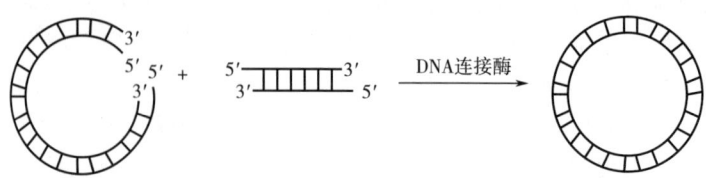

图 5-10 黏性末端 DNA 片段与载体 DNA 的连接

（二）平头末端 DNA 片段与载体 DNA 的连接

平头末端之间的连接效率很低，约为黏性末端之间的连接效率的 1/10~1/100。平头末端之间连接通常需要在高浓度 DNA、低浓度 ATP、大量 T_4 DNA 连接酶存在时，由 T_4 DNA 连接酶催化完成，另外可以通过同聚物加尾法，衔接物连接法和接头连接法进行连接。

三、重组 DNA 转导入受体细胞（菌）

将重组 DNA 导入受体细胞，使重组 DNA 分子进行扩增和目的基因的表达。受体细胞分为原核细胞和真核细胞两类，原核细胞包括大肠杆菌、枯草杆菌、链球菌等；真核细胞包括酵母、昆虫细胞、哺乳动物细胞、植物细胞等。重组 DNA 分子导入受体细胞的方法：转化、转染、显微注射、电击法和细胞融合法等。

（一）转化法

转化法是将重组质粒导入受体细菌细胞，使受体菌遗传性状发生改变的方法。如氯化钙转化法。将对数生长期的大肠杆菌处于 0℃ 的氯化钙低渗溶液中，细胞膨胀成球形（感受态），经 42℃ 短时间热冲击后，细胞膜通透性倍加，细胞可吸收外源 DNA，在丰富培养基上生长数小时后，球状细胞复原，并分裂增殖，得到重组子。

（二）转染法

转染法是将携带目的基因 DNA 的病毒经外壳包装后成为成熟的病毒颗粒感染受体细胞的方法。

（三）显微注射法

显微注射法是利用显微操作仪将外源基因直接注入细胞核内的一项技术。通过显微操作，首先用口径约 $100\mu m$ 的细玻璃管吸住受精卵细胞，然后用口径为 $1\sim2\mu m$ 的细玻璃针刺入细胞核将 DNA 注入。

（四）电击法

电击法不需要预先诱导细胞成感受态，在高压电脉冲作用下，依靠短暂的电击，促使 DNA 进入细胞。

（五）细胞融合法

细胞融合法是携带目的基因 DNA 的供体细胞和受体细胞经 PEG 或仙台病毒等处理发生融合，目的基因 DNA 转移至受体细胞。

四、重组子的筛选与鉴定

重组子是指在受体细胞中已融入了重组 DNA 分子。重组子在全部受体细胞中只占极少数，需要从大量细胞中筛选与鉴定。

（一）载体遗传标记法

1. 抗药性筛选

抗生素抗性基因有氨苄西林、四环素、氯霉素、卡那霉素和新霉素等，是常用的筛选标记。含有上述抗生素抗性基因的重组子能在含该抗生素的环境中生长，从而被鉴定筛选出来。

2. α互补筛选

如蓝白筛选（图5-11）。pUC载体含有 *lacZ* α 基因，该基因编码大肠杆菌β-半乳糖苷酶α氨基端的α互补肽段，与受体细胞编码的缺陷型β-半乳糖苷酶α实现互补。在异丙基-β-D-硫代半乳糖苷诱导下，含有该类载体的受体细胞的两个互补肽段产生活性，可分解培养基上的底物5-溴-4-氯-3-吲哚-β-D-半乳糖苷（X-gal），形成蓝色菌落（空载体的受体细胞）。当外源基因插入 *lacZ* α 基因内部的多克隆位点，重组子在 X-gal 的培养基上失活而呈白色菌落，从而得到鉴定筛选。

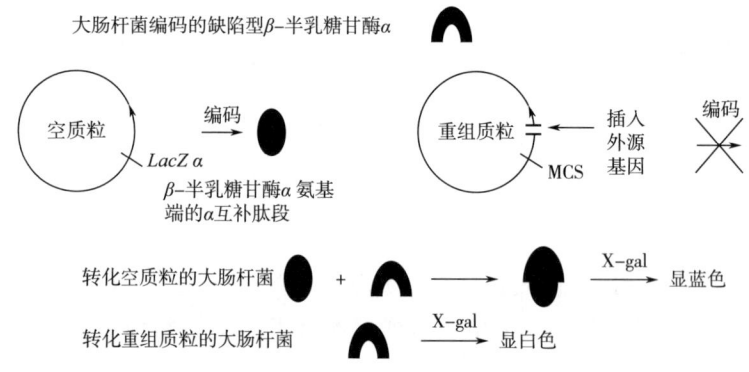

图 5-11　蓝白筛选示意图

3. 营养缺陷型筛选

载体携带某些营养成分的编码基因，而受体细胞因该基因突变而不能合成生长所必需的营养物质。因此只有含重组子的菌体才能够在缺少该营养物质的培养板上生长，从而得到筛选。

4. 噬菌斑筛选

以噬菌体为载体的外源重组DNA，转染受体细胞后，在固体培养板上出现清晰的噬菌斑，不含外源DNA的空载体不能形成噬菌斑，由此得到筛选。

（二）核酸分子杂交法

1. 探针原位杂交法

制备与目的基因某一区域同源的核酸探针序列，探针序列能特异性地与目的基因杂交，并通过放射性同位素或荧光基团进行定位检测。

2. DNA 印迹分析

DNA 印迹分析是用 DNA 探针来检测特定序列的 DNA。将待检测 DNA 混合物进行硝酸纤维素膜凝胶电泳分离，然后与放射性核酸标记的 DNA 探针进行杂交，从而检测出目的 DNA 片段。

3. RNA 印迹分析

RNA 印迹分析是用 DNA 探针检测特定序列的 RNA，分析该基因表达及 mRNA 的分子质量大小。

4. DNA 序列测定法

插入外源 DNA 序列的正确性必须由 DNA 测序法进行分析。目前采用双脱氧终止法进行 DNA 测序，已有大型全自动的测序仪提供商业化的测序服务。

5. 目的基因表达产物测定法

如果重组 DNA 的目的基因能在受体细胞中编码蛋白质，且受体细胞本身不含该蛋白质，那么可以通过检测蛋白质的生物功能或结构来筛选和鉴定重组子。

6. 限制性内切酶图谱法

从初步筛选的转化子中提取重组 DNA，选择合适的限制性内切酶进行酶切，通过琼脂糖凝胶电泳鉴定相对分子质量大小，含有目的基因 DNA 片段酶切产物的为阳性克隆。

五、基因表达

基因表达是将克隆的目的基因在一个选定的宿主细胞中表达，即结构基因在生物体中的转录、翻译以及所有加工过程。基因工程中基因高效表达研究是指外源基因在某种细胞中的表达活动，即剪切下一个外源基因片段，拼接到另一个基因表达体系中，使其能获得既有原生物活性又可高产的表达产物。进行基因表达研究，人们关心的问题主要是目的基因的表达产量、表达产物的稳定性、产物的生物学活性和表达产物的分离纯化。因此在进行基因表达设计时，应综合考虑各种影响因素，选择合适的表达系统，建立最佳的基因表达体系，从而提高目的基因的表达产量、产物的稳定性及生物活性，同时使表达产物易于分离纯化。

目的基因获得后，必须在合适的宿主细胞中进行表达，才能获得目的产物。选择宿主细胞要满足以下条件：容易获得较高浓度的细胞；不致病、不产生内毒素；发热量低，需氧低，适当的发酵温度和细胞形态；能利用易得廉价原料；容易进行代谢调控；容易进行 DNA 重组技术操作；产物的产量、产率高，产物容易提取纯化。

用于基因表达的宿主细胞分为两大类，第一类为原核细胞，目前常用的有大肠杆菌、枯草芽孢菌、链霉菌等；第二类为真核细胞，常用的有酵母丝状真菌、哺乳动物细胞等。

（一）原核细胞表达系

一般将克隆基因插入合适载体后导入原核细胞［大肠杆菌（E. coli）、枯草芽孢杆菌、链霉菌等］中，用于表达大量蛋白的方法称为原核表达。

1. 大肠杆菌

由于人们对大肠杆菌的分子遗传学研究较深入，且由于大肠杆菌生长迅速，所以目前它仍是基因工程研究中采用最多的原核表达体系。大肠杆菌由于本身的特点，其表达基因工程产物的形式多种多样，有细胞内不溶性表达（包含体）、胞内可溶性表达、细胞周质表达等，极少数情况下还可分泌到细胞外表达。不同的表达形式具有不同的表达水平，且会带来完全不同的杂质。

大肠杆菌作为表达系统，具有遗传背景清楚、目标基因表达水平高，表达系统成熟完善、成本低、周期短、效率高、操作简单、易于生长和控制等优点。

缺点主要是由于大肠杆菌中的表达不存在信号肽，故产品多为胞内产物，提取时需破碎细胞，细胞质内其他蛋白质也随之释放出来，因而造成提取困难。另外由于分泌能力不足，外源蛋白常形成不溶性的包含体，表达产物必须在下游处理过程中经过变性和复性处理才能恢复其生物活性。在大肠杆菌中的表达不存在翻译后修饰作用，故对蛋白质产物不能糖基化，因此只适于表达不经糖基化等翻译后修饰仍具有生物功能的真核蛋白质，在应用上受到一定限制。由于翻译常从甲硫氨酸的 AUG 密码子开始，故目的蛋白质的 N 端常多余一个甲硫氨酸残基，容易引起免疫反应。大肠杆菌会产生很难除去的内毒素，还会产生蛋白酶而破坏目的蛋白质。

2. 枯草芽孢杆菌

枯草芽孢杆菌分泌能力强，可以将蛋白质产物直接分泌到培养液中，不形成包含体，也不使蛋白质产物糖基化，但是由于它有很强的胞外蛋白酶，会对产物进行不同程度的降解，因此影响它在外源基因克隆表达中的应用。

3. 链霉菌

链霉菌作为重要的工业微生物，近年来在外源基因表达体系的应用上正日益受到人们的重视。其具有不致病、使用安全，分泌能力强，可将表达产物直接分泌到培养液中等特点，可以作为理想的受菌。现已构建了一系列有效的载体，下游培养工艺也已成熟。

（二）真核细胞表达系

基于原核表达系统上述缺点，利用真核表达系统表达外源蛋白越来越受到重视。常用的真核表达系统有酵母表达系统、昆虫细胞表达系统和哺乳动物细胞表达系统。酵母表达系统包括酿酒酵母、裂殖酵母和甲醇酵母等；昆虫细胞表达系统是利用昆虫的细胞和杆状病毒载体表达外源蛋白；哺乳动物细胞表达系统表达的外源蛋白，蛋白质正确折叠，精确翻译，在结构、理化性质及生物功能上最为接近天然的高等生物蛋白质。

1. 酵母

酵母菌是研究基因表达调控最有效的单细胞真核微生物，其基因组小，仅为大肠杆菌的4倍，世代时间短，有单倍体、双倍体两种形式。酵母的特点是繁殖迅速，个体大，可以廉价地大规模培养，容易从发酵液中回收，而且不产生内毒素。现已在酵母中成功地建立了几种能够将所表达的产物直接分泌出酵母细胞外的表达系统，从而大大简化了产物的分离纯化工艺。另一个特点是表达产物能糖基化，特别是某些在细菌系统中表达不良的真核基因，酵母中表达良好。在各种酵母中，以酿酒酵母的应用历史最为悠久，研究资料也最丰富。目前已有不少真核基因在酵母中获得成功克隆和表达，如干扰素、乙肝表面抗原基因等。

2. 丝状真菌

丝状真菌是重要的工业菌株。其特点是：有很强的蛋白质分泌能力；能正确进行翻译后加工，而且其糖基化方式与高等真核生物相似；丝状真菌（如曲霉）等被确认是安全菌株，有成熟的发酵和后处理工艺。

3. 昆虫细胞表达系统

昆虫表达系统是利用昆虫的细胞和杆状病毒载体表达外蛋白。与其他表达系统比较，具有以下优点：①可以表达较大的外源基因，并可同时表达多个外源基因；②可以实现不同生物来源的外源基因的表达，表达形式为胞内表达和分泌型表达；③蛋白质翻译后加工功能与高等生物类似，外源蛋白保持天然生物活性；④杆状病毒具有宿主专一性，对植物和脊椎动物无致病性，生物安全性高。

4. 哺乳动物细胞

哺乳动物细胞分泌的基因产物是糖基化的，接近或类似于天然产物。哺乳动物细胞由于外源基因的表达产物可分泌到培养液中，从而使产物纯化变得容易。但动物细胞生产慢，因而生产率低，而且培养条件苛刻，费用高，培养液浓度较低。用于重组DNA生产蛋白的最常用宿主是中国仓鼠卵巢细胞（CHO）。

虽然各种微生物从理论上讲都可以用于基因的表达，但由于克隆载体、DNA导入方法以及遗传背景等方面的限制，目前大肠杆菌和酿酒酵母仍然是使用最广泛的宿主菌。

（三）基因工程菌的稳定性

基因工程菌在传代过程中经常出现质粒不稳定的现象，这种不稳定分为分裂不稳定和结构不稳定。质粒的分裂不稳定是指工程菌分裂时出现一定比例不含质粒子代菌的现象。质粒的结构不稳定是指外源基因从质粒上丢失或碱基重排、缺失所致工程菌性能的改变。由于这种菌与带质粒的菌相比具有一定的生长优势，因而能在培养中逐渐取代含质粒菌，而成为优势菌，减少基因表达的产率。

1. 质粒不稳定产生的原因

工程菌的质粒不稳定常见的是分裂不稳定，它主要与两个因素有关：①含质粒菌产生不含质粒子代菌的频率；②这两种菌的比生长速率差异的大小。

2. 提高质粒稳定性的方法

提高工程菌培养中质粒的稳定性，可以采用两阶段培养法培养工程菌：第一阶段先使菌体生长至一定密度，第二阶段诱导外源基因的表达。由于第一阶段外源基因未表达，从而减小了重组菌与质粒丢失菌的比生长速率的差别，增加了质粒的稳定性。在培养基中加入选择性压力如抗生素等，以抑制质粒丢失菌的生长，也是工程菌培养中提高质粒稳定性的常用方法。

任务四

基因工程药物的生产

一、基因工程菌发酵

良好的发酵工艺对外源蛋白的表达至关重要，直接影响到产品的质量和生产成本，决定着产品在市场上的竞争力。就生产流程而言，从发酵到分离、纯化目标产物，工程菌和常规微生物并无太多的差异。但工程菌在保存过程中及发酵生产过程中表现出不稳定性，以及安全性等问题，使得工程菌的培养有着自身特点。

（一）基因工程菌的安全性

基因工程菌的主要安全问题，就是它的潜在危险性。经过重组的菌和质粒一旦用于工业化生产，就不可避免的进入自然界，这些菌能间接地危害人体健康，使治疗药物失去效用，污染环境等。因此，安全问题是极其重要的。

1974年，提出了DNA重组实验具有潜在生物危险性的问题。后来，制定了有关DNA重组实验的准则，其目的是保证实验的安全和推动重组DNA的研究。这些准则参照了防止病原微生物污染的措施，以及根据对实验安全度的评定，采用物理封闭和生物封闭两种方法。

（二）基因工程菌的培养

基因工程菌的培养和发酵是使其外源基因能够高水平表达，获得大量的外源基因产物。基因工程菌的培养过程主要包括：①通过摇瓶操作了解工程菌生长的基础条件，如温度、pH、培养基各种组分以及碳氮比，分析表达产物的合成、积累对受体细胞的影响；②通过发酵罐操作确定发酵参数和控制的方案以及顺序。由于细胞生长和异源基因表达之间有着较大的差异，各培养参数在全过程中必须分段控制。

在不同的发酵条件下，工程菌的代谢途径也许不一样，因而对下游的纯化工艺会造成不同的影响。因此在高表达高密度的前提下，还要尽量建立有利于纯化的发酵工艺，以提高产品的纯度及改善其性质。

1. 基因工程菌的培养方式

基因工程菌培养常用的方式有：补料-分批培养、连续培养、透析培养等。

（1）补料-分批培养　补料-分批培养是将种子接入生物反应器后，在发酵过程中一次或多次补入含有一种或多种营养成分的新鲜培养基液，使菌体进一步生长的培养方法。它以分批培养为基础，吸取了连续培养的优点，消除高浓度底物对细胞生产的抑制作用，弥补低浓度底物限制细胞生产的缺陷，从而有效地控制了菌体的生产过程。在发酵过程中，为保持基因工程菌生长所需的良好微环境，延长其对数生长期，获得高密度菌体，通常把溶氧控制和流加补料措施结合起来，根据基因工程菌的生长规律来调节补料的流加速率。

（2）连续培养　连续培养是将种子接入发酵反应器中，搅拌培养至一定菌体浓度后，一边连续不断地输入新鲜无菌料液，一边又以相同的流速放出发酵液，维持发酵液原来体积，使微生物在稳定状态下生长和代谢，是一种开放系统。

连续培养可使微生物的生长和代谢活动保持旺盛的稳定状态，保证产率和产品质量的相对稳定，同时发酵反应器容积小，容易对反应速率、发酵过程进行控制。但是由于基因工程菌的不稳定性，连续培养比较困难。为解决这一问题，人们将工程菌的生长阶段和基因表达阶段分开，进行两阶段连续培养。在这样的系统中关键的控制参数是诱导水平、稀释率和细胞比生长速率。优化这3个参数可以保证在第一阶段培养时质粒稳定，在第二阶段可获得最高表达水平或最大产率。

（3）透析培养　透析培养是利用半透膜的原理使代谢产物和培养基分离，通过去除培养液中的代谢产物来解除其对生产菌的不利影响。传统生产外源蛋白的发酵方法，由于乙酸等代谢副产物的过高积累而限制工程菌的生长及外源基因的表达，而透析解决了这一问题。在细菌培养液与培养基之间隔有一层透析膜，使培养基中高浓度小分子质量的营养成分通过透析膜（不能透过大分子物质）不断扩散到细菌培养液中，供菌体生长繁殖，获得高浓度的产物。

2. 基因工程菌发酵条件

基因工程菌发酵生产的目的是使外源基因高效表达，尽可能减少宿主细胞本身蛋白的污染，以获得大量的外源基因产物。外源基因的高效表达，不仅涉及宿主、载体和克隆基因之间的相互关系，而且与其所处的环境息息相关。不同的发酵条件，基因工程菌的代谢途径也可能发生改变，对下游的纯化工艺就会造成不同的影响，因此，发酵条件不但影响产率，还直接影响产品的纯化及质量。工程菌发酵工艺的优化对异源蛋白的表达关系重大，必须建立最佳化工艺。最佳化工艺是获得最短周期、最高产量、最好质量、最低消耗、最大安全性、最周全的废物处理效果、最佳速度与最低失败率等指标的保障。

（1）培养基　培养基的组成既要提高工程菌的生长速率，又要保持重组质粒的稳定性，使外源基因能够高效表达。培养基中常用的碳源有葡萄糖、甘油、乳糖、甘露醇、果糖等；氮源有酵母提取物、蛋白胨、酪蛋白水解物、玉米浆、氨水、硫酸铵、硝酸铵、氯化铵等；还应加一些无机盐、微量元素、维生素、生物素等。对营养缺陷型菌株还要补加相应的营养物质。

使用不同的碳源对菌体生长和外源基因的表达有较大的影响，如葡萄糖作碳源菌体产生的副产物较多，甘油作碳源菌体得率较大；酪蛋白水解物作氮源有利于产物的合成与分泌。无机磷在许多初级代谢的酶促反应中是一个效应因子，过量的无机磷会刺激葡萄糖的利用、菌体生长和氧的消耗。启动子只有在低磷酸盐时才被启动。

（2）接种量　接种量是指移入的种子液的体积和培养液体积之比。接种量的大小直接影响发酵产量和发酵周期，接种量的多少取决于生产菌种在发酵中的生长繁殖速度。如接种量小，延长菌体延迟期，不利于外源基因的表达。适量的接种量，有利于菌体对基质的利用，缩短生长延迟期，使产生菌迅速占领整个培养环境，减少污染机会；但接种量过大，使菌体生长过快，代谢产物累积过多，抑制后期菌体的生长。

（3）培养温度　温度对基因表达的调控作用可发生在复制、转录、翻译等水平上。温敏扩增型质粒，升温后质粒拷贝数就处于失控状态，对菌体生长有很大影响。因此对含此类质粒的工程菌，通常要先在较低温度下培养，然后升温，以大量增加质粒拷贝数，诱导外源基因表达。温度还影响蛋白质的活性和包含体的形成。含有重组质粒菌的生长速率往往比宿主细胞慢，通常情况下，温度低于50℃，重组质粒非常稳定，当温度高于50℃时，重组质粒在分批培养的对数生长后期和连续培养时均表现出不稳定性。

（4）pH　pH对细胞的正常生长和外源蛋白的高效表达都有影响，可采用二阶段培养工艺，培养前期是细胞生长期，最佳pH范围在6.8~7.4；培养后期是外源蛋白表达时期，pH为6.0~6.5。

（5）溶解氧　溶解氧对菌体的生长和产物的生成影响很大。菌体在大量扩增过程中，随溶解氧浓度的下降，细胞生长减慢，尤其在发酵后期，下降的幅度更大。采用调节搅拌转速的方法可以改善培养过程中的氧供给，提高活菌产量。在发酵前期采用低速搅拌，可满足菌体生长；在培养后期，提高搅拌转速满足菌体继续生长的要求。

3. 发酵设备

工程菌的培养与普通微生物的培养方法类似。现在工业上多半使用大肠杆菌为宿主，所以在一般的通气搅拌罐中就能生长良好，其主要区别就是不仅要防止外部微生物入侵罐内，还要不使培养物外漏。因此对发酵罐的要求是十分严格的。

（1）发酵罐组成　发酵罐的组成部分有：发酵罐体、搅拌器、温度控制、灭菌系统、空气无菌过滤装置、参数测量与控制系统（如pH、O_2、CO_2等）、培养液配制及连续操作装置等。

（2）对发酵罐的要求

①发酵罐材料要有良好的稳定性，一般要用不锈钢制成，罐体表面光滑易清洗，灭菌时没有死角。

②与发酵罐连接的阀门要用膜式阀，所有的连接接口均要用密封圈封闭，不留"死腔"。搅拌器转速和通气应适当，任何接口处均不得有泄漏；轴封可采用磁力搅拌或双端面密封。

③空气过滤系统要采用活性炭和玻璃纤维棉材料。

④培养液要经化学处理或热处理后才可排放，发酵罐的排气口要用蒸汽灭菌或微孔滤器除菌后，才可以将废气放出。

4. 基因工程药物的分离纯化

由于许多基因工程药物（如酶、抗体、干扰素、各种细胞因子等）都是活性肽或蛋白质。这些产品在分离纯化时具有下列特点：①目的产物在发酵液中含量较低；②含目的产物的发酵液组成复杂，特别是产物类似物对目的产物的分离纯化有很大影响；③目的产物的稳定性差，容易失活、变性；④种类繁多，包括有大、中、小分子结构复杂或简单的有机化合物，以及结构复杂又性质各异的生物活性物质；⑤应用面广，对其质量、纯度要求高，甚至要求无菌、无热原等。

一般来说基因工程药物的分离纯化不应超过4~5步，包括细胞破碎、固液分离、浓缩纯化、成品加工。具体流程见图5-12。

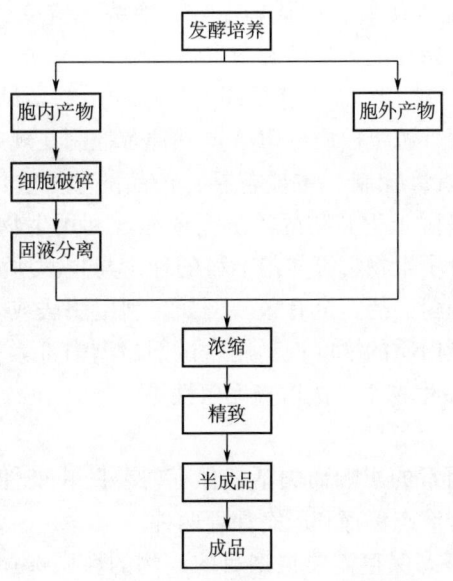

图5-12　基因工程药物分离纯化流程

分离纯化技术的要求：

①技术条件温和，能保证目的产物的生物活性；

②选择性好，能从复杂的混合物中有效分离目的产物；

③收率高；

④工艺步骤尽量少，分离纯化过程快。

（1）目的产物的初级分离　细胞培养结束后，需要将细胞从培养液中分离出来，如果目的产物在细胞内，则需要将细胞破碎释放产物，同时除去其他杂质。分离方法有离心、沉淀、膜分离、双水相萃取、反胶团萃取等。

（2）目的产物的纯化　在分离的基础上，采用离子交换色谱、凝胶过滤色谱、反向色谱、疏水色谱、亲和色谱等方法，使产物纯化。

5. 基因工程药物的质量控制

基因工程药物与一般药物的生产有着许多不同之处：①基因工程药物是利用活细胞系统来制备产品，所获得的蛋白质产品往往相对分子质量较大，并且结构复杂；②许多基因工程药物如胰岛素等都是参与人体功能的精细调节，在极微量的情况下就会产生显著的效应，任何性质或数量上的偏差，都可能延误病情甚至造成严重危害。基因工程药物主要的质量控制点包括原材料的质量控制、培养过程的质量控制、产品的质量控制、目标产品的质量控制。

（1）原材料的质量控制　原材料的质量控制是要确保编码药品的DNA序列的正确性，且重组微生物来自单一克隆，所用质粒纯而稳定，以保证产品质量的安全性和一致性。

（2）培养过程的质量控制　在工程菌菌种贮存中，要求种子克隆单一而稳定；在培养过程中，要求工程菌所含的质粒稳定，始终无突变；在重复生产发酵中，要求工程菌表达稳定；始终能排除外源微生物污染。

（3）产品的质量控制　产品要有足够的生理和生物学试验数据，保证提纯物分子批间保持一致性；外源蛋白质、DNA与热原都控制在规定限度以下。

（4）目标产品的质量控制　主要包括：产品的鉴别、纯度、活性、安全性、稳定性和一致性。对基因工程药物的检测需要综合利用生物化学、免疫学、微生物学、细胞生物学和分子生物学等多门学科的理论与技术所建立起来的鉴定方法，才能切实保证基因工程药品的安全有效。例如，利用酶法或化学降解法分析肽图；利用凯氏定氮法测定蛋白质的浓度；利用鲎试剂检测内毒素；利用DNA杂交技术检测残余DNA；利用微生物学方法检查无菌性等。

6. 产品的保存

目的产物受多种因素的影响而失活，保存时要防止变性、降解、保护活性中心。主要的保存方法有液态保存和固态保存两种。

（1）液态保存　液态保存需要根据目的产物的性质选择适合的保存方法：对热敏感的蛋白质，可以采用低温保存；在高浓度溶液中比较稳定的蛋白质，可以采用高浓度保存法；多数蛋白质在等电点时比较稳定，应将溶液调到等电点或其比较稳定的 pH 范围内；另外很多蛋白质在疏水环境中才能长期保存，所以可以加入一些稳定剂：糖类、脂肪类、蛋白质类、多元醇、有机溶剂等，有些需要加盐，加 2-巯基乙醇在真空或惰性气体中保存。

(2) 固态保存　蛋白质的固体状态比液体状态稳定，长期保存可以制成干粉或结晶，因为这两种状态具有强抗热性和稳定性，所以把它们放在干燥器中在4℃下可以保持很长时间。

二、典型药物生产实例——胰岛素

胰岛素的使用，使数以万计的糖尿病患者的生命得到挽救，传统上应用于临床的胰岛素都来源于动物，国外主要是牛胰岛素，国内主要是猪胰岛素。1982 年世界上第一个重组胰岛素问世，之后动物胰岛素就逐渐被基因工程人胰岛素所取代。

(一) 概述

胰岛素广泛存在于人和动物的胰脏中，正常人的胰脏约含有 200 万个胰岛，胰岛由 α-、β-和 δ-三种细胞组成，其中 β-细胞分泌胰岛素，α-细胞分泌胰高血糖素和胰抗脂肝素，δ-细胞分泌生长激素抑制因子。在 β-细胞中，胰岛素先以活性很弱的前体胰岛素原存在的，然后分解为胰岛素进入血液循环。胰岛素在机体新陈代谢中具有控制中心的作用，在临床上主要用于Ⅰ型糖尿病和口服治疗不明显的Ⅱ型糖尿病的治疗。

(二) 结构和性质

胰岛素由 A 链、B 链通过两个二硫键连接而成，分子式：$C_{257}H_{383}N_{65}O_{77}S_6$，相对分子质量 5807.69。人胰岛素 A 链由 11 种 21 个氨基酸组成，B 链由 15 种 30 个氨基酸组成。不同种属动物的胰岛素分子结构大致相同，主要差别在 A 链二硫桥中间的第 8、9 和 10 位上的三个氨基酸及 B 链 C 末端氨基酸的不同。如猪胰岛素与人胰岛素相比，只有 B30 位的一个氨基酸不同，B 链 C 末端人的是苏氨酸，猪的是丙氨酸，抗原性较低。目前，我国临床应用的主要是以猪胰腺为原料的胰岛素。重组人胰岛素如图 5-13 所示。

胰岛素为白色或类白色结晶粉末，扁斜形六面体晶形。等电点为 5.35~5.45，室温下溶解度为 $10\mu g/mL$。在 pH 4.5~6.5 范围内，胰岛素几乎不溶，但易溶于稀酸或稀碱溶液，在 80% 以下乙醇或丙酮中呈溶解状态，但在 90% 以上乙醇或 80% 以上丙酮中难溶，三氯甲烷或乙醚中不溶。在碱性溶液中易被破坏，可形成锌、钴等胰岛素结晶。按干燥品计算，含重组人胰岛素（包括 A21 脱氨人胰岛素）应为 95.0%~105.0%。每 1 单位重组人胰岛素相当于 0.0347mg。遮光，密闭，在 -15℃ 以下保存。

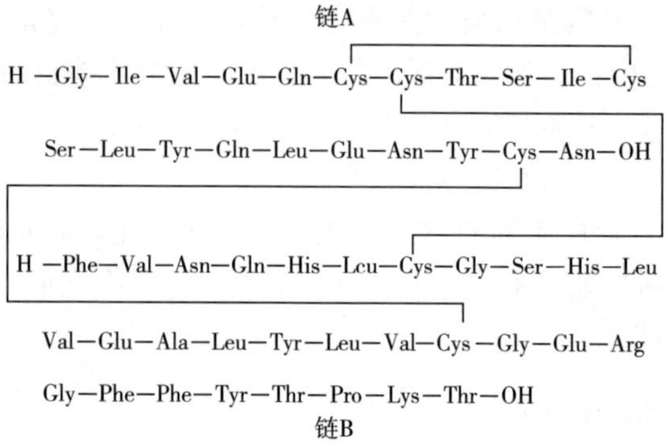

链A
H —Gly— Ile —Val—Glu—Gln—Cys—Cys—Thr—Ser— Ile —Cys
Ser—Leu—Tyr—Gln—Leu—Glu—Asn—Tyr—Cys—Asn—OH
H —Phe—Val—Asn—Gln—His—Lcu—Cys—Gly—Ser—His—Leu
Val—Glu—Ala—Leu—Tyr—Leu—Val—Cys—Gly—Glu—Arg
Gly—Phe—Phe—Tyr—Thr—Pro—Lys—Thr—OH
链B

图 5－13　重组人胰岛素

（三）制备工艺

现在临床上常用的胰岛素是采用基因工程技术制备的高纯度生物合成人胰岛素，分为 AB 链合成法和逆转录法。AB 链合成法是将人工合成的人胰岛素 A 链和 B 链基因分别与半乳糖苷酶基因连接，形成融合基因，分别在大肠杆菌中表达 A 链和 B 链，再通过化学方法连接起来，该方法由于缺点较多，目前已很少采用。

逆转录法是将制备的含胰岛素 DNA 的质粒植入大肠杆菌或酵母菌中表达胰岛素原，经酶切得到活性胰岛素。逆转录法采用大肠杆菌表达量较高，但后续纯化较难；采用酵母菌表达量较低，但后续纯化比较方便。采用逆转录法制备胰岛素时，生产工艺分为种子扩增、发酵培养、分离、纯化与冻干等步骤。

1. 胰岛素基因构建及表达

大肠杆菌表达体系的特点：表达量高，表达产物可以达到大肠杆菌总蛋白的 20%～30%；表达产物为不溶解的包含体，经水洗后表达产物的纯度可以达到 90%左右，易于分离纯化。缺点是表达出的胰岛素无生物活性，需要经过复性才能显示其生物活性。

酵母菌表达体系的特点：表达产物的二硫键结构位置都是正确的；不需要复性加工处理。但是表达产量低，发酵时间长。酵母表达体系由下面几个部分组成：信号肽、前肽序列、蛋白酶切位点和微小胰岛素原。见图 5－14。

信号肽
前肽序列
KR
B链
链接短肽
A链
灰色部分：胰岛素前体

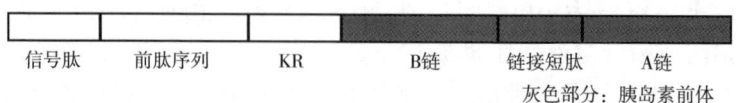

图 5－14　引导序列与胰岛素前体嵌合蛋白分子结构

胰岛素原是一种单链多肽，由胰岛素和 C 肽组成，它是胰岛素的前体物质。相对分子质量为 9000，当 β 细胞受葡萄糖刺激后，胰岛素原在蛋白分解酶的作用下，生成等克分子的胰岛素和 C 肽。在 β 细胞内，前胰岛素原在粗面内质网中被水解为胰岛素原，随后被运至高尔基体进一步加工，经剪切成为胰岛素和连接肽（C 肽）。

前肽序列能引导新合成的胰岛素原通过正确的分泌途径从内质网膜到高尔基复合体，最后分泌至细胞外。具体过程：胰岛素原形成结构正确的二硫键，后由酵母细胞内的一种特殊蛋白酶在赖氨酸-精氨酸酶切位点将前体肽链切除，最后有正确构象的胰岛素原分泌到细胞外。有正确构象的胰岛素原经过初步纯化、胰蛋白酶消化和转肽酶反应加上 B30 苏氨酸以后形成人胰岛素。

（1）大肠杆菌表达胰岛素原　1996 年，美国礼来公司推出了世界首支胰岛素类似物——赖脯胰岛素（优泌乐）。制备方法是：先表达出胰岛素原再通过酶切得到具有活性的胰岛素。先分离纯化得到胰岛素原的 mRNA，反转录得到胰岛素原的 cDNA，在其 cDNA 的 5′端加上 ATG 起始密码子，然后将该 cDNA 与 β-半乳糖苷酶编码的基因连接构成重组质粒，再转化大肠杆菌构建工程菌，经发酵表达、纯化得到胰岛素原融合蛋白。

（2）酵母菌表达胰岛素原　诺和诺德公司首先在贝克酵母中表达微小胰岛素原。细胞内表达微小胰岛素原之后，直接经过转录后修饰形成具有正确二硫键的微小胰岛素原，并能分泌到细胞外。通过收集含有微小胰岛素原的培养基，再经分离纯化，加工成胰岛素成品。

2. 分离纯化

几种主要的重组人胰岛素的分离纯化的工艺各不相同，但主要的纯化路线类似。

在粗制品的提取上，包括吸附超滤和包含体的洗涤等；在分离层析上，一般先用离子交换层析，后用分子筛层析，最后选用反相层析；在重结晶上，主要是除去层析过程中加入的有机溶剂残留物以及其他有害杂质。

（1）大肠杆菌表达胰岛素原　纯化后的胰岛素原融合蛋白通过溴化乙腈裂解去除保护多肽，得到无序胰岛素原，经过亚硫基化和纯化得到胰岛素原纯品。再通过酶切去胰岛素原的 C 肽，得到胰岛素粗品，通过离子交换分子筛色谱、反相色谱和结晶，纯化得到活性胰岛素成品。

（2）酵母菌表达胰岛素原　培养液离心去菌体得到微小胰岛素原溶液，超滤、离子交换吸附、沉淀得到纯化的微小胰岛素原。利用胰酶和羧肽酶处理微小胰岛素原得到胰岛素粗品，通过离子交换色谱、分子筛色谱二步反相色谱纯化得到胰岛素纯品，最后通过重结晶得到终产品。

3. 质量控制

胰岛素在临床上是长期使用的，剂量较高，必须考虑其在生产过程中未除尽的杂蛋白和自身降解物的潜在危害性。质量控制主要包括：性状、鉴别、检查、含量测定等。

（1）性状　本品为白色或类白色的结晶性粉末，在水、乙醇中几乎不溶，在无机酸或氢氧化钠溶液中易溶。

（2）鉴别　在含量测定项下记录的色谱图中，供试品溶液主峰的保留时间应与对照品溶液主峰的保留时间一致。照高效液相色谱法（通则0512）试验。

①供试品溶液：取本品适量，加0.1%三氟醋酸溶液溶解并稀释制成每1mL中含10mg的溶液，取20μL，加0.2mol/L三羟甲基氨基甲烷-盐酸缓冲液（pH 7.3）20μL、0.1% V_8 酶溶液20μL与水10μL，混匀，置37℃水浴中2h后，加磷酸3μL。

②对照品溶液：取胰岛素对照品适量，加0.1%三氟醋酸溶液溶解并稀释制成每1mL中含10mg的溶液，取20μL，加0.2mol/L三羟甲基氨基甲烷-盐酸缓冲液（pH 7.3）20μL、0.1% V_8 酶溶液20μL与水140μL混匀，置37℃水浴中2h后，加磷酸3μL。

③色谱条件：用十八烷基硅烷键合硅胶为填充剂（5~10μm）；以0.2mol/L硫酸盐冲液（取无水硫酸钠28.4g，加水溶解后，加磷酸2.7mL，乙醇胺调节pH至2.3，加水至1000mL），乙腈（90:10）为流动相A，乙腈-水（50:50）为流动相B，按表5-2进行梯度洗脱；柱温为40℃；检测波长214nm；进样体积25μL。

表5-2　鉴别胰岛素的色谱条件

时间/min	流动相A/%	流动相B/%
0	90	10
60	55	45
70	55	45

④测定法：精密量取供试品溶解液与对照品溶液，分别注入液相色谱仪，记录色谱图。

⑤结果判定：供试品溶液的肽图谱应与对照品溶解液的肽图谱一致。

（3）检查

①相关蛋白质：照高效液相色谱法（通则0512）测定。临用新制，置10℃以下保存。

取本品适量，加0.01mol/L盐酸溶解液溶解并稀释制成每1mL中约含3.5mg的溶液，作为供试品溶液。系统适用性溶液见含量测定项下。用十八烷基硅烷键合硅胶为填充剂（5~10μm）；以0.2mol/L硫酸盐缓冲液（取无水硫酸钠28.4g，加水溶解后，加磷酸2.7mL，乙醇胺调节pH至2.3，加水至1000mL）-乙腈（82:18）为流动相A，以乙腈-水（50:50）为流动相B，按表5-3进行梯度洗脱；

柱温40℃；检测波长为214nm；进样体积20μL。

表5-3 检查胰岛素的色谱条件

时间/min	流动相A/%	流动相B/%
0	78	22
36	78	22
61	33	67
67	33	67

调节流动相比例使胰岛素峰的保留时间约为25min。其他要求应符合含量测定项下的规定。精密量取供试品溶液，注入液相色谱仪，记录色谱图。按峰面积归一化法计算，A_{21}脱氨胰岛素不得大于5.0%，其他相关蛋白质总和不得大于5.0%。

②高分子蛋白质：照分子排阻色谱法（通则0514）测定。

取本品适量，加0.01mol/L盐酸溶液溶解并稀释制成每1mL中约含4mg的溶液，作为供试品溶液。取胰岛素单位-聚体对照品（或取胰岛素适量，置60℃放置过夜），加0.01mol/L盐酸溶液溶解并稀释制成每1mL中约含4mg的溶液。

以亲水改性硅胶为填充剂（3~10μm）；以冰醋酸-乙腈-0.1%精氨酸溶液（15:20:65）为流动相；流速为0.5mL/min；检测波长为276nm；进样体积100μL。要求系统适用性溶液色谱图中，胰岛素单位体峰与二聚体峰的分离度应符合要求。

精密量取供试品溶液，注入液相色谱仪，记录色谱图。除去保留时间大于胰岛素峰的其他峰面积，按峰面积归一化法的计算，保留时间小于胰岛素峰的所有峰面积之和不得大于1.0%。

③干燥失重：取本品约0.20g，精密称定，在105℃干燥至恒重，减失重量不得过10.0%（通则0831）。

④锌：照原子吸收分光光度法（通则0406第一法）测定。

取本品适量，精密称定，加0.01mol/L盐酸溶液溶解并定量稀释制成每1mL中约含0.1mg的溶液，作为供试品溶液。

精密量取锌单元素标准溶液（每1mL中含1000μg）适量，用0.01mol/L盐酸溶液分别定量稀释制成每1mL中含锌0.20μg、0.40μg、0.60μg、0.80μg、1.0μg与1.2μg的溶液，作为对照品溶解液。

精密量取对照品溶液和供试品溶液，在213.9nm的波长处测定吸光度，按标准曲线法计算。按干燥品计算，含锌量不得过1.0%。

⑤细菌内毒素：取本品，加0.01mol/L盐酸溶液溶解并用检查用水稀释制成每1mL中含5mg的溶液，依法检查（通则1143），每1mg胰岛素中含内毒素的量应小于10EU。

⑥微生物限度：取本品 0.3g，照非无菌产品微生物限度检查：微生物计数法（通则 1105）检查，1g 供试品中需氧菌总数不得过 300cfu。

⑦生物活性：取本品适量，照胰岛素生物测定法（通则 1211）试验，实验时每组的实验动物数可减半，实验采用随机设计，照生物检定统计法（通则 1431）中量反应平行线测定随机设计法计算效价，每 1mg 的效价不得少于 15 单位。

（4）含量测定　照高效液相色谱法（通则 0512）测定。临用新制，或 2~4℃ 保存，48h 内使用。

取本品适量，精密称定，加 0.01mol/L 盐酸溶液溶解并定量稀释制成每 1mL 中约含 40 单位的溶液，作为供试品溶液。

取胰岛素对照品适量，精密称定，加 0.01mol/L 盐酸溶液溶解并定量稀释制成每 1mL 中约含 40 单位的溶液，作为对照品溶液。

溶液取胰岛素对照品，加 0.01mol/L 盐酸溶液溶解并稀释制成每 1mL 中约含 40 单位的溶液，室温放置至少 24h。

用十八烷基硅烷键合硅胶为填充剂（5~10μm）；以 0.2mol/L 硫酸盐缓冲液（取无水硫酸钠 28.4g，加水溶解后，加磷酸 2.7mL，乙醇胺调节 pH 至 2.3，加水至 1000mL）-乙腈（74:26）为流动相；柱温为 40℃；检测波长为 214nm；进样体积 20μL。

要求系统适用性溶液色谱图中，胰岛素峰与 A_{21} 脱氨胰岛素峰（与胰岛素峰的相对保留时间约为 1.2）之间的分离度应不小于 1.8，拖尾因子应不大于 1.8。

精密量取供试品溶液与对照品溶液，分别注入液相色谱仪，记录色谱图。按外标法以胰岛素峰面积与 A_{21} 脱氨胰岛素峰面积之和计算。

? 想一想

汤飞凡（1897—1958），世界著名微生物学家，中国第一代医学病毒学家，中国预防医学事业奠基人。汤飞凡终生以病毒研究和国家人民需求为己任。1929 年，他毅然放弃哈佛大学的优厚待遇回国，到正在创办的中央大学医学院任教。他利用简单的设备开展研究，发表流行性腮腺炎、脑膜炎、流感和致病性大肠菌肠炎等一系列论文，开启中国病毒学研究的先河。抗日战争爆发后，汤飞凡怀着为国捐躯的大爱精神，参加医疗救护队，奔赴战场，出生入死，在战场一线救治伤员。上海沦陷后放弃撤向英国的机会，秉着为国效力的情怀，临危受命，重建中央防疫处。在艰苦环境下带领团队研制出我国第一批青霉素，生产出大批疫苗、血清，有力地支援抗日战争。1949 年，汤飞凡毅然留下建设新中国，负责筹建国家卫生部生物检定所，主持制定我国第一部《生物制品制造及检定规程》。他帮助我国于 1960 年消灭天花，比发达国家提前 16 年。1954 年，汤飞凡"以身试毒"将沙眼病毒种入自己眼里，坚持 40 天不治疗，直至证实所分离培养沙眼病毒的致病性，实验收集到可靠的临床资料,发现"沙眼衣原体",有效控制了沙眼的传播和危害,彻底推翻了日本科学家的细菌病原说,解决了半个多世纪以来关于沙眼病原的争论。

汤飞凡用两个月的时间研制出减毒疫苗遏制鼠疫;生产我国第一支狂犬疫苗、第一支白喉疫苗、第一支牛痘疫苗,还有世界第一支斑疹伤寒疫苗……他让世界对东方刮目相看,被誉为"东方巴斯德"、世界"衣原体之父"和中国的"疫苗之神"。国际沙眼防治组织特别为汤飞凡颁发了金质奖章。

汤飞凡因陋就简、追求真理、勇于奉献,以振兴中国的医学为己任,让人深深感到老一辈科学家的爱国情怀。想一想,在当前优越的物质条件下,我们如何将个人梦想与国家梦想紧密结合,敬业、乐业,在医药领域为国家和民族做出更多贡献?

技能实训

技能实训五　基因工程药物——干扰素α-2b(IFNα-2b)的制备

一、实训目的

(1) 掌握基因工程菌的制备方法。
(2) 熟悉基因工程菌的制备原理。

二、实训原理

干扰素(interferon IFN)是人体细胞受病毒感染后产生的一种低相对分子质量的糖蛋白,具有广泛的抗病毒、抗肿瘤和免疫调节活性,是人体防御系统的重要组成部分。根据其分子结构及抗原性可分为α、β、γ、ω4个类型。α干扰素又依其结构分为α-1b、α-2a、α-2b等亚型,其区别在于个别氨基酸的差异上,目前,已经被正式批准用于临床的有重组人IFNα-1b、α-2a、α-2b、β、γ。早期干扰素是用病毒诱导人白细胞产生的,产量低、价格昂贵,不能满足需要,现在可利用基因工程技术并在大肠杆菌中发酵、表达来进行生产。

基因工程生产IFNα-2b的工艺路线见图5-15。

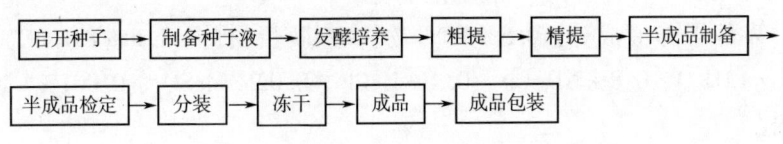

图5-15　IFNα-2b的工艺路线

三、实训仪器和试剂

（1）仪器 蛋白质自动部分收集器、紫外核酸蛋白检测仪、梯度混合器、冻干机。

（2）试剂 阴离子交换纤维素（DEAE-52）、凝胶 Sephadex G50、聚乙二醇20000、SDS-PAGE 中相对分子质量标准蛋白质、胰蛋白胨、酵母粉、琼脂粉、异丙基硫代半乳糖苷、牛血清蛋白、$Na_2HPO_4 \cdot 12H_2O$、NH_4Cl、$NaCl$、$MgSO_4$、$CaCl_2$、KH_2PO_4 等。

四、实训材料

生产种子：人 IFNα-2b 基因工程菌 SW-IFNα-2b/*E. coli*-$DH_{5α}$。质粒用 P_L 启动子，含氨苄青霉素抗性基因。

五、实训方法与步骤

1. IFNα-2b 基因工程菌的构建

人工合成结构复杂的干扰素 DNA 难度较大，而且在人染色体上的干扰素基因拷贝数又极少（1.5%），不能直接分离。只能通过分离干扰素 mRNA 再通过反转录酶使其形成 cDNA 的方法而获得。

具体方法：干扰素 cDNA 的获得是将产生干扰素的白细胞的 mRNA 分级分离，然后将不同部分的 mRNA 注入蟾蜍的卵母细胞，并测定干扰素的抗病毒活性。结果发现 12s mRNA 的活性最高，因此用这部分 mRNA 为模板在反转录酶的作用下合成 cDNA。

将外源 cDNA 插入含四环素和氨苄抗性基因的质粒 pBR322 中，引入大肠埃希菌 K12，得到重组质粒。对每个重组子用粗提的干扰素 mRNA 进行杂交，把得到的杂交阳性克隆中的重组质粒 DNA 放到一个无细胞合成系统中进行翻译。对翻译体系的产物进行干扰素活性检测，经多轮筛选可获得干扰素的 cDNA。最后将干扰素的 cDNA 转入大肠埃希菌表达载体中，转化的大肠埃希菌就是 IFNα-2b 基因工程菌。繁殖此菌可获得 IFNα-2b。

2. 培养基的制备

（1）LB 液体培养基成分：0.5% 酵母粉、1% 胰蛋白胨、0.5% 氯化钠、终浓度为 60μg/mL 氨苄青霉素，pH 7.0。

（2）发酵培养液成分：0.5% 酵母粉、1% 胰蛋白胨、1.5% KH_2PO_4、1.5% $Na_2HPO_4 \cdot 12H_2O$、0.8% NH_4Cl、0.4% NaCl、0.02% $MgSO_4$、0.001% $CaCl_2$、少量消泡剂。

上述①、②培养基均经 121℃ 灭菌 20min 后备用。

3. 种子摇瓶培养

将 250mL 种子培养基装入 1000mL 三角瓶中，按要求灭菌后，接种人 IFNα-2b 基因工程菌，37℃，200r/min 摇床培养 10h，得到的培养物作为发酵罐种子使用。

4. 发酵培养

用 15L 发酵罐进行发酵，发酵培养基的装量为 10L，向发酵培养液中加灭菌的终浓度为 6% 的葡萄糖，终浓度为 60μg/mL 的氨苄青霉素，接入 5% 种子培养液，pH6.8，进行发酵培养 8h，保持溶氧 30% 以上，然后在 42℃ 诱导 2~3h 完成发酵。

5. 分离 α-干扰素

（1）冷却，4000r/min 离心 30min，除去上清液，收集湿菌体。

（2）将湿菌体重新悬浮于 20mmol/L，pH 7.0 的磷酸盐缓冲液中，于冰浴条件下进行超声波破碎 30min（超声波破碎时，产生大量的热，温度上升很快，在冰浴中进行，防止蛋白变性。并采用间歇操作，即超声 1min，停止 1min，以维持样品处于低温状态）。

（3）于 4℃下，10000r/min 离心 10min。

（4）取上清于冰浴中搅拌，缓慢加入碾细的硫酸铵固体至 85% 饱和度，4℃放置 23h。

（5）10000r/min 离心 15min，收集蛋白质沉淀，溶于适量去离子水。

（6）用 pH 7.0 的 10mmol/L 磷酸缓冲液透析过夜除去硫酸铵，中途至少更换 3 次蒸馏水。

（7）然后移入 0.1mol/L 磷酸中，于 4℃ 透析 10~12h。

（8）用 pH 7.2 的 30mmol/L 磷酸缓冲液透析至中性。

（9）4℃下，10000r/min 离心，除沉淀，即为干扰素粗液。

6. 提纯 α-干扰素

（1）上清液经截流量为 10000 相对分子质量的中空纤维超滤器浓缩，将浓缩的人干扰素 α-2b 溶液经过 Sephadex G50 分离，先用 pH 7.0 的 20mmol/L 磷酸缓冲液平衡，上柱后用同一缓冲液洗脱分离，收集人干扰素 α-2b 部分，经 SDS-PAGE 检查。

（2）将 Sephadex G50 柱分离的人干扰素 α-2b 组分，再经 DEAE-52 柱（2cm×50cm）纯化人干扰素 α-2b 组分，上柱后用含 0.05mmol/L、0.1mmol/L、0.15mmol/L 氯化钠的 20mmol/L 磷酸缓冲液（pH 7.0）分别洗涤，收集含人干扰素 α-2b 的洗脱液。

（3）经 SDS-聚丙烯酰胺凝胶电泳（SDS-PAGE）检查。干燥。

全过程要求蛋白质回收率为 20%~25%，产品不含杂蛋白、DNA 及热原。IFNα-2b 质量符合要求。

> 知识拓展

"中国干扰素"之父

"中国干扰素"之父,是业内不少人对侯云德的尊称。20世纪70~80年代,美国、瑞士等国的科学家以基因工程的方式,把干扰素制备成治疗药物,很快成为国际公认的治疗肝炎、肿瘤等疾病的首选药,但价格极为昂贵。

侯云德敏锐地捕捉到基因工程这一新技术,1977年,美国应用基因工程技术生产生长激素释放因子获得成功,这一突破使侯云德深受启发:如果将干扰素基因导入到细菌中去,使用这种繁衍极快的细菌作为"工厂"来生产干扰素,将会大幅度提高产量并降低价格。他带领团队历经困难,终于在1982年首次克隆出具有我国自主知识产权的人α-1b型干扰素基因,并成功研制我国首个基因工程创新药物——重组人α-1b型干扰素,这是国际上独创的国家Ⅰ类新药产品,开创了我国基因工程创新药物研发的先河。α-1b型干扰素对乙型肝炎、丙型肝炎、毛细胞性白血病等有明显的疗效,并且与国外同类产品相比,副作用小,治疗病种多。这项研究成果获得了1993年国家科技进步一等奖。此后,侯云德带领团队又相继研制出1个国家Ⅰ类新药(重组人γ干扰素)和6个国家Ⅱ类新药。

侯云德更具前瞻性的,是他没有固守书斋,不仅主导了我国第一个基因工程新药的产业化,更推动了我国现代医药生物技术的产业发展。

"我现在还记得,26年前在侯云德先生的办公室里,他打开抽屉给我看,一抽屉都是各种各样的论文。侯先生说,这些科研成果如果都能转化成规模化生产,变成传染病防控药品,该有多好啊!"北京三元基因药业股份有限公司总经理程永庆回忆,那时缺医少药,很多药都需要进口,而且价格高昂。

一年后,在一间地下室里,当时60多岁的侯云德创立了我国第一家基因工程药物公司——北京三元基因药物股份有限公司。

侯云德主导了我国第一个基因工程新药的产业化,将研制的8种基因工程药物转让十余家国内企业,上千万患者已得到救治,产生了数十亿人民币的经济效益,对我国改革开放初期的科技成果转化具有重要的指导意义。

"那时的干扰素药品100%进口,300元一支,一个疗程要花两三万元。现在的干扰素90%是国产的,价格下降了10倍,30元一支。但是侯先生还给我们提出了要求,希望价格能再降到20元钱、10元钱,让普通百姓都能用得起!"程永庆感慨地说。

侯云德的战略性,还体现在他对国家整个生物医药技术发展的顶层设计。

"侯云德院士是当之无愧的科学大家,在生物医药技术领域,做什么、不做什么,都是侯院士在把握方向。"中国疾病预防控制中心主任高福钦佩地说。在对我国科技发展产生重要影响的"863"计划中,侯云德连续担任了三届 863 计划生物技术领域首席科学家,他联合全国生物技术领域的专家,出色完成了多项前沿高技术研究任务。顶层指导了我国医药生物技术的布局和发展。在此期间,我国基因工程疫苗、基因工程药物等 5 大领域取得了巨大成就,生物技术研发机构成十数倍增加,18 种基因工程药物上市,生物技术产品销售额增加了 100 倍。(摘自《人民日报》)

项目检测

一、填空题

(1) 基因工程又称基因拼接技术或 DNA 重组技术,是指将不同来源的_____按预先设计的蓝图,插入到质粒、病毒等载体中,实现遗传物质的重新组合,然后导入_____,并在其中扩增和表达的过程。

(2) 基因工程药物的生产的上游技术是_____、_____、_____,下游技术是_____、_____。

(3) 重组 DNA 分子导入宿主细胞的常用方法有_____、_____、_____、_____。

(4) 重组子的筛选与鉴定的方法包括_____、_____、_____、_____。

(5) 核酸分子杂交方法有_____、_____、_____。

(6) 基因工程菌的培养方式有_____、_____、_____。

(7) 用于基因表达的宿主细胞分为_____、_____两大类。

二、判断题

(1) 质粒载体可以克隆的 DNA 片段一般在 30kb 左右。(   )

(2) 转染法是将携带目的基因 DNA 的病毒直接感染受体病毒的方法。(   )

(3) 转化法是将重组质粒导入受体细菌细胞,使受体菌遗传性状发生改变的方法。(   )

(4) 聚合酶分为 DNA 聚合酶和 RNA 聚合酶,能够分别催化 DNA 或 RNA 的体外合成。(   )

(5) 柯斯质粒含有一个复制起点、一个或多个限制酶切位点。(   )

三、选择题

(1) 第一个基因工程药物是(   )。

A. 人胰岛素　　　　　　　　　B. 人生长激素

C. 干扰素 $-\gamma$　　　　　　　D. 重组人干扰素 $\alpha-1b$

(2) 下面哪种不是基因工程载体？（　　）。

A. 质粒载体　　　　　　　　B. 病毒载体

C. 噬菌体载体　　　　　　　D. 细胞

(3) 基因工程中最常用的限制性内切酶是（　　）

A. Ⅰ类限制内切酶　　　　　B. Ⅱ类限制内切酶

C. Ⅲ类限制内切酶　　　　　D. DNA 聚合酶

(4) 基因工程中最常用的表达系统是（　　）。

A. 大肠杆菌表达系数　　　　B. 酵母菌表达系数

C. 转基因动物　　　　　　　D. 转基因植物

(5) 基因工程药物常用的纯化方法（　　）。

A. 离子交换色谱　　　　　　B. 凝胶过滤色谱

C. 疏水色谱　　　　　　　　D. 亲和色谱

(6) 影响基因工程菌发酵的因素（　　）。

A. 培养基　　　　　　　　　B. 接种量

C. 温度　　　　　　　　　　D. pH

(7) 下面哪项属于真核表达系统？（　　）。

A. 昆虫细胞　　　　　　　　B. 哺乳动物细胞

C. 大肠杆菌　　　　　　　　D. 链霉菌

(8) 下面属于真核基因在大肠杆菌中的表达形式的有（　　）。

A. 融合蛋白　　　　　　　　B. 非融合蛋白

C. 分泌型　　　　　　　　　D. 非分泌型

(9) 影响目的基因在酵母菌中表达的因素（　　）。

A. 外源基因的拷贝数　　　　B. 外源基因的表达效率

C. 外源蛋白的酰基化　　　　D. 宿主菌株的影响

(10) 下面属于基因工程菌的培养方式的是（　　）。

A. 补料分批培养　　　　　　B. 连续培养

C. 分段培养　　　　　　　　D. 固定化培养

四、简答题

(1) 简述如何构建基因工程菌。

(2) 简述获得目的基因的方法有哪些。

(3) 简述基因操作中常用的工具酶和载体有哪些。

(4) 简述目的基因与载体是如何进行连接。

(5) 简述如何构建基因工程菌。

(6) 简述如何进行重组子的筛选与鉴定。

（7）简述基因工程药物的发酵条件与普通微生物有何不同，对发酵条件如何控制。

（8）简述如何进行基因工程菌的发酵生产。

（9）简述在分离和提纯 α - 干扰素时应注哪些事项。

项目六

细胞工程制药技术

项目简介

细胞工程制药技术是细胞工程技术在生物制药领域的应用。由于动物、植物与人类同为真核细胞构成的生命体,细胞工程制药不仅可大量工业化生产天然稀有的药物,而且其产品具有高效性和对疾病更鲜明的针对性。细胞工程技术已在医药领域取得了广泛的应用,如结合基因工程技术利用基因重组细胞生产重组人蛋白质药物,利用细胞融合技术使用杂交瘤细胞生产单克隆抗体等,获得良好的社会效益和经济效益。随着细胞工程技术研究的不断深入,它的应用前景及其产生的影响已很明显,尤其大量的单抗药物已成为畅销药。

知识目标

- 了解细胞工程制药技术的类型。
- 了解细胞培养技术的原理、操作关键点。
- 了解细胞融合技术的原理、操作关键点。
- 熟悉杂交瘤技术与单克隆抗体技术生产单抗的工作原理、操作关键点。

技能目标

- 能进行细胞培养操作。

- 能进行细胞融合操作。
- 能进行制备特异杂交瘤细胞的操作。
- 能进行单克隆抗体制备、分离纯化、标记等操作。
- 能进行细胞工程药物的生产和质量控制。

任务一

了解细胞工程制药技术

细胞工程是应用细胞生物学、分子生物学等理论和技术，按人类的意志，有目的地利用或改造生物遗传性状，以获得特定的细胞、组织产品或新型物种的一门综合性科学技术。细胞工程的研究对象不仅包括细胞，而且还包括相关的染色体、细胞核、原生质体、受精卵、胚胎、组织或器官等。按照生物类别划分，主要包括植物细胞工程、动物细胞工程、微生物细胞工程。目前，细胞工程所涉及的主要技术领域包括细胞培养技术、细胞融合技术、核移植技术、细胞器移植技术、染色体改造技术、转基因技术以及生物制药单元操作技术等。

一、细胞培养技术

动物细胞培养是指动物活细胞在体外人工条件下的生长、增殖的过程。以动物细胞培养技术为基础，结合细胞融合技术、核移植技术和转基因技术等细胞工程制药技术，已利用动物细胞生产各类疫苗、干扰素、激素、酶、生长因子、病毒杀虫剂、单克隆抗体等，成为生物医药产业的重要部分。

植物组织及细胞培养是将植物的器官、组织、细胞甚至细胞器进行离体的、无菌的培养。植物组织及细胞培养可在短期内获得大量遗传性一致的植物个体。部分种类的药用植物细胞大量培养已达到中试水平，有些药用植物种类已达到工业化生产水平，如从人参根细胞中生产人参皂苷和从黄连细胞培养物中生产黄连碱等。

二、细胞融合技术

细胞融合又称为细胞杂交，是指在外力（诱导剂或促融剂等）作用下，两个或两个以上的异源（种、属间）细胞或原生质体相互接触，从而发生膜融合、胞质融合和核融合并形成杂种细胞的现象。细胞融合是研究基因在染色体上的定位，创造新细胞株、产生新的物种或品系及产生单克隆抗体等的有效手段。

（一）用于基因定位

人细胞与小鼠、大鼠或仓鼠的体细胞杂交细胞融合产生的杂种细胞在其繁殖传代过程中具有优先排斥人染色体，保留啮齿类一方染色体的特点。人染色体逐渐消失，最后只剩一条或几条，这种仅保留少数甚至一条人染色体的杂种细胞正是进行基因连锁分析和基因定位的有用材料。

Miller 等发现杂种细胞的存活需要胸苷激酶（TK），凡含有人第 17 号染色体的杂种细胞都因有 TK 活性而存活，从而推断 TK 基因定位于第 17 号染色体上；有研究发现，只有保留着 1 号人类染色体的人－小鼠杂种细胞才能合成人鸟苷单碱酸激酶，因此推断该酶基因定位于 1 号人类染色体。研究基因定位时，由于有杂种细胞这一工具，只需要集中精力于某一条染色体上，就可找到某一基因座位。

（二）用于生产单克隆抗体

小鼠脾细胞与骨髓瘤细胞融合形成能产生单克隆抗体的杂交瘤细胞，单克隆抗体具有专一性和灵敏性，在病原检测和疾病治疗领域具有广阔的应用前景。

三、核移植技术

核移植，又称为细胞拆合，是指将一个细胞中的核转移到另一个去核的卵母细胞中，使其重组并发育成一个新的胚胎，将胚胎植入代孕母体，并最终发育为动物个体的技术。核移植是一项相当精细的技术。

1996 年 7 月 5 日，克隆羊多莉的诞生轰动全世界，它是世界上首例没有经过精、卵结合，而由人工胚胎放入绵羊子宫内直接发育成的动物个体，是第一个被成功克隆的哺乳动物。多莉羊的培育过程见图 6-1。该核移植实验证明：一个哺乳动物的特异性分化的细胞也可以发展成一个完整的生物体。

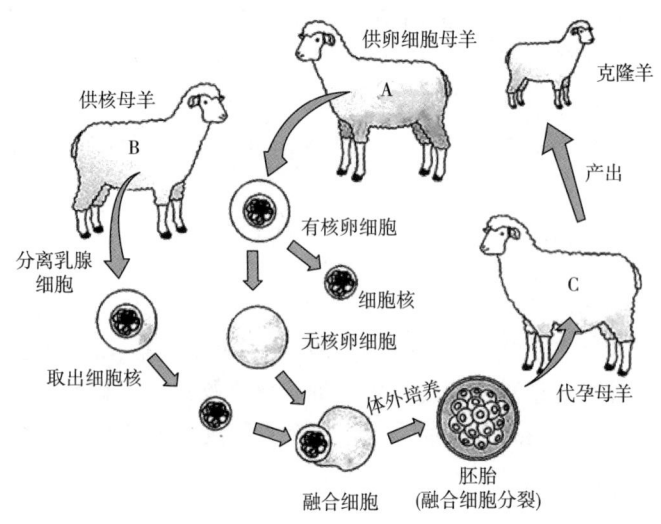

图 6-1　多莉羊的培育过程

四、转基因技术

转基因技术是指经人的有意干涉,通过实验手段将外源基因导入细胞中并稳定地整合到动植物基因组中,且能遗传给子代的技术。动物的乳汁或者血液可以源源不断地为我们提供目的基因的产品,为利用基因工程手段获得低成本、高活性和高表达的药物开辟了一条重要途径,如乳腺生物反应器。动物乳腺生物反应器是指利用动物乳腺特异性启动子调控元件指导外源基因在乳腺中特异性表达,并能从转基因动物乳汁中获取重组蛋白的一种生物反应器,乳腺生物反应器的研制已成为最为看好的一个转基因制药方向之一。2006年8月,全球第一个通过乳腺生物反应器生产的药物ATryn获批准上市,它是利用山羊乳腺表达治疗抗凝血酶缺乏症的药物——人重组抗凝血酶Ⅲ,是世界首个上市的转基因动物表达药物。

任务二

动物细胞培养

一、动物细胞培养技术概述

(一)动物细胞培养技术及其应用

细胞培养技术是从体内组织取出细胞,在体外模拟体内的环境下,使细胞生长繁殖,并维持细胞结构和功能的一种培养技术。细胞培养的培养物可以是单个细胞,也可以是细胞群(组织块)。

动物细胞培养常用于科学研究,如测试药物对细胞的抑制作用或促进作用;细胞培养还用于生物制药,用于生产:①疫苗,如病毒性疫苗(乙肝病毒疫苗、艾滋病疫苗等)、肿瘤疫苗(多肽疫苗)等;②基因工程药物,如在临床医学中具有治疗价值的一些细胞生长因子(干扰素、粒细胞生长因子和胸腺肽等);③诊断用和治疗用单克隆抗体;④基因工程药物,如重组人促红素等生物活性物质。

(二)动物细胞培养的基本条件

动物细胞结构和培养特性与微生物细胞有显著差别:①比微生物细胞大得多,无细胞壁,机械强度低,对剪切力敏感,适应环境能力差;②倍增时间长,生长缓慢,易受微生物污染;③培养过程需要适宜量的氧气;④培养过程中细胞常常相互粘连,以集群形式存在;⑤原代培养一般不超过50代,会退化死亡;⑥产物需具有生物活性,生产成本高,但经济附加值也高。为满足动物细胞的特性,培养需达到以下条件：

1. 充足的营养物质

培养基能为细胞提供营养物质，促使细胞生长增殖，如 DMEM 培养基和 RMPI1640 培养基。另外，大多数合成培养基都需要添加血清，血清含有细胞生长所需的多种生长因子及其他营养成分，是细胞培养液中最重要的添加物质之一。

2. 适宜的渗透压

细胞培养液还提供细胞生长和繁殖的生存环境，需具有适宜的渗透压。细胞需要生活在等渗环境中，大多数培养细胞对渗透压有一定耐受性。人血浆渗透压为 290mOsm/kg，可视为培养人体细胞的理想渗透压。鼠细胞渗透压在 320mOsm/kg 左右。对于大多数哺乳动物细胞，渗透压在 260～320mOsm/kg 的范围都适宜。

3. 适宜的 pH 环境

动物细胞适合生存于微碱性环境，pH 为 7.2～7.4，以不超出 6.8～7.6 为宜。培养过程中，随着细胞释放 CO_2 量增多，培养基 pH 下降，一般通过加入 $NaHCO_3$（与 CO_2 溶于水后所形成的 H_2CO_3 构成一个缓冲对）来维持 pH。培养箱中 CO_2 浓度应与培养液中 $NaHCO_3$ 浓度相匹配，如果培养箱中 CO_2 浓度设定在 5%，培养液中 $NaHCO_3$ 的加入量应为 1.97g/L；如果 CO_2 浓度维持在 10%，则 $NaHCO_3$ 的加入量应为 3.95g/L。

4. 无菌无毒的细胞培养环境

无菌无毒的环境是保证细胞在体外培养成功的首要条件。体外培养的细胞缺乏对微生物和有毒物质的防御能力，一旦被微生物、有毒物质污染或者出现大量积累自身代谢产物的现象，细胞会中毒，甚至死亡。因此，细胞生存环境、操作过程和所有细胞所接触的器具试液都要无菌无毒，培养过程中需要及时清除细胞代谢产物。

5. 恒定的细胞生长温度

维持体外培养细胞旺盛地生长，必须有恒定适宜的温度，哺乳动物细胞生长温度为 35～37℃。

6. 合适的气体环境

适宜浓度的气体是哺乳动物细胞生存必需的条件之一，细胞培养所需气体主要有氧气和二氧化碳。

7. 支持物

除少数悬浮细胞外，绝大多数体外培养细胞都需要附着在适宜的附着物上才能生长，常用的细胞培养支持物有塑料制品、玻璃和微载体（聚苯乙烯、纤维素衍生物、交联葡聚糖、几丁质和明胶）等。

（三）动物细胞的生长和增殖过程

1. 细胞的生命期

细胞的生命期是指细胞在培养中持续增殖和生长的时间或寿命，细胞生存的全过程一般经历原代培养期、传代期和衰退期。体外培养细胞的生命期与细胞的种类、性状和原供体的年龄等情况有关。如人胚二倍体成纤维细胞，在不冻存和反复传代条件下，可传30~50代，相当于150~300个细胞增殖周期，能维持一年左右的生存时间，最后衰老凋亡。

（1）原代培养期　原代培养也称初代培养，即从体内取出组织接种培养到第一次传代阶段，一般持续1~4周。此期细胞呈活跃的移动，可见细胞分裂，但不旺盛。原代培养细胞与体内原组织在形态结构和功能、活动上相似性大，是测试药物使用效果的适宜对象。

（2）传代期　原代培养细胞一经传代后便改称做细胞系。在全生命期中此期的持续时间最长。在培养条件较好情况下，细胞增殖旺盛，并能维持二倍体核型，呈二倍体核型的细胞称二倍体细胞系。为保持二倍体细胞性质，细胞应在原代培养期或传代早期冻存，一般细胞需在10代内冻存。如不冻存，则需反复传代使细胞维持适宜的密度，以利于生存。但这样有可能导致细胞失掉二倍体性质或发生转化。一般情况下传代10~50次以后，细胞增殖逐渐缓慢，以至完全停止，细胞进入衰退期。

（3）衰退期　衰退期细胞仍然生存，但增殖很慢或不增殖；细胞形态轮廓增强，最后衰退凋亡。在细胞生命期阶段，少数情况下，在以上三期任何一点，由于某种因素的影响，细胞可能发生自发转化。转化的标志之一是细胞可能获得永生性或恶性转化。

细胞永生性也称不死性，即细胞获得持久性增殖能力，这样的细胞群体称无限细胞系，也称连续细胞系。无限细胞系的形成主要发生在传代期末阶段或衰退期初阶段。

2. 培养细胞的"一代"生存期

细胞培养中，细胞的"一代"指从细胞接种到分离再培养时的这一段时间，而非指细胞分裂一次。如某一细胞系为第13代细胞，即指该细胞系已传代13次。细胞传代后，一般都要经过三个阶段：潜伏期、指数增生期和停滞期。

（1）潜伏期　细胞接种后，先经过一个在培养液中呈悬浮状态的悬浮期。此时，细胞质回缩，胞体呈圆球形。然后细胞会贴附于载体表面，称为贴壁，悬浮期结束。细胞贴壁速度与细胞种类，培养基成分，载体的理化性质等密切相关。一般情况下，原代培养细胞贴壁速度慢，需要10~24h或更久，而传代细胞系贴壁速度快，通常10~30min即可贴壁。细胞贴壁后再经过一个潜伏阶段，才进入快速增值的指数增生期。原代培养细胞潜伏期约24~96h或更长，连续细胞系和肿瘤细胞潜伏期较短，仅需6~24h。

（2）指数增生期　指数增生期中分裂相细胞增多，这是细胞增殖最旺盛的阶段。指数增生期细胞分裂相数量可作为判定细胞生长是否旺盛的一个重要标志。通常以细胞分裂相指数表示，即细胞群中每1000个细胞中的分裂相数。一般细胞的分裂指数介于 0.1%~0.5%，原代细胞分裂相指数较低，而连续细胞和肿瘤细胞分裂相指数可高达 3%~5%。

细胞处于指数增生期阶段时的细胞活力最好，是进行各种实验和操作的最佳时期，也适于冻存细胞。在接种细胞数量适宜情况下，指数增生期持续 3~5d 后，随着细胞数量不断增多、生长空间减少，最后细胞间相互接触汇合成片。正常细胞相互接触后，细胞运动会受到抑制，这种现象称接触抑制现象。恶性肿瘤细胞无接触抑制现象，能继续移动和增殖，细胞可向三维空间扩展，使细胞发生堆积。细胞接触汇合成片后，虽然发生接触抑制，但只要营养充分，细胞仍能进行增殖分裂，因此细胞数仍然在增多。但是，当细胞密度进一步增大，培养液中营养成分减少，代谢产物增多时，细胞受营养枯竭和代谢产物的影响会停止分裂，这种现象称密度抑制现象。

（3）停滞期 细胞数量达到饱和密度后，如不传代，细胞就会停止增殖，进入停滞期。此时细胞数持平，故也称平台期。停滞期细胞仍有代谢活动，如不及时分离传代，细胞会因培养液中营养耗尽、代谢产物积聚、pH 下降等因素中毒，出现形态改变，贴壁细胞会脱落，严重的会发生死亡。

细胞的生命与意义

二、动物细胞培养用品

用于细胞培养的设备主要有超净工作台、CO_2 培养箱、生物反应器、倒置显微镜、离心机、液氮罐、酸缸、注射用水制备设备、压力蒸汽消毒器和电热干燥箱等。对于大规模培养，还需要使用转瓶系统和生物反应器等。

（一）CO_2 培养箱

细胞常放置于 CO_2 培养箱中培养。CO_2 培养箱能够提供定量的 CO_2（一般浓度为 5% 或 10%），使培养液 pH 保持稳定，并维持适合的培养温度 [一般为 (37 ± 0.5) ℃]。使用需注意：①用螺旋口瓶培养细胞时，需将瓶盖微松，以保证通气；②保持培养箱内空气干净，定期消毒；③箱内放置灭菌蒸馏水，保持箱内湿度，避免培养液蒸发。

（二）倒置显微镜

倒置显微镜的组成和普通显微镜一样，主要包括三部分：机械部分、照明部分、光学部分。相比于普通显微镜，倒置显微镜的物镜与照明聚光系统以载物台为轴颠倒位置，物镜在载物台之下，照明系统在载物台之上，见图 6-2。这样的构造使得照明聚光系统与载物台的有效距离可以显著扩大，便于放置培养皿、细胞培养瓶等较厚的待观察器具，而物镜与材料之间的工作距离不必很大。由于细胞的透明性大，结构对比不明显，故倒置显微镜常配备相差物镜，成为适于观察活细胞的倒置相差显微镜。

倒置相差显微镜中同一种光通过细胞时，由于细胞不同部分对光的折射率不同，通过细胞和未通过细胞的光线便可以产生相位差，再通过特定的相差板则发生干涉。基于光的衍射和干涉现象，细胞不同部分可以产生明、暗不同的图像，因此，无色透明的样品在显微镜下表现出可以被识别的明、暗的对比。

三、动物细胞培养中的消毒和灭菌

（一）物理法

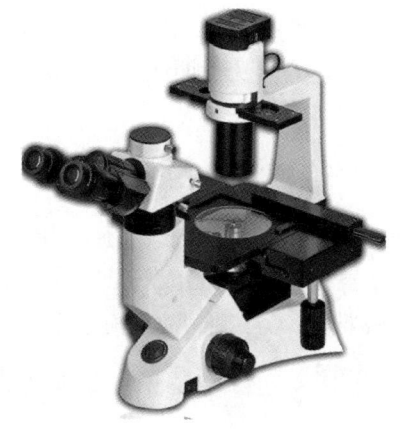

图6-2 倒置显微镜

1. 紫外线消毒

紫外线是一种低能量的电磁辐射，可以杀死多种微生物。其中，革兰氏阴性菌最为敏感，其次是革兰氏阳性菌，再次为芽孢，真菌孢子的抵抗力最强。紫外线的直接作用是通过破坏微生物的核酸及蛋白质等而使其灭活，间接作用是通过紫外线照射产生的臭氧杀死微生物。紫外线多用于直接照射超净工作台和培养室进行消毒，用法简单，效果好。

2. 高温湿热灭菌

高温湿热灭菌方法对生物材料有良好的穿透力，能造成蛋白质变性凝固而使微生物死亡。某些布类，衣物，玻璃器皿，金属器皿，橡胶和培养液等可以用该法灭菌。操作条件一般为121℃，0.11MPa灭菌15~30min。物品取出后应立即放到60~70℃烤箱内烘干后备用，否则，潮湿的包装物品表面容易污染微生物。

3. 高温干热灭菌

干热灭菌是将电热烤箱中物品加热至160℃以上，并保持90~120min，杀死细菌和芽孢，达到灭菌目的。主要用于玻璃器皿（如体积较大的烧杯、培养瓶）、金属器皿以及不能与蒸汽接触物品（如粉剂、油剂）的灭菌。

烧灼也是灭菌方法之一，细胞培养操作时，常须利用台面上的酒精灯的火焰对金属器皿及玻璃器皿口缘进行烧灼消毒。

4. 过滤除菌

过滤除菌是将液体或气体用微孔薄膜过滤，使大于孔径的细菌等微生物颗粒阻留，从而达到除菌目的。过滤除菌法大多用于遇热容易变性而失效的试液或培养液。一般采用装有0.22μm微孔滤膜的滤器可达到除菌目的。

（二）化学法

化学消毒液一般用于对器械、皮肤、操作表面进行擦拭和浸泡消毒。常用的化学消毒液有0.1%新洁而灭（苯扎溴铵）、70%~75%酒精和5%甲酚皂（来苏儿）等。为避免长期使用一种化学消毒液使细菌产生耐受性，可定期轮换使用不同的化学消毒液。

（三）抗生素消毒

在实验室中细胞培养最常用的抗生素是青霉素（常用浓度是25~100U/mL）与链霉素（25~100μg/mL）。这两种抗生素常混合使用。生产过程中对抗生素有严格要求，需按照相关规定执行。

四、动物细胞培养溶液及其配制

动物细胞的培养基可分为天然培养基和合成培养基。天然培养基营养丰富，培养效果好，但成分复杂，个体差异大，来源受限，干扰产物的分离纯化，因此使用范围有限。

合成培养基是根据天然培养基的成分，用化学物质模拟合成、人工设计、配制的培养基。它添加了氨基酸、维生素和生长因子等营养物质，有一定的配方，是一种理想的培养基。培养细胞的完全培养基一般由基础性的合成培养基（如MEM）和添加剂（如血清或无血清培养用的某些确定的激素及生长因子）组成。

（一）细胞培养基及其配制

1. 合成培养基

MEM培养基是动物细胞培养中常用的培养基，主要用于贴壁细胞培养，修改配方后也可用于其他类型细胞培养，例如，无钙MEM培养基可被用于悬浮细胞培养。

DMEM培养基，用于快速生长的细胞，同MEM含有相同的营养成分，但浓度高出2~4倍。

F12培养基是动物细胞培养基，成分复杂，含有多种微量元素，起初是作为一种无血清配方设计的，现在常补加血清后用于支持各种正常细胞和转化细胞的增殖。F12常和DMEM以1:1结合，称为DMEM/F12培养基，作为开发无血清配方的基础，以利用F12含有较丰富的成分和DMEM含有较高浓度的营养成分的优点。

MEM与F12均要用5%的CO_2来平衡，DMEM含有更高浓度的$NaHCO_3$，常用10%的CO_2来平衡。

2. 血清

细胞在单纯的合成培养基中不能存活，必须提供某些痕量营养物质及生长因子。通过添加血清保证细胞生长并维持生长状态，血清添加终浓度一般为5%~

20%。广泛应用的血清种类有胎牛血清、新生牛血清、小牛血清和马血清等。胎牛血清取自剖腹产的胎牛;新牛血清取自出生24h之内的新生牛;小牛血清取自出生10~30d的小牛。胎牛血清常应用于对培养条件要求比较高的细胞研究领域和细胞冻存,新生牛血清相对于胎牛血清价格更经济实惠,并且细胞培养效果接近胎牛血清,因此被疫苗生产等大规模的生产型企业大量采购使用。血清在使用前需经过56℃加热30min,以灭活血清中补体。

3. 无血清培养基

无血清培养基用化学添加剂(包括某些动物来源的蛋白质)维持神经细胞存活与生长而不需要在培养基中添加血清。它用合适的激素(如胰岛素)、营养物(如转铁蛋白)和促贴壁的物质(如黄体酮)的组合置换培养基中的成分,它的基础培养基是DMEM培养基与F12培养基的1:1混合液。

无血清培养基和试剂被广泛地应用于培养哺乳动物和无脊椎动物细胞,用以制备单克隆抗体,病毒抗原和重组蛋白等。无血清培养基排除了血清中成分对分离纯化的影响,降低了分离纯化目的物质的难度和成本。

无血清培养基有三类。①无血清培养基:不含血清,但含有某些动物来源的蛋白;②无蛋白培养基:不含任何蛋白,但含有某些动物或者植物来源的蛋白水解物;③化学成分限定培养基:不包含有蛋白、水解产物或未知结构的组分,所有的成分均有已知的化学结构。

血清仍是动物细胞培养中最基本的添加物,尤其是在原代培养或者细胞生长状况不良时,会先使用有血清的培养液进行培养,待细胞生长旺盛以后,再换成无血清培养液。细胞转入无血清培养基培养有时要有适应的过程,要逐步降低血清浓度,如从10%减少到5%,3%,1%,直至无血清培养。在降低过程中要注意观察细胞形态是否发生变化,是否有部分细胞死亡,存活细胞是否还保持原有的功能和生物学特性等。无血清培养后的细胞一般会发生改变,不再继续留用。

4. 细胞培养基的配制

细胞培养基有溶液型和干粉型。干粉型在使用前需配制成溶液,配制时要注意:

(1)认真阅读说明书。说明书注明干粉不包含的成分,常见的有$NaHCO_3$、谷氨酰胺、丙酮酸钠、HEPES等,这些成分有些是必需的,要根据培养需添加。

(2)配制时要保证干粉充分溶解,之后再添加$NaHCO_3$、谷氨酰胺等物质。

(3)配制培养基所用的水应是新制的注射用水或三蒸水。

(4)配制用器皿应经过严格消毒和除去热原。

(5)配制好的培养基应尽快用$0.22\mu m$滤膜过滤到无菌的容器中,无菌低温保存。

(6)使用前再添加血清等液态营养成分。

(二) 细胞培养用溶液

1. 平衡盐溶液

平衡盐溶液（balanced salt solution，BSS）的作用是维持细胞渗透压平衡，保持 pH 稳定及提供简单的营养。主要用于取材时组织块的漂洗、细胞的漂洗和配制其他试剂等。例如常用的 PBS 平衡盐溶液（无 Ca^{2+}、Mg^{2+}），其配方为：NaCl 8.0g，KCl 0.2g，$Na_2HPO_4 \cdot H_2O$ 1.56g，KH_2PO_4 0.24g，加水至 1000mL。

2. 消化液

（1）胰蛋白酶溶液　胰蛋白酶的主要作用是使细胞间的蛋白质水解，细胞离散。胰蛋白酶对细胞的分离作用与细胞的类型和细胞的性质关系密切。不同细胞系对胰蛋白酶溶液的浓度、温度和作用时间等的要求也不相同。胰蛋白酶的活性受血清抑制，使用前要保证环境中无血清，消化结束时可用血清终止其活性。

（2）EDTA 溶液　一般用 EDTA 的钠盐，使用浓度为 0.02%，以无钙、镁的平衡盐溶液配制。有些组织需要 Ca^{2+}、Mg^{2+} 来保持其完整性，用 EDTA 来排除这些离子，可使细胞之间裂解，以分散细胞。其作用比胰蛋白酶缓和。常将胰蛋白酶和 EDTA 联合使用。可提高消化效率，改善细胞分散效果。EDTA 不受血清抑制，消化后必须彻底清洗。

（3）胶原酶溶液　胶原酶主要水解结缔组织中胶原蛋白成分。当组织较硬，内含较多结缔组织或胶原成分时，用胰蛋白酶解离细胞的效果较差，需采用胶原酶解离细胞。胶原酶仅对细胞间质有消化作用而对上皮细胞影响不大。因此适于消化分离纤维性组织、上皮及癌组织，可使上皮细胞与胶原成分分离而不受损害。胶原酶消化缓和、无须机械振荡，因而可进一步提高细胞成活率，但价格较高，大量使用将增加细胞培养成本。

胶原酶分为 Ⅰ、Ⅱ、Ⅲ、Ⅳ、Ⅴ 型以及肝细胞专用胶原酶，要根据所要分离消化的组织类型选择胶原酶类型。胶原酶 Ⅰ 用于分离上皮、肺，脂肪和肾上腺组织细胞；胶原酶 Ⅳ 包含至少 7 种蛋白酶成分，它能消化多种组织；胶原酶 Ⅴ 包含至少 7 种蛋白酶成分，可用于分离胰腺小岛组织；胶原酶 Ⅱ 适用于肝脏、骨、甲状腺、心脏和唾液腺组织。

3. 谷氨酰胺补充液

谷氨酰胺在细胞代谢过程中起重要作用，合成培养基中都要添加，由于谷氨酰胺容易降解，所以可在使用前再添加或培养过程中流加。

谷氨酰胺使用终浓度为 0.2mmol/L。一般配制为 100 倍浓缩液，过滤除菌，分装至小瓶，储存于 -20℃。

五、动物细胞的处理技术

根据细胞生长的特点，体外培养细胞分为贴壁细胞、半悬浮生长细胞和悬浮细胞。大多数培养细胞属于贴壁细胞，贴附在固相上生长，是贴壁依赖性细胞，贴壁细胞培养或大规模培养的中间过程中常用细胞培养瓶（见图6-3）进行培养。少数特殊的细胞为悬浮细胞，如某些类型的癌细胞及白血病细胞，胞体圆形，不贴附于支持物上，悬浮生长，这类细胞容易大量繁殖。半悬浮生长细胞介于前两者之间，可贴壁，但贴壁不牢固。

图6-3 细胞培养瓶

（一）细胞的传代

1. 悬浮生长细胞传代

离心传代法：1000r/min 离心 5min，去上清，沉淀细胞中加入新鲜培养液后再混匀传代。

直接传代法：静置，悬浮细胞沉淀在瓶壁后，吸除 1/2～2/3 上清培养液，然后用吸管直接吹打形成细胞悬液再传代。

2. 半悬浮生长细胞传代

此类细胞部分呈现贴壁生长现象，但贴壁不牢，可用直接吹打法使细胞从瓶壁脱落下来，进行传代。

3. 贴壁生长细胞传代

采用酶消化法传代。常用的消化液为 0.25% 的胰蛋白酶液。胰蛋白酶消化传代法如下：

（1）吸除培养瓶中的培养液。

（2）用无钙、镁的 PBS 洗涤两次。

（3）加入适量的 0.25% 胰蛋白酶液（以消化液能覆盖整个瓶底为准），静置 2～10min（显微镜下动态监测）。

（4）待细胞回缩，细胞间出现明显间隙时，倒去胰蛋白酶液。

（5）拍打瓶底，使细胞悬浮，加入适量培养液，形成细胞悬液。

（6）离心，去除溶液后再加新鲜培养基，重新制备成细胞悬液。

（7）吸取适量的细胞悬液，接种于新的培养瓶内。

（8）放入 CO_2 培养箱中，37℃培养。

（9）换液。为提高细胞生长质量，培养1~2d后可全部或部分更换1次新鲜培养液。换液操作可避免因培养物中营养物耗竭或废弃物累积增多而抑制细胞生长。

（10）培养2~4d后，细胞接近长满瓶壁而未出现接触抑制前，再次进行细胞传代操作，将细胞传至更多培养瓶或者更大的培养瓶，经多次传代扩增后，将足量的细胞接种于转瓶或生物反应器用于生产药物。

（二）细胞的冻存

1. 细胞冻存的原理

细胞在0℃以下，会发生细胞器脱水，细胞中可溶性物质浓度升高，并在细胞内形成冰晶。如果缓慢冷冻，可使细胞逐步脱水，细胞内不致产生大的冰晶；相反，如果快速冷冻，细胞内结晶就大，大的结晶会造成细胞膜、细胞器的损伤和破裂。

2. 细胞冻存低温保护剂

细胞冻存时加入低温保护剂，能大大提高冻存效果。二甲基亚砜（DMSO）和甘油是渗透性的低温保护剂，可迅速透入细胞，提高细胞膜对水的通透性，降低冰点，延缓冻结过程，使细胞内水分在冻结前透出细胞外，减少胞内冰晶的形成，从而减少冰晶对细胞的损伤。

3. 细胞冻存操作

（1）现用现配冻存液。冻存液为含有20%血清和10% DMSO的RPMI-1640培养基或DMEM培养基。

（2）取指数增殖期细胞，以胰蛋白酶法消化制备细胞悬液，细胞悬液经1000r/min离心5min后，去上清，加入适量冻存液，用吸管吹打，重新制成细胞悬液（$1 \times 10^6 \sim 1 \times 10^7$细胞/mL）。

（3）量取1~1.5mL细胞悬液于冻存管中，密封后标记冷冻细胞名称和冷冻日期（见图6-4）。

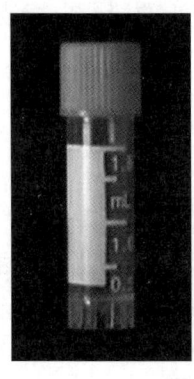
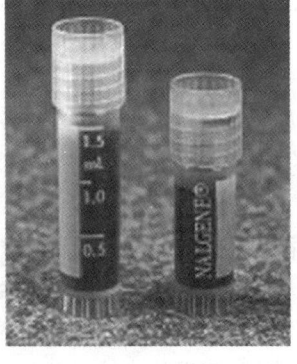

图6-4 细胞冻存管及盛装的细胞液

(4) 分级冷冻冻存管

①4℃低温保存40mim至1h；② -20℃冷冻40min至1h；③在液氮罐口或超低温冰箱中，-70℃，冷冻过夜；④将冻存管置于提桶，在液氮中长期保存，备用（见图6-5）。

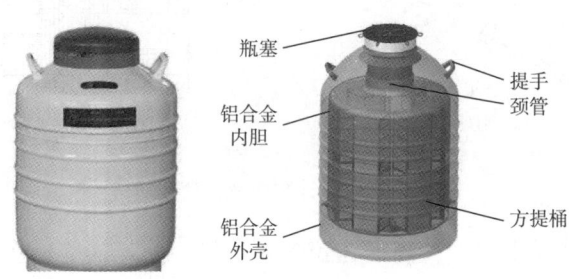

图6-5 细胞冻存用液氮罐及其示意图

（三）细胞的复苏

细胞复苏过程中应使冷冻保存的细胞快速融化，防止细胞内小冰晶形成大冰晶，即防止冰晶的重结晶。复苏操作方法：

(1) 从液氮中取出冻存管，并迅速投入到37~42℃水浴中，晃动，使其尽快融化（约1min完全融化）。

(2) 将冻存管中融化的细胞溶液转移至培养瓶中，用培养液稀释至原体积的10倍以上，制成细胞悬液，将细胞悬液转移至离心管中，以1000r/min低速离心5min，吸除上层溶液后，加新鲜细胞培养液于离心管中，使底部细胞悬浮，转移至培养瓶，放置于CO_2培养箱中，37℃扩增培养。

或者不进行离心，直接将细胞悬液转移至培养瓶，置于CO_2培养箱中，培养3~5h后换新鲜的培养基，继续扩增培养细胞。

（四）细胞计数及活性测定

1. 血球计数板计数法

利用血球计数板计数细胞悬液中细胞的数量，见图6-6。血球计数板上方覆盖盖玻片后，形成高0.1mm的计数池，计数池中每个大方格面积为1.0mm×1.0mm = $1.0mm^2$，则每个大方格体积为$0.1mm^3$（即0.0001mL）。中央大方格称为计数室，又进一步划分成25个中方格及400个小方格。计数的细胞对象，须制备成分散的细胞悬液。

(1) 制备细胞悬液　如为贴壁生长的细胞，需采用胰蛋白酶消化法将细胞制备成细胞悬液。对于悬浮培养的细胞，可直接混匀，进行计数与计算。

(2) 计数与计算

①在细胞计数板中央放置专用于计数的盖玻片。

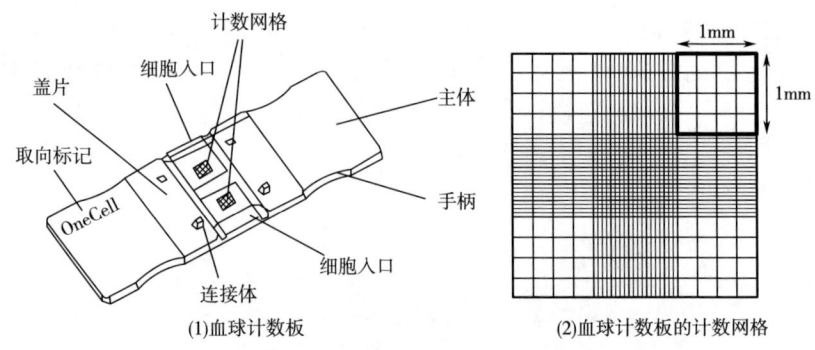

图6-6 血球计数板及其计数网格

②将细胞悬液吸出少许,滴加在盖玻片边缘,使悬液充满盖玻片和血清计数板之间。

③静置3min,显微镜下计数位于中央大方格中的细胞:数左上、左下、右上、右下和中央5个中方格中细胞数,取平均值后乘以25。对于压线的细胞只计数在上线和左线者,对于细胞团按单个细胞计数。

④计算细胞悬液的密度。细胞密度 = (5个中格细胞总数/5×25) ×10^4个/mL。

注意:显微镜由两个及以上细胞组成的细胞团,应按单个细胞计算;若细胞团占10%以上,说明分散不好,需重新制备细胞悬液。

2. 细胞活力测定

(1) 台盼蓝染色法 活细胞有完整的细胞膜,台盼蓝无法进入细胞,细胞不会被染色,在显微镜下呈无色透明状;死细胞能被台盼蓝染上颜色,显微镜下呈深蓝色。操作步骤:

①取0.5mL细胞悬液,加入试管中。

②加入0.5mL 0.4%台盼蓝染液,染色2~3min。

③吸取少许悬液涂于血球计数板上,加上盖玻片。

④镜下任意取几个视野分别计数死细胞和活细胞的数量,以活细胞数所占的比例计算细胞活力。活力测定可以和细胞计数同步进行,但要考虑到染液对原细胞悬液的加倍稀释作用。

(2) 四唑盐(MTT噻唑蓝)比色法 四唑盐(MTT噻唑蓝)比色法(简称MTT法)常用于测定药物对细胞生长的抑制或促进作用。活细胞中脱氢酶能将四唑盐还原成不溶于水的蓝紫色产物甲臜(formazan),并沉淀在细胞中,而死细胞没有这种功能。二甲基亚砜(DMSO)能溶解沉积在细胞中的蓝紫色结晶物,溶液颜色深浅与所含有甲臜的量呈正比,进而反映出细胞的生长情况。

操作步骤:

①将单细胞悬液接种于96孔培养板,10^3~10^4细胞/孔的密度,每孔培养基用量为200μL。在37℃、5%CO_2培养箱中培养一段时间(根据操作目的决定培养时间)。

②以 50μL/孔的量加入 2mg/mL 的 MTT 液,继续培养 3h。

③吸出孔内培养液后,以 150μL/孔的量加入 DMSO 液,将培养板置于微孔板振荡器上振荡 10min,使结晶物溶解。

④用酶标仪检测各孔 OD 值(检测波长 570nm)。

注意:MTT 法只能测定细胞相对数和相对活力,不能测定细胞的绝对数。

六、动物细胞的污染及预防

实验动物
福利与伦理

凡是混入培养环境中对细胞生存有害的成分和造成细胞不纯的异物都视为污染。细胞培养污染物包括微生物(真菌、细菌、病毒和支原体)、化学物质(影响细胞生存、非细胞所需的化学成分)和细胞(非同种的其他细胞)等,其中微生物最多见。另外,不同种细胞交叉污染也时有发生,从而造成细胞不纯。

(一)污染途径

1. 操作

实验操作无菌观念不强,技术不熟练,使用污染的器皿或瓶口未封严等,都可以造成污染。培养两种以上细胞时,操作不规范,交叉使用吸管或培养液、瓶等有可能导致细胞交叉污染。

2. 空气

空气是微生物及尘埃颗粒传播的主要途径。生产车间需达到与生产要求相符的洁净度。无菌操作应在层流罩或超净工作台等洁净环境内进行,工作时要戴口罩,避免讲话、咳嗽等使外界污染进入操作面,造成污染。

3. 器材

各种培养器皿、器械消毒不彻底和洗刷不干净会导致污染。另外,培养箱需进行定期消毒,以防止污染。

4. 培养用溶液

血清在生产时可能已经被支原体或病毒等污染,细胞培养基和操作用溶液未充分除菌等都会导致细胞被污染。

5. 组织样本

原代培养的污染多数来源于组织样本。取材时碘酒消毒后脱碘不彻底,可造成碘混入组织、细胞或培养液中,影响细胞生长。

(二)细胞污染的影响及污染的检测

细胞一旦发生污染,多数将无法挽回。细胞被污染后,细胞生长缓慢,分裂相减少,细胞变得粗糙,轮廓增强,细胞浆中出现颗粒,进一步地,细胞停止增殖，细胞分裂相消失，细胞质中出现大量堆积物，细胞变圆、脱壁，直至死亡。

1. 细菌污染对细胞的影响及污染物的检测

常见的污染细菌有大肠杆菌、假单胞菌、葡萄球菌等。检测方法：取细胞悬液，1000r/min 离心 5min，取细胞沉淀，加入适量无抗生素培养液，放置于 CO_2 培养箱中培养。如果细胞已被细菌污染，几个小时后（最多不超过 24h）肉眼就可观察到培养液外观浑浊。用相差显微镜观察，可见满视野都是点状的细菌颗粒，原来的清晰培养背景变得模糊，大量的细菌甚至可以覆盖细胞。用青霉素、链霉素可以一定程度上预防细菌污染。

2. 真菌污染对细胞的影响及污染物的检测

微生物污染中以真菌最多，污染后易于发现，大多呈白色或浅黄色小点漂浮于培养液表面或贴壁，肉眼可见；有的散布生长，镜下可见呈丝状、管状、树枝状，纵横交错穿行于细胞之间。念珠菌和酵母菌呈卵圆形，散在细胞周边和细胞之间生长。真菌生长迅速，能在短时间内抑制细胞生长，产生有毒物质杀死细胞。

3. 支原体污染及污染物的检测

细胞培养（特别是传代细胞）被支原体污染是细胞培养最常见的、干扰试验结果的一种污染。但由于不易被察觉，有些污染的细胞仍在被应用。

支原体污染来源包括工作环境污染、操作者本身污染（一些支原体在人体是正常菌群）、培养基或血清污染、污染支原体的细胞造成的交叉污染、实验器材带来的污染和用来制备细胞的原始组织或器官的污染。支原体污染后，与细胞长期共存，不会使细胞死亡，培养基一般不发生浑浊，细胞无明显变化，外观正常。但是，细胞受到潜在影响，如引起细胞变形，影响 DNA 合成，抑制细胞生长等。支原体是可用人工培养基培养增殖的最小原核细胞型微生物，装有 $0.22\mu m$ 滤膜的滤器不能把它有效去除。

可采用分离培养法、酶学检测法、ELISA 检测法、DNA 荧光检测法和 PCR 检测法等检测支原体。

4. 细胞交叉污染对细胞的影响及污染物的检测

细胞间交叉污染多是由于在培养中操作时各种细胞同时进行，混杂使用器皿和液体所致，这种污染能使细胞的生长特性、形态特征等发生变化，如污染的细胞具有生长优势则抑制原来细胞生长，使之死亡。常用观察细胞形态学、分析生长特性和核型、检测细胞的标记物等方法检测交叉污染的细胞。

七、 动物细胞的大规模培养

动物细胞大规模培养是一些重要生物药物实现规模化生产的关键环节。目前，动物细胞大规模培养技术水平的提高主要集中在培养规模的进一步扩大、优化细胞培养环境、改变细胞特性、提高产品的产率与保证其质量上。

（一）动物细胞培养方法

1. 贴壁培养法

贴壁培养是指细胞贴附在一定的固相表面进行单层培养。贴壁依赖性细胞在培养时要贴附于培养容器的壁上，细胞一经贴壁就迅速铺展，然后开始有丝分裂，进入对数生长期。一般数天后就铺满培养表面，并形成致密的细胞单层。

贴壁培养方法主要有转瓶法、中空纤维法和微载体培养系统法等，目前以转瓶培养和微载体生物反应器培养更常用。

（1）转瓶培养　转瓶常称为滚瓶，培养贴壁依赖性细胞最初采用的正是圆筒形转瓶培养系统，见图6-7。转瓶培养能增加供细胞贴壁的表面积。细胞接种在温和滚动的转瓶中，将转瓶放置于转瓶机中，维持适当的转速和温度培养，见图6-8。在培养瓶滚动时，细胞有一段时间离开培养基，大部分时间仅覆盖一薄层培养液，交替地接触培养液和空气，获取营养物质和氧气，利于细胞生长。

图6-7　转瓶

图6-8　转瓶机及培养细胞用转瓶

转瓶培养具有结构简单，投资少，技术成熟，重复性好，放大只需要简单地增加转瓶数量等优点。但缺点明显：劳动强度大，占地空间大，单位体积提供细胞生长的表面积小，细胞生长密度低，培养时监测和控制环境条件受到限制等。

（2）微载体培养　微载体培养技术于1967年被用于动物细胞大规模培养。微载体通常是直径为 60~250μm 的固体小珠，材料主要有纤维素、塑料、明胶、玻璃和葡聚糖等，近年又相继开发出液体微载体、聚苯乙烯微载体、甲壳质微载体、藻酸盐凝胶微载体等。将制备好的细胞悬液和消毒过的微载体混合孵育一段时间（用前可把微载体在血清中浸泡，以加快细胞与微载体的贴附速度），待细胞贴附于微载体上后，再加入大量培养液，借助温和搅拌系统使细胞随载体均匀悬浮于培养液中进行培养。

微载体培养原理是将对细胞无害的微载体颗粒加入到培养容器的培养液中，作为载体，使细胞在微载体表面附着生长，同时通过持续搅动使微载体始终保持悬浮状态。动物细胞无细胞壁，对剪切力敏感，所以无法靠提高搅拌转速来增加接触概率。通常的操作方式是在贴壁期间歇性低转速搅拌，数小时待细胞附着于微载体表面后，维持低转速（最大速度 75r/min），进入培养阶段。

微载体法培养动物细胞的优点：①可在反应器中提供大的比表面积，有利于营养成分的质量传递；②兼有悬浮培养和贴壁培养的优点；③可采用均匀悬浮培养；④可用显微镜观察细胞在微载体上的生长情况；⑤与生物反应器技术相结合，实现细胞培养的全自动控制和规模放大；⑥适用于多种贴壁依赖性细胞培养；⑦细胞收获容易，回收率高；⑧劳动强度小，占地面积小。

微载体系统的缺陷：①微载体表面的细胞易受到剪切损伤；②微载体价格比较贵；③需要较高的接种细胞量。近年来，已经开发了许多新的多孔性微载体和新的反应器系统，以弥补微载体系统的不足。

微载体大规模细胞培养的生物反应器系统有搅拌式生物反应器系统和灌注式生物反应器培养模式等。目前该技术已趋完善和成熟，应用于病毒疫苗的规模生产，如狂犬、甲肝、流感、脊灰和乙脑病毒疫苗等；重组蛋白大规模生产，如干扰素、EPO、激酶、TNF、CSF 和 EGF 等。目前，用于 Vero 细胞无血清大规模生产流感疫苗，最大培养规模已达 6000L。

以 Cytiva 公司（原 GE 生命科学）的微载体产品为例，包括 Cytodex、Cytopore、Cytoline 系列（见表 6-1）。Cytodex 1 以 Sephadex G50 为基质，表面覆盖有带正电的 DEAE 基团，有利于细胞贴附和铺展；Cytodex 3 在 Cytodex 表面共价结合一层变性胶原（从猪皮中提取的胶原蛋白 1 型），使得细胞贴附的微载体表面类似于体内情况，适合于原代细胞等体外较难生长的细胞，有利于细胞贴壁和回收。Cytopore 大孔微载体基于交联纤维素基质，带亲水性 DEAE 正电基团。Cytoline 由硅土增重的高密度聚乙烯构成，该微载体配合流化床反应器使用。

表6-1 微载体产品举例

	Cytodex 1	Cytodex 3	Cytopore 1	Cytopore 2	Cytoline 1	Cytoline 2
密度/(g/mL)	1.03	1.04	1.03	1.03	1.3	1.03
颗粒大小* $d_{50}/\mu m$	190	175	235	235	1100	700
有效培养面积*/(m^2/g 干重)	0.44	0.27	1.1	1.1	>0.3	>0.1
每克干重约含微载体数量	4.3×10^6	3.0×10^6	3.0×10^6	3.0×10^6	900	700
膨胀因子*/(mL/g 干重)	20	15	40	40	N/A	N/A
平均孔径/μm	N/A	N/A	30	30	250	250

注：*在生理盐水中。

搅拌式生物反应器系统已有较长的历史，具备简单、实用及价格低廉等特点。现已推出配备可替换的一次性搅拌罐体的一次性搅拌式生物反应器，能用于研究或生产中的高密度动物细胞培养，适于运行中快速转换，增加培养的灵活性。

灌注式生物反应器培养模式是在细胞培养生物反应器系统中安装细胞/微载体截流装置，培养中不断加入新鲜培养基以及不断地抽走含细胞代谢废物的培养基，使细胞得以在一个相对稳定的生长环境内增殖。

（3）巨载体培养　巨载体培养中，细胞像微载体一样贴附于固定的表面生长，但巨载体在生物反应器中是固定的，不因为搅拌而跟随培养液一起运动。巨载体培养能减弱剪切力和通气对细胞的伤害，同时又满足细胞生长所需的各种营养物质，为细胞生长提供了良好的生长环境，有利于高密度、大规模细胞培养。固定床细胞培养罐等巨载体培养系统已广泛用于生产，大规模地制备基因重组蛋白质药物。固定床细胞培养罐及其控制软件操作界面见图6-9。

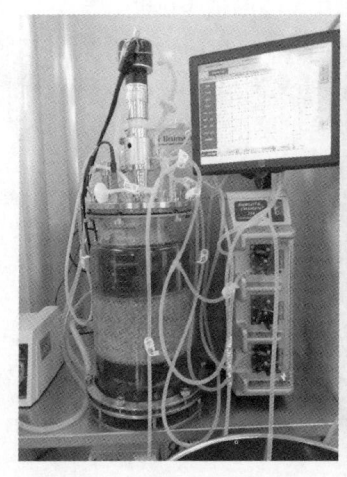

图6-9　固定床细胞培养罐及其控制软件操作界面

（4）新型的生物反应器　细胞工厂是由 PS 塑料制成的细胞培养用多层容器，采用超声焊接工艺或黏接工艺制成。可用于替代培养瓶和多层培养瓶，用于实验室或大规模细胞培养 GMP 生产，见图 6-10。

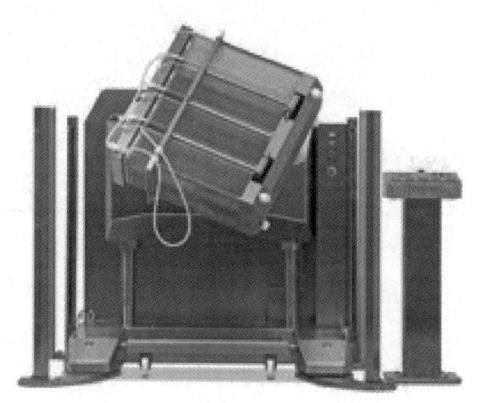

图 6-10　细胞工厂及配套设备

新型 WAVE 波浪生物反应器，主要由摇动平台及控制系统和培养袋组成，见图 6-11。创新的采用非介入的波浪式摇动混合，避免了搅拌桨叶端和鼓泡对细胞的伤害，提供温和低剪切力高溶氧的细胞培养微环境，有利于改善细胞状态、提高细胞密度和产量。具有培养体积范围灵活、操作简单、控制精密可靠、易于工艺放大、建厂周期短等优点，开始用于生产，如 Remicade 单抗（注射用英夫利昔单抗，商品名：类克，）在内的多种上市药物即使用 WAVE 生产。

Xcellerex 为罐体式一次性生物反应器，见图 6-12。细胞培养袋主体带有相应通气孔、流液孔和检测探头插孔等，由多层塑料膜压成，包括 ULDPE 层、PVDC 层和尼龙层，其溶出析出非常低。罐体为双夹层结构，采用水浴方式控温，水浴夹层从罐体顶部到底部全覆盖，温控效果更好。Xcellerex XDR 生物反应器系统能提供从工艺开发到大规模生物制药生产所需要的性能和灵活性。可以批次培养、补料培养和灌注模式操作，相当于提供从 4.5~2000L 工作体积的可放大工艺。该细胞培养生物反应器系统已经成功地用于培养 CHO 细胞、Vero 细胞和 MDCK 细胞等各种类型的细胞和有机体，此外，发酵罐系统还可用于微生物培养。

2. 悬浮培养法

细胞悬浮培养是指在反应器中自由悬浮生长的过程。悬浮培养系统主要用于非贴壁依赖性细胞的培养。杂交瘤细胞的悬浮培养规模较大，工艺方法成熟。随着无血清培养技术的发展，越来越多的贴壁依赖性细胞被驯化适合于无血清悬浮培养（如重组 CHO 细胞和 BHK 细胞等）。

3. 固定化培养

固定化培养是将动物细胞与水不溶性载体结合，再进行培养的方法。细胞固

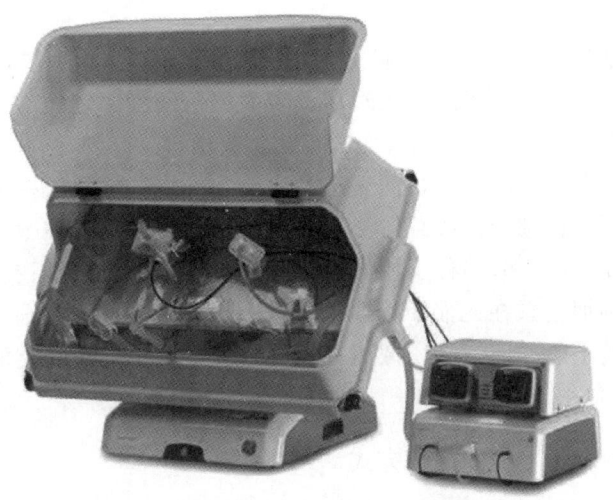

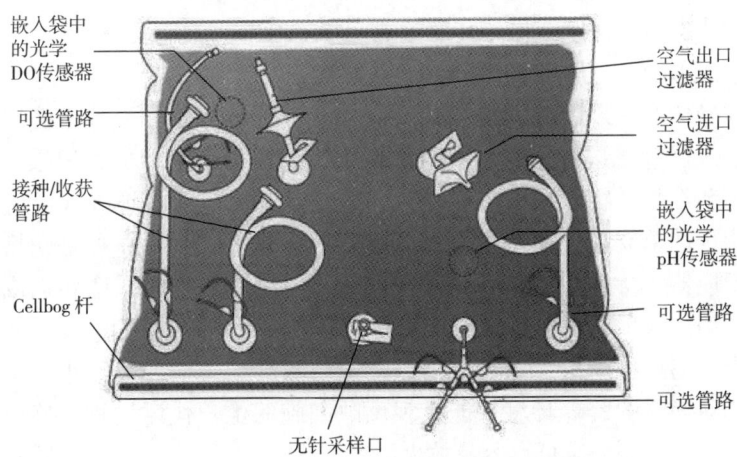

图 6-11 WAVE 波浪生物反应器及示意

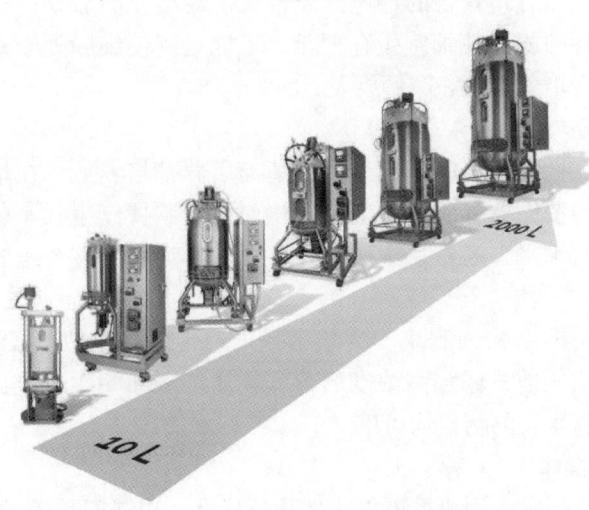

图 6-12 Xcellerex 一次性生物反应器

定化的方法包括吸附法、共价贴附法、离子/共价交联法、包埋法和自絮凝法等。

吸附法用固体吸附剂将细胞吸附在其表面而使细胞固定化；共价贴附法利用共价键将动物细胞与固相载体结合而固定化；离子/共价交联法利用双功能试剂处理细胞悬浮液，在细胞间形成桥而絮结产生交联作用；包埋法将细胞包埋在多孔载体内部制成固定化细胞；微载体法用一层亲水的半透膜将细胞包围在珠状的微囊里，细胞不能逸出，但小分子物质及营养物质可自由出入半透膜；自絮凝法利用一些哺乳动物细胞系在无血清培养下，具有相互聚集、形成细胞团的倾向，采用沉降或过滤的手段，使细胞团截流在搅拌培养系统中，起到类似于微载体和多孔微载体的作用。

（二）动物细胞培养的操作方式

动物细胞培养的操作方式通常分为分批式操作、补料－分批（或流加）式操作、半连续式操作、连续式操作和灌流式操作。

1. 分批式操作

分批式操作通常采用机械搅拌式反应器，有两种方式。一种是将细胞和培养基一次性加入反应器进行培养，细胞不断生长，产物不断形成、积累，最后将培养基、细胞和细胞产物取出，培养结束。如气升式反应器或搅拌式反应器中培养杂交瘤细胞生产单克隆抗体就可采用分批式的操作方式。另一种是先将细胞和培养基加入反应器，待细胞生长到一定密度后，向反应器内加入诱导剂或病毒经过一段时间作用，将反应物取出，生产某些疫苗可采用该操作方式。

批式操作的操作简单，培养周期短，染菌和细胞突变的风险小；培养时细胞处在一个相对固定的营养环境，能直观反映细胞的生长代谢过程；培养过程工艺简单，对设备和控制要求低，容易放大。

批式培养过程随时间变化的环境差异很大，在培养的后期往往因营养成分缺乏和抑制性代谢物的积累使细胞生存困难，不能全程使细胞处于最优的条件下生长、代谢，不利于培养规模和产量放大。

2. 流加式培养

流加式培养在批式培养的基础上，用基础培养基培养后，在培养过程中流加细胞消耗和需求的浓缩营养物或培养基，从而使细胞持续生长至较高的密度，目标产品达到较高的水平，通常在细胞进入衰亡期后终止。整个培养过程没有流出或回收。

流加培养在当前动物细胞培养中较常用。通常多在指数生长后期进行流加，细胞在进入衰退期之前，添加高浓度的营养物质。流加一次以上，添加的成分比较多，凡是促细胞生长的物质均可以。

3. 半连续式操作

半连续式操作通常采用机械搅拌式生物反应器，以悬浮培养的形式进行操作。

在当细胞和培养物一起加入反应器后，细胞增长和产物形成过程中，每间隔一段时间，从反应器取出部分培养物，再用新的培养液补足原有体积，使反应器中总体积保持不变。半连续式操作简便，生产效率高，可长期进行生产，反复收获产品，而且可使细胞密度和产品产量一直保持较高的水平。

4. 灌流式操作

灌流式操作将细胞和培养基一起加入反应器后，在细胞增长和产物形成过程中，不断地将部分培养基取出，同时又连续不断地流加新的培养基。它与半连续式培养操作的不同之处在于取出部分培养基时，绝大部分细胞均保留在反应器内，而半连续式培养在取出培养物的同时也损失部分细胞。反应器必须具有细胞截流装置，中空纤维是目前常用的细胞截留装置。

灌流式培养常使用的反应器有机械搅拌式反应器、固定床或流化床反应器和固定床细胞培养罐等。灌流式培养使细胞可处在较稳定的良好环境中，营养条件较好，有害代谢废物低；可提高细胞密度和产品产量；产品在罐内停留时间短，可及时收集并在低温下保留，提高了产品质量；反应速率易控制，目标产品回收率高。连续灌流培养可用于动物细胞培养生产分泌型重组治疗性药物和嵌合抗体及人源化抗体基因工程。但灌流式细胞培养系统一般对控制系统要求较高，长期培养对于无菌环境和无菌操作的要求较高。

❓ 想一想

基于大规模生物反应器系统，利用悬浮动物细胞大规模培养制造病毒疫苗已工业化量产，生产口蹄疫、狂犬、流感等人畜疫苗。长春长生公司冻干人用狂犬疫苗批签量为355万人份，位居国内第二，该药品即利用Vero细胞制备而成。国家药监局在接到之前该企业员工实名举报后，2017年7月11日派检查组人员对其进行飞行检查。查明该公司存在以下八项违法事实：一是将不同批次的原液进行勾兑配制，再对勾兑合批后的原液重新编造生产批号；二是更改部分批次涉案产品的生产批号或实际生产日期；三是使用过期原液生产部分涉案产品；四是未按规定方法对成品制剂进行效价测定；五是生产药品使用的离心机变更未按规定备案；六是销毁生产原始记录，编造虚假的批生产记录；七是通过提交虚假资料骗取生物制品批签发合格证；八是为掩盖违法事实而销毁硬盘等证据。对其做出多项行政处罚：撤销狂犬病疫苗药品批准证明文件；撤销涉案产品生物制品批签发合格证，并处罚款1203万元；吊销其《药品生产许可证》；没收违法生产的疫苗、违法所得18.9亿元，处违法生产、销售货值金额三倍罚款72.1亿元，罚没款共计91亿元；此外，对涉案的十四名直接负责的主管人员和其他直接责任人员做出依法不得从事药品生产经营活动的行政处罚。涉嫌犯罪的，由司法机关依法追究刑事责任。

"人无信则不立,业无信则不兴,国无信则衰",诚信是安身立命之本。同学们,想一想:我们在未来的职业生涯中如何做才能为自己、为企业、为国家赢得信用?

八、典型药物生产实例——重组人促红素

(一)概述

慢性肾脏病是全球范围内普遍存在威胁人类健康的一种疾病,患者早期即可出现贫血症状,到中后期几乎所有患者都会发生贫血。促红细胞生成素(EPO)是由肾脏和肝脏分泌的一种糖蛋白激素类内源性生理物质,能够促进自身红细胞的生成。重组人促红素注射液(CHO细胞)是目前治疗肾性贫血最有效的药物,随着慢性肾脏病发病率逐年增高(年增长率高达8%),EPO市场广阔。

重组人促红素(rhEPO)通过基因重组和动物细胞培养技术制得。天然EPO糖链部分占相对分子质量的30%~50%,rhEPO糖基化程度和相对分子质量均与天然EPO类似。rhEPO由165个氨基酸组成,其糖基化分支程度不一,表现出相对分子质量不均一,在体内都具有促进红细胞生成的作用。

(二)生产用设备及耗材

1. 细胞株及试剂

(1)细胞株　表达rhEPO的贴壁中国仓鼠卵巢细胞(CHO)重组工程细胞株。
(2)基础培养基　DMEM培养液,添加10%胎牛血清。
(3)无血清培养基　JRH-SFM无血清培养基。
(4)其他　0.25%胰酶、ELISA试剂盒,葡萄糖试剂盒等。

2. 主要仪器

细胞培养瓶、5%二氧化碳培养箱、转瓶及转瓶机、5L生物反应器(美国Celligen Plus)。

(三)工艺过程

重组人促红素生产工艺流程见图6-13。

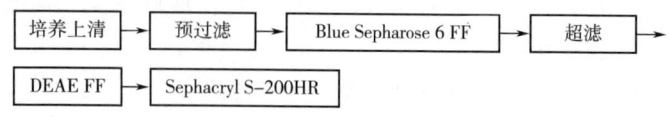

图6-13　重组人促红素生产工艺流程

1. 细胞扩增培养

取冻存的 CHO 工程细胞，复苏后，接种于 T25 细胞培养瓶中，用基础培养基，置于 5% CO_2 培养箱中 37℃ 静置培养。以胰蛋白酶消化传代法扩增，细胞量逐渐从一个 T25 细胞培养瓶扩增至多个 T25 细胞培养瓶，并进一步扩增成多个 T75 细胞培养瓶。然后，T75 细胞培养瓶中细胞传代至 2L 转瓶，置于转瓶机中，37℃ 旋转培养。

2. rhEPO 的生产

根据生产规模，可以用转瓶生产 rhEPO，也可以用生物反应器生产 rhEPO。

（1）转瓶生产　取瓶壁接近长满 CHO 细胞的转瓶，去除培养液后，以 PBS 缓冲溶液冲洗内壁，然后添加适量无血清培养基于转瓶，置于转瓶机中 37℃ 旋转培养。待培养 2~3d 后，收获含有 rhEPO 的无血清培养液，加入新鲜无血清培养基继续培养。观察 CHO 细胞生长状态，细胞形态发生明显变化，并有部分细胞脱落后，再次收获转瓶中无血清培养液。合并两次收获液，4℃ 低温保存，静置备用。

（2）生物反应器培养　取多个瓶壁接近长满 CHO 细胞的转瓶，采用胰酶消化传代法将转瓶中 CHO 细胞消化后，接种至生物反应器，调节搅拌速度和溶氧（D.O.），在 37℃、pH7.2 条件下，基础培养基中搅拌，增殖细胞。3~5d 后，已有足够量细胞，泵出基础培养液，泵入无血清培养基，开始进入生成 rhEPO 的阶段。在 rHEPO 生成阶段，调节流速（5~10L/24h），向生物反应器内泵入新鲜无血清培养基；同时泵出含有 rhEPO 的无血清培养液，泵出与泵入的流速需相同。取样监测泵出液中 rhEPO 的含量，约 20d，适时将细胞反应器中无血清培养液全部收获，4℃ 低温保存，静置备用。

3. 预处理培养液

虹吸法吸取含有 rhEPO 的无血清培养液，去除大部分细胞后，0.45μm 滤膜过滤除去细胞碎片。收集滤液，以适当缓冲溶液稀释后备用。

4. Blue Sepharose Fast Flow 亲和层析

根据生产量，将适量 Blue Sepharose Fast Flow 填料装于层析柱，用 20mmol/L Tris-HCl（pH 7.0）平衡缓冲液进行平衡。将过滤、稀释后无血清培养液，以 120mL/min 流速（根据实际调节流速）上样，上样完毕后用平衡缓冲液洗涤至基线。再用含 1.2mol/L NaCl 的 20mmol/L Tris-HCl（pH 7.0）溶液，以 150mL/min 流速洗脱出 rhEPO 主峰。

亲和层析操作举例（动画）

5. DEAE Sepharose Fast Flow 离子交换层析

用 10mmol/L Tris-HCl（pH 7.0）缓冲液平衡装填有 DEAE Sepharose Fast Flow 的离子交换层析柱。

将亲和层析洗脱的含 rhEPO 溶液进行超滤，去除多余的盐离子，超滤至剩余 2~3L。以 20mL/min 流速上离子交换柱，上样后用平衡缓冲液洗涤至基线，用含

6mol/L 尿素溶液，5mol/L 乙酸溶液，5mol/L 甘氨酸（pH4.5）溶液预洗杂质峰，再用含 25mmol/L NaCl 的 10mmol/L Tris-HCl（pH7.0）缓冲液平衡至中性，用含 150mmol/L NaCl 的 10mmol/L Tris-HCl（pH7.0）洗脱液洗脱 rhEPO。

6. Sephacryl S-200HR 凝胶层析

将离子交换后的 rhEPO 洗脱液上样于流动相为 20mmol/L 柠檬酸钠 100mmol/L NaCl（H7.0）的 Sephacryl S-200HR 凝胶柱，上样量要小于柱床体积的 5%，上样及洗脱流速为 7.5mL/min，收集 rhEPO 流出峰，制得 rhEPO 原液。

（四）原液质量检测

rhEPO 原液的检测项目有：蛋白质含量、生物学活性、体内比活性（每 1mg 蛋白质应不低于 1.0×10^5 IU）、纯度（用非还原型 SDS-聚丙烯酰胺凝胶电泳法、高效液相色谱法、相对分子质量、紫外光谱、等电聚焦、唾液酸含量、外源性 DNA 残留量、CHO 细胞蛋白质残留量、细菌内毒素检查、牛血清白蛋白残留量、肽图、N 端氨基酸序列）等。主要有以下几种。

1. 蛋白质含量

用 4g/L 碳酸氢铵溶液将供试品稀释至 0.5~2mg/mL，作为供试品溶液。以 4g/L 碳酸氢铵溶液作为空白测定供试品溶液在 320nm，325nm，330nm，340nm，345nm 和 350nm 的吸光度。用读出的吸光度的对数与其对应波长的对数做直线回归，求得回归方程。按照紫外分光光度法，在波长 276~280nm 处，测定供试品溶液最大吸光度 A_{max}，将 A_{max} 对应波长带入回归方程，求得供试品溶液由于光散射产生的吸光度 $A_{光散射}$。按下式计算，应不低于 0.5mg/mL。蛋白质含量（g/100mL）= $(A_{max} - A_{光散射}) \div 7.43 \times$ 供试品稀释倍数。

2. 生物学活性

体外活性检测：利用试剂盒严格按照试剂盒说明书进行。

体内活性检测：将 EPO 标准品和样品分别用稀释液稀释成三个不同的浓度，给小鼠注射，将小鼠分三组，每组 4 只；每鼠剂量≤0.5mL，注射后的第四天眼眶取血。将样品转移至带有抗凝血的器皿中。用仪器计算网织红细胞数量。体内活性计算：网织红细胞数比红细胞总数。按注射剂量对网织红细胞数比红细胞总数的值，最后通过反应平行线测定法得出结果。

3. 纯度

（1）电泳法　用非还原 SDS-聚丙烯酰胺凝胶电泳法，考马斯亮蓝染色，分离胶胶浓度为 12.5%，加样量应不低于 10μg，分子质量标准为 94ku、97ku、43ku、30ku、20ku、14ku，通过样品蛋白与 Marker 之间计算。用扫描仪器计算后，目标蛋白含量应不低于 98.0%。

（2）高效液相色谱法　亲水硅胶体积排阻色谱柱，排阻极限分子质量 300ku，孔径 24nm，粒度 10μm，直径 7.5mm，长 30cm；流动相为 3.2mmol/L 磷酸氢二钠－1.5mmol/L 磷酸二氢钾－400.4mmol/L 氯化钠，pH7.3；上样数量：20～100μg，检测波长：280nm，促红细胞生成素理论塔板数大于等于1500。最后计算其纯度。

（3）等电聚焦　使用含有 pH 范围为 3～5 的两性电解质的聚丙烯酰胺凝胶。取尿素 9 g、30% 丙烯酰胺单体溶液 6.0mL、40% pH 3～5 的两性电解质溶液 1.05mL、40% pH 3 至 10 的两性电解质溶液 0.45mL、水 13.5mL，充分混匀后，加入 N, N, N', N'－四甲基乙二胺 15μL 和 10% 过硫酸铵溶液 0.3mL，脱气后制成凝胶，加供试品溶液 20μL（浓度应在每 1mL 含 0.5mg 以上），照等电聚焦电泳法进行，同时做对照。电泳图谱应与对照品一致。

（4）唾液酸含量　将促红细胞生成素分子上的唾液酸用水解后，变成游离唾液酸，再用间苯二酚及其他化学试剂萃取后测定其数量。

（5）肽图　供试品经透析、冻干后，用 1% 碳酸氢铵溶液溶解并稀释至 1.5mg/mL，药典测定，其中加入胰蛋白酶（序列分析纯），(37 ± 0.5)℃保温 6h，色谱柱为反相 C_8 柱（25cm×4.6mm，粒度 5μm，孔径 30nm），柱温为 (45 ± 0.5)℃；流速为 0.75mL/min；进样量：20μL；洗脱方法按表 6－2（表中 A：0.1% 三氟乙酸水溶液，B：0.1% 三氟乙酸－80% 乙腈水溶液）。

表 6－2　梯度洗脱方法

编号	时间/min	流速/(mL/min)	A/%	B/%
1	0.00	0.75	100.0	0.0
2	30.00	0.75	85.0	15.0
3	75.00	0.75	65.0	35.0
4	115.00	0.75	15.0	85.0
5	120.00	0.75	0.0	100.0
6	125.00	0.75	100.0	0.0
7	145.00	0.75	100.0	0.0

任务三

了解细胞融合技术

细胞融合是改造细胞遗传物质的有力手段，打破了种属的局限，实现了种间生物体细胞的融合，使远缘杂交成为可能。该技术打破了仅仅依赖有性杂交重组基因创造新种的界限和生殖壁垒，极大地扩大了遗传物质的重组范围，不仅为核质关系、基因定位、基因调控、遗传互补、细胞免疫、疾病发生、膜蛋白动力学等理论领域的研究提供了有力的手段，而且在实际应用中，特别是在单克隆抗体制备、抗肿瘤疫苗生产及动植物远缘杂交育种和新品种选育，绘制基因图谱等方面具有十分重要的意义。

细胞在体外培养过程中会自发融合，但频率极低，因此需提供促融条件，促进细胞融合。融合后的细胞含有两个或多个不同的细胞核，称为异核体。而在随后的细胞有丝分裂中，有些异核体的来自不同细胞核的染色体有可能合并到一个核中，成为单核的杂种细胞，那些不能形成单核的融合细胞则在培养过程中逐步死亡。如果我们将杂种细胞在适宜的条件下进行培养，我们就有可能得到具有新的遗传性状的细胞，这个细胞如果长成了一个完整的个体，就是新物种或新品系。

一、动物细胞融合技术

（一）动物细胞融合的一般步骤

1. 细胞的准备

取对数生长期、选择性强的亲本细胞，制备细胞悬浮液。

2. 诱导融合

调整两亲本细胞浓度（$10^{-8} \sim 10^{-7}/mL$），然后1:1混合，诱导促融，在适宜条件下促进细胞融合。

3. 杂种细胞的筛选

利用荧光标记法和选择性培养基法等筛选杂种细胞，获取杂种细胞克隆。

（二）促融因素

在外界条件作用下，使细胞膜蛋白改变分布状态，膜脂质分子相互作用及重新排布是实现细胞融合的关键。目前，能改变膜蛋白和膜脂质分子排布的方法有病毒诱导、聚乙二醇（PEG）诱导、电场脉冲及离心力等。

1. 病毒诱导

病毒是最早被采用的促融剂，有活力或灭活的仙台病毒、流感病毒、新城鸡瘟病毒及疱疹病毒，甚至病毒外壳或其碎片均有促进细胞融合作用，其中，灭活仙台病毒最常用。当两种不同动物细胞混合物中存在大剂量病毒时，细胞周围即布满病毒，病毒或其组分在细胞间起粘连作用，使细胞聚集成团，致使不同细胞的膜蛋白和膜脂质分子重新排布而结合成一个整体，从而完成细胞融合过程。

仙台病毒诱导细胞融合经四个阶段：①两种细胞共同培养，加入病毒，在4℃条件下病毒附着在细胞膜上，并使两细胞相互凝聚；②在37℃，病毒与细胞膜发生反应，细胞膜受到破坏，此时需要Ca^{2+}和Mg^{2+}，最适pH为8.0~8.2；③细胞膜连接部穿通，周边连接部修复，此时需Ca^{2+}和ATP；④融合成巨大细胞，仍需 ATP。

病毒诱导的融合作用随机性较强,无法人为控制,且融合率低,目前应用越来越少。

2. PEG 诱导

PEG 本身是一种特殊的脱水剂,它以分子桥形式在相邻原生质体膜间起中介作用,进而改变质膜的流动性能,降低原生质膜表面势能,使膜中的镶嵌蛋白质颗粒凝聚,形成一层易于融合的无蛋白质颗粒的磷脂双分子层区。在 Ca^{2+} 存在下,引起细胞膜表面的电子分布的改变,从而使接触处的质膜形成局部融合,出现凹陷,构成原生质桥,成为细胞间通道并逐渐扩大,直到两个原生质体全部融合。

PEG 的融合效果与其分子质量大小及浓度高低有关,PEG 的分子质量和浓度愈大,融合效率也愈高,但其黏度以及对细胞的毒性也愈大。一般选用相对分子质量为 1000~6000、浓度为 30%~50% 的 PEG 进行融合。此外,还必须严格掌握 PEG 的作用温度(37℃)及处理时间(1~2min),以免对细胞造成伤害。

聚乙二醇(PEG)法细胞融合步骤:①将两种不同亲本细胞各 5×10^6 混匀;②离心,吸去上清液,保留细胞;③加 1mL 50% PEG 溶液,用吸管吹打,使之与细胞接触 1min;④加 9mL 培养液,离心沉淀,吸去上清液;⑤加 5mL 培养液,分别接种于 5 个直径 60mm 平皿,每个平皿加培养液至 5mL,37℃的 CO_2 培养箱中培养;⑥6~24h 后,换成选择培养液筛选杂交细胞。

PEG 诱导融合具有比病毒更易制备、控制,结果稳定以及诱导融合率较高等优点,该方法出现后很快就取代仙台病毒而成为诱导动物细胞融合的主要手段。

3. 电场脉冲

将两种细胞混合液经 10~100V/cm 低强度非均匀交变电场作用,使细胞聚集成串珠状,然后施加高压电脉冲(一般击穿电压为 0.5~10kV/cm,作用时间为 30~50μs),细胞膜表面的氧化还原电位发生改变,使异种细胞黏合并发生质膜瞬间破裂,进而质膜开始连接,直到闭和成完整的膜,形成融合体。电融合技术有诱导细胞融合效率高,对细胞无毒害作用,操作简便,可重复性好,可在显微镜下观察融合全过程等优点。目前已成为细胞融合的有效手段之一。

除这些方法外,尚有一些细胞融合技术可供选用,如激光融合技术、空间细胞融合技术、离子束细胞融合技术、非对称细胞融合技术、盐类融合法、高钙和高 pH 融合法等。

(三)动物细胞筛选方法

促融剂诱导后,并非所有的细胞都能融合。例如,PEG 诱导融合时,大约只有十万分之一的细胞最终能够形成可增殖的杂种细胞。此外，细胞融合本身带有一定的随机性，除不同亲本细胞间的融合外，还伴有各亲本细胞的自身融合。因此，在细胞融合之后还必须通过一定的方法把含有两亲本细胞染色体的杂种细胞分离或筛选出来。

筛选的原理：筛选的目的是获得性状优良的杂种细胞。两种亲本细胞融合后会形成以下几种类型的细胞：异型双核或多核融合细胞，同型双核或多核融合细胞，以及未发生融合的两种亲本细胞。筛选就是在培养过程中利用选择性培养基杀死其他类型细胞，仅允许异型双核融合细胞繁殖的过程。要根据细胞的生化生理特性选择合适的筛选系统。

1. HAT 选择系统

HAT 培养基是含有一定数量次黄嘌呤（H）、氨基蝶呤（A）及胸腺嘧啶（T）的选择性培养基，这 3 种成分与细胞 DNA 合成有关，因此，它们是细胞生长的必需成分。在正常动物细胞中有两条合成 DNA 途径：一条为细胞利用简单的外源性小分子物质的从头合成途径，称全合成途径（又称"D 途径"），该途径可被氨基蝶呤阻断；另一条为补救合成途径（又称"S 途径"），细胞从培养液或自身的代谢产物中吸收游离的嘌呤或嘧啶合成 DNA，不受氨基蝶呤影响。

融合时常用的亲本细胞之一为酶缺陷型细胞，如次黄嘌呤－鸟嘌呤磷酸核糖转移酶缺陷型（HGPRT$^-$）细胞或胸腺嘧啶核苷激酶缺陷型（TK$^-$）细胞。HGPRT$^-$ 细胞的嘧啶可通过全合成与补救合成两条途径合成，而嘌呤只能由全合成途径产生。TK$^-$ 细胞的嘌呤可由全合成与补救合成两条途径合成，而嘧啶只能由全合成途径合成。因此，HGPRT$^-$ 或 TK$^-$ 细胞没有嘌呤或嘧啶的补救合成途径，需要从头合成，但全合成需要甲基，而细胞中的甲基是由二氢叶酸还原酶作用而产生的，由于氨基蝶呤是二氢叶酸还原酶的抑制剂，因此含有氨基蝶呤的培养基就抑制细胞内嘧啶与嘌呤的从头合成途径，于是 DNA 合成的两条途径都受到抑制，该亲本细胞（HGPRT$^-$ 或 TK$^-$）在培养过程中死亡。另一亲本为不能在体外长期分裂的淋巴细胞，具有完整的合成 DNA 的两条途径，在培养过程中会逐渐死亡。细胞融合后，通过互补作用，杂种细胞从两种亲本细胞分别获得 HGPRT 和 TK 基因，而能应用培养液中的次黄嘌呤和胸腺嘧啶核苷通过补救合成途径合成 DNA 而存活下来，并能不断地分裂与繁殖后代，见图 6 - 14。

2. 抗药性选择系统

利用生物细胞对药物敏感性差异筛选杂种细胞的方法。不同细胞具有不同的生理生化特点，同种药物对不同种类细胞的作用存在着极大的差异；不同种类的药物抑制细胞代谢的具体途径存在差别，如有的药物抑制核酸合成，有的能破坏细胞膜，故不同药物对同种细胞的作用效果也不同。如亲本 A 对氨苄青霉素敏感，对卡那霉素不敏感；亲本 B 对卡那霉素敏感，对氨苄青霉素不敏感。两亲本细胞融合操作后，在含有两种抗生素的培养基上培养，亲本 A 和亲本 B 将被杀死，而

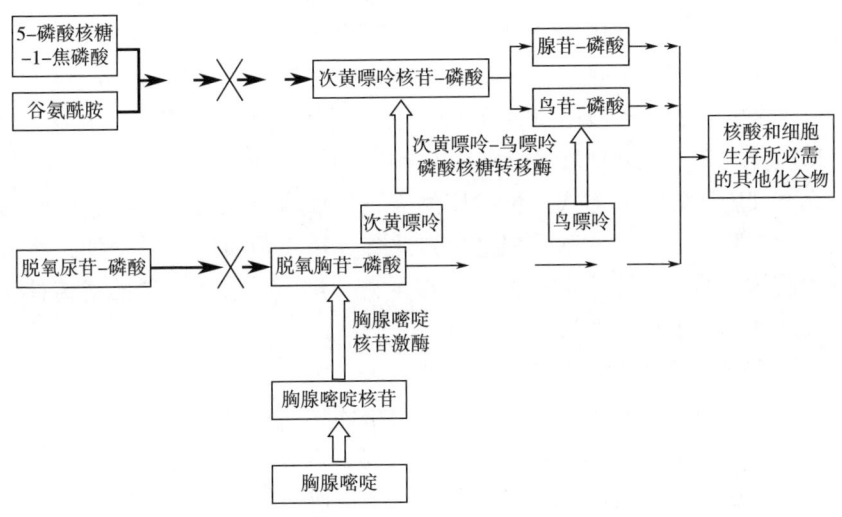

图 6-14 HAT 筛选杂种细胞示意图
粗箭头表示全合成途径，空心箭头表示补救合成途径，
细箭头表示共同合成途径，×表示受氨甲蝶呤抑制

两者的杂种细胞则可以存活，不断繁殖和分裂后代。

3. 营养缺陷型筛选

如某些细胞在一些营养物（如氨基酸、糖、碱基或维生素等）合成能力上存在缺陷，则当缺乏这些营养成分时，不能生长繁殖，即称为营养缺陷型细胞。利用两种亲本细胞营养互补作用原理可以筛选杂种细胞。将两种不同营养缺陷型的细胞作为亲本进行融合，所形成的杂合细胞可以在缺少这两种营养组分的培养基上生长，而两亲本细胞则不能生长。如亲本 A 细胞为色氨酸缺陷型，亲本 B 细胞为苏氨酸缺陷型，在缺乏色氨酸和苏氨酸的选择性培养基上，只有细胞融合所形成的杂种细胞能生长繁殖。

（四）细胞融合及遗传物质转移方式

细胞融合及遗传物质转移方式包括完整细胞之间融合、细胞核、染色体、细胞质、mRNA 及 DNA 等遗传物质的转移。

1. 完整细胞之间的融合作用

两种完整细胞融合时，所转移的遗传物质有整套染色体组、核外 DNA 及胞质因子等。杂种细胞可能保留亲本完整染色体组，亦可能丢失亲本之一的染色体，杂种细胞基因表达形式有多样性，可能出现特殊功能。故完整细胞间的融合是扩大生物变异的有效手段。

2. 核体、胞质体与完整细胞的融合作用

细胞核连同其外表面薄层细胞质构成的颗粒谓之核体，而不具有细胞核的细胞谓之胞质体。核体与胞质体制备过程是将细胞涂于铺有胶原膜的小塑片上培养成单层，浸入 10μg/mL 细胞松弛素 B 的溶液中处理适当时间，移入离心管中，加含松弛素 B 的培养液，15000r/min，离心 3min，细胞核离开细胞形成核体，再将小塑片取出浸入普通培养液中 20~30min，胞质体恢复正常细胞状态。因此核体与胞质体得以分离，经此处理后可分别获得高纯度核体和胞质体。

按完整细胞间的融合方式，可将核体与完整细胞或与另一种细胞的胞质体融合构成杂种细胞，后者又称为重组细胞。此外亦可将胞质体与另一种完整细胞融会，将胞质体中的线粒体及 mRNA 等转移至完整细胞，改变后者的遗传性，传递耐药性及雄性不育等遗传性状。

3. 微细胞与完整细胞的融合

一个或几个染色体外包裹一层细胞质的小体称为微细胞。其制备过程是将对数生长期的动物细胞用秋水仙素处理一定时间，以终止细胞分裂。此时细胞核分裂成若干个微核，每个微核由一至数个染色体组成，然后用细胞松弛素 B 处理细胞并通过离心使微核脱离细胞而形成微细胞。

按完整细胞间的融合方式，可将微细胞与另一种完整细胞融合，使后者获得另一种细胞中的若干个染色体，所形成的融合子称为微细胞杂种细胞。本技术除可获得具有工业化意义的杂种细胞外，对研究细胞染色体生物学功能也具有重要意义。

4. 脂质体介导的细胞融合

动物细胞破碎后，经差分离心分离出线粒体及溶酶体等细胞器，或采用生化技术分离出 DNA、mRNA、逆转录酶及其他生物大分子，并将其包装成脂质体。

按完整细胞间的融合方式，可将脂质体与另一种完整细胞融合，获得杂种细胞。通过转移细胞器所获得的杂种细胞可获得抗药性及抗毒性等遗传性特征。

以上几种不同融合方式中，均有一方为完整细胞，完整细胞相当于活试管或微型反应器、可用于检测另一种细胞、细胞器及生物大分子对其遗传性及表达的影响。

二、 杂种细胞的表型

与亲本细胞相比，细胞融合后所形成的杂种细胞的遗传表型并非亲本遗传表型的叠加，而表现为互补作用、激活作用、消失作用、激活与消失作用。

（一） 互补作用

两种亲本细胞的某些生物学特性在杂种细胞中共同表达的现象，如小鼠骨髓瘤细胞可在体外生长，但不产生抗体，而免疫淋巴细胞虽不能在体外生长，但可分泌抗体。两者作为亲本，融合后的杂种细胞则不仅可在体外进行生长，还能分泌特定抗体。优势互补作用往往是人们所追求的细胞融合结果。

（二）激活作用

激活作用是指某一亲本细胞的不活动基因在杂种细胞中被激活的现象。

（三）消失作用

消失作用是指亲本的某一或某些性状在杂种细胞中消失的现象。如分泌单克隆抗体的淋巴细胞杂交瘤细胞在传代培养过程中有可能失去分泌抗体能力，这是由于淋巴细胞染色体发生了丢失。

（四）激活与消失作用

激活与消失作用是指细胞融合后杂种细胞中出现的某一亲本细胞的一些非活动基因被激活，而另一些遗传性状同时消失的现象。

上述四种现象是由基因的重组以及基因间的相互作用所造成的，具有一定的偶然性，很难预测与控制。细胞融合为我们提供了多样的杂种细胞，如何建立理想的筛选方法，并从这个宝贵的细胞库中准确而快速地选择出人类需要的杂种细胞，并能培育成稳定的细胞株或生物个体，是细胞融合实验研究的重要工作内容。

任务四

单克隆抗体的生产

一、单克隆抗体概述

在动物细胞发生免疫反应过程中，B 淋巴细胞群体可产生多达百万种以上的特异性抗体。每一个 B 淋巴细胞只能分泌一种特异性的抗体，要想获得大量的单一抗体，就必须从一个 B 淋巴细胞出发，使之大量繁殖成无性系细胞群体，但 B 淋巴细胞在一般的体外培养条件下不能进行正常的生长繁殖。

1975 年，Kohler 和 Milstein 发现将小鼠骨髓瘤细胞和绵羊红细胞免疫的小鼠脾 B 淋巴细胞进行融合，形成的杂交细胞可以产生抗体，并且可以无限增殖，从而创立了单克隆抗体杂交瘤技术。

单克隆抗体（McAb）是由一个产生抗体的细胞与一个骨髓瘤细胞融合而形成的杂交瘤细胞经无性繁殖而来的细胞集落（克隆）所产生的抗体。由于来源于单克隆细胞，所以分泌的抗体分子在结构上高度均一，甚至在氨基酸序列及空间构型上均相同。具有以下特点：只针对某一抗原决定簇，因此，特异性强，亲合性也一致；产生抗体的为一无性细胞系，且可长期传代并保存，因此，可持续稳定的生产同一种抗体。单克隆抗体和免疫血清抗体的区别见表 6-3。

表6-3 单克隆抗体和免疫血清抗体的比较

项目	免疫血清抗体	单克隆抗体
抗体产生细胞	多克隆性	单克隆性
抗体的结合力	特异性识别多种抗原决定簇	特异性识别单一抗原决定簇
免疫球蛋白类别及亚类	不均一性，质地混杂	同一类属，质地纯一
特异性与亲合力	批与批之间不同	特异性高，抗体均一
抗原抗体反应	抗体混杂，难以形成2分子反应，不可逆	可形成2分子反应，可逆

二、制备单克隆抗体的流程

单克隆抗体制备的一般工艺流程见图6-15，示意见图6-16。

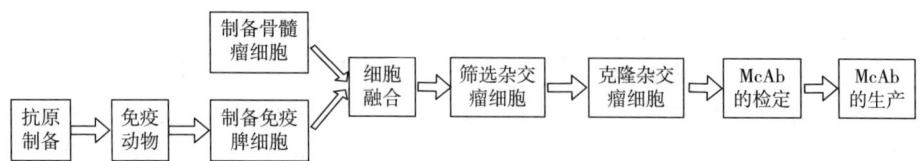

图6-15 单克隆抗体制备的一般工艺流程

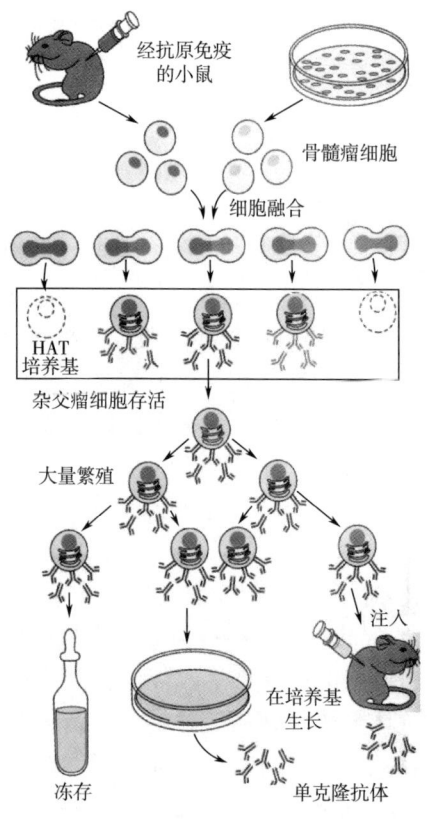

图6-16 单克隆抗体制备流程示意图

三、杂交瘤细胞系的建立

(一) B 淋巴细胞的制备

1. 抗原

制备抗体用的抗原几乎无种类上的限制,对免疫动物来讲为异种外来物质的均可用于制备抗体。病毒、细菌等微生物,以及它们的亚单位组分或分子都可以作为抗原。抗原需进行初步提纯或精制,高纯度的抗原使得到所需单抗的机会增加,同时可以减轻筛选的工作量。抗原包括颗粒性抗原和可溶性抗原。颗粒性抗原免疫性较强,不加佐剂就可获得很好的免疫效果,如以细胞为抗原,可取 1×10^7 个细胞作腹腔免疫;可溶性抗原免疫原性弱,一般要加佐剂,常用佐剂有福氏完全佐剂和福氏不完全佐剂。

2. 动物的选择

因免疫动物品系和骨髓瘤细胞在种系发生上距离越远,产生杂交瘤就越不稳定,故免疫时应尽可能采用与骨髓瘤供体同一品系的动物。纯种 BALB/c 小鼠较温顺,离窝的活动范围小,体弱,食量及排污较小,一般环境洁净的实验室均能饲养成活,为最常用的免疫动物,小鼠骨髓瘤细胞系均来源于 BALB/c 小鼠。一般大鼠骨髓瘤细胞都来源于 Lou/c 大鼠。有时为了特殊目的而需进行种间杂交,也可免疫其他动物。

3. 免疫方法

免疫的目的在于使 B 淋巴细胞在特异抗原刺激下分化、增殖,以增加获得分泌特异性抗体细胞的机会,用于融合形成杂交瘤细胞。设计免疫程序时,应考虑到抗原的性质和纯度、抗原量、免疫途径、免疫次数与间隔时间、佐剂的应用及动物对该抗原的应答能力等。没有一个免疫程序能适用于各种抗原。常用的免疫方法有以下几种。

(1) 体内免疫法　适用于免疫原性强、抗原量较多时应用,初次免疫时以 8 ~ 12 周龄为宜,雌性鼠较便于操作。颗粒性抗原(如细菌、细胞抗原)的免疫原性强,可不加佐剂,直接注入腹腔 1×10^7 个细胞进行初次免疫,间隔 1 ~ 3 周,再追加免疫 1 ~ 2 次。可溶性抗原则按每只小鼠 10 ~ 100μg 抗原与福氏完全佐剂等量混合后注入腹腔内,进行初次免疫,间隔 2 ~ 4 周,再用不加佐剂的原抗原追加免疫 1 ~ 2 次。一般在采集脾细胞前日由静脉注射最后一次抗原。

(2) 脾内免疫法　在麻醉条件下直接把抗原注入脾脏进行免疫。脾内免疫法可提高小鼠对抗原的免疫反应性,节省抗原用量,细胞抗原只需 1×10^5 个左右,可溶性抗原只需 10μg 左右,适用于来源有限且昂贵的抗原免疫。但多数人认为脾内免疫属初次免疫应答,产生 IgM 类抗体居多,故主张在常规免疫的基础上用脾内免疫法做追加免疫为佳。

（3）体外免疫法　用于不能采用体内免疫法的情况下，或者抗原的免疫原性极弱且能引起免疫抑制时使用。体外免疫法所需抗原量少，一般只需数 μg，免疫期短，仅 4~5d，干扰因素又少，已成功制备出针对多种抗原的单克隆抗体，但融合后产生的杂交瘤细胞株不够稳定。其基本方法是用 4~8 周龄 BALB/c 小鼠的脾脏制成单细胞悬液，再加入适当抗原使其浓度达 0.5~5μg/mL，在 37℃，5% CO_2 下培养 4~5d，再分离脾细胞，进行细胞融合。

（二）骨髓瘤细胞的选择

淋巴细胞作为分化末端细胞，其分裂次数有限，因此筛选到的细胞无法长期使用。采用骨髓瘤细胞主要是利用骨髓瘤细胞的无限分裂能力。在 B 淋巴细胞杂交瘤技术中，主要使用多发性骨髓瘤细胞为母本细胞。选择骨髓瘤细胞应注意以下几个原则：①所选细胞自身基本不合成和分泌免疫球蛋白分子或与免疫球蛋白某些片段同源性极高的蛋白分子；②尽量选择与淋巴细胞同系动物来源的骨髓瘤细胞；③融合的骨髓瘤细胞最好处于对数生长的中前期，确保融合时活细胞率大于 90%。目前常用的已建株的骨髓瘤细胞见表 6-4。

表 6-4　常见的骨髓瘤亲本细胞

细胞株	来源动物	Ig 表型	抗药性
4T00.1L1	BALB/c	IgG2b（κ）	6-硫代鸟嘌呤；1mmol/L 毒毛花苷
NS1/1-Ag4.1	BALB/c	不分泌	8-氮鸟嘌呤
P3-X63/Ag8	BALB/c	IgG1（κ）	8-氮鸟嘌呤
NOS/1	BALB/c	无	8-氮鸟嘌呤
SP2/0-Ag14	BALB/c	无	8-氮鸟嘌呤
X64-Ag8.653	BALB/c	无	8-氮鸟嘌呤
Y3-Ag1.2.3	Lou	（κ）	8-氮鸟嘌呤
IR938F	Lou	无	8-氮鸟嘌呤

（三）细胞融合

1. 免疫脾细胞悬液制备

取最后一次加强免疫 3d 以后的小鼠，摘除眼球放血，将小鼠处死，无菌摘取脾脏，研磨制取脾淋巴细胞悬液，氯化铵破碎红细胞，洗涤调整细胞浓度为 $(1~5)\times10^7$/mL 备用。一般免疫后脾脏体积约是正常鼠脾脏体积的 2 倍，细胞数为 2×10^8 左右。

2. 骨髓瘤细胞悬液制备

收取经 1:2 传代生长 24h 的骨髓瘤细胞 5~10mL，经洗涤后计数备用。

3. 细胞触合

将免疫脾 B 淋巴细胞与骨髓瘤细胞按 5:1 或 10:1 比例混合，离心，弃上清，缓慢加入 1mL 相对分子质量 4000~6000 的 50% PEG。1min 后，缓慢滴入无血清培养液，终止融合剂作用，经洗涤去除融合剂后加入所需量的细胞培养液，接种于 96 孔培养板。

（四）杂交瘤细胞筛选与克隆化

单克隆抗体制备过程中，有两次筛选过程，第一次是选出杂交瘤细胞（用选择培养基），第二次是进一步选出能产生我们需要的抗体的杂交瘤细胞。

1. 杂交瘤细胞筛选

细胞融合后，不但可以产生多种融合细胞，如脾-脾、脾-瘤、瘤-瘤的融合细胞，而且还有许多未融合的脾淋巴细胞和骨髓瘤细胞。未融合的脾淋巴细胞在培养 6~10d 时会自行死亡，异型融合的多核细胞由于其核分裂不正常，在培养过程中会死亡。但未融合的骨髓瘤细胞比脾-瘤融合的杂交瘤细胞生长快，会将融合细胞淘汰。为此，一般将融合后的细胞移入选择性培养基中进行培养。常用的选择培养基为 HAT 培养基。

在 HAT 培养基中，瘤-瘤融合细胞和瘤细胞因不能合成 DNA 而死亡，脾-脾融合细胞和脾淋巴细胞亦会在几天内迅速死亡。由于骨髓瘤细胞都是 HGPRT 缺乏株，脾细胞内却有这种酶，因此脾-瘤融合的细胞可利用 HGPRT，用次黄嘌呤（H）和胸腺嘧啶（T）合成 DNA，使杂交瘤细胞得以生长。

选择性培养的常规方法是将融合 24h 后的细胞悬浮于 HAT 的培养中，加入到含有饲养细胞的 96 孔板内，在融合后 7d 内用 HAT 培养液，每 2~3d 换一次液，换液时吸去 1/2~2/3 培养液，加入等量的新鲜培养液。第七天至第十四天时改用 HT 培养液，第十四天以后用普通的 RPMH 640 完全培养液。

由于在最适宜的培养条件下，大约 10^5 个脾细胞才能形成一个杂交瘤细胞，非杂交瘤细胞会相继死亡，单个或少数杂交瘤细胞不易存活，所以通常要加入饲养细胞才能使其繁殖。最常用的饲养细胞为小鼠腹腔巨噬细胞，还可用小鼠脾脏细胞或小鼠胸腺细胞，也有人用小鼠成纤维细胞系 3T3 经放射线照射后作为饲养细胞，使用比较方便，照射后可放入液氮罐长期保存，随用随复苏。一般饲养细胞在融合前一天制备，一只小鼠可获得 $(5~8) \times 10^6$ 腹腔巨噬细胞，用时调整为 2×10^6/mL，若用小鼠胸腺细胞作为饲养细胞时，细胞浓度为 5×10^6/mL，小鼠脾细胞为 1×10^6/mL，小鼠的成纤维细胞（3T3）1×10^5/mL，均为 100μL/孔。在制备单克隆抗体过程中，在杂交瘤细胞筛选、克隆化和扩大培养等多个环节需要加饲养细胞。

从融合后 8~9d 后就可对所有克隆生长孔的培养上清进行抗体检测，筛选出产生抗体的阳性克隆。

2. 特异杂交瘤细胞的筛选

在动物免疫中，首先应选用高纯度抗原，以提高特异性细胞克隆的纯度。但是一种抗原往往有多个决定簇,一个动物体在受到抗原刺激后产生的体液免疫应答,实质是众多细胞群的抗体分泌,而针对目标抗原表位的细胞只占极少部分。由于细胞融合是一个随机的过程,在已经融合的细胞中,有相当比例的无关细胞的融合体,需经筛选去除。同时,细胞培养板上每一孔中细胞集落大部分不是来源于一个细胞分裂,因此细胞培养板上清液抗体检测为阳性的培养孔,其孔内的杂交瘤细胞需要进一步地分离纯化,才可能得到单一克隆的杂交瘤细胞。

常用的特异性抗体筛选方法有酶联免疫吸附试验（ELISA）、间接血凝试验（PHA）和放射免疫测定（RIA）等。

ELISA 法筛选抗体的步骤如下,过程示意见图 6-17:

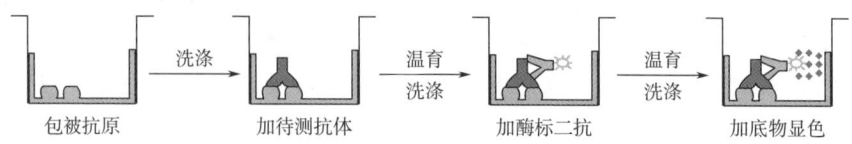

图 6-17　ELISA 法筛选抗体过程示意图

（1）纯化抗原用包被液稀释至 $1\sim20\mu g/mL$。

（2）以 $50\sim100\mu L$/孔量加入酶标板孔中,置 4℃过夜或 37℃吸附 2h。

（3）弃去孔内的液体,同时用洗涤液洗 3 次,每次 $3\sim5min$,拍干。

（4）每孔加 $200\mu L$ 封闭液 4℃过夜或 37℃封闭 2h；对于一些抗原,该步骤可省略。

（5）洗涤液洗 3 次；此时包被板可 -20℃ 或 4℃保存备用。

（6）每孔加 $50\sim100\mu L$ 待检杂交瘤细胞培养上清,同时设立阳性对照（P）、阴性对照（N）和空白对照；37℃孵育 $1\sim2h$；洗涤,拍干。

（7）加酶标第二抗体,每孔 $50\sim100\mu L$,37℃孵育 $1\sim2h$,洗涤,拍干。

（8）加底物液,每孔加新鲜配制的底物使用液 $50\sim100\mu L$,37℃ $10\sim30min$。

（9）以 $2mol/L\ H_2SO_4$ 终止反应,在酶联免疫阅读仪上读取 OD 值。

结果判定:以 $P/N \geqslant 2.1$,或 $P \geqslant N+3SD$ 为阳性。若阴性对照孔无色或接近无色,阳性对照孔明确显色,则可直接用肉眼观察结果。

3. 杂交瘤细胞克隆化

细胞培养孔中杂交瘤细胞克隆化的方法一般采用有限稀释法和软琼脂培养法。克隆化是指单个细胞通过无性繁殖而获得每个细胞的生物学特性和功能完全相同的细胞基团的整个培养过程。

有限稀释法是将杂交瘤细胞多倍稀释,接种在多孔的细胞培养板上,使每孔细胞不超过一个,通过培养让其增殖,然后 ELISA 法检测各孔上清液中的细胞分泌的抗体,检出抗体高分泌性细胞。将这些阳性细胞再进行克隆化,应用特异性抗原包被的 ELISA 找出针对目标抗原的抗体阳性细胞株。由于此时一些杂交瘤细胞的染色体不稳定，因此经过检测后应对阳性孔中的细胞集落需进行进一步地克隆化筛选，直至克隆细胞生长的每个孔中上清液检测结果为阳性为止，方可得到性能稳定的杂交瘤细胞，此过程一般要经过 3~4 次重复。增殖后的细胞进行冻存。

软琼脂法是将 5 个细胞/0.2mL 的杂交瘤细胞悬液接种在含有 0.5% 琼脂的细胞营养液平皿内，置于 5% CO_2 的 37℃ 恒温箱中培养。当细胞集落生长到 1~2mm 时，用无菌毛细管吸取单一集落接种至新的培养皿中培养，然后对分离到的单集落细胞进行抗体分泌能力的检测。此方法效率较高，往往一次克隆化即可得到稳定分泌抗体的杂交瘤细胞，但此方法对操作人员有较高的要求。

当筛选到细胞培养板上的阳性孔达到 100% 分泌特异性抗体时，要加强对每一个孔中细胞进行克隆扩增与建株保存工作。另外，培养细胞的各过程中有可能由于操作失误或其他原因，导致某一过程的失败，因此在每一步骤要保存一定量的细胞，以避免某过程失败使整个过程前功尽弃。即使克隆化过的杂交瘤细胞也需要定期的再克隆，以防止杂交瘤细胞的突变或染色体丢失，从而丧失产生抗体的能力。

（五）杂交瘤细胞的检定

1. 杂交瘤细胞染色体分析

在细胞生长的各个时期中，处于生长中期的染色体形态最好观察辨认。对于杂交瘤细胞染色体的观察计数分析，主要通过传统的显微镜观察法进行，将大部分杂交瘤细胞培养到中期，通过抑制细胞分裂使细胞大多数处于中期水平，然后再涂片分析。

显微观察计数统计一定数量的细胞染色体数，所得到的每个细胞染色体数的平均值即为该杂交瘤细胞的染色体数。正常小鼠杂交瘤细胞的染色体数一般为 90~110 条。

2. 抗体分泌稳定性的分析

常用的稳定性分析方法是通过对同一细胞株的连续传代的细胞抗体分泌能力对比，确定细胞抗体生产能力的稳定性。稳定性分析试验一般需要连续传代 3 个月以上。细胞合成抗体水平的稳定性是衡量细胞生产水平的一个重要指标，通过细胞抗体分泌能力的分析，可以及时了解建株细胞在生产过程生产能力的变化，及时筛选高产细胞株和淘汰退化细胞株，对于细胞的保存、生产能力的维持都具有重要的作用。

3. 外源因子检查

与常规动物细胞的保存、培养过程一样，在杂交瘤细胞的保存、培养过程中，一个重要的检测指标是有无外源因子的污染。由于动物细胞培养过程长，培养基营养要求较高，很多成分无法高温灭菌，因此在培养过程中容易受到外源微生物的污染，其中最为常见的是细菌污染和支原体污染。

无菌检测是生化产品生产过程中的常规检测项目，主要通过对保存样品和培养过程中不同时期的取样样品进行检测。检测方法是在特定的固体培养基和液体培养基中接种一定的检测样品，通过一段时间培养后，观察菌落个数、特征以及相应的生理生化指标，进行判定。

四、单克隆抗体的大规模生产

（一）单克隆抗体的制备

大量生产单克隆抗体的方法主要有以下两种。

1. 体外培养法

体外培养法是利用转瓶或生物反应器培养杂交瘤细胞，制备单克隆抗体的方法。转瓶中细胞浓度较低，适于小规模悬浮培养杂交瘤细胞；生物反应器中细胞浓度可达到较高水平，适于大量悬浮培养杂交瘤细胞，从上清中获取单克隆抗体。

国际上大多采用高浓度细胞培养系统（生物反应器）工业化生产单克隆抗体。中空纤维细胞培养及灌注层析培养，是一种高浓度细胞大规模培养的有效方法。这样培养的细胞浓度可以达到 $10^8 \sim 10^9$ 个/mL，适用于大规模生产。该生物反应器装置有两层薄的气体通透性硅胶膜，中间平铺一层直径约 1mm 的中空纤维毛细管，细胞被注入硅胶与中空纤维管之间，培养液被泵入中空纤维毛细管，细胞与毛细管内培养液进行养分、代谢产物的交换。

2. 体内培养法

接种杂交瘤细胞，制备血清或腹水。

（1）实体瘤法 对数生长期的杂交瘤细胞按 $(1 \sim 3) \times 10^7$/mL 接种于小鼠背部皮下，每处注射 0.2mL，共 2~4 点。待肿瘤达到一定大小后（一般 10~20d）则可采血，从血清中获得单克隆抗体含量可达到 1~10mg/mL。但采血量有限。

（2）腹水的制备 先腹腔注射 0.5mL Pristane（降植烷）或液体石蜡于 BALB/c 鼠，使之致敏。1~2 周后腹腔注射 $1 \times 10^6 \sim 10^7$ 个杂交瘤细胞，接种细胞 7~10d 后可产生腹水，密切观察动物的健康状况与腹水征象，待腹水尽可能多，而小鼠濒于死亡之前，处死小鼠，用滴管将腹水吸入试管中，一般一只小鼠可获 1~10mL 腹水。也可用注射器抽取腹水，可反复收集数次。腹水中单克隆抗体含量可达 5~20mg/mL。此法生产 McAb 纯度高、生产成本低、周期短，不需要昂贵的设备，因此，长期以来被广泛采用。但是，腹水诱导法也存在一些不利因素，混有具有反应活性的细胞因子、病原因子，批与批间 McAb 特异性不稳定，无法大规模制备所需抗体，同时所得单抗腹水中含有一定浓度的内源性抗体。

（二）单克隆抗体的分离纯化

1. 腹水型单抗的纯化

在单抗纯化之前，一般均需对腹水进行预处理，目的是进一步除去细胞及其残渣、小颗粒物质以及脂肪滴等。常用的方法有二氧化硅吸附法和过滤离心法，以前者处理效果为佳，而且操作简便。

(1) 二氧化硅吸附法　新鲜采集的腹水（或冻存的腹水），2000r/min 15min，除去细胞成分（或冻存过程中形成的固体物质）等；取上层清亮的腹水，等量加入 pH7.2 巴比妥缓冲盐水（VBS；0.004mol/L 巴比妥，0.15mol/L NaCl，0.8mmol/L Mg^{2+}，0.3mmol/L Ca^{2+}）稀释；然后以每10mL腹水中加150mg 二氧化硅粉末，混匀，悬液在室温孵育30min，不时摇动；2000g 离心20min，脂质等通过该法除去，即可得澄清腹水。

(2) 过滤离心法　用微孔滤膜过滤腹水，以除去较大得凝块及脂肪滴；用10000g 15min 高速离心（4℃）除去细胞残渣及小颗粒物质。

(3) 混合法　即上述两法的组合，先将腹水高速离心，取上清液再用二氧化硅吸附处理。

2. 单抗的粗提

(1) 硫酸铵沉淀法

①饱和硫酸铵溶液的配制：500g 硫酸铵加入 500mL 蒸馏水中，加热至完全溶解，室温过夜，析出的结晶任其留在瓶中。临用前取所需的量，用 2mol/L NaOH 调 pH 至 7.8。

②盐析：吸取 10mL 处理好的腹水移入小烧杯中，在搅拌下，滴加饱和硫酸铵溶液 5.0mL；继续缓慢搅拌 30min；10000r/min 离心 15min；弃去上清液，沉淀物用 1/3 饱和度硫酸铵悬浮，搅拌作用 30min，同法离心；重复前一步 1~2 次；沉淀物溶于 1.5mL PBS（0.01mol/L pH7.2）或 Tris–HCl 缓冲液中。

③脱盐：常用柱层析或透析法。柱层析法是将盐析样品过 Sephadex G–50 层析柱，以 PBS 或 Tris–HCl 缓冲液作为平衡液和洗脱液，流速每分钟 1mL。第一个蛋白峰即为脱盐的抗体溶液。透析法是将透析袋于 2% $NaHCO_3$，1mmol/L EDTA 溶液中煮 10min，用蒸馏水清洗透析袋内外表面，再用蒸馏水煮透析袋 10min，冷至室温即可使用（并可于 0.2mol/L EDTA 溶液中，4℃保存备用）。将盐析样品装入透析袋中，对 50~100 倍体积的 PBS 或 Tris–HCl 缓冲液透析（4℃）12~24h，其间更换 5 次透析液，用萘氏试剂（碘化汞 11.5g，碘化钾 8g，加蒸馏水 50mL，待溶解后，再加 20% NaOH 50mL）检测，直至透析外液无黄色物形成为止。

④蛋白质含量的测定

$$蛋白质含量（mg/mL）= (1.45 \times A_{280} - 0.74 \times A_{260}) \times 稀释倍数；$$
$$或蛋白质含量 = A_{280} \times 稀释倍数/3$$

⑤分装冻存备用。

(2) 辛酸–硫酸铵沉淀法　该法简单易行，适合于提纯 IgG_1 和 IgG_{2b}，但对 IgG_3 和 IgA 的回收率及纯化效果差。其主要步骤如下：取 1 份预处理过的腹水加 2 份 0.06mol/L pH5.0 醋酸缓冲液，用 1mol/L HCl 调 pH 至 4.8；按每毫升稀释腹水加 11μL 辛酸的比例，室温搅拌下逐滴加入辛酸，于 30min 内加完，4℃静置 2h，取出 15000g 离心 30min，弃沉淀；上清经尼龙筛过滤（125μm），加入 1/10 体积的 0.01mol/L PBS，用 1mol/L NaOH 调 pH 至 7.2；在 4℃下加入硫酸铵至 45% 饱和度，作用 30min，静置 1h；10000g 离心 30min，弃上清；沉淀溶于适量 PBS（含 137mmol/L NaCl，2.6mol/L KCl，0.2mmol/L EDTA）中，对 50~100 倍体积的 PBS 透析，4℃过夜，其间换水 3 次以上；取出 10000g 离心 30min，除去不溶性沉渣，测定蛋白质含量后，分装，冻存备用。

（3）优球蛋白沉淀法　该法适用于 IgG_3 和 IgM 型单抗的提取，所获制品的抗体活性几乎保持不变，对 IgG_3 单抗的回收率高于 90%，对 IgM 单抗的回收率为 40%~90% 不等。其操作步骤如下：取一定量的预处理过的腹水，先后加入 NaCl 和 $CaCl_2$，使各自的浓度分别达 0.2mol/L 和 25mmol/L，随之可见纤维蛋白的产生；经滤纸过滤后，滤液对 100 倍体积的去离子水透析，4℃ 8~15h（若是 IgG_3 单抗，也可室温 2h），其间换水 1~2 次；取出后 22000g 离心 30min，弃上清；将沉淀溶于 pH 8.0 1mol/L NaCl，0.1mol/L Tris-HCl 溶液中，重复上述的透析与离心；将沉淀的优球蛋白浓度调至 5~10mg/mL，分装冻存备用。

3. 单抗纯化的方法

根据抗体的亚型选用离子交换、Protein A-sephrose 4B 和 Protein G-sephrose 4B 亲和层析，羟基磷灰石分离、疏水层析，凝胶过滤等进一步纯化。

（三）单抗的标记

如制得的单抗用于制备免疫诊断试剂，一般还需对单抗进行标记。最常用的几种标记技术有：①酶标记：辣根过氧化物酶（HRP）标记，碱性磷酸酶（AP）标记；②荧光素标记：异硫氰酸荧光素（FITC）标记，异硫氰酸罗丹明（TRITC）标记；③同位素标记：碘标记，生物合成法标记；④生物素标记。

五、单克隆抗体制备中易出现的问题

（一）融合后杂交瘤不生长

在保证融合技术没有问题的前提下主要考虑下列因素：①PEG 有毒性或作用时间过长；②牛血清的质量太差，用前没有进行严格的筛选；③骨髓瘤细胞污染了支原体；④HAT 有问题，主要是 A 含量过高或 HT 含量不足。

（二）污染

包括细菌、霉菌和支原体的污染。这是杂交瘤工作中最棘手的问题。一旦发现有霉菌污染就应及早将污染细胞销毁，以免污染整个培养环境。支原体的污染主要来源于牛血清，此外，其他添加剂、工作人员及环境也可能造成支原体污染。

在有条件的实验室,要对每一批小牛血清和长期传代培养的细胞系进行支原体的检查,查出污染源应及时采取措施处理。

(三) 杂交瘤细胞不分泌抗体或停止分泌抗体

(1) 融合后有细胞生长,但无抗体产生,可能是 HAT 中 A 失效或骨髓瘤细胞发生突变,变成 A 抵抗细胞所致。

(2) 有可能是免疫原抗原性弱,免疫效果不好。

(3) 对于原分泌抗体的杂交瘤细胞变为阴性,可能是细胞支原体污染,或非抗体分泌细胞克隆竞争性生长,从而抑制了抗体分泌细胞的生长。也可能发生了染色体丢失。

技能实训

技能实训六 CHO 细胞操作技能训练

一、实训目的

(1) 掌握动物细胞复苏操作。
(2) 掌握贴壁动物细胞传代操作。
(3) 掌握动物细胞冻存操作。

二、实训原理

细胞复苏过程中应使冷冻保存的细胞快速融化,防止细胞内小冰晶形成大冰晶,即防止冰晶的重结晶。复苏细胞接种于适宜的培养液中,会在重力作用下至瓶底逐渐贴附于培养瓶底壁,由悬浮的球状逐渐变为贴附的梭状。贴壁后细胞开始分裂、扩增,产生更多细胞。

为了维持细胞良好的生长状态,在细胞的对数生长期(约 2~3d 接近铺满瓶壁前),用胰酶消化传代,若不及时处理则出现接触抑制,细胞生长受到抑制并且状态变差。利用胰酶消化脱落后,需立即加入含血清的培养液,利用血清终止胰酶对细胞作用,否则在胰酶持续作用下细胞会受到伤害。

细胞冻存时,缓慢、逐渐地降低冻存温度,使细胞逐步脱水,避免快速降温而使细胞内形成大冰晶伤害细胞。冻存液中加入 DMSO 或甘油等保护剂,以降低水的熔点和增加细胞膜对水的通透性,提高细胞存活率。

三、实训仪器和试剂

(1) 仪器 冻存管、液氮罐、细胞培养瓶、转瓶或生物反应器、倒置显微镜、

CO_2 培养箱、超净工作台或层流罩等。

（2）试剂　0.25%胰酶溶液；细胞培养液：含有 10% 血清的 DMEM 培养基；冻存液：含有 20% 血清和 10% DMSO 的 DMEM 培养基；PBS 溶液：磷酸二氢钾 0.24g，磷酸氢二钠 1.44g，氯化钠 8g，氯化钾 0.2g，充分搅拌溶解，加入浓盐酸调 pH 至 7.4，定容至 1L。

四、实训材料

CHO 细胞（中国仓鼠卵巢细胞）。

五、实训方法与步骤

1. 细胞的复苏

（1）从液氮中取出盛装有细胞种子的冻存管，并迅速投入 37～42℃ 水浴中，晃动，使其尽快融化（约 1min 完全融化）。

（2）将冻存管中融化的细胞溶液转移至培养瓶中，用培养液稀释至原体积的 10 倍以上，制成细胞悬液，将细胞悬液转移至离心管中，以 1000r/min 低速离心 5min，吸除上层溶液后，加适量新鲜细胞培养液于离心管中，轻轻吹吸溶液使底部细胞悬浮混匀，取样计数后，转移至培养瓶，放置于 CO_2 培养箱中，37℃ 培养。培养 3h 后换新鲜的培养基，继续扩增培养。

（3）细胞计数及活性测定：取 0.5mL 细胞悬液，加入试管中。加入 0.5mL 0.4% 台盼蓝染液，染色 2min。吸取少许悬液涂于血球计数板上，加上盖玻片。镜下，利用血球计数板计数细胞悬液中细胞的数量。计数死细胞（呈蓝色）和活细胞的数量，以活细胞数所占的比例计算细胞活力。计数的细胞对象，须制备成分散的细胞悬液。

2. 贴壁生长细胞传代

复苏的细胞种子经培养 2～4d，倒置显微镜下观察细胞已快铺满瓶壁而未出现接触抑制前，采用酶消化法传代。

（1）吸除培养瓶中的培养液。

（2）用无钙、镁的 PBS 洗涤两次。

（3）加入适量的 0.25% 胰蛋白酶液（以消化液能覆盖整个瓶底为准），静置 2～10min（显微镜下动态监测）。

（4）待细胞回缩，细胞间出现明显间隙时，倒去胰蛋白酶液。

（5）拍打瓶底，使细胞悬浮后，立即加入适量培养液，形成细胞悬液。

（6）离心，去除溶液后再加新鲜培养基，重新制备成细胞悬液。

（7）吸取适量细胞悬液，接种于多个新的培养瓶内（预计可接种于 2～3 瓶）。

（8）放入 CO_2 培养箱中，37℃ 培养。

（9）换液。为提高细胞生长质量，培养 1～2d 后可更换全部或部分新鲜培养液1次。

（10）培养2~4d后，细胞接近长满瓶壁而未出现接触抑制前，再次进行细胞传代操作，将细胞传至更多培养瓶或者更大的培养瓶，经多次传代后，将足量的细胞接种于转瓶或生物反应器用于生产药物。

3. 细胞冻存操作

（1）现用现配含有20%血清和10% DMSO的DMEM培养基的冻存液。

（2）取指数增殖期CHO细胞，以胰蛋白酶法消化制备细胞悬液，细胞悬液经1000r/min离心5min后，去上清液，加入少量冻存液，用吸管吹打，计数后，加冻存液制成$1 \times 10^6 \sim 1 \times 10^7$细胞/mL的细胞悬液。

（3）量取1.5mL细胞悬液于冻存管中，密封后标记冷冻细胞名称和冷冻日期。

（4）分步骤依次开始冷冻：4℃低温保存40~60min；-20℃冷冻40~60min；在液氮罐口或超低温冰箱中，-70℃，冷冻过夜；在液氮中长期保存，备用。

六、注意事项

（1）动物细胞操作中的要点是慢冻速融。

（2）动物细胞操作用器具、试剂等均需经无菌，操作在无菌环境中进行，严格遵守无菌操作的技术要点。

知识拓展

国家发话：推动抗癌药加快降价！

虽然生产药品的直接成本较低，但是药企研发创新专利药时耗费大量资金、人力、物力和时间，并且承担较大概率研发失败的风险。业内有一句话概括了这种"豪赌"："第一片药生产出来需要花费10亿美元。"因此，从专业的角度分析，天价创新药的存在，有一定的合理性。

患者难以承受为天价药埋单的负担，如何应对？首先，新药专利期到期后药价会断崖式下跌，这时与专利药生物性、有效性一致但便宜很多的仿制药，会集中进入市场，价格会在市场竞争下越来越低。其次，国家还可以立法强制许可仿制。按照约定，各国可以在本国出现公共健康危机的时候，实施药品强制许可，即使是专利期内的药品，也可以强制许可仿制。最后，药价也可以谈。一方面，一些国家有专门机构，用健康经济学来衡量药效，让药品费用更物有所值。另一方面，有些国家医生群体替患者出面与制药公司协商定价。

我国为患者能用得起天价要进行着不懈的努力。自2018年3月全国两会记者会上总理承诺"抗癌药品进口税率力争降到零税率"后，有关方面就在紧锣密鼓推出具体降税、降价措施。但由于消化库存需要一定时间，落实相关政策需要一个过程,所以出现了"税降了价不降"的现象。4月和6月,总理两次主持召开国务院常务会议确定抗癌药降价措施。国家医保局《抗癌药专项工作进度表》显示,抗癌药降价专项工作从6月1日起已着手开展,分为"前期17个抗癌药品种约谈"和"目录外抗癌药准入谈判"两项工作同步推进;8月将率先完成17个抗癌药品种的降价工作。

经过谈判,国家医保局于9月30日发文,将17种国家谈判抗癌药品纳入医保报销目录。这17种抗癌药的治疗领域涉及非小细胞肺癌、肾癌、结直肠癌、黑色素瘤、淋巴瘤等多个癌种。与谈判前相比,这17种抗癌药价格平均降幅达到56.7%,大部分进口药品谈判后的支付标准低于周边国家或地区市场价格,平均低36%。

2019年2月19日,国家医疗保障局表示将开展新一轮的药品目录调整工作。救急、救命的好药,将通过专家评审,经过药品准入谈判,纳入医保;针对一些价格较贵的新抗癌药,国家医保局也将通过谈判,将其纳入医保,扩大药品销售量,以量换价,通过这种方式降低抗癌药的价格。

同时,国家大力支持仿制药研发工作。作为《我不是药神》中的天价药格列宁的原型——甲磺酸伊马替尼(商品名:格列卫),在2013年,国产首仿江苏豪森药业的甲磺酸伊马替尼片(昕维)、正大天晴药业的甲磺酸伊马替尼胶囊获批准上市,打破了国外企业的垄断。国产仿制药价格是诺华原研药的十分之一,大大降低患者的负担。游走在罪与非罪的边缘,以身试药铤而走险的案件,可以画上句号了。(本文摘编自:中国长安网、搜狐网等)

项目检测

一、填空题

(1) 体外培养动物细胞,需满足的条件有 _____、_____、_____、_____、_____、_____ 及支持物等。

(2) 细胞传代后,一般都要经过三个阶段:_____、_____、_____。

(3) 促进细胞融合的因素包括 _____、_____、_____ 等。

二、判断题

(1) 细胞融合是指两个完整的动物细胞、植物细胞、微生物细胞间发生的融合。( )

(2) 单克隆抗体只针对某一抗原决定簇,因此,特异性强,亲合性也一致。( )

（3）体外培养时，多数动物细胞适于悬浮状态生长，少数动物细胞需要附着在聚苯乙烯、纤维素衍生物、交联葡聚糖、几丁质和明胶等支持物上生长。（　　）

（4）细胞的"一代"指从细胞接种到分离再培养时的这一段时间，而非指细胞分裂一次。（　　）

三、简答题

（1）简述筛选动物杂种细胞的方法有哪些。

（2）简述 HAT 系统是如何发挥筛选杂种细胞作用的。

（3）简述单克隆抗体与免疫血清抗体的区别。

（4）动物细胞培养需要严苛的无菌环境，想一想，采取哪些措施可以综合保障动物细胞培养所需无菌环境。

项目七

酶工程制药技术

项目简介

酶工程（enzyme engineering）是酶学和工程学相互渗透结合、发展而形成的一门新的技术科学。它是从应用的目的出发研究酶、应用酶的特异性催化功能，并通过工程化将相应原料转化成有用物质的技术。酶工程制药从业人员需要从事：①根据催化反应的工业过程，选择合适工具酶；②酶的生产、分离纯化；③把酶和细胞固定化；④应用酶及固定化酶的反应器进行生产；⑤调控酶反应体系中的各种因素，提高酶反应速度；⑥酶工程药物生产的质量控制。

知识目标

- 掌握重要药用酶的性质与结构、生产工艺等。
- 掌握酶固定化的基本原理和方法。

技能目标

- 正确认识酶工程制药生产岗位环境、工作形象、岗位职责及相关法律法规。
- 能够选择使用合适方法正确完成酶的固定化。
- 能够使用酶工程制药方法完成氨基酸药物的生产和质量控制。

任务一

了解酶工程制药技术

一、酶与酶工程

酶是由细胞产生的具有催化活性的蛋白质（也有极少部分为 RNA），又称为生物催化剂，具有一般催化剂的特性，即参与化学反应过程时加快反应速率，降低反应活化能，不改变反应性质，自身的数量和性质在反应前后没有改变。酶存在于细胞体内，控制细胞的各种代谢过程，将营养物质转化成能量和用于细胞合成，部分酶分泌到细胞外，在生物体外，只要条件适宜，某些酶亦可催化各种生化反应。所有生命活动都是在酶的催化下发生并完成的。

酶的化学本质是蛋白质，基本组成单位是氨基酸，是由各种氨基酸通过肽键连接而成的大分子化合物，具有完整的化学结构和空间结构。酶的结构决定了酶的性质和功能。根据这一特点，可以对酶进行分子修饰，改变酶的某些特性和功能。

? 想一想

酶具有高催化特性。与非酶催化剂相比，酶的催化特性表现为：效率更高，通常比化学催化剂高出几个数量级；反应专一性更强，几乎没有副产物；反应条件十分温和，在低于 100℃ 的常温、常压和比较温和的 pH 环境中发生反应；酶的催化活性可以受到调节和控制。酶的应用，使一些原本难以发生的反应成为可能，以酶代替化学催化剂减少了化学废物的生成，酶可用于处理大气污染、水污染和固体废物，酶及其水解产物氨基酸可做生物体的营养物质。可以说，酶勤劳、高效、奉献，对世界充满友善，是环境友好型生物物质。

同学们，想一想，作为未来的医药人，在未来的学习、生活和工作中如何怀有友善的心，发挥自身价值，服务于人类健康，让世界变得更美好？

酶工程又称为酶技术，将酶或者包含酶的微生物细胞、动植物细胞、细胞器等装载于生物反应装置中，利用酶所具有的生物催化功能，借助工程手段将原料转化成相应的有用物质，是酶学与工程学相互结合渗透、涉及酶的工程化应用的一门技术。

近年来，随着酶在各领域中的发展与应用，酶工程内容也不断丰富。酶工程主要包括酶的制备、分离纯化、酶固定化、酶及固定化酶反应器；酶修饰与改造、酶与固定化酶的应用等。

二、酶的来源与制备

酶作为生物催化剂，普遍存在于动植物和微生物中，可直接从生物体中分离得到，是比较特殊的蛋白质的制备。虽然用化学合成法可以制得酶，但受工艺、成本的限制，目前还很难获得实际应用。

早期酶的生产多以动植物为原料直接从生物体中提取分离，如从猪颌下腺中提取激肽释放酶、从菠萝中制取菠萝蛋白酶、从木瓜汁液中制取木瓜蛋白酶等。随着酶制剂应用范围的日益扩大，单纯依赖动植物来源的酶已不能满足要求，而且动植物原料生产周期长、来源有限，受地理、气候等多方面因素的影响，不适合大规模生产。现在，市场上的酶制剂大多采用微生物发酵法来生产。

利用微生物生产酶制剂有着突出的优点：微生物种类繁多，凡是动植物体内存在的酶几乎都能从微生物中得到；微生物繁殖快、生产周期短、培养简便，并可以通过控制培养条件来提高酶的产量；微生物具有较强的适应性和应变能力，通过各种遗传变异的手段，能培育出新的高产菌株。常用的产酶微生物见表7-1。生产菌和目的酶不同，其菌种的制备、发酵工艺、酶的分离提纯方法也各不相同。

表7-1 常用的产酶微生物

菌种	工业酶品种	菌种	工业酶品种
大肠杆菌	谷氨酸脱羧酶、天冬氨酸酶、青霉素酰化酶、β-半乳糖苷酶	青霉菌	葡萄糖氧化酶、青霉素酰化酶、5'-磷酸二酯酶、脂肪酶
枯草杆菌	α-淀粉酶、β-葡萄糖氧化酶、碱性磷酸酯酶	木霉菌	纤维素酶
啤酒酵母	转化酶、丙酮酸脱羧酶、乙醇脱羧酶	根霉菌	淀粉酶、蛋白酶、纤维素酶
黑（黄）曲霉	糖化酶、蛋白酶、淀粉酶、果胶酶、葡萄糖氧化酶、氨基酰化酶、脂肪酶	链霉菌	葡萄糖异构酶

任务二

药物的酶法生产

1971年，第一届国际酶工程会议提出的酶工程的内容主要是：酶的生产、分离纯化、酶的固定化、酶及固定化酶的反应器、酶与固定化酶的应用等。从现代观点来看，酶工程主要有以下几个方面的研究内容：①酶的分离、提纯、大批量生产及新酶和酶的应用开发；②酶和细胞的固定化及酶反应器的研究（包括酶传感器、反应检测等）；③酶生产中基因工程技术的应用及遗传修饰酶（突变酶）的研究；④酶的分子改造与化学修饰以及酶的结构与功能之间关系的研究；⑤有机相中酶反应的研究；⑥酶的抑制剂、激活剂的开发及应用研究；⑦抗体酶、核酸酶的研究；⑧模拟酶、合成酶及酶分子的人工设计、合成的研究。酶工程技术和应用研究的深入，使其在工业、农业、医药和食品等方面发挥着极其重要的作用。

一、酶工程制备氨基酸类药物

利用化学合成、生物合成或天然存在的氨基酸前体为原料，同时培养具有相应酶的微生物、植物或动物细胞，然后将酶或细胞进行固定化处理，再将固定化酶或细胞装填于适当反应器中制成所谓"生物反应堆"，加入相应底物合成特定氨基酸，反应液经分离纯化即得相应氨基酸成品。

目前医药工业中，用酶工程法生产的氨基酸已有十多种，如用延胡索酸和铵盐为原料经天冬氨酸酶催化生产 L-天冬氨酸，用 L-天冬氨酸为原料在天冬氨酸-β-脱羧酶作用下生产 L-丙氨酸，以吲哚和 L-丝氨酸为原料在色氨酸合成酶催化下合成 L-色氨酸，在精氨酸脱亚胺酶催化下使精氨酸转变为 L-瓜氨酸，以甘氨酸及甲醇为原料在丝氨酸转羟甲基酶催化下合成 L-丝氨酸，以甘氨酸和乙醛为原料在苏氨酸醛缩酶催化下生成 L-苏氨酸。此外，DL-甲硫氨酸、DL-缬氨酸、DL-苯丙氨酸、DL-色氨酸、DL-丙氨酸及 DL-苏氨酸等分别经氨基酰化酶拆分获得了相应的 L-氨基酸，并已投入了工业化生产。

（一）酶的制备

1. 化学合成法

理论上，酶与其他蛋白质一样可以通过化学合成法来制得。现在已有了一整套固相合成肽的自动化技术，但从实际应用上讲，由于试剂、设备和经济条件等多种因素的限制，人工合成的方法尚不适于酶的工业生产。

2. 提取法

酶作为生物催化剂普遍存在于动物、植物和微生物中，可直接从生物体中分离提纯。早期酶的生产多以动植物为主要原料，有些酶的生产至今还应用此法，如从猪颌下腺中提取激肽释放酶，从菠萝中制取菠萝蛋白酶，从木瓜汁液中制取木瓜蛋白酶等。但随着酶制剂应用范围的日益扩大，动植物来源的酶已不能满足要求，不适于大规模生产。

3. 动植物细胞培养法

动植物组织和细胞培养技术尚有一系列问题正待解决，估计在不久的将来会出现利用动植物细胞培养的方法来生产酶的新技术工业。

4. 微生物发酵法

利用微生物生产酶制剂，突出的优点是：①微生物种类繁多，凡是动植物体内存在的酶，几乎都能从微生物中得到；②微生物繁殖快、生产周期短、培养简便，并可以通过控制培养条件来提高酶的产量；③微生物具有较强的适应性，通过各种遗传变异的手段，能培育出新的高产菌株。

目前，工业上应用的酶大多采用微生物发酵法来生产。

（二）细胞固定

酶反应几乎都是在水溶液中进行的，属于均相反应。均相酶反应系统自然简便，但有许多缺点，如溶液中的游离酶只能一次性使用，造成酶的浪费，增加产品分离的难度和费用，影响产品的质量；另外溶液酶很不稳定，容易变性和失活。如能将酶制剂制成既能保持其原有的催化活性、性能稳定、又不溶于水的固形物，即固定化酶，则可以大大提高酶的利用率。与固定化酶类似，细胞也能固定化。生物细胞虽属固相催化剂，但因其颗粒微小难以截留或定位，也需固定化。固定化细胞既有细胞特性和生物催化的功能，也具有固相催化剂的特点。

1. 固定化酶的制备

（1）固定化酶的定义　固定化酶，是指限制或固定于特定空间位置的酶，具体来说，是指经物理或化学方法处理，使酶变成不易随水流失即运动受到限制，而又能发挥催化作用的酶制剂。制备固定化酶的过程称为酶的固定化。固定化所采用的酶，可以是经提取分离后得到的有一定纯度的酶，也可以是结合在菌体（死细胞）或细胞碎片上的酶或酶系。

最初主要是将水溶性酶与水不溶性载体结合起来，成为不溶于水的酶的衍生物，所以也曾称水不溶酶（water – insoluble enzyme）和固相酶（solid phase enzyme）。后来，也可以将酶包埋在凝胶内或置于超滤装置中，高分子底物与酶在超滤膜一边，而反应产物可以透过膜逸出，在这种情况下，酶本身仍是可溶的，只不过被固定在一个有限的空间内不再自由流动。

（2）固定化酶的特点　酶类可粗分为天然酶和修饰酶，固定化酶属于修饰酶。在修饰酶中，除固定化酶外，还包括经过化学修饰的酶和用分子生物学方法在分子水平上进行改良的酶等。固定化酶的最大特点是既具有生物催化剂的功能，又具有固相催化剂的特性。与天然酶相比，固定化酶具有下列优点：①可以多次使用，而且在多数情况下，酶的稳定性提高。如固定化的葡萄糖异构酶，可以在$60 \sim 65$℃条件下连续使用超过1000h；固定化黄色短杆菌的延胡索酸酶用于生产L – 苹果酸，连续反应1年，其活力仍保持不变。②反应后，酶与底物和产物易于分开，产物中无残留酶，易于纯化，产品质量高。③反应条件易于控制，可实现转化反应的连续化和自动控制。④酶的利用效率高，单位酶催化的底物量增加，用酶量减少。⑤比水溶性酶更适合于多酶反应。

（3）酶和细胞的固定化方法　迄今为止，几乎没有一种固定化技术能普遍适用于每一种酶，所以要根据酶的应用目的和特性，来选择其固定化方法。目前已建立的各种各样的固定化方法，按所用的载体和操作方法的差异，一般可分为载体结合法、包埋法及交联法3类，此外细胞固定化还有选择性热变性（热处理）方法。酶和细胞的固定化方法的分类见图7-1。酶和细胞的固定化方法见图7-2。

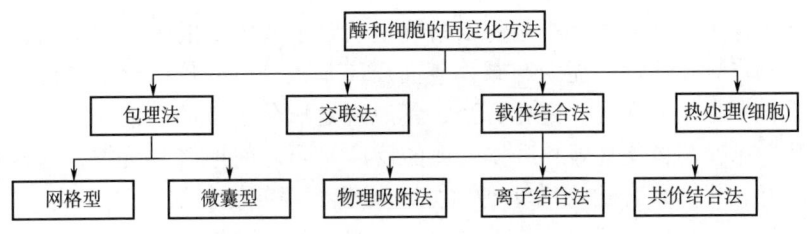

图7-1　酶和细胞的固定化方法的分类

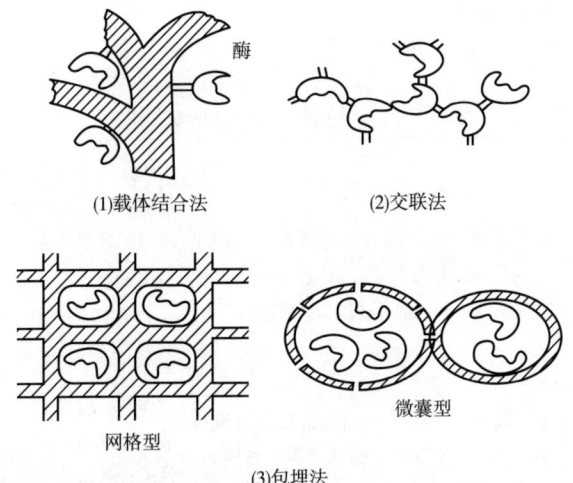

图7-2　酶和细胞固定化的模式图

①载体结合法：载体结合法是将酶结合于水不溶性载体上的一种固定化方法。根据结合形式不同，可分为物理吸附法、离子结合法和共价结合法3种。

物理吸附法：物理吸附法是用物理方法将酶吸附于水不溶性载体上的一种固定化方法。此类载体很多，无机载体有活性炭、多孔玻璃、酸性白土、漂白土、高岭石、氧化铝、硅胶、膨润土、羟基磷灰石、磷酸钙、金属氧化物等；天然高分子载体有淀粉、谷蛋白等；大孔型合成树脂、陶瓷等载体近来也已被应用；此外还有具有疏水基的载体（丁基或己基-葡聚糖凝胶），它可以疏水性地吸附酶，以及以单宁作为配基的纤维素衍生物等载体。物理吸附法也能固定细胞，并有可能在研究此法中开发出固定化细胞的优良载体。

离子结合法：离子结合法是酶通过离子键结合于具有离子交换基的水不溶性

载体上的固定化方法。此法的载体有多糖类离子交换剂和合成高分子离子交换树脂，如 DEAE-纤维素、Amberlite CG-50、XE-97、IR-45 和 Dowex-50 等。离子结合法也能用于微生物细胞的固定化，但是由于微生物在使用中会发生自溶，故用此法要得到稳定的固定化微生物较为困难。

共价结合法：共价结合法是酶以共价键结合于载体上的固定化方法，也就是将酶分子上非活性部位功能团与载体表面反应基团进行共价结合的方法。它是研究最广泛、内容最丰富的固定化方法，其原理是酶分子上的功能团，如氨基、羧基、羟基、咪唑基、巯基等和载体表面的反应基团之间形成共价键，因而将酶固定在载体上。共价结合法有数十种，如重氮化、叠氮化、酸酐活化法、酰氯法、异硫氰酸酯法、缩合剂法、溴化氰活化法、烷基化及硅烷化法等。在共价结合法中，必须首先使载体活化，即使载体获得能与酶分子的某一特定基团发生特异反应的活泼基团；另外要考虑到酶蛋白上提供共价结合的功能团不能影响酶的催化活性；反应条件尽可能温和。

三种载体结合法的优缺点见表 7-2。

表 7-2 三种载体结合法的优缺点

方法	优点	缺点
物理吸附法	操作简单；可选用不同电荷和不同形状的载体，固定化的同时可能与纯化过程同时实现，酶失活后载体仍可再生	最适吸附酶量无规律可循，不同载体和不同酶其吸附条件也不同，吸附量与酶活力不一定呈平行关系，同时酶与载体之间结合力不强，酶易于脱落，导致酶活力下降并污染产物
离子吸附法	操作简单，处理条件温和，酶的高级结构和活性中心的氨基酸残基不易被破坏，能得到酶活回收率较高的固定化酶	载体和酶的结合力比较弱，容易受缓冲液种类或 pH 的影响，在离子强度高的条件下进行反应时，往往会发生酶从载体上脱落的现象
共价吸附法	酶与载体结合牢固，一般不会因底物浓度高或存在盐类等原因而轻易脱落	反应条件苛刻，操作复杂，而且由于采用了比较强烈的反应条件，会引起酶蛋白高级结构的变化，破坏部分活性中心，因此往往不能得到比活高的固定化酶，甚至酶的底物专一性等性质也会发生变化

②交联法：交联法是用双功能或多功能试剂使酶与酶或微生物的细胞与细胞之间交联的固定化方法（表 7-3）。交联法又可分为交联酶法、酶与辅助蛋白交联法、吸附交联法及载体交联法 4 种。其内容有酶分子内交联、分子间交联或辅助蛋白与酶分子间交联；也可以先将酶或细胞吸附于载体表面而后再交联或者在酶与载体之间进行交联。常用的交联剂有戊二醛、双重氮联苯胺-2，2-二磺酸、

1，5-二氟-2，4-二硝基苯及己二酰亚胺二甲酯等。参与交联反应的酶蛋白的功能团有 N-末端的 α-氨基、赖氨酸的 ε-氨基、酪氨酸的酚基、半胱氨酸的巯基及组氨酸的咪唑基等。交联法与共价结合法一样也是利用共价键固定酶的，所不同的是它不使用载体。交联法最常用的交联剂是戊二醛，它的两个醛基与酶分子的游离氨基反应形成 Schiff 碱，彼此交联。

表7-3 交联法的缺点及其解决的方法

缺点	解决办法
反应条件比较强烈，固定化酶的酶活回收一般较低	尽可能降低交联剂的浓度和缩短反应时间，有利于固定化酶比活的提高
固定化酶颗粒小、结构性能差、酶活性低	与吸附法或包埋法联合使用。如先使用明胶（蛋白质）包埋，再用戊二醛交联；或先用（聚酰胺类）膜或活性炭、Fe_2O_3 等吸附后，再交联
由于酶的功能团，如氨基、酚基、羧基、巯基等参与了反应，会引起酶活性中心结构的改变，导致酶活性下降	在被交联的酶溶液中添加一定量的辅助蛋白如牛血清蛋白，以提高固定化酶的稳定性

③包埋法：包埋法可分为网格型和微囊型两种。将酶或细胞包埋在高分子凝胶细微网格中的称为网格型；将酶或细胞包埋在高分子半透膜中的称为微囊型。其优缺点见表7-4。

表7-4 包埋法的优缺点

优点	缺点
一般不需要酶蛋白的氨基酸残基参与反应，很少改变酶的高级结构，酶活回收率较高，可以应用于很多酶、微生物细胞和细胞器的固定化	①发生化学聚合反应时包埋酶容易失活，因此必须合理设计反应条件 ②因为只有小分子才能通过高分子凝胶的网格进行扩散，所以包埋法只适合作用于小分子底物和产物的酶，对于那些作用于大分子底物和产物的酶是不适合的 ③扩散阻力会导致固定化酶动力学行为的改变，降低酶活力

网格型：将酶或细胞包埋在高分子凝胶细微网格中的称为网格型。用于此法的高分子化合物有聚丙烯酰胺、聚乙烯醇和光敏树脂等合成高分子化合物，以及淀粉、明胶、胶原、海藻胶和角叉菜胶等天然高分子化合物。应用合成高分子化合物时采用合成高分子的单体或预聚物在酶或微生物细胞存在下聚合的方法；而应用天然高分子化合物时常采用溶胶状天然高分子物质在酶或微生物细胞存在下凝胶化的方法。网格型包埋法是固定化细胞中用得最多、最有效的方法。

微囊型：将酶或细胞包埋在高分子半透膜中的称为微囊型。由包埋法制得的微囊型固定化酶通常为直径几微米到几百微米的球状体，颗粒比网格型要小得多，比较有利于底物与产物的扩散，但是反应条件要求高，制备成本也高。

④选择性热变性法：此法专用于细胞固定化，是将细胞在适当温度下处理使细胞膜蛋白变性但不使酶变性而使酶固定于细胞内的方法。

（4）固定化酶的制备技术　主要有吸附法、包埋法、交联法、共价结合法四种方法。

①吸附法：吸附法是利用载体表面性质作用将酶吸附于其表面的固定化方法，又分为物理吸附法和离子交换吸附法。物理吸附法是将酶的水溶液与具有高度吸附能力的载体混合，然后洗去杂质和未吸附的酶即得固定化酶。物理吸附法中蛋白质与载体结合力较弱，而且酶容易从载体上脱落，活力下降，故此法不常用；离子交换吸附法是将解离状态的酶溶液与离子交换剂混合后，洗去未吸附的酶和杂质即得固定化酶，本方法中离子交换剂结合蛋白质的能力较强，常被采用。

②包埋法：包埋法又分为凝胶包埋法和微囊化包埋法两类。凝胶包埋法是将酶或细胞限制于高聚物网格中的技术；微囊化包埋法是将酶活细胞定位于不同构型的膜外壳内的技术。

凝胶包埋技术的基本过程是先将凝胶材料（如卡拉胶、海藻胶、琼脂及明胶等）与水混合，加热使之溶解，再降至其凝固点以下的温度，然后加入预保温的酶液，混合均匀，最后冷却凝固成型和破碎即成固定化酶；此外，也可以在聚合单体的产物聚合反应的同时实现包埋法固定化（如聚丙烯酰胺包埋法），其过程是向酶、混合单体及交联剂缓冲液中加入催化剂，在单体产生聚合反应形成凝胶的同时，将酶限制于网格中，经破碎后即成为固定化酶。

用合成和天然高聚物凝胶包埋时，可以通过调节凝胶材料的浓度来改变包埋率和固定化酶的机械强度，高聚物浓度越大，包埋率越高，固定化酶的机械强度就越大。为防止酶或细胞从固定化酶颗粒中渗漏，可以在包埋后再用交联法使酶更牢固地保留于网格中。

微囊化包埋技术是将酶定位于具有半透性膜的微小囊内的技术，包有酶的微囊半透膜厚约20nm，膜孔径约40nm，表面积与体积比很大，包埋酶量也多。其基本制备方法有界面沉降法及界面聚合法两类。

界面沉降法：本法是物理法，是利用某些在水相和有机相界面上溶解度极低的高聚物成膜的过程将酶包埋的方法。其基本过程是将酶液在与水不混溶的、沸点比水低的有机相中乳化，使用油溶性表面活性剂形成油包水的微滴，再将溶于有机溶剂的高聚物加入搅拌下的乳化液中，然后再加入另一种不能溶解高聚物的有机溶剂，使高聚物在油水界面上沉淀、析出及成膜。最后在乳化剂作用下使微囊从有机相中转移至水相即成为固定化酶。用于制备微囊的高聚物材料有硝酸纤维素、聚苯乙烯及聚甲基丙烯酸甲酯等。微囊化的条件温和，制备过程不致引起酶的变性，但要完全除去半透膜上残留的有机溶剂却不容易。

界面聚合法：本法是化学制备法，其基本原理是利用不溶于水的高聚物单体在油-水界面上聚合成膜的过程制备微囊。成膜的高聚物有尼龙、聚酰胺及聚脲等。

包埋法制备固定化酶的条件温和，不改变酶的结构，操作时保护剂及稳定剂均不影响酶的包埋率，适用于多种酶、粗酶制剂、细胞器和细胞的固定化。但包埋的固化酶只适用于小分子底物及小分子产物的转化反应，不适用于催化大分子底物或产物的反应，而且扩散阻力会导致酶的动力学行为发生改变而降低其活力。

③交联法：交联酶法是向酶液中加入多功能试剂，在一定的条件下使酶分子内或分子间彼此连接成网络结构而形成固定化酶的技术。反应速度与酶的浓度、试剂的浓度、pH、离子强度、温度和反应时间有关。例如 0.2% 的木瓜蛋白酶和 0.3% 的戊二醛在 pH 5.2~7.2，0℃下，24h 即完成反应，反应速度随温度的升高而增大。若 pH 低于 4.0，即使长时间反应也不能实现酶的固定化。酶晶体也可以用交联法实现固定化，但在交联过程中酶容易失活。

酶-辅助蛋白交联法是指在酶溶液中加入辅助蛋白的交联过程。辅助蛋白可以是明胶、胶原和动物血清蛋白等。此法可以制成酶膜或在混合后经低温处理和预热制成泡沫状的共聚物，也可以制成多孔颗粒。酶-辅助蛋白交联法的酶的活力回收率和机械强度都比交联酶法高。

吸附交联法是吸附与交联相结合的技术，其过程是先将酶吸附于载体上，再与交联剂反应。吸附交联法所制得的固定化酶称为壳状固定化酶。此法兼有吸附与交联的双重优点，既提高了固定化酶的机械强度，又提高了酶与载体的结合能力，且酶分布于载体表面，与底物接触较容易。

载体交联法是指同一多功能试剂分子的一些化学基团与载体偶联，而另一些化学基团与酶分子偶联的方法。其过程是多功能试剂（如戊二醛）先与载体（氨乙基纤维素、部分水解的尼龙或其他含伯氨基的载体）偶联，洗去多余的试剂后再与酶偶联，如将葡萄糖氧化酶、丁烯-3，4-氧化物和丙烯酰胺共聚偶联即可得到固定化的葡萄糖氧化酶。微囊包埋的酶也可以用戊二醛交联使之稳定化。另外，交联酶也可以再用包埋法来提高其稳定性并防止酶的脱落。

④共价结合法：共价结合法是通过酶分子的非活性基团与载体表面的活泼基团之间发生化学反应而形成共价键的连接法。共价结合法制备固定化酶的优点是酶与载体结合牢固，稳定性好；缺点是载体需要活化，固定化操作复杂，反应条件比较剧烈，酶容易失活和产生空间位阻效应。因此，在进行共价结合之前应先了解所用酶的有关性质，选择适当的化学试剂，并严格控制反应条件，提高固定

化酶的活力回收率和相对活力。在共价结合法中，载体的活化是个重要问题。目前用于载体活化的方法有酰基化、芳基化、烷基化及氨甲酰化等。尽管共价结合法制备固定化酶的研究比较多，但因固定化操作烦琐，酶的损失大，起始投资也大，所以，在医药工业中应用的例子很少。

2. 固定化细胞的制备

（1）固定化细胞的定义　将细胞限制或定位于特定空间位置的方法称为细胞固定化技术。被限制或定位于特定空间位置的细胞称为固定化细胞，它与固定化酶同被称为固定化生物催化剂。细胞固定化技术是酶固定化技术的发展，因此固定化细胞也称为第二代固定化酶。固定化细胞主要是利用细胞内酶和酶系，它的应用比固定化酶更为普遍。现今该技术已扩展至动植物细胞，甚至线粒体、叶绿体及微粒体等细胞器的固定化。细胞固定化技术的应用比固定化酶更为普遍，已在医药、食品、化工、医疗诊断、农业、分析、环保、能源开发及理论研究的应用中取得了举世瞩目的成就。

（2）固定化细胞的特点　生物细胞虽属固相催化剂，但因其颗粒小、难以截流或定位，也需固定化。固定化细胞既有细胞特性，也有生物催化剂功能，又具有固相催化剂特点。其优点在于：①无需进行酶的分离纯化；②细胞保持酶的原始状态，固定化过程中酶的回收率高；③细胞内酶比固定化酶稳定性更高；④细胞内酶的辅因子可以自动再生；⑤细胞本身含多酶体系，可催化一系列反应；⑥抗污染能力强。

由于固定化细胞除具有固定化酶的特点外，还有其自身的优点，应用更为普遍，对传统发酵工艺的技术改造具有重要影响。目前工业上已应用的固定化细胞有很多种，如固定化 *E. coli* 生产 L－天冬氨酸或 6－氨基青霉烷酸，固定化黄色短杆菌生产 L－苹果酸，固定化假单胞杆菌生产 L－丙氨酸等。

（3）固定化细胞的制备技术　细胞的固定化技术是酶的固定化技术的延伸，但细胞的固定化主要适用于胞内酶，要求底物和产物容易透过细胞膜，细胞内不存在产物分解系统及其他副反应；若存在副反应，应具有相应的消除措施。固定化细胞的制备方法有载体结合法、包埋法、交联法及无载体法等。

①载体结合法：载体结合法是将细胞悬浮液直接与水不溶性的载体相结合的固定化方法。本法与吸附法制备固定化酶的原理基本相同，所用的载体主要为阴离子交换树脂、阴离子交换纤维素、多孔砖及聚氯乙烯等。其优点是操作简单，符合细胞的生理条件，不影响细胞的生长及其酶活性。缺点是吸附容量小，结合强度低。目前虽有采用有机材料与无机材料构成杂交结构的载体，或将吸附的细胞通过交联及共价结合来提高细胞与载体的结合强度，但吸附法在工业上尚未得到推广应用。

②包埋法：将细胞定位于凝胶网格内的技术称为包埋法，这是固定化细胞中应用最多的方法。常用的载体有卡拉胶、聚乙烯醇、琼脂、明胶及海藻胶等。包

埋细胞的操作方法与包埋酶法相同。优点在于细胞容量大，操作简便，酶的活力回收率高。缺点是扩散阻力大，容易改变酶的动力学行为，不适于催化大分子底物与产物的转化。目前已有凝胶包埋的 *E. coli*、黄色短杆菌及玫瑰暗黄链霉菌等多种固定化细胞，并已实现 6 - APA、L - 天冬氨酸、L - 苹果酸及果葡糖的工业化生产。

③交联法：用多功能试剂对细胞进行交联的固定化方法称为交联法。由于交联法所用的化学试剂的毒性能引起细胞破坏而损害细胞活性，如用戊二醛交联的 *E. coli* 细胞，其天冬氨酸酶的活力仅为原细胞活力的 34.2%，故交联法的应用较少。

④无载体法：靠细胞自身的絮凝作用制备固定化细胞的技术称为无载体法。本法是通过助凝剂或选择性热变性的方法实现细胞的固定化，如含葡萄糖异构酶的链霉菌细胞经柠檬酸处理，使酶保留于细胞内，再加絮凝剂脱乙酰甲壳素，获得的菌体干燥后即为固定化细胞，也可以在 60℃对链霉菌加热 10min，即得固定化细胞。无载体法的优点是可以获得高密度的细胞，固定化条件温和；缺点是机械强度差。

（三）"生物反应堆"的制备

将固定化酶或细胞装填于适当反应器中即可制成所谓"生物反应堆"。以酶作为催化剂进行反应所需的设备称为酶反应器。酶反应器基本上是游离酶、固定化酶或固定化细胞催化反应的容器。酶反应器不同于化学反应器，它在低温、低压下发挥作用，反应时的耗能和产能也比较少。酶反应器也不同于发酵反应器，因为它不表现自催化方式，即细胞的连续再生。但是酶反应器和其他反应器一样，都是根据它的产率和专一性来进行评价的。

反应器的类型很多，其分类方法也不同。根据几何形状和结构来分类，可分为罐型、管型、膜或片型几种。按进料和出料的方式可分为分批式、半分批式与连续反应器。按其功能结构可分为膜反应器、液 - 固反应器及气 - 液 - 固三相反应器三大类。

1. 游离酶反应器

工业上应用的大多数酶，都是价廉且不纯的催化大分子化合物水解的酶类。虽然在经济上和技术上酶能够被固定化，但目前还照样应用游离酶。因为这些水解酶类的底物多数是带有黏性（如淀粉）或不溶于水的颗粒，难以用固定化酶酶反应进行处理。所以游离酶反应器目前在工业生产上还占有极重要的位置。

（1）搅拌罐式反应器　搅拌罐式反应器是目前较常使用的游离酶反应器（表 7-5）。它由容器、搅拌器及保温装置组成。有时也可在容器壁上装上挡板，以促进反应物的混合。搅拌罐式反应器又有分批式和半分批式之分。分批式是先将酶和底物一次装入反应器，在适当温度下开始反应，反应达一定时间后，将全部反应物取出。而半分批式是将底物缓慢地加入反应器中进行反应，到一定时间后，将全部反应物取出。

表7-5 搅拌罐式游离酶反应器的优缺点

优点	缺点
①反应器结构简单，不需要特殊设备，适用于小规模生产 ②采用半分批式操作，可减少底物的抑制作用	不能进行酶的回收使用，一般在反应结束后通过加热或其他方法，可使酶变性除去

（2）超滤膜酶反应器　常用的超滤膜酶反应器的结构见图7-3，采用这种类型的反应器时，酶处于水溶液状态。由于膜对于蛋白（大分子）物质是非透过性的，因此只允许小分子产物透过，而酶被截留回收重新使用，可节省用酶，特别适用于价格较高的酶（表7-6）。这种反应器可用于分批操作，也可适用于连续操作。所谓连续操作即一边连续地将底物加到反应器中，一边连续地排出生成物。用于这类反应器的膜有超滤膜和透析膜等。膜的形状有平板状、管状、螺旋状和中空纤维状。

表7-6 超滤膜酶反应器的优缺点

优点	缺点
可以作用于胶态或不溶性底物，特别是产物对酶有抑制作用时，采用此装置较合适	酶的长期操作稳定性差，而且酶易在超滤膜上吸附损失，或在膜表面浓缩极化

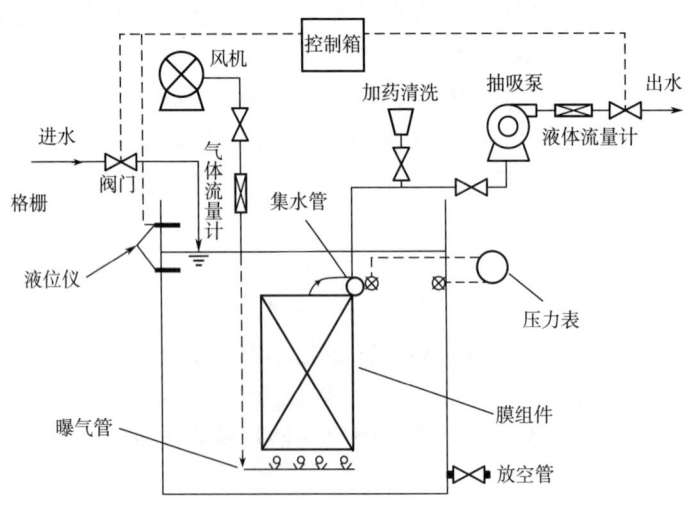

图7-3 超滤膜酶反应器示意图

2. 固定化酶反应器

（1）搅拌罐型反应器　搅拌罐型反应器有分批反应器（BSTR）和连续流搅拌罐反应器（CSTR）。这类反应器的特点是内容物的混合是充分均匀的（表7-7）。CSTR 常在反应器出口装上滤器使酶不流失，也可用尼龙网罩住固定化酶，再将袋安装在搅拌轴上的方式进行反应，有的则作为磁性固定化酶粒，借助磁吸方法滞留，有时则把固定化酶固定在容器壁上或搅拌轴上。为了达到有效的混合，也可把多个搅拌罐串联起来组成串联反应器组。

表7-7　搅拌罐型固定化酶反应器的优缺点

优点	缺点
①结构简单，温度和 pH 容易控制 ②适用于受底物抑制的反应 ③传质阻力较低，能处理胶体状底物及不溶性底物 ④固定化酶易更换	①反应效率较低，载体被旋转搅拌桨叶的剪切力所破坏，搅拌动力消耗大 ②BSTR 在用离心或过滤沉淀方法回收固定化酶过程中易造成酶的失效损失

（2）固定床型反应器　把颗粒状或片状等固定化酶填充于固定床（也称填充床，床可直立或平放）内，底物按一定方向以恒定速度通过反应床。它是一种单位体积催化剂负荷量多，效率高的反应器（表7-8）。当前工业上多数采用此类反应器。与全混流反应器（CSTR）相反，有另一类理想的、没有返混的反应器，称为活塞流反应器（PFR）。在其横截面上液体流动速度完全相同，沿流动方向底物及产物的浓度是逐渐变化的，但同一横切面上浓度是一致的，因此，称为活塞流反应器（PFR）。高（长）径比较大的管式反应器，接近于活塞流反应器。

表7-8　固定床反应器的优缺点

优点	缺点
①可使用高浓度的催化剂，反应产生的底物和抑制剂可从反应器中不断地流出 ②由于底物浓度沿反应器长度是逐渐增高的，因此与 CSTR 相比，可减少产物的抑制作用	①温度和 pH 难以控制 ②底物和产物会产生轴向浓度分布 ③清洗和更换部分固定化酶比较麻烦。床内有自压缩倾向，易堵塞，且床内的压力降相当大，底物必须加压下才能加入

（3）流化床型反应器　流化床反应器（FBR）是一种装有较小颗粒的垂直塔式反应器（形状可为柱形、锥形等）。底物以一定速度由下向上流过，使固定化酶颗粒在浮动状态下进行反应。流体的混合程度可认为是介于 CSTR 和 PFR 之间（表7-9）。

表7-9 流化床反应器的优缺点

优点	缺点
①具有良好的传质及传热的性能。pH、温度控制及气体的供给比较容易 ②不易堵塞,可适用于处理黏度高的液体 ③能处理粉末状底物 ④即使应用细粒子的催化剂,压力降也不会很高	①需保持一定的流速,运转成本高,难以放大 ②由于流化床的空隙体积大,酶的浓度不高 ③由于底物高速流动使酶冲出,降低了转化率

使底物进行循环是避免催化剂冲出、使底物完全转化成产物的一种方法。另一种方法是使用几个流态化床组成的反应器组,或使用锥形流态化床。流化床中酶的阻截可如连续流搅拌罐反应器。

(4) 膜型反应器　由膜状或板状固定化酶组装的反应器均称为膜型反应器(表7-10)。用固定化酶膜组装成的平板状或螺旋状反应器、转盘型反应器、空心酶管和中空纤维膜反应器等都属于此类反应器。图7-4为各种模型固定化酶反应器结构示意图。

表7-10 平板型和螺旋卷型反应器的优缺点

优点	缺点
①压力小 ②膜面积清晰 ③放大容易	与填充塔等相比,反应器内单位体积催化剂的有效面积较小

空心酶管反应器的酶是固定在细管的内壁上的,底物溶液流经细管时,只有与管壁接触的部分进行酶反应。管内径在1mm左右。管内流动属于层流,这种反应器除了工业上应用外,更多的则是与自动分析仪器等组装在一起,用于定量分析。

转盘型固定化酶反应器以包埋法为主,制备成固定化酶凝胶薄板(成型为圆盘状或叶片状),然后,把许多圆盘状(或叶片状)凝胶板装配在旋转轴上,并把整个装置浸在底物溶液中,此类反应器更换催化剂方便。反应器有立式和卧式两种,卧式反应器则是1/3浸泡在底物溶液中,剩余2/3被通入的气体所占领。可适用于需氧反应,或者当反应会产生挥发性生成物或副产物(此类物质对酶有害)时,适合采用此反应器。因为这些有害产物可被气体带走。此反应器广泛用于废水处理装置。

中空纤维膜反应器则是数千根醋酸纤维制成的中空纤维(内径200~500μm,外径300~900μm)。内层紧密、光滑,具有一定分子质量截留值,可截留大分子物质而允许不同的小分子物质通过。外层为多孔的海绵状支持层,酶被固定在海绵支持层中(或者相反,内层为海绵状,外层为光滑)。反应器的形状可为管式或

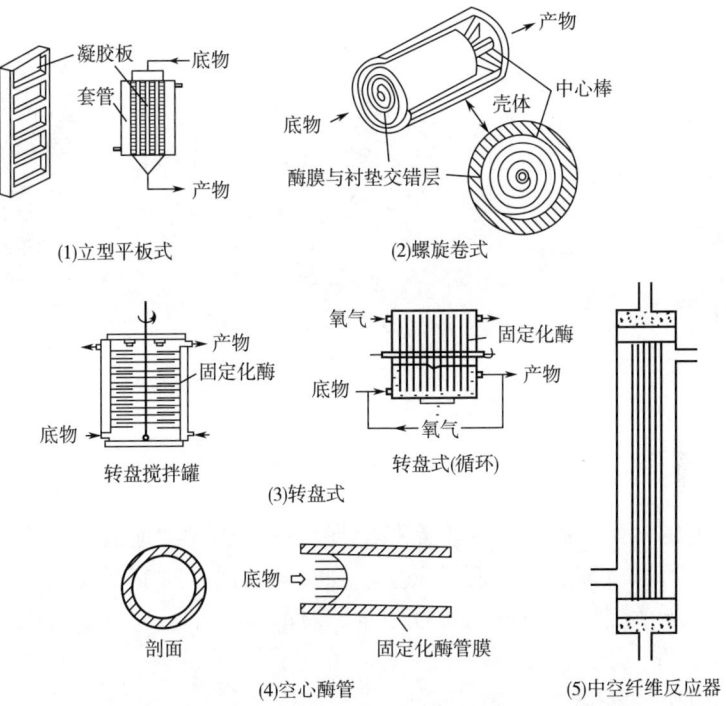

图 7-4 各种模型固定化酶反应器

列管式,中空纤维可承受较大压力,通过正常超滤程序将底物压过内壁与海绵状介质上酶起反应。滤过的溶液可根据反应的条件排放或循环再使用。中空纤维膜反应器根据工艺条件可分为反冲式和反循环式。反冲式是反应液自纤维外室压入,反循环式则是根据压力差在纤维的上部底物由内向外流动,而下半部则由外反流入内。

（5）鼓泡塔型反应器 在反应中,涉及气体的吸收或产生,此类反应最好采用鼓泡塔型反应器,或三相流化床反应器,如图 7-5 所示。一些无载体固定化新鲜菌体的反应器也采用塔型反应器,把固定化酶放入反应器内,底物与气体从底部通入。通常,气体进入反应器前后经过气体分散板得到充分分散,有时,甚至和循环液从底部以切线方向进入,以促使反应器的流动状态符合要求。

（四）转化反应

酶转化法利用生物酶催化的立体专一性反应,使底物转化为产物。一切有关酶活性研究,均以测定酶反应的速度为依据。酶反应的速度受很多因素的影响。这些因素主要有底物浓度、酶浓度、pH、温度、激活剂和抑制剂等。当研究某一因素对酶反应速度的影响时,必须使酶反应体系中的其他因素维持不变,而单独

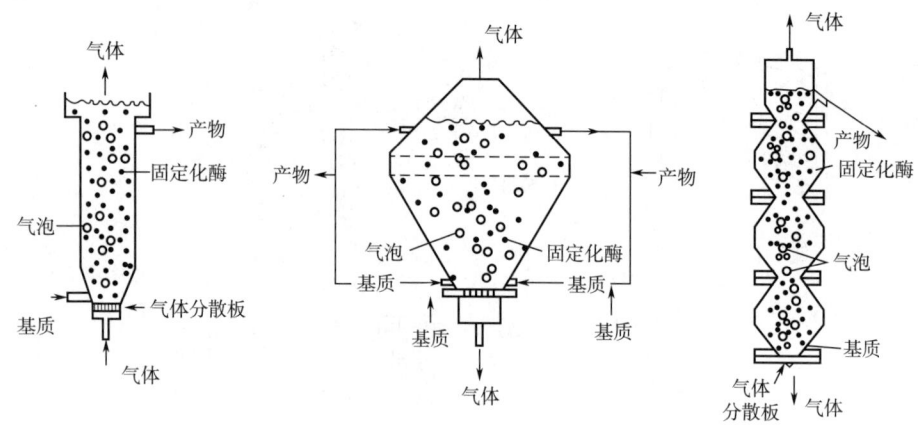

图 7-5　鼓泡塔型反应器

变动所要研究的因素。酶反应速度是指酶促反应开始时的速度，简称初速。因为只有初速才与酶浓度成正比，而且反应产物及其他因素对酶促反应速度的影响也最小。研究影响酶促反应速度的各种因素，对阐明酶作用的机制和建立酶的定量方法都是重要的。

1. 底物浓度的影响

当底物浓度很低时，增加底物浓度反应速度随之迅速增加，反应速度与底物浓度成正比，称为一级反应。当底物浓度较高时，增加底物浓度反应速度也随之增加，但增加的程度不如底物浓度低时那样明显，反应速度与底物浓度不再成正比，称为混合级反应。当底物增高至一定浓度时，反应速度趋于恒定，继续增加底物浓度反应速度也不再增加，称为零级反应。

反应速度与底物 S 浓度之间的这种关系，反映了酶促反应中有酶-底物复合物的存在。若以产物 P 生成的速度表示反应速度，显然 P 生成的速度与酶-底物复合物浓度成正比，底物浓度很低时，酶的活性中心没有全部与底物结合，此时增加底物的浓度，ES 的形成与 P 的生成都成正比的增加。当底物增高至一定浓度时，全部酶都已变为 ES，此时再增加底物浓度也不会增加 ES 浓度，反应速度趋于恒定。

2. 酶浓度的影响

在酶促反应体系中，底物浓度足以使酶饱和的情况下，酶促反应的速度与酶浓度成正比。但当酶的浓度增加到一定程度，以致底物浓度已不足以使酶饱和时，再继续增加酶的浓度反应速度也不再成正比例地增加。

3. 温度的影响

低温时酶的活性非常微弱，随着温度逐步升高，酶的活性也逐步增加，但超过一定温度范围后，酶的活性反而下降。当温度升至 50~60℃ 以上时，酶的活性可迅速下降，甚至丧失活性，此时即使再降温通常也不能恢复其活性。可见只是在某一温度范围时酶促反应速度最大，此温度称为酶作用的最适温度。人体内的酶最适温度多在37℃左右。所以出现上述现象是因为温度对酶促反应有双重影响：①酶促反应与一般化学反应一样，升高温度能加速化学反应的进行。②酶是蛋白质，升高温度能加速酶的变性而使酶失去活性。升高温度对酶促反应的这两种相反的影响是同时存在的。在较低温度时（0~40℃）前一种影响大，所以酶促反应速度随温度上升而加快；随着温度不断上升，酶的变性逐渐成为主要矛盾，在50~60℃以上时酶变性速度显著增加，酶活性迅速下降。80℃以上酶几乎完全变性而失去活性。最适温度不是酶的特征性常数，它与酶作用时间长短等因素有关。酶作用时间较短时最适温度较高；酶作用时间较长时最适温度较低。酶在低温下活性微弱但不易变性，当温度回升时酶活性立即恢复。低温能大大延缓酶变性的速度。所以酶制剂和标本（如血清）应放在冰箱中保存。

4. pH 的影响

溶液的 pH 对酶活性影响很大。在一定的 pH 范围内酶表现催化活性。在某一pH 时酶的催化活性最大，此 pH 称为酶作用的最适 pH。偏离酶的最适 pH 愈远，酶的活性愈小，过酸或过碱则可使酶完全失去活性。各种酶的最适 pH 不同，人体内大多数酶的最适 pH 在 7.35~7.45，但并不是所有都如此，如胃蛋白酶最适 pH 为 1.5~2.5。同一种酶的最适 pH 可因底物的种类及浓度不同，或所用的缓冲剂不同而稍有改变，所以最适 pH 也不是酶的特征性常数。

pH 影响酶的催化活性的机制，主要因为 pH 能影响酶分子，特别是酶活性中心内某些化学基团的电离状态。若底物也是电解质，pH 也可影响底物的电离状态。在最适 pH 时，恰能使酶分子和底物分子处于最合适电离状态，有利于两者结合和催化反应的进行。

5. 激活剂和抑制剂

酶的催化活性在某些物质影响下可以增高或降低。凡能增高酶活性的物质，称为酶的激活剂，凡能降低或抑制酶活性但并不使酶变性的物质称为酶的抑制剂。同一种物质对不同的酶作用可能不同。如氧化物是细胞色素氧化酶的抑制剂，却是木瓜蛋白酶的激活剂。

（1）酶的激活剂　酶的激活剂大都是金属离子，正离子较多，有 K^+、Na^+、Mg^{2+}、Mn^{2+}、Ca^{2+}、Zn^{2+}、Cu^{2+}、Fe^{2+}（Fe^{3+}）等，如 Mg^{2+} 是 RNA 酶的激活剂；负离子有 Cl^-、HPO_4^{2-} 等，如 Cl^- 是唾液淀粉酶的激活剂。酶的激活不同于酶原的激活。酶原激活是指无活性的酶原变成有活性的酶，且伴有抑制肽的水解；酶的激活是酶的活性由低到高，不伴有一级结构的改变。酶的激活剂又称酶的激动剂。

（2）酶的抑制剂　有可逆性抑制和不可逆性抑制两种。

①可逆性抑制：抑制剂与酶非共价结合，可以用透析、超滤等简单物理方法

除去抑制剂来恢复酶的活性，因此是可逆的。根据抑制剂在酶分子上结合位置的不同，又分为竞争性和非竞争性抑制。

竞争性抑制：抑制剂I与底物S的化学结构相似，在酶促反应中，抑制剂与底物相互竞争酶的活性中心，当抑制剂与酶结合形成EI复合物后，酶则不能再与底物结合，从而抑制了酶的活性，这种抑制称为竞争性抑制。

例如，丙二酸与琥珀酸的结构相似，是琥珀酸脱氢酶的竞争性抑制剂。许多抗代谢物和抗癌药物，也都是利用竞争性抑制的原理。

非竞争性抑制：抑制剂与底物结构并不相似，也不与底物抢占酶的活性中心，而是通过与活性中心以外的必需基团结合来抑制酶的活性，这种抑制称非竞争性抑制。非竞争性抑制剂与底物并无竞争关系。

例如：EDTA结合某些酶活性中心外的—SH基，氰化物结合细胞色素氧化酶的辅基铁卟啉，均属非竞争性抑制。

②不可逆性抑制：抑制剂与酶共价结合，不能用透析、超滤等简单物理方法解除抑制来恢复酶的活性，因此是不可逆的，必须用特殊的化学方法才能解除抑制。

巯基酶的抑制：巯基酶是指含有巯基（—SH）为必需基团的一类酶。某些重金属离子（Hg^{2+}、Ag^+、Pb^{2+}）及As^{3+}可与酶分子的巯基进行不可逆结合，使酶活性被抑制。化学毒剂路易士气就是一种砷化合物，能抑制体内巯基酶。巯基酶中毒可用二巯丙醇（BAL）解毒。BAL含有多个—SH基，在体内达一定浓度后，可与毒剂结合，使酶恢复活性。

羟基酶的抑制：羟基酶是指含有羟基（—OH）为必需基团的一类酶。有机磷杀虫剂（敌百虫、敌敌畏、对硫磷等）能特异地与酶活性中心上的羟基结合，使酶的活性受抑制。

胆碱酯酶是催化乙酰胆碱水解的羟基酶，有机磷农药中毒时，此酶活性受到抑制，造成乙酰胆碱在体内堆积，后者引起胆碱能神经兴奋性增强，表现出一系列中毒症状。

临床上用解磷定来治疗有机磷化合物中毒，解磷定能夺取已经和胆碱酯酶结合的磷酰基，解除有机磷对酶的抑制作用，使酶复活。

（五）产品纯化与精制

1. 氨基酸分离纯化

氨基酸分离方法较多，通常有溶解度法、等电点沉淀法、特殊试剂沉淀法、吸附法及离子交换法等。

（1）溶解度法 依据不同氨基酸在水中或其他溶剂中的溶解度差异而进行分离的方法。如胱氨酸和酪氨酸均难溶于水，但在热水中酪氨酸溶解度较大，而胱氨酸溶解度变化不大，故可将混合物中胱氨酸、酪氨酸及其他氨基酸分开。

(2) 特殊试剂沉淀法 采用某些有机或无机试剂与相应氨基酸形成不溶性衍生物的分离方法。如邻二甲苯-4-磺酸能与亮氨酸形成不溶性盐沉淀，后者与氨水反应又可获得游离亮氨酸；组氨酸可与 $HgCl_2$ 形成不溶性汞盐沉淀，后者经处理后又可获得游离组氨酸；精氨酸可与苯甲醛生成水不溶性苯亚甲基精氨酸沉淀，后者用盐酸除去苯甲醛即可得精氨酸。因此可从混合氨基酸溶液中分别将亮氨酸、组氨酸及精氨酸分离出来。本法操作方便，针对性强，故至今仍用于生产某些氨基酸。

(3) 吸附法 利用吸附剂对不同氨基酸吸附力的差异进行分离的方法。如颗粒活性炭对苯丙氨酸、酪氨酸及色氨酸的吸附力大于对其他非芳香族氨基酸的吸附力，故可从氨基酸混合液中将上述氨基酸分离出来。

(4) 离子交换法 利用离子交换剂对不同氨基酸吸附能力的差异进行分离的方法。氨基酸为两性电解质，在特定条件下，不同氨基酸的带电性质及解离状态不同，故同一种离子交换剂对不同氨基酸的吸附力不同，因此可对氨基酸混合物进行分组或实现单一成分的分离。

2. 氨基酸的精制

分离出的特定氨基酸中常含有少量其他杂质，需进行精制，常用的有结晶和重结晶技术，也可采用溶解度法或结晶与溶解度法相结合的技术。如丙氨酸在稀乙醇或甲醇中溶解度较小，且 pI 为 6.0，故丙氨酸可在 pH6.0 时，用 50% 冷乙醇结晶或重结晶加以精制。此外也可用溶解度与结晶技术相结合的方法精制氨基酸。如在沸水中苯丙氨酸溶解度比酪氨酸大 100 倍，若将含少量酪氨酸的苯丙氨酸粗品溶于 15 倍体积（m/V）的热水中，调 pH4.0 左右，经脱色过滤可除去大部分酪氨酸；滤液浓缩至原体积的 1/3，加 2 倍体积的 95% 乙醇，4℃放置，滤取结晶，用 95% 乙醇洗涤，烘干即得苯丙氨酸精品。

（六）氨基酸的酶工程制备——L-天冬氨酸的制备

1. 概述

L-天冬氨酸（Asp），属酸性氨基酸，广泛存在于所有蛋白质中。L-Asp 有助于鸟氨酸循环，促进氨和二氧化碳生成尿素，降低血中氨和二氧化碳，增强肝功能，消除疲劳，由于治疗慢性肝炎、肝硬化及高血氨症，同时还是复合氨基酸输液的原料。

2. 结构

L-天冬氨酸分子中含两个羧基和一个氨基，化学名称为 α-氨基丁二酸或氨基琥珀酸，分子式为 $C_4H_7NO_4$，相对分子质量为 133.10。

3. 制备

在医药工业中，多用酶合成法生产 L-天冬氨酸，即以延胡索酸和铵盐为原料经天冬氨酸酶催化生产 L-天冬氨酸。

(1) 工艺路线 如图7-6所示。

图7-6 L-天冬氨酸生产工艺

(2) 工艺过程

①菌种培养：大肠杆菌（*Escherichia coli*）AS1.881 的培养：斜面培养基为普通肉汁培养基。摇瓶培养基成分（%）为玉米浆7.5，反丁烯二酸2.0，$MgSO_4 \cdot 7H_2O$ 0.02，氨水调pH6.0，煮沸后过滤，500mL三角烧瓶中培养基装量50~100mL。从新鲜斜面上或液体中培养种子，接种于摇瓶培养基中，37℃振摇培养24h，逐级扩大培养至1000~2000L规模。培养结束后用1mol/L盐酸调pH5.0，升温至45℃并保温1h，冷却至室温，转筒式高速离心机收集菌体（含天冬氨酸酶），备用。

②*E. coli* 的细胞固定：取湿菌体20kg悬浮于80L生理盐水（或离心后的培养清液）中，保温至40℃，再加入90L保温至40℃的12%明胶溶液及10L 1.0%戊二醛溶液，充分搅拌均匀，放置冷却凝固，再浸于0.25%戊二醛溶液中。于5℃过夜后，切成3~5mm的立方小块，浸于0.25%戊二醛溶液中，5℃过夜，蒸馏水充分洗涤，滤干得含天冬氨酸酶的固定化 *E. coli*，备用。

③生物反应堆的制备：将含天冬氨酸酶的固定化 *E. coli* 装填于填充床式反应器中，制成生物反应堆，备用。

④转化反应：将保温至37℃的1mol/L延胡索酸铵（含1mmol/L $MgCl_2$，pH 8.5)底物溶液按一定空间速度（SV）连续流过生物反应堆，控制达到最大转化率（>95%）为限度，收集转化液制备 L-Asp。

⑤产品纯化与精制：转化液经过滤澄清，搅拌下用1mol/L HCl调pH 2.8，5℃结晶过夜，滤取结晶，用少量冷水洗涤抽干，105℃干燥得 L-Asp 粗品。粗品用稀氨水溶解（pH 5）成15%溶液，加10g/L活性炭，70℃搅拌脱色1h，过滤，滤液于5℃结晶过夜，滤取结晶，85℃真空干燥得药用 L-Asp。

(七) 酶工程的相关知识

随着现代科学技术的发展，酶工程的内容不断扩大和充实，酶工程研究的水平也逐渐提高。主要表现在以下几个方面：酶的化学修饰、酶的人工模拟、有机相的酶反应和基因工程酶的构建。

1. 酶的化学修饰

酶作为生物催化剂，其高效性和专一性是其他催化剂所无法比拟的。因此，愈来愈多的酶制剂已用于医药、食品、化工和农业生产以及环保、基因工程等领域。但是，酶作为蛋白质，其异体蛋白的抗原性、受蛋白水解酶水解和抑制剂作用、在体内半衰期短等缺点严重影响医用酶的使用效果，甚至无法使用。工业用酶常常由于酶蛋白抗酸、碱、有机溶剂变性及抗热失活能力差；容易受产物和抑制剂的抑制；工业反应要求的pH和温度不总是在酶反应的最适pH和最适温度范围内；底物不溶于水或酶的K_M值过高等弱点而限制了酶制剂的应用范围。提高酶的稳定性、解除酶的抗原性、改变酶学性质（最适pH、最适温度、KM值、催化活性和专一性等）、扩大酶的应用范围的研究越来越引起人们的重视。通过酶的分子改造可克服上述应用中的缺点，使酶发挥更大的催化功效，以扩大其在科研和生产中的应用范围。

2. 酶的人工模拟

根据酶的作用原理，用人工方法合成的具有活性中心和催化作用的非蛋白质结构的化合物叫人工模拟酶，简称人工酶或模拟酶。它们一般具有高效和高适应性的特点，在结构上相对天然酶简单。美国化学家 D. J. Cram、C. J. Pederson 和法国化学家 J. M. Lehn 相互发展了对方的经验，他们的工作为实现人们长期寻求合成与天然蛋白质功能一样的有机化合物这一目标起了开拓性的作用。他们提出的主－客体化学和超分子化学，已经成为酶的人工模拟的重要理论基础。其目的就在主体分子或接受体的制备上，根据酶催化反应机制，如果合成出既能识别酶底物又具有酶活性部位催化基团的主体分子，同时底物能与主体分子发生多种分子相互作用，那就能有效地模拟酶分子的催化过程。

3. 有机相的酶反应

有机相酶反应是指酶在具有有机溶剂存在的介质中所进行的催化反应。这是一种在极端条件（逆性环境）下进行的酶反应，它可以改变某些酶的性质，如某些水解酶在逆性环境下具有催化合成反应的能力——蛋白水解酶在有机溶剂中可以催化氨基酸合成肽的反应。大量的研究结果表明，有机相中酶催化反应除了具有酶在水中所具有的特点外，还具有其独特的优点：①增加疏水性底物或产物的溶解度；②热力学平衡向合成方向移动，如酯合成、肽合成等；③可抑制有水参与的副反应，如酸酐的水解等；④酶不溶于有机介质，易于回收再利用；⑤容易从低沸点的溶剂中分离纯化产物；⑥酶的热稳定性提高，pH的适应性扩大；⑦无微生物污染；⑧能测定某些在水介质中不能测定的常数；⑨固定化酶方法简单，可以只沉积在载体表面。

由于在有机相中酶催化反应具有上述优点，因而使有机相的酶学研究拓宽到了生物化学、有机化学、无机化学、高分子化学、物理化学及生物工程等多种学科的交叉领域。

4. 基因工程酶的构建

基因工程技术的问世，对酶学的发展起到了巨大的推动和变革作用。基因工程酶是酶学和以基因重组技术为主的现代分子生物学相结合的产物。基因工程酶的构建主要包括3个方面：酶基因的克隆和表达，用基因工程菌大量生产酶；修饰酶基因和产生遗传修饰酶（突变酶）；酶的遗传设计，合成自然界没有的新酶。

（1）酶基因的克隆和表达　重组DNA技术的建立，使人们在很大程度上摆脱了对天然酶的依赖。特别是在天然酶的材料来源极其困难时，重组DNA技术更显示出其独特的优越性。应用基因工程技术可以克隆各种天然酶的基因，并使其在微生物中表达。筛选出高效表达的菌株后，就可以通过发酵大量生产所需要的酶。在医学上有重要应用价值的一些酶，来源困难，生产成本高，如治疗溶酶体缺陷病的酶必须由人胎盘制备，治疗脑血栓的尿激酶制备复杂，对于这些酶可用基因工程技术来生产。目前已有许多酶基因克隆成功，如尿激酶基因、凝乳酶基因等，并已投入生产。

（2）酶基因的遗传修饰　酶基因的遗传修饰是指人为地将酶基因中个别核苷酸加以修饰或更换，从而改变酶蛋白分子中某个或几个氨基酸。这种方法不仅可以改变酶的结构，也可以改变酶的催化活力、专一性及稳定性。

酶基因的遗传修饰有自然遗传修饰和选择性遗传修饰两种。前者是用化学诱变剂或物理诱变因素作用于活细胞，使其基因发生突变，再从各种突变体中筛选所需要的变体，这种方法具有随机性。选择性遗传修饰则是具有目的性和预见性的现代酶工程方法，先了解清楚酶的结构，再选定突变部位，然后在体外构建具有功能活性的基因结构（重组DNA），即通过核苷酸的置换、插入或删除，获得突变酶基因，将其引入表达载体，则可获得遗传修饰酶或突变酶。这种新酶的结构与原酶只有一个或几个氨基酸残基的差别，但新酶的某些特性与原酶相比却大有不同。如用定点突变与体内随机突变相结合的方法，可使枯草杆菌蛋白酶的稳定性大为增加。

（3）酶的遗传设计　酶的遗传设计是指人为设计具有优良性状的新酶基因。充分掌握酶的空间结构和结构与功能的关系是优质新酶遗传设计的重要基础。目前许多分子生物学、物理学和计算机工作者都在尝试根据蛋白质的氨基酸排列顺序来推测其三维结构，提出从氨基酸序列的同源性预测三维构象的目标。用概率和统计的方法从已知构象的蛋白质中寻找经验规律，预测某些已知氨基酸序列的三维构象；或用计算机模拟蛋白质的构象等。只要有合理的基因设计，就可以通过基因工程技术获得具有优良性状的新酶。但这一工作难度很大，需要多学科的交叉配合。

二、典型药物生产实例——固定化细胞法制备6-氨基青霉烷酸

（一）概述

目前临床以6-氨基青霉烷酸（6-APA）为原料已合成3万种衍生物，筛选

出数十种耐酸、低毒及具有广谱抗菌作用的半合成青霉素,对 6 - APA 的需求量约为 25800t/年。

1. 对酶的生产菌菌种的要求

①繁殖快、酶产量高、最好产胞外酶的菌种。
②不是致病菌,系统发育与病原体无关,不产生有毒物质。
③产酶稳定性好,不易变异退化、不易感染噬菌体。
④能利用廉价的原料,发酵周期短,易于培养。

2. 生产菌的来源

筛选和遗传改良。基本过程为菌样采集、菌种分离初筛、纯化、复筛、生产性能鉴定。

3. 常用的产酶微生物

常用的微生物及其所产的酶见表 7 - 11。

表 7 - 11　常用的微生物及其所产的酶

微生物名称	所产的酶
大肠杆菌	青霉素酰化酶、天冬氨酸酶、谷氨酸脱羧酶、β - 半乳糖苷酶等
枯草杆菌	α - 淀粉酶、β - 葡萄糖氧化酶等
青霉菌	葡萄糖氧化酶、青霉素酰化酶、脂肪酶等
链霉菌	葡萄糖异构糖酶
根霉菌	淀粉酶、蛋白酶、纤维素酶等

(二) 固定化细胞法制备 6 - APA

1. 用于制备 6 - APA 的青霉素酰化酶

青霉素酰化酶是一种酰胺键水解酶,其系统名是青霉素氨基水解酶,但人们仍习惯性地使用青霉素酰化酶、青霉素氨基/酰基转移酶等名称。

利用含有青霉素酰化酶的菌体来裂解青霉素 G,制备 6 - APA。

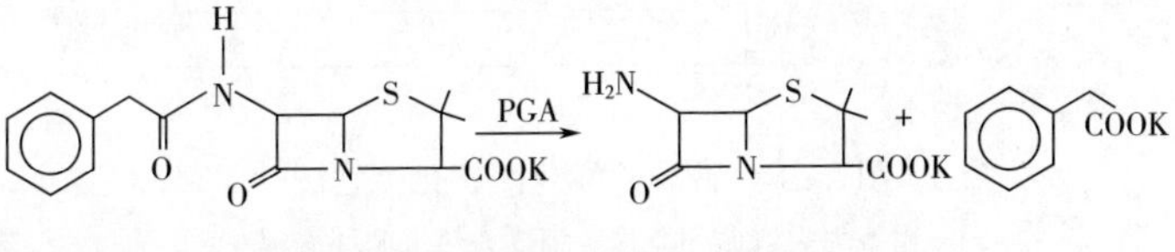

2. 固定化细胞制备 6 - 氨基青霉烷酸 (6 - APA) 工艺过程

固定化细胞制备 6 - 氨基青霉烷酸工艺过程见图 7 - 7。

大肠杆菌斜面 - 培养细胞 - 固定化细胞 - 转化青霉素 G (或 V) - 转化液过滤 - 滤液抽提 - 6 - APA。按照青霉素 G 计算,回收率为 70% ~ 80%。

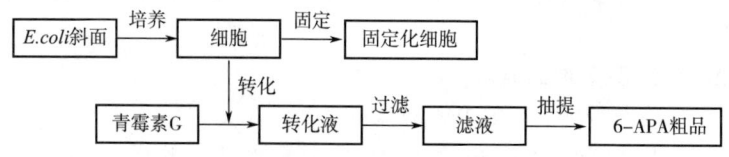

图7-7 固定化细胞制备6-氨基青霉烷酸工艺过程

（1）大肠杆菌的培养 采用高产青霉素酰化酶的大肠杆菌D816菌株，培养基由鱼胨1%、肉胨1%、氯化钠0.5%与苯乙酸0.2%组成，pH为6.7左右。经14~18h暗养，每吨发酵液可收集8kg左右湿菌体，每克湿菌体活性单位约13~17。

（2）固定化细胞的制备 将10kg大肠杆菌（湿重），在40℃水浴中搅拌加入10%明胶溶液5L，搅匀后立即加入25%戊二醛0.5L进行交联，待凝结后，移去水浴，于室温放置2h后，移至4℃以下冰库过夜，然后再通过成型等步骤制成颗粒状固定化细胞。制成的固定化细胞内的青霉素酰化酶的表现活性与菌体酶的活性有关，一般不经磨碎，直径为2mm左右的固定化细胞颗粒平均每克表现活性有2个单位左右，为菌体活性的30%左右，经磨碎后，上升为5个单位左右，保存菌体活性的60%左右。

（3）6-APA制备 利用青霉素酰化酶专一作用于苯乙酰基的特性，将固定化细胞装柱，采用高速循环批式方法，在最适条件下，将青霉素G裂解成6-APA与苯乙酸。青霉素酰化酶转化流程图如下（图7-8）。

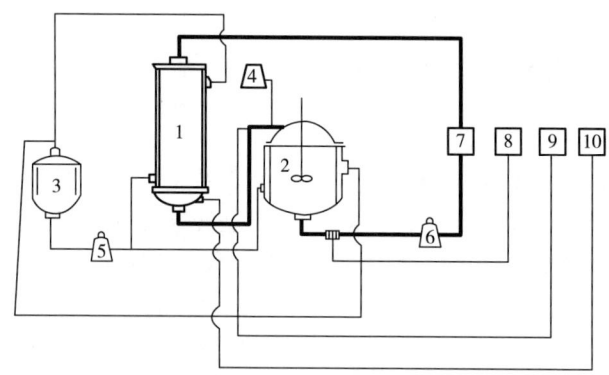

图7-8 青霉素酰化酶转化流程图
粗线为裂解循环流程；细线为热水循环流程
1—酶柱 2—pH调节罐 3—热水罐 4—碱液罐 5—热水循环泵 6—裂解液循环泵
7—流量计 8—自动pH计 9—自动记录温度计 10—酶柱温度计

固定化细胞130kg（湿重）装在直径为0.7m、高为1.6m的酶柱中，每次投料青霉素G钾盐20kg（溶解在0.03mol/L磷酸缓冲液内，青霉素浓度为3%），在（40±1）℃

高速源环通过酶柱裂解（70L/min），以 2mol/L 氢氧化钠维持 pH 在 7.5~7.8，水解的终止时间可以用对-二甲胺基苯甲醛测定裂解液中 6-APA 的量来确定，也可根据消耗 2mol/L 氢氧化钠的量及酶柱进出口裂解液 pH 维持不变来决定，一般裂解 20kg 青霉素 G 钾盐约需消耗 2mol/L 氢氧化钠 28L 左右，裂解的时间一般约需 3h。裂解结束后将裂解液浓缩到一定体积时，加 6mol/L 盐酸至等电点结晶，晶体经洗涤、干燥，得 6-APA 成品。

6-APA 是半合成抗生素的母核，在 6-APA 的氨基上引入不同侧链，可制备各种半合成青霉素，由于半合成青霉素新品种的不断发展和产量的逐年上升，对 6-APA 的需要量也逐年增长。目前 6-APA 工业规模的生产方法有化学法和酶法，化学法得率高，国外已投入生产。酶法由于裂解过程中菌体容易损失，而且由菌体带入异性蛋白，可影响到青霉素裂解和 6-APA 的质量。由于固定化酶技术的发展，有利于工业生产。目前化学法和固定化酶法各有优缺点，两者互相竞争。今后随着固定化方法不断地完善，固定化酶的应用可能会得到进一步的发展。

（三）青霉素的相关知识

1928 年，亚历山大·弗莱明发明了青霉素，它的研制成功大大地增强了人类抵抗细菌性感染的能力，并带动了抗生素家族的诞生。1935 年，英国病理学家弗洛里和侨居英国的德国生物化学家钱恩合作，重新研究了青霉素的性质、分离和化学结构并解决了青霉素的浓缩问题，青霉素真正走进了人类的生活。在此之前，人类一直未能找到一种能高效治疗细菌性感染且副作用小的药物，在这类疾病面前可以说是束手无策。抗生素拯救了数以万计的生命，而且使人类的寿命延长了 20 多岁，生命出现了第二次飞跃。这一造福人类的巨大贡献使弗莱明、钱恩和弗洛里共同获得了 1945 年诺贝尔生理学和医学奖。青霉素（Penicillin，苄青霉素或青霉素 G），是由青霉素菌经微生物发酵法制取的一种抗生素，属于 β-内酰胺类抗生素，它通过抑制细菌细胞壁的合成而导致细菌死亡。

由于高等动物细胞中没有细胞壁，因而青霉素本身对人体的毒性很低。青霉素一经出现就得到了广泛的应用，大约占领世界抗生素市场的 19%，开创了抗生素治疗疾病的新纪元。继青霉素之后，链霉素、氯霉素、土霉素、四环素等抗生素相继出现。1953 年，我国第一批国产青霉素诞生，揭开了中国抗生素的生产历史，截至 2001 年，我国的青霉素产量已占到世界生产总量的 60%，居世界首位。6-氨基青霉烷酸（6-APA）是生产半合成青霉素的关键中间体。用于制造各种半合成青霉素和头孢霉素。用同一种固定化青霉素酰化酶，只要改变 pH 等条件，就既可以催化青霉素或头孢霉素水解生成 6 - 氨基青霉烷酸（6 - APA）或 7 - 氨基头孢霉烷酸（7 - ACA），也可以催化 6 - APA 或 7 - ACA 与其他的羧酸衍生物进行反应，以合成新的具有不同侧链基团的青霉素或头孢霉素。6 - APA 本身抗菌活性很低，直接作为抗菌药无实用价值，但是它作为半合成青霉素的原料却具有非常重要的意义。

技能实训

技能实训七　酶工程制备氨基酸模拟实训

一、开始生产

1. 生产准备（环境、设备）

应当对前次清场情况进行确认。厂房的空气洁净度应符合要求，设备已清洁，备用。

（1）环境应保持整洁，门窗玻璃、墙面和顶棚应洁净完好。

（2）设备、管道、管线排列整齐并包扎光洁，无跑、冒、滴、漏现象发生。且符合相关清洁要求。

（3）检查确认生产现场无上次生产遗留物。

（4）环境的温度、湿度、照明应符合要求。

（5）电源应在操作间外，确保安全生产。

（6）生产车间室内空气中的酶颗粒数量符合相应级别的洁净度要求，空气净化系统符合要求。

2. 自我检查

进入更衣室，脱去外衣，将私人物品放入橱内，洗手，烘干，穿工作服、戴工作帽和口罩，进入生产区。

二、备料、配料

1. 领取物料

根据生产规模，领取适量的物料。

菌种：德阿昆哈假单胞菌（Pseudomonas dacunhae）68 变异株。

试剂：牛肉膏、蛋白胨、氯化钠、酵母膏、琼脂、精密 pH 试纸、L - 谷氨酸、酪蛋白水解液、磷酸二氢钾、$MgSO_4 \cdot 7H_2O$、盐酸、氨水、角叉菜胶、KCl、己二胺、磷酸缓冲液、戊二醛、磷酸吡哆醛、活性炭、甲醇。

2. 配料

（1）斜面培养基组成（%）为蛋白胨 0.25，牛肉膏 0.52，酵母膏 0.25，NaCl

0.5，pH7.0，琼脂2.0。

（2）种子培养基与斜面培养基相同，唯不加琼脂，250mL三角烧瓶中培养基装量为40mL。

（3）摇瓶培养基组成（%）为L-谷氨酸3.0，蛋白胨0.9，酪蛋白水解液0.5，磷酸二氢钾0.05，$MgSO_4 \cdot 7H_2O$ 0.01，用氨水调pH 7.2，500mL三角瓶中培养基装量为80mL。

（4）5%角叉菜胶、2% KCl、0.2mol/L 己二胺、0.5mol/L pH7.0 的磷酸缓冲液、1mol/L 盐酸。

三、菌种培养

将培养24h的新鲜斜面菌种接种于种子培养基中，30℃振摇培养8h，再接种于摇瓶培养基中，30℃振荡培养24h，如此逐级扩大至1000~2000L的培养罐培养。

培养结束后用1mol/L HCl调pH至4.75，于30℃保温1h，用转筒式高速离心机离心收集菌体（含L-天冬氨酸-β-脱羧酶），备用。

四、细胞固定

取湿菌体20kg，加生理盐水搅匀并稀释至40L，另取溶于生理盐水的5%角叉菜胶溶液85L，两液均保温至45℃后混合，冷却至5℃成胶。浸于600L 2% KCl和0.2mol/L 己二胺的0.5mol/L pH7.0的磷酸缓冲液中，5℃下搅拌10min，加戊二醛至0.6mol/L的浓度，5℃搅拌30min，取出切成3~5mm的立方小块，用2% KCl溶液充分洗涤后，滤去洗涤液，即得含L-天冬氨酸-β-脱羧酶的固定化细胞，备用。

五、生物反应堆的制备

将L-天冬氨酸-β-脱羧酶的固定化假单胞菌装于耐受 1.515×10^5Pa 压力的填充床式反应器中，制成生物反应堆，备用。

六、转化反应

收集制备L-Asp的转化液，向转化液中加磷酸吡哆醛至0.1mmol/L浓度，调pH 6.0，保温至37℃，按一定空间速度流入 1.5×10^5Pa 压力下的生物反应堆，控制达到最大转化率（>95%）为限，收集转化液，用于制取L-丙氨酸。

七、产品纯化与精制

转化液过滤澄清，于60~70℃下减压浓缩至原体积的50%，冷却后加等体积甲醇，5℃结晶过夜，滤取结晶并用少量冷甲醇洗涤抽干，80℃真空干燥得L-Ala

粗品。粗品用3倍体积（m/V）去离子水于80℃搅拌溶解，加0.5%（m/V）药用活性炭于70℃搅拌脱色1h，过滤，滤液冷后加等体积甲醇，5℃结晶过夜，滤取结晶，于80℃真空干燥得药用L-Ala。

八、结束生产

1. 清场

（1）将本批的中间产品送至中间仓或将成品送入成品仓库；将剩余物料退回仓库，将废弃物清出本工序。

（2）按各生产设备、生产用具、容器的清洁操作规程及洁净室清洁标准操作规程，分别对生产设备、生产用具、容器、天花板、地面、门、窗等进行清洁。

（3）按《清洁工具清洁标准操作规程》清洁工具，并放置在指定的地方。

（4）清场完毕，填写清场记录，在工序门口挂上"已清洁"的状态牌。

（5）清场完毕，由班组长和车间质管员进行检查，并填写检查情况，发给清场合格证。

2. 离开

按进入生产区的相反程序，退出生产区：脱工衣，换鞋，清洗洁净区工作服，洗涤工作鞋。

知识拓展

纳米酶之母——阎锡蕴院士

阎锡蕴，中国科学院生物物理研究所研究员、研究组组长，中国科学院大学教授。她领导的团队于2007年发现纳米酶。随后，该研究获得国家自然科学奖二等奖、Atlas国际奖。2015年她当选中国科学院院士，同年当选亚洲生物物理联盟主席。

从翻砂工到留学德国

在上大学之前，阎锡蕴曾在一家工厂当了4年的翻砂工。这是一个典型的重体力劳动岗位，很多人都难以承受，但她吃苦耐劳，到第四年的时候，已经被晋升为三级工。

1977年，阎锡蕴参加了高考，并考入河南医学院。1983年毕业后，她被分配到中日友好医院。为了提高科研能力，她来到中国科学院生物物理所实习，遇到了时任所长贝时璋，她的人生从此被改变。

因为之前的经历，加之在大学期间主修医学，阎锡蕴的分子生物学基础并不好。因此，初到生物物理所的她，只能从消毒、准备器械这些与医学沾点边的事情干起。过了不久，实验室的一位研究人员生病休假，贝时璋和其他一些研究者决定让阎锡蕴临时接棒，负责实验操作任务。阎锡蕴战战兢兢地接下这个任务，并且让实验达到了预期目标。通过这次尝试科学实验的经历，她发现做科研挺有趣的。

转眼之间，一年多的实习期结束了，阎锡蕴和所长贝时璋长谈了几次，最终决定改行，成为职业科研人员。时至今日，她对老所长说服她的话记忆犹新："你年龄还小，专业知识可以去补。况且医学（的学术背景）对生物物理研究也有帮助。"后来的事实证明，她在科研上的几次突破，都要得益于她可以轻松"跨界"医学与生物物理学。

后来，阎锡蕴先到北京大学进修，学习了一年高级生化课程，又前往日本名古屋大学深造，学习分子生物学。与此同时，在生物物理所前辈的悉心指导下，她系统地学习了细胞生物学。1989年，在贝时璋的实验室中工作6年之后，阎锡蕴被推荐前往德国留学。

发现独特的"纳米酶"

1997年，阎锡蕴终于学成回国，暂时去了中国科学院微生物所。2002年，生物物理所的时任所长王志新将阎锡蕴调回。她的课题组随即加入了生物大分子国家重点实验室。2011年，研究所成立了蛋白质多肽药物重点实验室和北京市生物大分子药物转化工程中心，她被任命为主任，创建起蛋白质药物的转化平台。

"纳米酶"是阎锡蕴和她的团队深耕10多年的新领域。当时，他们发现了一个与肿瘤有关的新靶点，并且针对CD146研发了抗体，研究在肿瘤治疗中的可行性。此后，他们与中国科学院物理所合作，想把生物分子（抗体）与磁纳米粒子耦联，探索肿瘤诊断的新方法。具体的实验设计非常简单，就是把抗体标记在四氧化三铁，也就是俗称"磁铁"的微小颗粒上，做成免疫磁珠。

然而，实验中却出现了一个"奇怪"的现象：原本是作为阴性对照的磁纳米粒子，却不可思议地与过氧化物酶底物发生了反应。当初，他们认为这可能是某种污染所致。他们不断重复这一实验，以排除可能的干扰因素，但结果仍然没有变化。这个现象让大家很苦恼，觉得课题走进了死胡同。阎锡蕴却有了一个大胆的猜想：纳米级的氧化铁颗粒，是否可能具有类似过氧化物酶的催化活性呢？尽管四氧化三铁是惰性的无机物，而人类已知的各种酶属于有机物，都早已是化学常识，但如果没有其他的解释，看上去最不合理的解释也是真相。

阎锡蕴首先与纳米材料专家解思深院士讨论了这个现象。随后，阎锡蕴团队决心验证这个猜想。为此，她大胆设计实验，第一次用酶学方法系统比较了这种无机纳米材料与天然过氧化物酶的催化效率和酶促反应动力学，阎锡蕴的猜想得到了验证。2007年，这项成果在《自然·纳米技术》上发表后，英国皇家化学学会会刊发表综述，认为这是酶学史上的一个里程碑式的事件。因为，这是科学界第一次从酶学的角度，报道无机纳米材料的酶学催化特性；而这一项发现，可以说打破了传统意义上的"无机"与"有机"的界限。

发现四氧化三铁纳米颗粒的这一性质之后，阎锡蕴并没有忘记当初研究抗癌方法的目标，而是探索使用纳米酶诊断和治疗癌症的可能性。经过10多年的努力，世界各国对纳米酶的研究已经逐渐深入。截至2020年，全球有29个国家、300多个实验室都在做与纳米酶有关的工作。可以说，阎锡蕴团队的发现，打开了一个全新领域的大门。

项目检测

一、单项选择题（所给选项只有一个最符合题意）

（1）交联法中最常用的交联剂是（　　）。
A. 活性炭　　　　　　　　B. 戊二醛
C. 明胶　　　　　　　　　D. 聚丙烯酰胺

（2）固定化细胞中用得最多、最有效的方法是（　　）。
A. 吸附法　　　　　　　　B. 交联法
C. 网格型包埋法　　　　　D. 选择性热变性法

（3）下面哪种固定化方法只适作用于小分子底物和产物的酶（　　）。
A. 吸附法　　　　　　　　B. 交联法
C. 包埋法　　　　　　　　D. 选择性热变性法

（4）下面哪种方法不是酶的固定化方法（　　）。
A. 吸附法　　　　　　　　B. 交联法
C. 网格型包埋法　　　　　D. 选择性热变性法

二、多项选择题（所给选项有多个符合题意）

（1）酶作为催化剂所具有的特性是（　　）。
A. 催化效率高　　　　　　B. 反应条件温和
C. 催化活性可调　　　　　D. 能加速反应的进行
E. 专一性强

（2）影响酶催化活性的因素有（　　）。
A. 酶浓度　　　　　　　　B. 底物浓度
C. 价格因素　　　　　　　D. 温度
E. 激活剂和抑制剂

（3）酶和细胞的固定化方法有（　　）。
A. 交联法　　　　　　　　B. 载体结合法
C. 包埋法　　　　　　　　D. 热处理
E. 微球法

（4）下面哪些方法是利用共价键来固定酶的（　　）。
A. 离子结合法　　　　　　B. 交联法

C. 共价结合法　　　　　　D. 物理吸附法
E. 包埋法

三、简答题

(1) 固定化酶具有哪些优点？

(2) 酶反应器的类型主要有哪些？介绍几种常用酶反应器的构造。

(3) 简述药用酶的分类与重要的药用酶的名称、来源、作用与用途及对药用酶的要求。

(4) 简述L-天冬酰胺酶和超氧化物歧化酶的性质、作用、工艺路线和工艺要点。

(5) 简述尿激酶、溶菌酶的性质、作用与用途及制备途径。

四、案例分析

假单胞菌体固定：取湿菌体20kg，加生理盐水搅匀并稀释至40L，另取溶于生理盐水的5%角叉莱胶溶液85L，两液均保温至45℃后混合，冷却至5℃成胶。浸于600L 2% KCl和0.2mol/L 乙二胺的 0.5mol/L pH 7.0 的磷酸缓冲液中，5℃下搅拌10min，加戊二醛至0.6mol/L的浓度，5℃搅拌30min，取出切成3~5mm的立方小块，用2% KCl 溶液充分洗涤后，滤去洗涤液，即得含L-天冬氨酸-β-脱羧酶的固定化细胞。

请分析：在此过程中，运用了哪些方法进行细胞固定？

参 考 文 献

[1] 吴晓英. 生物制药工艺学[M]. 北京:化学工业出版社,2009.
[2] 王玉亭,韦平和. 现代生物制药技术[M]. 北京:化学工业出版社,2015.
[3] 陈梁军. 生物制药工艺技术[M]. 北京:中国医药科技出版社,2017.
[4] 王凤山,邹全明. 生物技术制药[M]. 北京:人民卫生出版社,2016.
[5] 吴梧桐. 生物制药工艺学(第四版)[M]. 北京:中国医药科技出版社,2015.
[6] 王永芬. 生物制品生产技术[M]. 北京:化学工业出版社,2013.
[7] 陈电容. 生物制药工艺学(第二版)[M]. 北京:人民卫生出版社,2013.
[8] 曾青兰. 生物制药工艺(第二版)[M]. 武汉:华中科技大学出版社,2015.
[9] 聂国兴. 生物制品学(第二版)[M]. 北京:科学出版社,2012.
[10] 国家药典委员会. 中华人民共和国药典[M]. 北京:中国医药科技出版社,2020.
[11] 陈可夫. 生物制药技术[M]. 北京:化学工业出版社,2013.
[12] 周东坡. 生物制品学(第二版)[M]. 北京:化学工业出版社,2014.
[13] 陈晗. 生化制药技术(第二版)[M]. 北京:化学工业出版社,2018.
[14] 葛驰宇. 生物制药工艺学[M]. 北京:化学工业出版社,2019.
[15] 辛秀兰. 现代生物制药工艺学(第二版)[M]. 北京:中国医药科技出版社,2016.
[16] 国家食品药品监督管理局总局. 生物类似药研发与评价技术指导原则(试行),2015.
[17] 樊玉录. 2005—2016 年我国Ⅰ类新药申报审批情况分析[J]. 中国新药,2018(2):142-146.
[18] 李邦东. 重组人促红细胞生成素纯化工艺[J]. 黑龙江医药,2008(4):47-50.
[19] 胡莉娟. 生物制药工艺[M]. 重庆:重庆大学出版社,2016.
[20] 邓才彬. 制药设备与工艺[M]. 北京:高等教育出版社,2006.
[21] 马义岭,郭永学. 制药设备与工艺验证[M]. 北京:化学工业出版社,2018.
[22] 彭雷. 极简新药发现史. [M]. 北京:清华大学出版社,2018.
[23] 熊宗贵. 生物技术制药[M]. 北京:高等教育出版社,2004.
[24] 周双林. 生物制药工艺学实验实训[M]. 北京:人民卫生出版社,2009.
[25] 周珮. 生物技术制药[M]. 北京:人民卫生出版社,2009.
[26] 元英进. 制药工艺学[M]. 北京:化学工业出版社,2007.
[27] 盛贻林. 微生物发酵制药技术[M]. 北京:中国农业大学出版社,2008.

[28] 巩健. 发酵制药技术[M]. 北京:化学工业出版社,2019.
[29] 齐香君. 现代生物制药工艺学(第二版)[M]. 北京:化学工业出版社 2010.
[30] 瞿礼嘉. 现代生物技术[M]. 北京:高等教育出版社,2004.
[31] 姚文兵. 生物技术制药概论(第二版)[M]. 北京:中国医药科技出版社, 2010.
[32] 郭养浩. 药物生物技术[M]. 北京:高等教育出版社,2005.
[33] 牛红军,陈梁军. 生化分离技术[M]. 北京:中国轻工业出版社,2019.
[34] 李俊伟,张翼宙. 医学类专业课程思政教学案例集[M]. 北京:中国中医药出版社,2020.

后　记

本教材为提升教学效果,也为使学生更好地理解专业知识和生物制药工艺流程,收录了大量图片,其中部分图片非作者原创,由于时间仓促和地域限制等原因,无法与这些图片的著作权者取得联系。为了保证本教材顺利出版,也为了尊重作权人的劳动和保护其权益,作者愿向图片权利人支付适当稿酬。

另外,为了保证思政内容丰富、准确,书中部分内容改编自相关专家学者、官方网站和媒体,希望获得理解。

在此衷心地向为原始图片和文章创作付出辛勤劳动的原创者表示感谢。

牛红军